华龙一号标准化技术手册

第四册

徐利根　总主编

三江学院
图书馆

中国原子能出版社

图书在版编目（CIP）数据

华龙一号标准化技术手册. 第四册 / 徐利根总主编.
—北京：中国原子能出版社，2021.1
ISBN 978-7-5221-1204-6

Ⅰ. ①华… Ⅱ. ①徐… Ⅲ. ①核电厂–标准化–中国
–技术手册 Ⅳ. ①U674.941–62

中国版本图书馆 CIP 数据核字（2021）第 012445 号

华龙一号标准化技术手册 第四册

出版发行	中国原子能出版社（北京市海淀区阜成路 43 号 100048）	
策划编辑	王 朋 王 丹	
责任编辑	杨 青	
责任校对	宋 巍	
责任印制	赵 明	
印 刷	河北文盛印刷有限公司	
经 销	全国新华书店	
开 本	787mm×1092mm 1/16	
印 张	27	
字 数	674 千字	
版 次	2021 年 1 月第 1 版 2021 年 1 月第 1 次印刷	
书 号	ISBN 978-7-5221-1204-6	定 价 260.00 元

网址：**http://www.aep.com.cn** E-mail：**atomep123@126.com**
发行电话：**010-68452845** 版权所有 侵权必究

《华龙一号标准化技术手册》

总编委会

总 主 编：徐利根

副总主编：赵 皓 邹正宇

委 员：侯英东 林传清 宋 林 徐金龙 谢永辉

陈宇肇 薛峻峰 邱杰峰 黄宏伟 向先保

周赛军 尚宪和 张兴田

编委会办公室

主 任：薛峻峰

副 主 任：顾蔚泉

成 员：丁勤洁 王志强 刘 力 杨 杉 陈昌贻

黄晓景 贺治国 谢文雄 张黄玺 王 亨

陈鸿飞 杨伟伟 施千里 许 炎 李晓振

王尚辉 李 刚 刘慧杰 甘佳军 王心瑜

林 琰 程宏亚 曾卫海 王 睿 卢忠华

赖 伟

第一卷　工程设计
编委会

主　编：顾蔚泉

副主编：丁勤洁

编制组：王志强　刘　力　杨　杉　陈昌贻　贺治国　黄晓景　郝禄禄　仇苏辰　刘洪印
　　　　谢文雄　张黄玺　王　亨　陈鸿飞　胥　强　曾卫新　周志文　黄　鹄　黄贤华
　　　　苑景凯　钱自海　何理军　彭克平

第二卷　采　购
编委会

主　编：仇沛洪

副主编：曾卫海

编制组：王绍蓉　高　涌　刘玉邦　梁朝霞　黄　磊　朱　平　胡　明　张晓达　于江浩

第三卷　建　安
编委会

主　编：周赛军

副主编：刘　斌　戈　繁

编制组：许　炎　曹钟引　杨　平　陆艳文　赵永锋　李　震　刘兴阳　陈本淳　黄玉荣
　　　　陶　昊　赵　玲　吴　佯　夏书文　申皓龙　邓　攀　张嫣嫣　陈　辉　车　华
　　　　郑海彬　吕　琛　雷自旺　袁忠东　韩　强　刘成刚　李国杰　吴志明　尤先方
　　　　徐　晖　冯君慧　王永新　吴永明

第四卷 调 试
编委会

主 编：龚智明

副主编：刘学春 吴新义 肖冰山 金卫阳 金 凯 马铁军 罗品湘

编制组：

刘慧杰	李 彬	何 涛	曾 斌	熊 鑫	刘 高	王小信	龚 帅	赵 洋
刘 峰	程 佳	毛巍岭	张金国	陈岳峤	王亚龙	王志华	申岳松	刘华刚
李 杨	刘海蛟	王笑龙	王建刚	张少伦	丁 爽	王厉秦都	王安荣	龚贵辉
刘本帅	黄 盼	陈 鹏	周海涛	成 都	任旭东	张 皓	潘冠旭	宋雨蒙
杨 宁	李斯亮	程宏亚	孟凡锋	李振振	彭 超	蔡光明	赵 贺	王志永
王栋立	严浩东	王 雨	谢昌铭	葛士亭	高文博	郭唐文	李本荣	刘仁朋
王征勇	周诗光	林 鑫	游建宏	王尚辉	李志硕	何诗仪	任俊波	汪 路
陈 炫	邓 洋	黄鸣剑	傅祥烨	李江红	陈悦锦	王 硕	郑泽银	曾阳航
王 京	韩 昌	贾阶生	陈伟民	倪忻州	张剑泉	任 勇	王长征	王鸡换
董黎明	周得才	何 斌	吴小璇	陈 灿	胡飞文	孙 超	骆雪莲	余 勇
初德月	周志文	孙克克	詹绍敏	魏君安	胡明磊	颜铁光	何 斌	王轶楠
仲维灿	周文隆	朱国荣	张 敏	原上草	孙 超	王道文	梅林峰	张甘兴
张宜平	王晓勇	童之刚	张 巍	赵 俊	王希河	赵 旸	马一鸣	杜从波
马 斌	王 伟	刘旭华	朱雷堂					

第五卷 维 修
编委会

主　　编： 夏小军

副主编： 尤　兵　马铁军　佟　彤　何　靖　章土来　孙国忠　查卫华　楼贤根　徐辛酉

编制组： 李晓振　苏　恒　袁潮潋　蒋泰铿　王同善　肖朱强　王　伟　付　晴　王欣欣

杨　欣　张剑锋　杨立群　刘永豪　王尚辉　王　硕　曾阳航　黄鸣剑　张剑泉

邓　洋　李志硕　汪　路　商海龙　刘仁朋　王征勇　万　舒　陈　伟　杨宝松

周　杨　陈松妹　周诗光　王心瑜　张开鹏　寇韩雪　吴贤松　邵亦武　粟路雨

王武士　杨　琦　卫毓卿　蒋　勇　许书庆　王运喜　牟　杨　马少亮　卢　祺

黄少华　刘　伟　赵冬冬　杨正桓　赵　强　罗飞华　秦晓光　刘可燃　姜燕成

刘东兵　路海东　胡志勇　方　伟　徐　超　陈　慧　柏　超　田昆鹏　曹晓晖

黄水养　杨耀辉　薛吉伟　薛　超　陈　慧　武　干　王学亮　刘晓东　贾良博

费兴伟　师　伟　李　佳　曹祖庭　徐　波　洪晓卿　苑成光　官　辉　熊　磊

刘　江　聂　卫　陈海峰　熊朋帆　宋　凯　钟利波

第六卷 技术支持
编委会

主　编：肖冰山

副主编：郑德旭　李　华　阮彬标　金　凯　黄宏伟　鲁忆迅　尹凤奎　叶国栋　薛新才

编　制：程宏亚　魏　兴　张佶翔　孔凡鹏　沙平川　孟凡锋　李振振　彭　超　蔡光明
　　　　黄丹宾　罗　楠　潘延卿　况慧文　杨　赟　李建立　兰蛟龙　章圣斌　张　羽
　　　　张　鹏　马彦超　耿　飞　李　振　高　原　郑秀华　王志永　陈星玥　乔　泽
　　　　林建康　马谷剑　贺钰林　王梦磊　崔甫超　戴　猛　赖　伟　俞　慧　吴鹏飞
　　　　张明辉　赵　贺　王洪凯　戴贤源　项骏军　詹勇杰　刘　臻　代前进　王玲彬
　　　　李文涛　汪聪梅　骆雪莲　陈星明　胡明磊　张　维　陶　革　赵传礼　许　锋
　　　　栾兴峰　张江涛　黄　超　李世伟　杨　敏　秦建华　游兆金　王　东　徐　燕
　　　　卢叶艇　刘新福　孙金娜　任力元　王　森　李守平　陆　魏　陈　灿　朱晓勇
　　　　姜　赫　文　杰　赵卫东　高　轩　高　飞　葛炼伟　张　挺　周子卿

第七卷 运 行
编委会

主　编：徐金龙

副主编：朱金刚　王必勇　富宏利　胥　强

编制组：甘佳军　曹宇华　林　真　程　灿　黄　烨　王大鹏　贺英哲　谢晨宇　曹凤瑞
　　　　尹招辉　王　玮　江孝生　毛渊凯　李　栋　刘剑锋　牛朋亮　汤宏斌　饶忠南
　　　　胡　强　王　建　郑　立　宋家玉　彭克平

第八卷 设备管理
编委会

主　编：石屹峰

副主编：唐雪峰　何　林　金　凯　闵济东　王连生

编制组：林　琰　严　亮　黄显煊　杨敬伦　蔡涵颖　胡文勇　付　蓉　杨纪晨　吴　阳
　　　　游胜哲　张　政　沈　伟　洪　均　曾德球　吴舜华　许　涛　王　俊　金艳骏
　　　　李建春　岳春生　关　震　刘小年　胡宇杰　李小泉　夏炜琳

第九卷 保健物理
编委会

主　编：金卫阳

副主编：陈思明　秦国强　李厚文

编　制：李　刚　王建刚　胡　凌　柳红兰　王厉秦都　谢文瑾　姜　铖　徐明华　郭　行
　　　　徐卓群　晏雨实　周铁男　丁　爽　崔　鑫　曾进忠　侯　东　杜晓阳

第十卷 环境应急
编委会

主　编：王　强

副主编：顾传俊　李贤良

编　制：王　睿　包宏祥　范　晓　贺　蓉　李建良　周国华　高　阳　颜　华　许　鹏
　　　　沈红杰

第十一卷 消　防
编委会

主　编：马守来

副主编：杨　斌

编制组：卢忠华　郭世恩　李奇龙　王凯平　李　强　谢登来　臧维乔　马　斌

第十二卷 信息文档
编委会

主　编：邱杰峰

副主编：程莉红　杨伟伟　陈其荣　马寅军　游江东

编制组：施千里　梁　浩　周劼聊　谢石香　陈　龙　胡丹丹　刘敬仪　黄　键　王一宏
　　　　王辉华　周　娟　鲍　琨　李惠兰　彭克平　陆卫平　叶林林　马　超　沈炫辰
　　　　沈祯杰　罗安满　王辛未　刘旭嘉　刘晓红　龚　瑞　张荣斌　秦忠华　何洪强
　　　　高艳萍　刘　鑫　谢琦萍

伴随我国核工业的发展，我国核电技术走过了一个从无到有、持续改进和不断跨越的发展过程。从自主设计、建造和调试运行的秦山核电站（30万千瓦压水堆）核电机组成功投产开始，我国核电工业发展就开始实行引进技术和自主研发并行的发展战略，核电技术取得了持续进步。引进技术路线始于广东大亚湾（100万千瓦压水堆）核电站，其1990年投入商运，在国内进行了小规模化的连续建设；后续陆续又引进了压水堆VVER技术、重水堆CANDU6技术、压水堆AP1000技术、压水堆EPR技术和快堆技术等。而自主研发设计的国产化技术路线，经历了从压水堆（CNP600）技术到CNP1000压水堆技术，再到自主三代大型商用机组等发展阶段，该技术路线成功研发出了具有完整自主知识产权的三代压水堆核电品牌"华龙一号"（HPR1000）。

"华龙一号"的研发坚持了自主创新，采用了能动与非能动结合的安全设计理念，进行了大量的原创计算分析论证和试验验证，同时吸收了中国核工业发展30余年来核电科研、设计、制造、建设和运行等多方面经验，建设中采用了大量的先进安装调试技术。"华龙一号"是我国核电创新发展的重大标志性成果，对于我国实现由"核电大国"向"核电强国"跨越具有重要意义。"华龙一号"多次得到国家有关部门的认可，被国务院总理李克强誉为"国之重器""国家名片"。

福清核电站5号机组是全球首台开工建设的"华龙一号"机组，于2015年5月7日正式开工，2020年11月27日实现首次并网发电，2021年1月29日投入商运，创造了全球三代核电首堆建设的最佳业绩。这标志着我国打破了国外核电技术垄断，正式进入核电技术先进国家行列，它还被评为"2020年央企十大国之重器""2020中国硬核黑科技"。

面对国际核电市场的激烈竞争，为响应国家核电"走出去"的战略部署，实现"华龙一号"技术的标准化刻不容缓。为此，福清核电以5号机组——"华龙一号"首堆示范工程为依托，策划编制了《华龙一号标准化技术手册》系列丛书。标准化技术手册定位为技术规程、技术方案等的上游指导文件或总体性文件，包括技术大纲、导则、技术规范及技术要求。

《华龙一号标准化技术手册》于2016年10月开始策划，由福建福清核电有限公司主导，中核核电运行管理有限公司参编，历时4年完成。技术手册由5册组成，共12卷、143章。手册内容包括工程设计、采购、建安、调试、运行、维修、设备管理、技术支持、保健物理、环境应急、消防和信息文档等12个专业领域，涵盖"华龙一号"示范工程的建造、调试和运行各阶段。

2015 年 5 月 7 日，"华龙一号"全球首堆示范工程在福清核电开工建设，2016 年福清核电启动了"华龙一号"技术文件的标准化工作，按照集团"三化战略"部署要求，建立了公司标准化专项工作组织机构，开展了包括公司治理、生产运行、维修和科研管理等 18 个领域业务标准化工作。

《华龙一号标准化技术手册》是基于福清核电多年工程建设和生产运营经验，同时借鉴了秦山核电站技术文件体系建设经验，并在对"华龙一号"工程建设和机组运行中的实践经验进行全面总结和提炼的基础上，形成的适用于"华龙一号"的标准化技术文件系列产品。

技术手册专项工作组包括设计、采购、建安、调试、运行、维修、设备管理、技术支持、保健物理、环境应急、消防和信息文档等 12 个业务领域小组，涵盖"华龙一号"示范工程的建造、调试和运行等各阶段。专项工作组从 2016 年 10 月开始策划，历时 4 年，经过各领域专家多次审查和修改，于 2020 年 10 月完成书稿，2021 年 12 月完成标准化技术手册出版工作。

技术手册共分为 5 册，每册按专业领域细分为卷、篇、章和节。其中，第 1 册由工程设计、采购、建安等 3 卷组成，第 2 册由调试卷组成，第 3 册由维修卷组成，第 4 册由技术支持卷组成，第 5 册由运行、设备管理、保健物理、环境和应急、消防、信息文档等 6 卷组成。

福清核电 5 号机组"华龙一号"首堆示范工程已于 2021 年 1 月 29 日成功投入商运，6 号机组正在按计划调试。国内目前已经批复了 6 个厂址建设"华龙一号"技术核电机组，11 台机组在建，约 20 台机组在申请待批中，已经形成了小规模化的建设发展。国外两台"华龙一号"机组在建，一台机组的主合同已经签订。随着"华龙一号"首堆示范工程并网运行以及后续机组工程建设的实践经验积累，技术手册的内容将不断得到验证和完善，其将为后续"华龙一号"技术的持续改进、优化奠定良好的基础。本技术手册中的疏漏和不当之处，恳请广大读者批评指正。

在此致谢！

《华龙一号标准化技术手册》的出版是福建福清核电有限公司以及中核核电运行管理有限公司集体智慧的结晶，凝聚了福清核电、秦山核电工程技术人员的心血。在此，对为本手册做出贡献的全体参编成员、领导及专家表示衷心感谢！

目录

第六卷

技术支持

技术支持策略

第一章　安全分析

1　概述

本部分规定了"华龙一号"机组安全分析实施策略，包括概率安全分析、严重事故两部分。

2　引用文件

下列文件对于本文件的应用是必不可少的。凡是注日期的引用文件，仅所注日期的版本适用于本文件。凡是不注日期的引用文件，其最新版本（包括所有的修改单）适用于本文件。

《核动力厂设计安全规定》（HAF102）

《核动力厂运行安全规定》（HAF103）

《核动力厂安全评价与验证》（HAD102/17）

《核动力厂定期安全审查》（HAD103/11）

《应用于核电厂的一级概率安全评价　第 1 部分：总体要求》（NB/T 20037.1—2017RK）

《应用于核电厂的一级概率安全评价　第 2 部分：低功率和停堆工况内部事件》（NB/T 20037.2—2012）

《应用于核电厂的一级概率安全评价　第 11 部分：功率运行内部事件》（NB/T 20037.11—2018RK）

《应用于核电厂的二级概率安全评价　第 1 部分：总体要求》（NB/T 20445.1—2017）

《应用于核电厂的二级概率安全评价　第 2 部分：功率运行内部事件》（NB/T 20445.2—2017）

《核电厂严重事故管理导则的编制和实施》（NB/T 20369—2016）

《压水堆核电厂二级概率安全分析要求　低功率和停堆工况内部事件》（Q/CNNC HLBZ AE8—2018）

《压水堆核电厂二级概率安全分析要求　外部事件》（Q/CNNC HLBZ AE9—2018）

《压水堆核电厂一级概率安全分析要求　低功率和停堆工况外部事件》（Q/CNNC HLBZ AE10—2018）

《压水堆核电厂建（构）筑物地震概率安全分析方法》（Q/CNNC HLBZ CB3—2018）

《华龙一号严重事故序列分析方法》（Q/CNNC HLBZ AE1—2018）

《压水堆核电厂严重事故下设备可用性要求》（Q/CNNC HLBZ AE7—2018）

《压水堆核电厂严重事故风险分析方法》（Q/CNNC HLBZ AB2—2018）

3　定义和术语

下列定义适用于本文件。

3.1　概率安全分析

概率安全分析（PSA）提供一种全面、结构化的处理方法，识别出核电厂失效的情景，并对工作人员和公众所承受的风险作出数值估计。PSA 通常分三个级别，其中，一级 PSA 识别可能造成堆芯损坏的事故序列，估计堆芯损坏频率，对核电厂的安全性和合理性进行评价，找出核电厂薄弱环节，提出降低堆芯损坏频率的措施；二级 PSA 是在一级 PSA 的基础上分析堆芯融化的物理过程以及安全壳响应特性，定量计算大量放射性释放频率和早期大量放射性释放频率，以及释放到环境的放射性源项。

3.2 严重事故

严重性超过设计基准事故并造成堆芯明显恶化的事故工况。

3.3 始发事件

任何干扰电厂稳定运行状态从而引发异常事件［诸如瞬态或失冷事故（LOCA）］的核电厂内部或外部事件。始发事件要求核电厂缓解系统及人员做出响应，一旦响应失败则可能导致不希望的后果，如堆芯损坏。

3.4 事故序列分析

确定可能导致堆芯损坏的始发事件、安全功能以及系统失效和成功的组合的过程。

3.5 事件树

一种逻辑图，该逻辑图以某一始发事件或状态开始，通过一系列描述预期系统或操纵员行为成功或失败的分支说明事故的进程，并最终达到成功或失败的终态。

3.6 故障树

一种演绎逻辑图，描述特定的不希望事件（顶事件）是如何由其他不希望事件的逻辑组合所引发的。

3.7 人员可靠性分析

用于识别潜在的人员失误事件，并应用数据、模型或专家判断来系统地评估这些事件的概率的一种结构化方法。

3.8 堆芯损坏

堆芯裸露并升温到预计会造成堆芯相当大一部分区域长期氧化和严重的燃料损坏。

3.9 堆芯损坏频率

单位时间内预计的堆芯损坏事件的次数。

3.10 早期大量放射性释放

需要场外防护行动，但是这些行动受到时间长度和使用区域的限制，且在预期时间内不可能全面有效执行，从而不足以保护人员和环境而导致的放射性释放。

3.11 早期大量释放频率

单位时间内预期发生早期大量放射性释放的次数。

3.12 核电厂损伤状态

具有相似事故进程和安全壳或专设安全设施状态的事故序列终态组。

3.13 源项

特定位置放射性释放的特性，包括释放物质的物理和化学性质、释放量、载体的热焓（或能量）、与能够影响从释放点开始的释放输运过程局部障碍物的相对位置，以及这些参数随时间的变化（如释放的持续时间）。

3.14　定期安全审查

定期安全审查（PSR）以规定的时间间隔（通常为 10 年）对运行核电厂的安全性进行的系统性再评价，以应对老化、修改、运行经验、技术更新和厂址方面的积累效应，目的是确保核电厂在整个使用寿期内具有高的安全水平。

3.15　最终安全分析报告

最终安全分析报告（FSAR）。

4　概率安全分析

4.1　分析范围

根据最新核安全法规以及国家核安全局相关文件要求，新建核电机组必须完成核电厂功率运行、低功率运行和停堆状态下的一、二级全范围概率安全分析，包括乏燃料贮存池以及其他包含大量放射性物质的设施。"华龙一号"机组全范围概率安全分析工作包括以下内容：

  ——全工况内部事件一级 PSA；

  ——全工况内部事件二级 PSA；

  ——外部事件识别筛选与包络分析报告；

  ——全工况内部水淹 PSA；

  ——全工况内部火灾 PSA；

  ——全工况地震 PSA；

  ——乏燃料水池 PSA。

4.2　分析方法与技术要素

本章节针对典型的内部事件一级、二级 PSA 的分析方法与技术要素进行阐述。

4.2.1　内部事件一级 PSA 分析方法与技术要素

内部事件一级 PSA 分析工作流程如图 461-01-04-01 所示，其主要技术要素包括核电厂信息收集、核电厂运行状态分析、始发事件分析、事件序列分析、系统分析、数据分析、人员可靠性分析、相关性分析、定量化、不确定性分析、重要度分析、敏感性分析和结果描述分析。

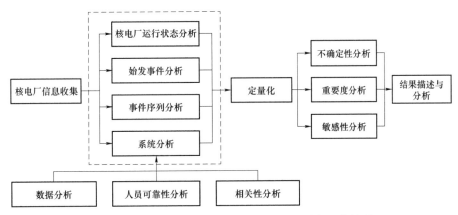

图 461-01-04-01　内部事件一级 PSA 分析工作流程

4.2.2 内部事件二级 PSA 分析方法与技术要素

内部事件二级 PSA 分析工作流程如图 461-01-04-02 所示，其主要技术要素包括一级和二级 PSA 接口分析、安全壳性能分析、严重事故进程分析、安全壳事件树分析及定量化、源项分析、结果评价与讨论、严重事故现象概率分析、严重事故缓解系统故障树分析、严重事故缓解人员可靠性分析。

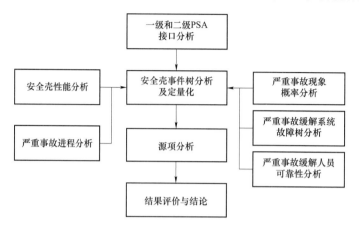

图 461-01-04-02　内部事件二级 PSA 分析工作流程

5 严重事故管理

5.1 严重事故管理目标

严重事故是指始发事件发生后因安全系统多重故障而引起的严重性超过设计基准事故，造成堆芯明显恶化并可能危及多层或所有用于防止放射性物质释放屏障完整性的事故工况。严重事故发生后，堆芯严重损伤，裂变产物进入到压力容器和安全壳，并可能释放到环境，造成严重的经济和社会后果。

因此，严重事故的对策和管理是核电厂应对可能发生的严重事故的必然选择。严重事故管理导则（SAMG）是在严重事故下用于主控室和技术支持中心（TSC）的可执行文件，是一系列完整的、一体化的针对严重事故的指导性管理文件。其基本目标是通过建立一套对策和导则，在发生严重事故情况下使电厂重新回到稳定可控状态，使场内和场外的放射性后果降到最低，其目标包括：

——使堆芯回到可控稳定状态；

——维持或使安全壳回到可控稳定状态；

——终止核电厂的裂变产物释放。

这三个目标具体体现为：

对于堆芯，其管理目标是：1）控制反应性；2）使热阱可用；3）维持一回路水装量。当堆芯温度低于物理或化学变化能够发生的临界点，且长期的热阱可用时，堆芯就已经处于可控稳定状态。

对于安全壳，其管理目标是：1）控制安全壳压力；2）控制安全壳内的水量；3）使安全壳热阱可用；4）安全壳隔离成功；5）氢气控制。当安全壳能量通过长期热阱导出的途径得以建立，且安全壳隔离成功、结构完整，同时一回路和安全壳的状态不会发生突变时，安全壳就已经处于可控稳定状态。

对于裂变产物，其管理目标是：1）控制放射性释放；2）最小化向环境的放射性释放。当安全壳完整性得以保持，通过安全壳边界的所有泄漏都能得到控制，且安全壳大气内的挥发性裂变产物的总量得以减少时，就可以认为裂变产物释放达到了可控稳定状态。

5.2 严重事故机理

严重事故大致可以分为两类，一类为堆芯熔化事故，另一类为堆芯解体事故。堆芯熔化事故是由于堆芯冷却不足导致堆芯裸露、升温进而熔化的相对比较缓慢的过程。堆芯解体事故是正反应性大量快速引入造成的功率骤增和燃料破坏的快速过程。轻水堆由于有固有负温度反馈特性以及采用大量专设安全设施，发生堆芯解体事故的可能性极小。因此对于"华龙一号"类型的轻水反应堆，只关注堆芯熔化类严重事故。

对于堆芯熔化类严重事故，事故过程可以分为压力容器失效前（压力容器内过程）和压力容器失效后（压力容器外过程）两个阶段。压力容器内过程主要是堆芯损坏、熔化和重置的过程。压力容器外过程主要是威胁安全壳的过程。

5.3 严重事故管理导则

严重事故管理导则按用户分为主控室严重事故管理导则和技术支持中心严重事故管理导则。

主控室导则分为技术支持中心就位前的导则和技术支持中心就位后的导则，导则由主控人员执行。

对于技术支持中心严重事故管理导则，由技术支持中心人员执行，主要分为：

——诊断导则：诊断流程图（DFC）和严重威胁状态树（SCST）；

——严重事故处置导则：分为严重事故导则（SAG）、严重威胁导则（SCG）；

——严重事故出口导则：严重事故出口导则（SAEG）；

——计算辅助：CA。

此外，还有一类文件，是电厂人员基于导则开发的执行指导（EI），也就是具体的操作单，不是SAMG 分导则，但是属于 SAMG 文件体系的范畴，本书不再详细介绍。

5.4 严重事故监测参数

严重事故工况下，核电厂状态不断变化，严重事故管理需要对核电厂状态进行诊断以选择合适的操作。技术支持中心诊断的目的就是指导应急响应人员选择合适的管理策略，以帮助决定终止或缓解机组至可控稳定状态的操作。

"华龙一号"严重事故管理导则的技术支持中心诊断流程图（DFC）提供了判断核电厂是否处于可控稳态的方法和参数。DFC 中的监测参数包括：

——RCS 压力；

——反应堆压力容器保温层水位；

——蒸汽发生器水位；

——堆芯温度或热管段水位；

——场区裂变产物释放；

——安全壳压力；

——安全壳内氢气浓度。

6 定期安全审查

核动力厂定期安全审查（PSR）是我国核安全监管体系的基本要求，以规定的时间间隔对运行核电厂的安全性进行的系统性再评价，以应对老化、修改、运行经验、技术更新和厂址方面的积累效应，目的是确保核电厂在整个使用寿期内具有高的安全水平。

HAF103《核动力厂运行安全规定》（2004）明确规定，必须采用 PSR 的方式对核动力厂重新进行系统的安全评价。运行核电厂 PSR 是对常规安全审查与专项安全审查的一种补充，是对营运核电厂的一种综合与系统的安全再评估。

7 最终安全分析报告

FSAR 的基本目的是向国家监管机构报告核电厂的性质，使用它的计划及评定运行核电厂能否保证对公众健康和安全无过度危害所做的分析。FSAR 是核电厂申请者提供说明据以得出上述结论的根据所需资料的主要文件，是在运行执照中说明据以颁发许可证和执照的根据所引用的主要文件，而且是国家监管机构用以确认设施的运行是否在得到批准的条件内进行的基本文件。

FSAR 中的资料应及时、精确、完善并以易于理解的格式编制。

第二章　堆芯核设计

1　概述

核设计分析计算要确保堆芯固有稳定性，防止径向和方位角的功率振荡，以及控制棒动作引起的轴向功率振荡。本章综述了反应堆核设计的设计基础和假设以及相应设计计算方法。

2　引用文件

下列文件对于本文件的应用是必不可少的。
《核电厂设计安全规定》（HAF102）
《核电厂运行安全规定》（HAF103）
《核动力厂运行限值和条件及运行规程》（HAD103/01）
《压水堆核电厂燃料系统设计限值规定》（EJ/T 1029—1996）
《压水堆核电厂安全停堆设计准则》（EJ/T 561—2000）
《压水堆燃料组件机械设计和评价》（EJ/T 629—2001）
《压水堆核电厂工况分类》（NB/T 20035—2011）
《压水堆核电厂反应堆系统设计　堆芯　第 1 部分　核设计》（NB/T 20057.1—2012）
《核反应堆稳态中子反应率分布和反应性的确定》（NB/T 20102—2012）
《压水堆核电厂未能紧急停堆的预期瞬态分析要求》（NB/T 20104—2012）
《福建福清核电 5、6 号机组（华龙一号）最终安全分析报告》（CPX00620001CNPE02GN）
《福建福清核电 5、6 号机组核设计报告》（CPX82010200N51103GN）

3　定义和术语

线功率密度：燃料单位活性长度上产生的热功率（kW/m）。
局部热流密度：包壳表面上的热流密度（W/cm²）。对名义棒参数，它与线功率密度差一个常数因子。
热流密度热通道因子 F_Q：燃料棒最大局部线功率密度除以燃料棒平均线功率密度。
热通道因子 $F_{\Delta H}$：具有最大积分功率的燃料棒线功率的积分值与棒平均功率之比。
径向功率峰值因子 $F_{xy}(z)$：在高度 Z 处峰值功率密度与平均功率密度之比。
燃料温度（多普勒）系数：燃料有效温度每变化 1 ℃ 所引起的反应性变化。
慢化剂温度（密度）系数：慢化剂温度（密度）单位变化所引起的反应性变化。
功率系数：功率变化 1% FP 引起的反应性变化。

4　缩略语

HZP：热态零功率；
BOL：寿期初（0 MW·d/t）；
BLX：寿期初、平衡氙（150 MW·d/t）；

EOL：寿期末；

ppm：1.0×10^{-6}（重量比），本文指可溶硼浓度；

pcm：反应性单位（$1 \text{ pcm} = 1.0 \times 10^{-5}$）。

5 设计依据和设计准则

——堆芯热点处（总功率峰因子 F_Q 所在的位置）的线功率密度必须小于设计值 620 W/cm，而这一设计限值又必须低于由燃料完整性要求所施加的限值，约 700 W/cm；

——正常运行期间，最大相对功率分布不得超过设计的限值，该限值是轴向位置的函数，在要求与燃料最高温度准则相符的 LOCA 分析中要用到这一限值；

——反应堆在各种功率水平下运行时，慢化剂反应性温度系数必须为负值或零，使反应堆具有负反馈特性；

——堆芯的装载和反应性控制设计要确保当反应性价值最大的一束棒卡在堆芯外，反应堆在任一功率水平运行时，仅用控制棒就能实现热停堆，并有足够的停堆深度，保证主蒸汽管道发生破裂或出现不可控硼稀释等事故时反应堆的安全性。

5.1 停堆裕量

当发生主蒸汽管道断裂事故或硼稀释事故时，堆芯中将引入正的反应性。为了防止反应堆在停堆后重返临界，需要反应堆具有足够的停堆裕量。

在紧急停堆时，控制棒组全部插入堆芯，出于保守考虑，假设反应性最大的一束控制棒被卡在堆芯顶部。此时要求堆芯必须处于次临界状态，且次临界度必须满足如下准则要求：在 HZP 时，BOL 和 EOL 停堆裕量分别不低于 1000 pcm 和 2300 pcm。

5.2 堆芯功率分布

为了展平堆芯功率分布，第一循环堆芯燃料按照 ^{235}U 富集度分三区装载。较低富集度的两种组件按不完全棋盘格式排列在堆芯内区，最高富集度的组件装在堆芯外区。"华龙一号"首循环堆芯装载图见图 461-02-08-01。

5.3 燃耗

燃耗计算的状态是热态满功率（HFP），所有控制棒提出堆芯（ARO）。通过改变堆芯硼浓度来维持临界状态，燃耗末期的临界硼浓度定为 10×10^{-6}。

5.4 换料周期

首循环为 12 个月换料，从第二循环开始逐步向 18 个月换料过渡，第四循环达到 18 个月换料的平衡循环。

6 反应性系数

反应堆堆芯的动态特性决定了堆芯对改变核电厂工况或操纵员在正常运行期间所采取的调整措施以及异常或事故瞬态的响应。反应性系数反映了中子增殖性能由于改变核电厂工况（主要是功率、慢化剂或燃料温度，其次是压力或空泡份额的变化）所引起的变化。由于反应性系数在燃耗寿期内是变化的，为了确定整个寿期内核电厂的响应特性，要在瞬态分析中采用不同范围的反应性系数值。

反应性系数是以整个堆芯为基础用二维径向和一维轴向扩散理论方法计算的。径向和轴向功率分布对堆芯平均反应性系数的影响在计算中已经加以考虑了。在正常运行工况下这种影响是不重要的。

在某些瞬态工况下，应重视空间效应。例如主蒸汽管道破裂和反应堆控制棒束组件机械外壳破裂，在分析中就要考虑这种效应。

计算得到的反应性系数包括燃料温度（多普勒）系数，慢化剂系数（密度、温度、压力与空泡）和功率系数。

7　控制要求

为了实现反应堆冷停堆，并且有一定的停堆深度，在冷却剂中加入浓硼酸。对包括换料在内的所有堆芯状态，硼浓度都远低于溶解极限。使用棒束控制组件使反应堆进入热停堆状态。

在最大价值的一束控制棒卡在全提出堆芯位置，其余棒束全部插入堆芯，在扣除10%的计算不确定性情况下，仍有能力实现热停堆，其停堆深度都大于所要求的停堆深度。在功率发生变化时，补偿棒插入堆芯以补偿功率亏损。最大的反应性控制要求出现在循环末期，此时慢化剂温度效应达到其最大负值，这已反映在较大的功率亏损中。

要求控制棒提供足够的负反应性，以抵消从满功率降至零功率的功率系数效应以及满足停堆深度的要求。功率下降导致反应性增加包括多普勒效应、慢化剂平均温度的变化、通量再分布以及空泡份额减少的贡献。

8　分析方法

核设计中需要依次进行以下三种不同类型的计算：
——确定燃料有效温度；
——产生多群参数库；
——空间少群扩散计算。

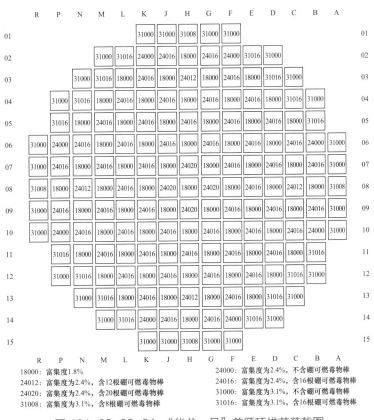

图 461-02-08-01　"华龙一号"首循环堆芯装载图

第三章　物理试验

1　概述

任何一个新建成的反应堆或换料后的堆芯，在投入正常运行之前都需要进行堆芯启动物理试验。而在反应堆正常运行过程中，也需要实施一系列物理试验，以监督和保障反应堆安全运行。核电厂反应堆的物理试验是一项大型试验，它涉及核电厂所有的重要系统，而且需要多个技术部门的通力合作。同时，反应堆物理试验是与安全相关的重要试验，是反应堆安全、稳定运行的重要保证，并对下一循环反应堆的换料和设计提供重要的物理参数。

反应堆物理试验的主要目的是：

——验证堆芯装载的正确性；

——检查堆芯物理参数与设计或安全值之间的一致性；

——堆外核测量仪表的系数检验或标定；

——确定棒控与棒位系统的功率补偿棒的校准曲线。

2　引用文件

下列文件对于本文件的应用是必不可少的：

《压水堆核电厂反应堆首次临界试验》（NB/T 20144—2012）

《压水堆核电厂反应堆首次装料试验》（NB/T 20434—2017）

《压水堆核电厂反应堆调试启动堆芯物理试验》（NB/T 20435—2017）

《福清 5、6 号机组物理试验监督要求》（CPX37EOP001N51103GN）

3　定义和术语

等效满功率天（EFPD）：燃耗单位，等效于额定反应堆热功率运行一天；

控制棒积分价值：指控制棒组从堆芯某一参考位置移到另一位置时引起的总反应性变化量。

4　缩略语

ARO：控制棒全提出堆芯；

PRC：功率量程通道；

mes：试验测量值；

cal：理论计算值。

5　物理试验

堆芯物理试验根据执行时机的不同分为堆芯启动物理试验和正常运行期间的定期试验。

5.1 堆芯启动物理试验

堆芯启动物理试验包括初始临界试验、零功率物理试验和升功率物理试验。反应堆的首循环启动物理试验和换料堆芯的启动物理试验有所不同。福清核电 5、6 号机组"华龙一号"首循环的启动物理试验内容和换料堆芯的启动物理试验内容如表 461-03-05-01 所示。

表 461-03-05-01　福清核电 5、6 号机组启动物理试验项目表

序号	试验项目		首循环	换料堆芯
1	堆芯首次临界试验		√	√
2	零功率物理试验	临界硼浓度测量	ARO 及各种棒组插入状态	ARO
		等温温度系数测量	ARO、R_{in}、$RG1_{in}$	ARO
		控制棒价值测量	单棒组、模拟弹棒棒束、模拟落棒棒束、落棒棒束、重叠棒组等	单棒组
3	升功率物理试验	热平衡测量	30、50、75、90、100	25、75、100
		功率分布测量	25、50、75、100	25、75、100
		功率量程系数刻度	25、50、75、100	25、75、100
		根据热平衡计算冷却剂流量	30、50、75、90、100	100
		功率控制棒刻度试验	100	100
		落棒试验	50	×
		模拟落棒试验	50（仅 5 号机组）	×
		模拟弹棒试验		×
		反应性系数测量	100	×

注："√"表示需要实施，"×"表示不实施，数字表示需要实施的功率台阶，R_{in} 等表示控制棒插入。由于福清核电 5、6 号机组设计完全一致，对于调试期间需要在首先启动机组上实施的模拟弹棒试验、模拟落棒试验，6 号机组就不再实施。

5.2 正常运行期间的定期试验

正常运行期间的定期试验，用于定期验证堆芯安全相关参数，保证堆芯运行安全。根据《物理试验监督要求》，需要实施热平衡测量、堆芯功率分布测量、功率量程系数刻度试验、功率控制棒刻度寿期末慢化剂温度系数测量等，试验内容和频率见表 461-03-05-02。

表 461-03-05-02　定期试验内容

序号	监督项目	监督频率	监督内容
1	热平衡测量	7 d	用 ITI 热平衡结果校正 RNI 功率值
2	堆芯功率分布测量	30EFPD 或 60 d	监督堆芯核焓升通道因子、象限功率倾斜比、线功率密度、最小偏离泡核沸腾比等参数，确定堆芯轴向功率偏差
3	功率量程系数刻度	90EFPD	RNI 核功率和轴向功率偏差校准
4	功率控制棒刻度	60EFPD	确定功率控制棒刻度曲线
5	寿期末慢化温度系数测量	1C	确定慢化剂温度系数在下限之内

第四章 热工水力设计

1 概述

热工水力设计分析计算确定冷却剂的热工水力学参数，这些参数保证燃料包壳和冷却剂之间提供充分的传热。热工设计考虑了结构尺寸、发热量、流量分布和搅混的局部变化。定位格架上的搅混翼使燃料组件各流道之间和相邻燃料组料之间引起附加的流动搅混。在堆芯内部和外部设置测量仪表，以监视反应堆的核、热工水力和机械特性，并为自动控制功能提供输入数据。

本章综述了反应堆热工水力的设计基础和假设以及相应设计计算方法。

2 引用文件

下列文件对于本文件的应用是必不可少的。

《压水堆核电厂燃料系统设计限值规定》（EJ/T 1029—1996）

《压水堆核电厂安全停堆设计准则》（EJ/T 561—2000）

《压水堆核电厂工况分类》（NB/T 20035—2011）

《核反应堆稳态中子反应率分布和反应性的确定》（NB/T 20102—2012）

《压水堆核电厂未能紧急停堆的预期瞬态分析要求》（NB/T 20104—2012）

《反应堆热工水力设计报告》（CPX42102001N56144GN）

3 定义和术语

无。

4 缩略语

DNB：偏离泡核沸腾；

DNBR：偏离泡核沸腾比。

5 设计基准和设计限值

5.1 设计基准

5.1.1 偏离泡核沸腾

在正常运行、运行瞬态以及中等频率事故工况（即Ⅰ类工况和Ⅱ类工况）下，堆芯最热元件表面，在95%的置信水平上，至少有95%的概率不发生 DNB 现象。

这个 DNB 准则是通过保守地遵守下列热工设计基准得到满足的：在Ⅰ类工况和Ⅱ类工况时，极限燃料棒的 DNBR 大于或等于所用的 DNB 关系式对应的 DNBR 限值。

对所建立的关系式，DNBR 限值取决于关系式的分散度，当计算的 DNBR 等于 DNBR 限值时，不发生 DNB 的概率在 95%置信度上为 95%。

5.1.2 燃料温度

在Ⅰ类工况和Ⅱ类工况下，堆芯具有峰值线功率密度的燃料棒，在 95%的置信水平上，至少有 95%的概率不发生燃料中心熔化。预防燃料熔化可消除熔化了的二氧化铀（UO_2）对棒包壳的不利影响，以保持棒的几何形状。

5.1.3 堆芯流量

设计必须保证正常运行时堆芯燃料组件和需要冷却的其他构件能得到充分冷却，保证在事故工况下有足够多的冷却剂排出堆芯余热。

反应堆热工水力设计应采用热工设计流量（最小流量）。反应堆总旁通流量的设计限值为 6.5%。它包括堆芯控制棒导向管冷却流量、上封头冷却流量、围板与吊篮间泄漏、外围空隙旁流，以及压力容器出口管嘴泄漏等。

5.1.4 堆芯水力学稳定性

在Ⅰ类工况和Ⅱ类工况下，必须保证堆芯不发生水力学流动不稳定。

5.1.5 反应堆运行的物理限值

在Ⅰ、Ⅱ类工况下，利用超温ΔT保护通道来保证堆芯不发生 DNB。

超温ΔT保护系统是根据一定的保护函数进行在线保护。这个保护函数是通过对 DNB 事件敏感的堆芯轴向和径向功率分布研究分析确定的。而堆芯运行控制模式是堆芯功率分布的决定因素。

5.2 设计限值

5.2.1 DNBR 设计限值

设计采用 FC 关系式，采取确定论或统计法确定 DNBR 设计限值。对于确定论法，得到的 DNBR 限值为 1.15，把亏损加到 DNBR 关系式限值中来考虑燃料棒弯曲对堆芯的负面影响，得出确定的 DNBR 设计限值；对于统计法，对核电厂运行参数（一回路冷却剂温度、反应堆功率、稳压器压力和反应堆冷却剂系统流量）的不确定性、关系式不确定性以及计算程序的不确定性进行了统计综合，得到的 DNBR 限值为 1.25，再考虑燃料棒弯曲带来的亏损，得出统计法的 DNBR 设计限值。因为统计法在确定 DNBR 设计限值时，考虑各参数的不确定性，所以，应用统计法的事故分析中将采用这些参数的名义值。

5.2.2 燃料温度设计限值

在Ⅰ类工况和Ⅱ类工况下，堆芯具有峰值线功率密度的燃料棒的中心温度，在 95%的置信水平上，至少有 95%的概率达不到规定燃耗下的燃料熔点。

未辐照的 UO_2 的熔点为 2804 ℃。UO_2 的实际熔点与多种因素有关，其中辐照影响最大。每燃耗 10 000 MW·d/t，UO_2 熔点下降 32 ℃。设计中使用的限值为 2590 ℃。

在额定功率、最大超功率和不同燃耗的瞬变期间，均要执行燃料棒的热工计算。

5.2.3 堆芯流量设计限值

堆芯热工水力设计应使用热工设计流量。根据经验，取热工设计流量的 6.5%作为堆芯总旁流量的设计限值。该旁流量限值必须通过反应堆水力学设计加以保证。

热工设计总流量定为 68 520 m^3/h。

6 计算机程序和计算方法

6.1 热工分析程序

热工分析程序用于计算堆芯焓场、流场以及最小 DNBR。

程序所用的基本热工水力守恒方程包括：

——质量守恒方程；

——动量守恒方程（三坐标轴方向）；

——能量守恒方程。

描述物理模型和关系式的附加方程包括：

——液相能量平衡方程（确定两相计算的局部含汽量）；

——燃料棒和包壳的导热方程；

——子通道间热交换方程。

6.2 堆内压降和旁流计算程序

堆内压降和旁流计算程序可以计算正常运行工况下反应堆压力容器内的：

——压降；

——旁流；

——出口接管间隙处的漏流；

——喷嘴旁流量；

——围板组件处旁流量；

——围板和外围组件之间的旁流量；

——水力载荷。

程序可以算出旁流和水力载荷的最佳估算值，也可考虑结构尺寸公差等不确定性以及它们不同组合情况下以上参数的最大值和最小值。堆芯内导向管内旁流计算通过求解由两个平行通道组成的流动系统的连续性方程、动量方程和能量方程，由此算出导向管和仪表管的旁流量。计算考虑阻力系数随雷诺数的变化关系。

6.3 堆芯功率能力分析程序

堆芯功率能力分析程序采用堆芯三维分析程序。

第五章 反应性控制

1 概述

堆芯剩余反应性的大小与反应堆的运行时间和运行工况有关。一般来说，一个新堆芯，在冷态无中毒情况下，它的初始剩余反应性最大。在反应性控制的具体设计中，必须充分注意安全原则。例如反应性控制量中一般还须包括停堆裕度一项，以保证反应堆停堆时有效增值系数 k_{eff} 值足够小，使反应堆在足够安全的次临界深度上。这样，在发生某些事故（如硼稀释事故等）时，使操纵员有足够的时间来控制反应堆。

总的后备反应性必须等于水和铀的温度效应、毒物效应及燃耗效应引入的反应性和，才能保证反应堆有一定的工作寿期及其他要求。而总的反应性控制量应大于总的后备反应性加上停堆深度。压水堆核电厂在运行过程中，反应性的控制方式主要采用下述方式来实现：

——控制棒控制；

——可溶硼控制；

——可燃毒物棒控制。

2 引用文件

下列文件对于本文件的应用是必不可少的。

《压水堆核电厂安全停堆设计准则》（EJ/T 561—2000）

《压水堆核电厂工况分类》（NB/T 20035—2011）

《压水堆核电厂反应堆系统设计 堆芯 第 1 部分：核设计》（NB/T 20057.1—2012）

《压水堆核电厂反应堆系统设计 堆芯 第 3 部分：燃料组件》（NB/T 20057.3—2012）

《压水堆核电厂反应堆系统设计 堆芯 第 4 部分：燃料相关组件》（NB/T 20057.4—2012）

《核反应堆稳态中子反应率分布和反应性的确定》（NB/T 20102—2012）

《福建福清核电 5、6 号机组（华龙一号）最终安全分析报告》（CPX00620001CNPE02GN）

《福建福清核电 5、6 号机组核设计报告》（CPX82010200N51103GN）

3 定义和术语

后备反应性：冷态干净堆芯的剩余反应性；

控制毒物：反应堆中作为控制反应性用的所有物质，例如控制棒、可燃毒物和化学补偿毒物等；

剩余反应性：堆芯在没有控制毒物时的反应性；

停堆深度：反应堆停堆后的某特定时刻，由堆芯反应性平衡（燃料、硼、插入的控制棒、温度效应和毒物）求得的负反应性；

停堆裕度：某一特定时刻，即将全部停堆棒组、控制棒组（去掉一组当量最大的控制棒束，假定它卡在全提的位置）插入堆芯使反应堆达到次临界时计算的负反应性总量；

控制棒微分价值：控制棒移动单位距离所引起的反应性变化；

控制棒积分价值：控制棒从堆芯某一参考位置移动到另一高度时，所引入的反应性变化；

硼的微分价值：堆芯单位硼浓度变化引起的反应性变化。

4 缩略语

BP：可燃毒物；

HFP：热态满功率；

HZP：热态零功率；

BOL：寿期初；

BLX：寿期初、平衡氙；

EOL：寿期末。

5 控制棒

控制棒是强吸收体，它的移动速度快、操作可靠、使用灵活、控制反应性的准确度高。当反应堆需要紧急停堆时，控制棒的控制系统能够快速引入一个大的负反应性，实现紧急停堆，并达到一定的停堆深度。当外界负荷或堆芯温度发生变化时，控制棒的控制系统必须引入一个适当的反应性，以满足反应堆功率与堆芯温度调节的需要。所以，它是反应堆中紧急控制和功率调节所不可缺少的控制手段，其具体功能有：

——功率亏损补偿；

——负荷跟踪时的反应性控制；

——调节由于温度、硼浓度或空泡效应等引起的小反应性变化；

——轴向功率分布控制；

——调节慢化剂平均温度，使之与二回路功率匹配；

——紧急停堆时，能够保证提供即使最大效率的一束控制棒完全卡在堆顶时的停堆裕量；

——任何一束控制棒的反应性足够小，以防止该棒组从堆芯弹出发生瞬发临界事故。

对控制棒材料有下列要求：首先要求它具有很大的中子吸收截面（不但要求它具有很大的热中子吸收截面，而且还要具有较大的超热中子吸收截面，特别是对于中子能谱比较硬的反应堆更应如此）。例如，在压水堆中，一般采用银-铟-镉合金作为控制棒材料。这是因为镉的热中子吸收截面很大，银和铟对于能量在超热能区的中子又具有较大的共振吸收能力。另外，还要求控制棒材料具有较长的寿命，这就要求它在单位体积中含吸收体核数要多，而且要求它吸收中子后形成的子核也具有较大的吸收截面，这样它的吸收中子的能力才不会受自身"燃耗"的影响。最后，要求控制棒的材料具有抗辐照、抗腐蚀、耐高温和良好的机械性能，同时价格要便宜等。

为了确保停堆能力，在满功率状态下限制允许的控制棒组的反应性引入。随着功率的下降，对控制棒的反应性要求也降低，因而允许插入较多的棒。棒组位置受到监测，一旦接近其极限位置时，就有报警信号通知操纵员。控制棒插入极限是用保守的氙分布和轴向功率分布确定的。此外，由这些分析所确定的棒束控制组件提棒方式用于确定功率分布因子和弹棒事故中一个已插入棒束控制组件被弹出的最大价值。

"华龙一号"堆芯布置 61 组控制棒组件（图 461-05-07-01），控制棒组件被分为两类：控制棒组和停堆棒组。控制棒组由功率补偿棒和温度调节棒构成。功率补偿棒在功率运行时可插入堆芯，以控制功率分布和负荷跟踪，温度调节棒用于补偿由于温度变化引入的反应性，停堆棒组则用于提供足够的停堆裕量。控制棒束的分组主要是基于下述两项准则要求：

——所提供的负反应性必须足以满足前述的控制要求；

——焓升因子 $F\Delta H$ 必须足够低，允许在调节棒部分插入时反应堆在低功率下运行。因而这些调节棒组价值及其重叠步数必须满足补偿轴向功率分布效应及功率亏损的要求。

棒束型控制棒组件有如下优点：

——吸收材料均匀地分布在堆芯，从而使堆内热功率分布较为均匀；

——提高了单位重量和单位体积吸收材料吸收中子的效率，大大减少了控制棒的重量；

——由于控制棒的直径很细、分布又较均匀，因此它引起的功率畸变也比较小。

5.1　影响控制棒价值的因素

影响控制棒价值的因素很多，如慢化剂温度、裂变产物的毒性、可溶硼浓度、反应堆功率水平以及控制棒组在堆芯的布置和状态等，但是慢化剂温度和燃耗是影响控制棒价值的重要因素。当慢化剂温度升高时，其密度降低了，中子在慢化剂中的穿行距离变大了。这样中子被控制棒吸收的几率变大了，也即控制棒的作用范围变大了。这就意味着慢化剂温度的升高，控制棒的价值变大。

对于给定的温度，堆芯燃耗的加深，使控制棒的价值增大。这主要是因为化学补偿浓度下降，热中子利用系数 f 增大，使控制棒的价值增大。另外，堆芯燃耗的加深使堆芯的中子注量率分布也发生变化，使控制棒价值发生变化。

当反应堆功率水平上升时，慢化剂温度升高，多普勒效应和裂变产物的积累导致堆芯宏观中子注量率分布的改变和中子能谱的硬化，从而使控制棒组的价值随着堆功率水平的上升略有增加。

另外，控制棒在堆内的布置和状态也影响着棒组的价值。一般情况下，反应堆内布置着较多的控制棒组，这些控制棒组同时插入堆芯时，控制棒的总价值并不等于单个控制棒插入堆芯时的价值之和。这是因为一根控制棒插入堆芯后将引起堆内中子注量率的畸变，这势必影响到其他控制棒的价值。这种现象称之为控制棒的阴影效应（或称"干涉效应"）。

5.2　控制棒组的重叠

在反应堆启动或停堆的过程中，为了保持相对恒定的反应性引入速率，要求控制棒组要有一定量的重叠。所谓控制棒重叠是指当一组控制棒组提到一定高度还尚未全提出堆芯时，后一组控制棒组开始从堆芯底部提起，然后两组控制棒组在保持一定的重叠量下继续上升，直至前一组控制棒组全提出堆芯，后一组控制棒组继续上升。同样，后续的控制棒组也在相同的重叠量下，与它前一组控制棒组一起继续上升直至规定的棒位。控制棒组的重叠步数是根据设计而定的。"华龙一号"功率补偿棒的重叠步数（图461-05-07-02，按G1、G2、N1、N2插入次序）为100、90、90。

采用控制棒重叠可以得到比较均匀的棒微分价值，使控制棒移动时的轴向中子注量率分布更为均匀。非均匀的轴向中子注量率分布会引起堆芯非正常功率峰，可能使燃料组件烧毁。均匀的控制棒微分价值能够保证提棒时得到较均匀的反应性变化。如果微分价值很小或为零（在堆顶或堆底），控制棒移动时不引入反应性，这是不希望的。因为在发生事故或在瞬态过程中，希望控制棒组能够立即引入反应性。因此，在反应堆运行过程中，包括启动或停堆，控制棒以重叠棒组方式运行。

应当指出，停堆棒在正常运行情况下都是提出堆芯的，所以运行过程对它没有重叠的要求。

6　可溶硼

反应堆的初始剩余反应性比较大，因而在堆芯寿期初，在堆芯中必须引入较多的控制毒物。但是这些毒物随着反应堆的运行，剩余反应性不断减少，为了保持反应堆的临界，必须逐渐从堆芯中移出多余的控制毒物。由于这些反应性的变化是很慢的，所以，相应的控制毒物的变化也是很慢的。这部分的反应性通常是通过化学补偿毒物（可溶硼）和增加可燃毒物棒来控制的。化学补偿的作用是：

——保证停堆和换料期间合适的停堆深度；

——补偿燃耗引起的反应性变化；

——补偿氙和钐所引起的反应性变化；

——在功率缓慢变化时，补偿功率亏损，并使控制棒保持在插入限之上。

由于化学毒物溶解在一回路冷却剂内，在反应性控制方式中比其他两种方式有许多优点：

——化学毒物在堆芯中分布比较均匀，对整个堆芯的反应性效应比较均匀；

——化学补偿控制不会引起堆芯功率分布的畸变，而且在堆芯燃料分区装载的情况下，还能降低功率峰值因子，提高堆芯的平均功率密度；

——化学补偿控制中的化学毒物（硼）的浓度可以根据运行的需要来调节；

——另外，化学毒物不占堆芯栅格位置，也不需要设置驱动机构等，简化了堆芯的结构，减少了控制棒的数目，降低了投资，提高了堆的经济性。

但是，化学补偿控制也有一些缺点，如它只能控制慢变化的反应性；它需要增加调硼系统设备等。其最主要缺点是溶于水中的硼浓度大小对慢化剂温度系数有着显著的影响。这是因为当水的温度升高时，水的密度减小使中子谱硬化，中子的泄漏率升高，使反应性减小；同时单位体积中含硼量也相应地减少，使反应性增加。因此，随着硼浓度的增加，慢化剂负温度系数的绝对值越来越小。当水中的硼浓度超过某一值时，有可能导致慢化剂温度系数出现正值。这是安全运行所不希望的。

硼酸中天然硼的 ^{10}B 丰度为 19.8%。

6.1　运行过程中的调硼

功率变化时由于功率亏损要引起反应性的变化，这时必须进行反应性的补偿操作。由于控制棒的移动会引起不可接受的功率分布偏移，但为了保证反应堆安全运行的要求，控制棒必须在堆内保持一定的插入量。因此，必须结合调硼方式来满足功率调节变化的要求，还有在功率变化时必须考虑毒物浓度的变化带来的慢效应。高功率下这种氙平衡引入的负反应性必须通过额外的硼稀释来进行补偿。这种反应性变化一般要比功率变化带来的反应性慢。

6.2　最小停堆硼浓度

冷、热停堆时所需的最小停堆次临界度是由控制棒组插入堆芯和最小可溶硼浓度一起提供的。为了保证在停堆后发生硼稀释事故时堆芯的安全性，要求必须提供额外的负反应性。这些负反应性在冷停堆和热停堆时由 SA、SB 和 SC 棒组提供。停堆时的次临界度由很多因素决定，主要有下列因素：

——未能测出的氙毒；

——被操纵员所控制的控制棒棒位及可溶硼浓度。

由于停堆时的反应性是不可测量的，因此必须建立控制棒棒位及硼浓度设定点，由于控制棒棒位是预先设定了的，因而必须计算硼浓度限值。

7　可燃毒物

在大型压水堆中，初始堆芯与长循环堆芯的初始剩余反应性都比较大。如果全部靠控制棒和化学补偿来控制，会出现如下结果：

需要很多控制棒组件及其一套复杂的驱动机构。这样不但不经济，在实际工程上也很难实现，而且这样复杂的结构，设备机械结构强度也不许可，同时也给安全运行带来不利因素；

大量增加化学毒物，可导致出现正的慢化剂温度系数。

"华龙一号"首炉堆芯使用硼硅酸盐玻璃可燃毒物棒，其中 B_2O_3 的重量百分比为 12.5%。后续长循环堆芯由于采用低泄漏装料方案，新燃料组件放在堆芯内区，使后备反应性增大，使用载轧燃料棒作为可燃毒物，保证功率运行时慢化剂温度系数必须为非负值。

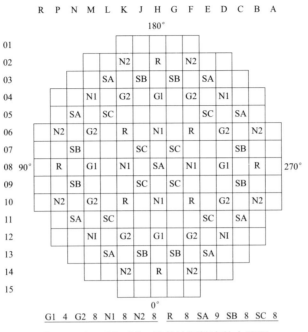

图 461-05-07-01 堆芯控制棒束的布置图

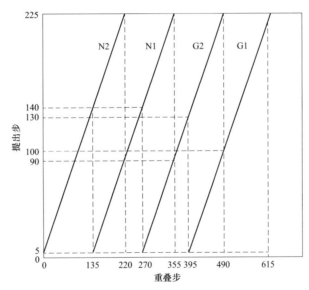

图 461-05-07-02 功率补偿棒重叠步

第六章　燃料管理

1　概述

核燃料组件是核电厂堆芯的关键部件，涉及核电厂的安全、可靠运行。为了确保营运单位机组运行安全，不违反由于核燃料和营运单位整体的设计安全考虑所规定的限值；经济和高效地利用核燃料，优化反应堆堆芯运行，有效保证核材料管理工作的规范化、系统化，需要建立和健全一套与营运"华龙一号"相适应的国际先进的核燃料管理策略。

1.1　核燃料管理策略

对核燃料采购的质量、进度及成本进行有效控制；换料堆芯设计的管理应确保对核燃料设计、换料堆芯设计和运行策略的变更是可接受的，与反应堆运行的安全性、经济性和可靠性是相符的；对反应堆堆芯设计或运行策略的重大变更须经过充分论证，审慎决策；对堆芯与核燃料的运行与操作制定有效的监督措施，确保核电厂现场运行管理与换料设计的一致性；制定恰当的燃料完整性监督措施，包括燃料破损泄漏的应对策略；对核材料进行有效的管制，以精确衡算所持有的全部核材料，防止核材料的丢失、被盗与非法转移，并满足相应的监管要求；制定长期的乏燃料贮存规划，优化乏燃料贮存与发运方案，保证核电厂运行与换料的正常进行。

1.2　核燃料管理目标

——确保核电厂第一道屏障（核燃料包壳）的完整性，确保堆芯运行满足技术规范的安全要求；
——核燃料采购的管理应确保营运单位运行所需核燃料按照合格质量与进度供应；
——制定合理的燃料管理策略，优化大修/发电计划，并提升核电厂燃料使用的经济性；
——实施安全和经济的乏燃料管理，确保核电厂的正常运行和换料能力；
——实施核材料管制，防止核材料被非法转移和使用，确保核电厂持有的核材料的安全。

2　引用文件

下列文件对于本文件的应用是必不可少的：
《核电厂设计安全规定》（HAF102）
《核电厂运行安全规定》（HAF103）
《核材料管制条例》（HAF501）
《核动力厂运行限值和条件及运行规程》（HAD103/01）
《核电厂堆芯和燃料管理》（HAD103/03）
《核电厂物项制造中的质量保证》（HAD003/08）
《核燃料组件采购、设计和制造中的质量保证》（HAD003/10）
《核电厂燃料装卸贮存系统》（HAD102/15）
《压水堆核电厂燃料系统设计限值规定》（EJ/T 1029—1996）

《压水堆核电厂安全停堆设计准则》（EJ/T 561—2000）

《压水堆燃料组件机械设计和评价》（EJ/T 629—2001）

《反应堆外易裂变材料的核临界安全 第 8 部分：堆外操作、贮存、运输轻水堆燃料的核临界安全准则》（GB/T 15146.8—2008）

《压水堆核电厂反应堆系统设计 堆芯 第 1 部分：核设计》（NB/T 20057.1—2012）

《压水堆核电厂反应堆系统设计 堆芯 第 3 部分：燃料组件》（NB/T 20057.3—2012）

《压水堆核电厂反应堆系统设计 堆芯 第 4 部分：燃料相关组件》（NB/T 20057.4—2012）

《压水堆核电厂新燃料组件包装、运输、装卸和贮存规定》（NB/T 20141—2012）

《福建福清核电 5、6 号机组（华龙一号）最终安全分析报告》（CPX00620001CNPE02GN）

3 定义和术语

核燃料：本章中"核燃料"指包含铀原料的燃料组件；

燃料元件（燃料棒）：以核燃料作为其主要成分的最独立的构件；

燃料组件：组装在一起并且在反应堆装料和卸料过程中不拆开的一组燃料元件；

乏燃料（或称乏燃料组件）：辐照达到计划卸料比燃耗后从堆内卸出，且不再在该堆中使用的核燃料组件；

相关组件：控制棒组件、中子源组件、可燃毒物组件和阻流塞组件的统称；

核材料：^{235}U，含 ^{235}U 的材料和制品；^{233}U，含 ^{233}U 的材料和制品；^{239}Pu，含 ^{239}Pu 的材料和制品；氚，含氚的材料和制品；^6Li，含 ^6Li 的材料和制品；其他需要管制的核材料；

堆芯监督：包括堆芯物理、热工监督及燃料组件破损监测。

4 燃料组件及相关组件技术规格

4.1 设计与安全基准

燃料组件属于安全级（SC）、质量保证级（QA1）及抗震一类安全重要物项。燃料组件的功能是在核反应堆中能安全可靠地发出热量并且热量能够被顺利带走，同时将裂变产物包容在燃料组件内。

反应堆堆芯与相关的冷却系统、控制系统、保护系统和安全系统一起应保证：

——在 Ⅰ、Ⅱ 类工况情况下，燃料组件保持完整性。根据反应堆冷却剂净化系统的能力和运行规定，在出现少量燃料棒破损的情况下，反应堆可保持正常运行；

——在 Ⅲ 类工况发生后，反应堆能进入安全状态并且仅有很小份额的燃料棒破损，尽管这些燃料破损可能妨碍反应堆立即恢复正常运行；

——在 Ⅳ 类工况发生后，反应堆要能够恢复到安全状态，并且堆芯保持次临界状态，同时堆芯保持可冷却的几何形状。

4.2 燃料组件结构描述

福清核电 5、6 号机组"华龙一号"机组反应堆初始堆芯布置了 177 组经适应性修改的 AFA3 G17×17 型燃料组件。

燃料组件是由骨架及 264 根燃料棒组成。骨架由 24 根导向管、1 根仪表管、11 层格架（8 层定位格架及 3 层跨间搅混格架）、上管座、下管座和相应的连接件组成。仪表管位于组件中心，用于容纳堆芯测量仪表的插入。导向管用于容纳控制棒及其他堆芯相关组件棒的插入。燃料棒被定位格架夹持，使其保持相互间的横向间隙以及与上、下管座间的轴向间隙。燃料组件示意图如图461-06-10-01所示。

4.3 燃料相关组件结构描述

燃料相关组件包括控制棒组件及固定式相关组件，其中固定式相关组件包括可燃毒物组件、一次中子源组件、二次中子源组件和阻流塞组件。

（1）控制棒组件

福清核电5、6号机组"华龙一号"机组压水堆初始及后续循环堆芯布置61组控制棒组件，包括49组黑棒组件，12组灰棒组件。黑棒组件由24根含Ag-In-Cd的控制棒组成，灰棒组件由12根含Ag-In-Cd的控制棒和12根含不锈钢的控制棒组成，黑体控制棒组件和灰体控制棒组件外形结构相同。

（2）固定式相关组件

固定式相关组件都是由压紧部件悬挂相关的棒构成。压紧部件由一组弹簧（内、外螺旋弹簧）、圆筒、压紧杆和连接板等零件组成。连接板与圆筒下端焊接成一体，弹簧下端坐在连接板上，上端被压紧杆压住。压紧杆套在圆筒上，压紧杆上焊有销钉，销钉里端嵌在圆筒所开导向槽内，使压紧杆可上下运动。对压紧部件中心筒进行了渐缩设计，开有12.45 mm的孔以便堆芯测量仪表通过。圆筒中心通孔上部内径较大，下部内径较小，中间采用圆锥面平滑过渡，以便为堆芯测量仪表从上部插入堆芯提供导向。

连接板上开有24个小孔，用来安装可燃毒物棒、中子源棒和阻流塞棒。另外还开有多个大的流水孔，以便冷却剂通过。

5 核燃料制造监督管理

为确保燃料组件制造质量，核电站营运单位需派遣驻厂代表或委托外部单位执行核燃料的驻厂监造，确保燃料制造厂按照核燃料采购合同及技术规范提供合格的核燃料。核燃料制造质量监督总体要求包括：

（1）进行制造全过程质量监督，即从原材料及零部件入厂复验、制造过程直至核燃料装入运输容器和运输车辆为止；

（2）做好核电厂营运单位内部的协调管理，并处理好与核燃料供货商的合作关系，达到有效监督的目的；

（3）实施质量监督的主要方式是委托监造承包商派遣驻厂代表常驻核燃料供货商，并对核燃料供货商进行例行的技术评价和质保监查；

（4）应建立驻厂监造人员的管理要求，驻厂监造人员应以核电厂利益为重，以产品质量为本，认真负责地从事独立的监督活动，并做好供应方与购买方的日常联络。

6 核燃料接收与检查

6.1 新燃料接收准备

（1）成立新燃料接收组织机构

在不迟于新燃料接收前15 d，核电厂运营单位成立新燃料接收专项组。新燃料接收专项组具体负责新燃料接收的准备与实施工作。新燃料接收专项组成立前，由技术支持部门牵头组织、协调新燃料接收准备工作，并及时编制新燃料接收专项计划、新燃料检查及贮存方案。

（2）新燃料接收前燃料厂房检查

在不迟于新燃料接收前 15 d，核电厂运营单位负责组织对燃料厂房进行内部综合检查，确认燃料厂房实物保护系统、通风系统、照明系统、燃料操作及贮存系统、厂房清洁度满足燃料接收及贮存要求。

（3）进场核材料数量核实

在燃料组件、相关组件于燃料制造厂发运前，核电厂运营单位驻厂代表、燃料管理人员应参与燃料出厂验收及装箱见证，对燃料组件、相关组件数量、标识号、配插关系进行核实。

（4）其他新燃料接收前提条件

——持有"中华人民共和国核材料许可证"；

——在新燃料临时贮存、交接区域建立辐射防护控制区；

——新燃料接收相关管理、技术文件可用；

——新燃料接收相关岗位人员完成岗位培训并取得授权；

——燃料操作及贮存系统、操作设备试验与检查合格。

6.2　新燃料接收实施

新燃料接收及检查划分为以下三个阶段，所有针对燃料组件及相关组件的操作应满足"燃料组件运输、贮存和吊装技术条件"的规定：

——第一阶段：燃料到厂。核燃料集装箱装载燃料组件及相关组件从燃料供应商所在地由铁路/公路运输至核电厂燃料组件运输中转贮存场地，并由 50 T 汽车吊将其卸到地面存放。

——第二阶段：厂内运输。通过汽车吊将核燃料集装箱吊到 20 T 平板车上，运输至燃料厂房装卸口 0 m，打开新燃料集装箱。

——第三阶段：开箱验收。将单个燃料组件运输容器吊运至燃料厂房新燃料开箱间，打开燃料组件运输容器，吊运燃料组件及相关组件，并对其进行接收检查。然后将检查合格的燃料组件及相关组件贮存于新燃料贮存格架或乏燃料水池中规定的贮存位置，将空燃料组件运输容器放回原核燃料集装箱内。

6.3　新燃料接收后工作

（1）产权转移

只有当燃料组件标识号和实物相符、核材料数量与质量证明文件一致、随运文件检查符合到货验收大纲规定，以及燃料组件和相关组件经到货验收检查合格，新燃料接收的验收负责人才能在燃料组件、相关组件装卸运输和交货检查表的"所有权转移"栏代表核电厂运营单位签字接收。

核燃料供收双方签署燃料组件及其相关组件装卸运输和交货检查表，作为核燃料产权转移支持性文件。

（2）核材料衡算

核电厂营运单位核材料管制办公室核材料衡算人员负责接收新燃料相关的核材料转移文件，并按照核材料账目与报告管理制度落实核材料衡算记录与报告编制工作。

（3）新燃料接收记录

新燃料接收及检查是一项与核安全、质量高度相关的工作，新燃料接收期间燃料组件及相关组件移动记录表单、检查记录表、贮存图均要严格按照程序要求予以记录、签字，并交由核电厂营运单位技术支持部门燃料管理人员整理并归档保存。同时，相应的燃料管理、衡算信息系统应及时根据燃料接收、移动、贮存情况对系统数据进行更新。

7 核燃料贮存

为了确保安全，核燃料贮存必须遵循核安全法规、技术条件和程序的有关规定。核燃料贮存安全要求包括：

——防止冷却系统功能丧失；

——防止意外临界；

——防止过量照射；

——防止放射性物质不可接受的释放；

——避免造成影响核燃料完整性的任何损伤；

——防止核燃料被随意转移。

为避免核燃料损伤，确保核燃料具有相对稳定的贮存区域和位置、不被任意转移和丢失，要求所有的核燃料吊装活动都必须满足相关技术要求并事先获得批准。

8 核燃料内部转移管理

核电厂因换料大修实施、燃料组件检查或修复、多机组燃料组件统筹管理等工作开展燃料组件内部转移时（包括装料、卸料、相关组件倒换、燃料组件检查等），必须制定相应的实施方案，实施前确认相关条件已齐备。核燃料的操作、检查与修复必须建立相应的规程，并严格按照规程操作应建立相应的应急措施；对辐照过燃料的操作必须满足相应的辐射屏蔽要求。

换料大修前，核电厂营运单位技术支持部门应编制燃料管理换料方案，明确燃料组件卸料、相关组件倒换、燃料组件装料等工作中燃料操作步序、存放位置、移动位置等信息。换料大修燃料移动与贮存文件需经技术支持部门批准，其中机组堆芯装载图需经技术支持部门分管领导或其授权人批准。换料大修燃料转移实施过程中，维修支持部门严格按照经批准的燃料移动方案实施燃料组件移动操作，技术支持部门指派燃料监督人员对整个燃料操作过程进行独立监督。

9 核燃料性能跟踪

9.1 运行期间的核燃料性能跟踪

（1）一回路冷却剂裂变产物活度的限值

反应堆一回路冷却剂中的当量瞬时比活度（$^{131}I_{eq}$）和惰性气体总瞬时比活度（Σg_{as}）限值按照《化学和放射化学技术规范》要求执行，根据 $^{131}I_{eq}$ 和 Σg_{as} 的比活度变化选择合理的运行方式。

（2）一回路冷却剂裂变产物活度的跟踪

——按照《化学和放射化学技术规范》要求，定期进行一回路水中裂变产物活度的测量，以监视燃料棒包壳的完整性；

——一旦发现一回路裂变产物有异常增加或超限时，应根据《化学和放射化学技术规范》增加测量频率。

（3）运行期间燃料包壳完整性评价

——在反应堆运行的重大瞬态期间，^{133}Xe 的比活度小于 185 Bq/g 且没有碘峰值，则可以判定反应堆

是"净堆";

——如一回路水中裂变产物活度的测量结果出现以下异常增加，则判断燃料组件漏损：

- 机组在功率瞬态情况下出现碘峰；
- ^{133}Xe 的活度大于 1000 Bq/g。

——以下方法为辅助判定燃料组件的漏损：

- 燃料可靠性指标 FRI 为监测因燃料缺陷而引起反应堆冷却剂活度增加的程度提供了一个通用手段。对于压水堆而言，如果一个反应堆堆芯中存在一个或数个燃料缺陷，就会使在稳态条件下的 FRI＞19 Bq/g。如果 FRI≤19 Bq/g，则基本可以确定在稳态下该堆芯没有燃料缺陷。
- 放射性同位素比值可以辅助确定是否漏损及用来预估燃料棒破口大小。

9.2　换料大修期间的核燃料性能跟踪

（1）燃料组件在线啜吸检测

在运行期间如果判定堆芯为"净堆"，堆芯没有燃料缺陷，燃料组件在卸料过程中不进行在线啜吸检测；否则在卸料过程中须进行在线啜吸检测。在线啜吸用啜吸因子 f 来标识被检测的燃料组件的漏损情况。啜吸因子 f 定义为 ^{133}Xe 的 γ 微分计数率（81 keV 的峰值）与本底计数率。可通过啜吸因子及其他数学分析方法初步判定漏损燃料组件及疑似漏损燃料组件。

（2）燃料组件外观检查

燃料组件如发生燃料操作事件（包括碰撞、挤压、钩挂、刮擦等），或者在线啜吸检测发现燃料组件有异常的，应对可能受到影响的所有燃料组件进行外观检查，以查明漏损情况和可能存在的隐患。具体需要检查的燃料组件包括以下三项：

——可能受到吊装事件影响的燃料组件；

——已判定泄漏或怀疑泄漏的燃料组件；

——怀疑存在异物或受到异物磨损的燃料组件。

外观检查的重点是：外层燃料棒端塞焊缝表面情况、燃料棒包壳表面、上管座吊装和定位部件、格架的结构完整性、燃料棒间是否有异物、下管座防屑板完整性和是否有异物、上管座流水孔是否有异物。

（3）燃料组件离线啜吸检测

对在线啜吸发现到有泄漏或被怀疑有泄漏的燃料组件，及外观检查时发现燃料棒有疑似有漏损的，都应进行离线啜漏，以进一步定性和定量确定燃料组件漏损程度。离线啜漏应在卸料后尽早进行，不能迟于卸料后一个月。有目视可见缺陷的燃料组件不得装入啜吸室。

10　乏燃料贮存及发运

核电厂营运单位必须做好乏燃料组件贮存及发运规划，实时掌握各核电机组乏燃料组件贮存情况，根据乏燃料水池有效容量、已贮存量、换料计划，合理地制定乏燃料发运计划。在日常工作中加强乏燃料在核电厂现场的贮存管理，确保乏燃料的贮存安全；切实确保乏燃料内部转移及发运相关的计划、组织与协调工作顺利完成。

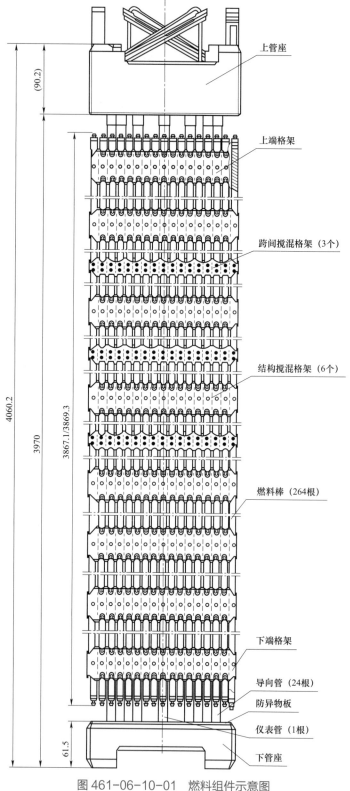

图 461-06-10-01　燃料组件示意图

第七章 核材料衡算与控制

1 概述

为了保证"华龙一号"营运单位对核材料的安全和合法利用，并且满足国家核材料管制的要求，需制定合理有效的核材料管理制度。建立核材料衡算管理制度、实物盘存制度、原始记录、账目系统与报告制度、核材料衡算测量系统，接受上级部门的核材料管制和监督管理。

2 引用文件

下列文件对于本文件的应用是必不可少的：

《中华人民共和国核材料管制条例》（HAF501）

《中华人民共和国核材料管制条例实施细则》（HAF501/01）

3 定义和术语

核材料：在本规程中的核材料主要指含有 ^{235}U、^{239}Pu 等材料的燃料组件或元件；

核材料衡算：确定在规定的区域内核材料存量以及在规定周期内核材料数量变化的活动；

核材料平衡区（MBA）：设施内部或外部按照地域和管理职责划定的区域，进出该区域的核材料都可以被测定，并且在该区域中可按照规定程序确定核材料的实物存量；

关键测量点（KMP）：核材料以可测量的形式出现，并通过测量可以确定材料流量或存量的部位；

盘存周期：两次实物盘存之间的时间间隔；

实物盘存（PIT）：某一盘存周期内，设施按规定程序确定核材料平衡区所有批量核材料的测量值或导出的估算值的总和所进行的活动。

4 核材料衡算管理

4.1 目的

——保证核材料的安全和合法利用；

——满足国家核材料管制的要求。

4.2 核材料平衡区的划分及关键测量点的设置

（1）平衡区

设置核材料平衡区的目的是便于核材料的衡算与核查，一般按照机组进行划分，每个机组作为一个完全独立的平衡区。

（2）关键测量点

设置关键测量点是为了便于测定核材料流量或存量。

——按 HAD 501/07 规定以"KMP－英文字母"表示实物盘存关键测量点，而以"KMP－阿拉伯数字"表示物料流动关键测点。

——KMP-A 为新燃料贮存间盘存关键测量点；KMP-B 为反应堆堆芯盘存关键测量点；KMP-C 为乏燃料贮存水池盘存关键测量点。

——KMP-1 为燃料接收和流动关键测量点；KMP-2 为核消耗和核产生流动关键测量点；KMP-3 为乏燃料和其他燃料发运流动关键测量点。

"华龙一号"n号机组平衡区和关键测量点划分图见图461-07-06-01。

5 实物盘存

5.1 盘存前的准备

实物盘存由核电厂盘存负责人组织和实施，并严格按照实物盘存的规程进行，由盘存小组逐项核对燃料组件标识号等，并填写盘存表格。根据换料周期，实物盘存在每次装料后进行。

5.2 盘存的实施

对平衡区按实际情况，一般在每次堆芯装料后同一时段对三个实物盘存关键测量点分别进行实物盘存。

5.3 盘存后续活动

编制实物盘存报告，所有的核材料管理记录都应与实物盘存的数据相一致，对二者之间的出入都应进行复查，并作出解释说明。

实物盘存结果应由盘存负责人书面报告核电厂核材料管制办公室。

5.4 计划外盘存

若需要计划外盘存，由核材料管制办公室衡算管理组根据情况相应实施。

6 核材料管制工作内部管理

6.1 核材料管制工作的监督检查

营运单位核材料管制办公室负责厂内核材料管制工作的监督检查，并接受上级部门的监督检查。

营运单位派专人负责核材料驻厂监造活动，驻厂监造人员对核材料衡算数据进行监督和检查。

营运单位安全质量部门负责对燃料组件不符合项的管理，并对燃料组件的运输、接收、到货验收检查、贮存、内部移动、堆芯装卸料、乏燃料组件发运前的检查和发运等活动实施质保监督。并可根据本规定对营运单位内的核材料管制活动进行质保监查，向本单位负责人提交监查报告。

6.2 核材料管制人员的培训与授权

营运单位核材料管制办公室负责组织营运单位核材料管制人员进行培训。

核材料管制人员必须定期或不定期地接受公司内部人员的培训；学习和掌握国家核材料管制的有关法规、政策、条例及实施细则；了解国家核材料管制和国际核保障的文件；掌握有关核材料管制工作的专业术语和专业知识；熟悉与核材料管制工作相关的工作程序和接口关系。

核材料管制人员的工作授权按照营运单位相关岗位授权规定执行。

衡算办公室原则上只允许核材料衡算人员进入；凡确有需要进入核材料衡算办公室的其他人员，须由核材料衡算人员陪同并进行登记后方可进出。

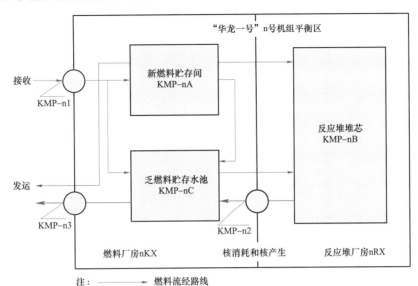

图 461-07-06-01 n 号机组平衡区和关键测量点划分图

第八章　性能试验

1　特性试验

1.1　概述

性能试验主要用于检测核电厂汽轮发电机组一回路、二回路等重要设备及管道的性能是否满足设计要求,确保机组处于正常安全运行状态。

1.2　引用文件

下列文件对于本文件的应用是必不可少的。凡是注日期的引用文件,仅所注日期的版本适用于本文件。凡是不注日期的引用文件,其最新版本(包括所有的修改单)适用于本文件。

《汽轮机热力性能验收试验规程(第1部分)》(GB/T 8117.1—2008)

《汽轮机热力性能验收试验规程(第4部分)》(GB/T 8117.4—2017)

1.3　缩略语

FWD:核岛消防水分配系统;

WAP:压缩空气生产系统;

VCL:主控制室空调系统;

VEC:控制柜间通风系统。

1.4　泵特性试验

泵是将原动机的机械能转换成液体的压力能和动能从而实现流体定向输运的动力设备。泵在现代核电厂的运行过程中占有相当重要的位置,它是核电厂中应用较多的动力机械设备。

为确保核电厂安全稳定的运行,需要对安全厂用水泵、设备冷却水泵、消防水泵以及余热排出泵进行水力特性计算。

泵水力特性分析需要采集如下数据:试验泵的流量及电流、泵进出口压力、泵进出口管道截面积、泵入口水温及泵转速等。为了更精确的计算,采集数据增加泵进出口压力取样点的高度,以排除位能对扬程的影响。

1.5　换热器试验

在工业生产中,完成流体之间热量交换过程的设备,统称为换热器。在核电厂中,反应堆一回路、二回路系统及其辅助系统都有众多不同功能的换热设备。监测一些主要换热器的换热能力,对确保机组安全、稳定、高效运行有着重要的意义。

主要监测的换热设备有安全厂用水及设备冷却水间的板式热交换器、常规岛回热系统相关换热器(高低加)、凝汽器、蒸汽发生器等。

需要采集数据:换热器冷热端进出口流量及进出口温度、换热器冷热端压力、换热器疏水流量及温度等。

1.6 汽轮机热力性能试验

汽轮机是一种利用蒸汽做功的旋转式机械设备，其功能是将蒸汽带来的反应堆热能转变为推动汽轮机转子高速旋转的机械能，并带动发电机发电的一种动力设备。核电厂汽轮发电机组的效率高低直接影响核电厂的效益。

汽轮机热力性能试验，用于汽轮机的验收试验或必须在误差最小的前提下确定性能指标的其他情况。试验目的是要用精密的仪器和最好的测试技术来确定机组性能，也可作为在汽轮发电机组出力出现问题时的一种诊断故障的方法。

主要步骤：根据具体要求可以分为简化试验或全面试验，根据具体要求在汽轮发电机组相关测点安装高精度仪表进行监测，测点主要包括：压力测点、温度测点、流量测点以及电功率测点，部分不需要安装仪表用运行参数进行监测的有除氧器及凝汽器水位等参数。试验过程中要求根据热力系统图进行相应的隔离。

1.7 其他特性试验

热力性能试验专业还负责其他部分定期试验，主要包括：

消防水压力流量试验：检测 FWD 消防管网管道是否存在由于管道堵塞、泄漏及其他问题而造成压力下降的现象；

反应堆冷却剂泵惰转：检测冷却剂泵失电后惰转的转速是否满足设计要求；

空气干燥器露点、压力损失测定：检测 WAP 应急压缩空气生产系统干燥器是否正常运行；

冷却盘管换热性能试验：检测 VCL/VEC 系统冷却盘管换热能力。

2 瞬态统计

2.1 概述

本部分规定了"华龙一号"机组瞬态统计的实施策略，保证"华龙一号"机组瞬态统计工作标准化，且质量满足要求。

2.2 引用文件

下列文件对于本文件的应用是必不可少的。凡是注日期的引用文件，仅所注日期的版本适用于本文件；凡是不注日期的引用文件，其最新版本（包括所有的修改单）适用于本文件。

《核电厂瞬态统计》（NB/T 20314—2014）

《民用核设施安全监督管理条例实施细则之二附件三核燃料循环设施的报告制度》（HAF001/02/03）

2.3 定义和术语

瞬态：温度、压力等参数变化超过一定值的瞬态变化过程。

设计瞬态：核电厂在其整个运行寿期内在试验、正常运行或事故过程中设计上考虑应经受的热工水力负载工况。设计时参考设计运行工况而给出的瞬态，包括该瞬态下参数的演变过程。

瞬态统计：对一回路重要设备的温度、压力等瞬态变化过程进行分析、归类、统计。

瞬态阈值：用于判断某类瞬态发生而给出的参数变化的定值。

设计瞬态次数限值：设计时给出的各种设计瞬态允许发生的次数。

包络曲线：设计瞬态中参数演变曲线可以将实际参数演变曲线包络的情形。

瞬态消耗：某类瞬态已经发生的次数。

2.4 瞬态统计的目的及原则

2.4.1 统计目的

根据 HAF001/02/03 民用核设施安全监督管理条例实施细则之二附件三核燃料循环设施的报告制度第 1.3.2.2 节第一条要求：运行阶段年报内容需要包括安全重要构筑物、设备和系统的运行性能及其自检情况。而反应堆一回路瞬态发生的情况包含在此范围内。

根据设计瞬态文件，了解实际运行过程中一回路重要设备瞬态的严重程度与发生次数。监测一回路重要设备是否运行在设计瞬态描述的范围之外，便于采取相应的手段对核电厂瞬态进行有效的控制、跟踪和评估核电厂运行的状态。

2.4.2 基本原则

瞬态统计工作需遵循两个原则：保守原则、合理原则；

保守原则：要求在将实际瞬态往设计瞬态归类时，实际的参数演变程度不得超过设计瞬态的描述；

合理原则：要求瞬态统计工作不能把所有瞬态统计成严重瞬态，以保证瞬态统计的合理性；

核电厂实际发生的瞬态较为复杂，需要合理运用上述两个原则，准确定位瞬态。

2.5 瞬态统计的流程与方法

瞬态统计的一般流程分为三步。

——判断瞬态的发生：检查是否有瞬态相关参数变化超过阈值的情况或某项运行操作是否执行；

——归类瞬态：将瞬态实际变化曲线（或参数）与提供的设计瞬态曲线（或阈值）相比较，对瞬态进行归类；

——统计瞬态次数：对一段时间发生的瞬态按照瞬态代码进行归类统计。

2.6 瞬态趋势分析及评估

2.6.1 瞬态的趋势分析

瞬态的趋势分析是瞬态统计工作的重要组成部分，由于每种类型的设计瞬态限值不同，仅仅从发生相应瞬态的次数来看，不能更精准地反映出瞬态消耗的严重程度。可以观察一定时间内某瞬态消耗的次数来进行对比，判断瞬态消耗的速度是否合理，并预估是否存在超过设计瞬态限值的可能。

"华龙一号"机组存在 40 年寿期及 60 年寿期瞬态的消耗次数，应分别针对两种不同寿期进行合理评估。

2.6.2 瞬态的评估

反应堆一回路冷却剂系统在运行一段时间后，应定期进行分析评估，评估内容应包含但不限于某瞬态发生次数、是否有超设计瞬态文件的新瞬态产生、瞬态消耗的趋势分析，并针对瞬态消耗给出相应意见，以避免发生某瞬态发生次数超出设计瞬态次数的情况。如已发生此情况，需要及时反馈相关部门及设计院，对相应设备和系统进行可靠性评估。

2.7 瞬态统计的记录和报告

对于机组运行期间发生的瞬态应该及时进行统计记录，防止错漏。统计工作应执行相应的数据库，保存历史瞬态记录和分析结果等。瞬态记录应至少包含瞬态归类的相关描述及发生时间信息。

根据上游文件要求，定期编制瞬态统计年报，汇总当年瞬态发生情况、累计瞬态情况以及瞬态趋势分析和评估等信息。

3　定期试验

3.1　概述

定期试验的目的是定期验证重要安全系统和设备、构筑物的可用性，确保核电厂系统或设备、构筑物的良好运行和可用性。定期试验策略包括但不限于分类、基本原则等。

3.2　引用文件

无。

3.3　缩略语

QSR：质量安全相关。

3.4　定期试验的分类

安全相关定期试验（即强制性定期试验，简称为 QSR 试验）：针对运行技术规格书中规定的有明确技术准则和监督要求的构筑物、系统和设备（SSC），为了确保这些 SSC 在规定的运行限值和条件下运行，核电厂制定了必须的最低限度的监督要求，对 SSC 有关参数进行定期监测，以确保机组有足够的安全裕量，SSC 处于运行技术规格书所要求的可用状态，以保持系统的可靠性，确保所有故障的部件或其低于标准的性能不被长期隐匿。

非安全相关定期试验（即非强制性定期试验，简称为非 QSR 定期试验）：是指除安全相关定期试验以外，为保持核电厂 SSC 可靠性所需要的定期试验，这部分试验是根据 SSC 功能设计、厂家技术文件要求、行业标准和实践经验来确定的。

3.5　定期试验基本原则

——定期试验规程编制、试验实施及评价必须满足安全相关系统和设备定期试验监督大纲和非安全相关系统及设备定期试验大纲规定的试验项目、周期和验收准则，以确保核电厂相关系统、设备处于可用状态。

——按安全相关系统和设备定期试验监督大纲与非安全相关系统和设备定期试验大纲规定的职责分工，试验责任处室应严格按照大纲规定的项目、周期、验收准则要求完成相应定期试验，对试验项目实施负责，归口管理部门、核安全监督部门对定期试验进行管理和监督；因缺陷导致试验不能执行时，由试验实施的责任部门负责制定工作计划和应对措施，直到定期试验按期完成并验收合格，及时汇报试验监管部门。

——定期试验的实施必须由授权的人员按照书面的、批准的、且受控的试验规程执行；每一次试验都必须记录和评价。

——原则上，在试验范围内的系统/设备维修或更换后的维修后试验合格后方可进行定期试验。如果维修后试验的条件、内容等覆盖定期试验，则可以用维修后试验来等效定期试验。

——在机组进入某一运行模式之前，必须首先确认所有该运行模式下要求的定期试验的最近一次试验成功且距机组进入该运行模式的时间不超过监督频度，否则应先做试验。如果因机组/系统条件不满足而无法在进入该运行模式之前实施，则必须在进入该运行模式后立即实施该项定期试验。

——试验过程中可能会出现设备缺陷或参数异常等情况，必须为缺陷处理留下一定的时间，因此定期试验计划安排时不允许一次性将 25%裕度用完。

——定期试验的周期允许根据生产任务的安排做适当的调整，但必须满足以下两个要求：

● 计划的调整不能导致定期试验实施次数的减少；

● 任意两次连续相同 QSR 定期试验之间的时间间隔不能超过其规定周期的 125%倍。

——已经有重大安全相关设备不可用时，为避免引入叠加风险，在满足不超过 25%裕度内不再安排可能会违背运行技术规格书要求的安全相关定期试验。

——对于因设备缺陷或降级导致的试验不合格，需通过状态报告流程进行根本原因分析和处理。

——如定期试验项目已经通过其他手段（维修后试验等）得到确认，有满足验收准则的记录，并完成规定的等效申请审批流程，则可等同于定期试验成功完成。

——定期试验项目首次触发时间由试验责任处室负责确定。机组首次装料前按如下原则建立定期试验起始点：

● 实施等效试验项目，以调试完成试验时间为起始点；

● 开展定期试验项目，以完成定期试验时间为起始点；

● 对于首次开展定期试验项目，需要根据机组状态对试验条件的具备情况和核电厂管理要求确定具体执行时间，但必须满足国家法规和核电厂技术规范要求；

● 在此之后相关试验将按照安全相关系统和设备定期试验监督大纲和非安全相关系统和设备定期试验大纲规定的频度开展。

第九章　腐蚀与防护

1　概述

腐蚀是材料受环境介质的化学、电化学和物理作用产生的损坏或变质现象，包括化学、电化学与机械因素或生物因素的共同作用。腐蚀是核电厂设备失效、老化降级的主要因素，腐蚀防护则是防止或延缓设备腐蚀失效的有效手段。作为腐蚀与防护的技术策略，本章介绍腐蚀分类、核电厂主要的腐蚀现象与机理、防腐策略和技术。

表 461-09-01-01　腐蚀与防护技术要素表

次级技术要素	包含内容
腐蚀现象及腐蚀机理	核电厂常见腐蚀：均匀腐蚀、点蚀、缝隙腐蚀、晶间腐蚀、电偶腐蚀、应力腐蚀开裂、其他环境诱发腐蚀（HIC、CFC）、选择性溶解（去合金化）、流动加速腐蚀（FAC）、微生物腐蚀（MIC）、空泡腐蚀、冲刷腐蚀以及核电厂特殊腐蚀：PWSCC、FAC、硼酸腐蚀的现象及机理
腐蚀防护技术与策略	从选材与结构优化、环境与介质优化、防腐手段、预防性防腐及纠正性防腐四个方面阐述核电厂防腐策略

2　引用文件

《核动力厂设计安全规定》（HAF 102）
《核动力厂运行安全规定》（HAF 103）
《民用核承压设备安全监督管理规定实施细则》（HAF 601/01）
《核电厂调试和运行期间的质量保证》（HAD 003/09）

3　腐蚀术语及定义

3.1　化学腐蚀

是指金属表面与非电解质发生纯化学反应而引起的损坏，通常在一些干燥气体及非电解质溶液中进行。

3.2　电化学腐蚀

是指金属表面与电解质溶液发生电化学反应而产生的破坏，反应过程中有电流产生。金属在大气、海水、土壤及酸、碱、盐等介质中所发生的腐蚀皆属此类。

3.3　微生物腐蚀

微生物的新陈代谢产物能为电化学腐蚀创造必要的条件，促进金属的腐蚀。

3.4 小孔腐蚀

这种破坏主要集中在某些活性点上，并向金属内部深处发展。通常其腐蚀深度大于其孔径，严重时可使设备穿孔。

3.5 缝隙腐蚀

金属在腐蚀性介质中其表面或因铆接、焊接、螺纹连接，与非金属连接，或因表面落有灰尘、砂砾、垢层、附着沉积物等固体物质时，由于接触面间的缝隙内存在电解质溶液而产生的腐蚀现象。

3.6 电偶腐蚀

凡是具有不同电极电位的金属相互接触，并在一定的介质中所发生的电化学腐蚀即为电偶腐蚀。

3.7 应力腐蚀开裂

金属在拉应力和腐蚀介质共同作用下，使金属材料发生腐蚀性开裂。根据腐蚀介质性质和应力状态的不同，在金相显微镜下，显微裂纹呈穿晶、沿晶或两者混合形式。

3.8 氢脆

在某些介质中，因腐蚀或其他原因而产生的氢原子可渗入金属内部，使金属变脆，并在应力的作用下发生脆裂。

3.9 腐蚀疲劳

金属材料在交变应力和腐蚀介质共同作用下的一种腐蚀。

3.10 选择性腐蚀

合金中的某一组分由于优先地溶解到电解质溶液中去，从而造成另一组分富集于金属表面。

3.11 均匀腐蚀

均匀腐蚀是指接触腐蚀介质的金属表面全面产生腐蚀的现象。

3.12 点蚀

点蚀又称为孔蚀，是一种集中于金属表面很小范围并深入到金属内部的腐蚀形态。

3.13 晶间腐蚀

晶间腐蚀是局部腐蚀的一种，沿着金属晶粒间的分界面向内部扩展的腐蚀。

3.14 空泡腐蚀

腐蚀流体与金属构件作高速相对运动，引起流体压力分布不均匀，气泡迅速产生和破灭过程反复进行而导致的局部腐蚀。

3.15 冲刷腐蚀

高速度的腐蚀流体，及腐蚀流体与高速度的结合对材料造成的损伤称为冲刷腐蚀。

4 腐蚀现象及其机理

核电厂常见的腐蚀现象及其机理

核电厂常见的金属材料劣化和失效机理多种多样，有腐蚀、液滴/固体冲蚀、空蚀、磨损、疲劳、辐照脆化等几种常见的机理。其中腐蚀又可分为：

——均匀腐蚀；

——点蚀；

——缝隙腐蚀；

——晶间腐蚀；

——电偶腐蚀；

——应力腐蚀开裂；

——其他环境诱发腐蚀（HIC、CFC）；

——选择性溶解（去合金化）；

——流动加速腐蚀（FAC）；

——微生物腐蚀（MIC）；

——空泡腐蚀；

——冲刷腐蚀。

4.1 均匀腐蚀

特点：

——材料均匀、规则的从构建表面上脱落；

——金属基体均匀减薄。

发生条件：

——构建的所有部分都浸没在腐蚀介质中；

——材料化学成分均一。

预防/缓解措施：

——合理选材；

——采用涂层防护；

——介质添加缓蚀剂；

——增加阴极保护。

图 461-09-04-01 管道均匀腐蚀形貌

4.2 点蚀

特点：

——点蚀只发生在很小的区域，其他部分不发生腐蚀；

——起源于钝化膜破裂或夹杂物处；

——点蚀坑面积小；

——点蚀一旦发生可自发扩展；

——危害性大，难以被发现。

发生条件：

——氧化性环境；

——Cl^-离子存在的情况下；

——起始于表面或夹杂物处（如硫化物夹杂、沉积物和划痕处）；

——点蚀区为阳极，其余部分为阴极，形成大阳极小阴极；

——点蚀速率通常随温度的升高而增加；

——点蚀坑诱发应力腐蚀开裂。

预防/缓解措施：

——通过降低 Cl^-浓度、温度、调节 pH，降低介质的腐蚀性；

——提高材料的耐蚀性；

——去除介质中的悬浮物；

——某些情况下可采用阴极保护；

——采用合理的设计避免介质滞留。

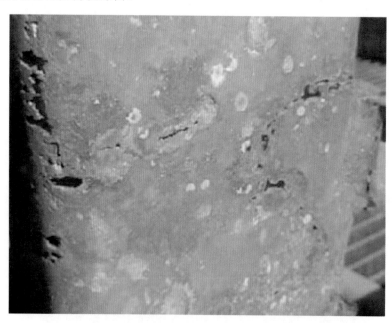

图 461-09-04-02　点蚀形貌

4.3 缝隙腐蚀

特点：

——和点蚀相似，在设备之间的缝隙处发生；

——腐蚀速率与缝隙的形状有关；

——一旦发生缝隙腐蚀可以产生自催化作用；

——由于点蚀扩展或应力腐蚀裂纹扩展队中导致构建失效。

发生条件：

——局部由于缝隙腐蚀而被保护，使不同区域的腐蚀发生改变/Cl 离子浓差电池；

——通常有 Cl⁻存在；

——溶液滞留对腐蚀起到加速作用。

预防/缓解：

——焊接接头代替铆接或螺栓连接；

——在容易发生缝隙腐蚀的条件下尽量避免使用焊接或搭接接头；

——采用防渗透材料做垫片，避免使用吸湿材料试样的；

——经常对沉积物进行清理；

——应用合适的绝缘材料使缝隙密封；

——设计时避免形成缝隙且能保持流体均匀流动。

图 461-09-04-03　螺纹处常见缝隙腐蚀形貌

4.4　晶间腐蚀

特点：

——晶间腐蚀是沿着材料晶界发生的一种局部腐蚀，是晶间腐蚀速率大于晶界腐蚀速率的结果。图 461-09-04-05 为 410 不锈钢阀杆沿晶界发生腐蚀，使晶粒之间失去结合力而发生分离。

发生条件：

——某些合金元素在晶界处偏析；

——不锈钢敏化导致碳化铬沿晶界析出，碳化铬附近的铬的浓度急剧下降（也适用于晶间应力腐蚀开裂）。

预防/缓解措施：

——使用低碳或稳定化的不锈钢；

——焊接结构尽可能采用固溶处理或淬火不锈钢；

——确保所购买的不锈钢是固溶处理状态；

——铸造产品/材料比锻造更耐晶间腐蚀。

图 461-09-04-04　晶间腐蚀模型

图 461-09-04-05　410 不锈钢阀杆晶间腐蚀形貌（500×）

4.5　电偶腐蚀

特点：

——不同材料相互接触后，一种材料腐蚀加剧，另一种材料基本不发生腐蚀。

发生条件：

——在电解质溶液中，两种不同材料相互接触，且腐蚀电位不同；

——两种材料足够大的腐蚀电位差；

——大阴极小阳极加速电偶腐蚀。

预防/缓解措施：

——避免采用腐蚀电位序相差较大的金属；

——避免大阴极小阳极的接触方式；

——必要时采用绝缘隔离方式；

——使用涂料时，在仅阴极或阴极和阳极都采用，但不能仅在阳极采用。

图 461-09-04-06 铜管上钢制管箍发生电偶腐蚀

4.6 应力腐蚀开裂

特点：

——应力腐蚀需特定的材料、敏感介质和应力三者共同作用下发生；

——塑性材料在几乎不发生全面腐蚀的介质中发生应力腐蚀后，其断口特征是脆性断口。

穿晶应力腐蚀开裂：

——裂纹常萌生在点蚀坑或其他缺陷处；

——裂纹穿过晶粒扩展，与晶界无关。

沿晶应力腐蚀开裂：

——裂纹萌生于晶间腐蚀、点蚀坑或其他缺陷处；

——裂纹沿晶界扩展。

发生条件：

——几乎所有合金均能发生应力腐蚀开裂（纯金属有较强的应力腐蚀开裂抗力）；

——需要高于某一临界温度（一般＞120 ℉）；

——处于特定环境中，并需要一定的拉应力（工作应力/残余应力；静载/交变载荷）。

易发生 IGSCC 的体系如下：

——不锈钢和镍基合金在高纯氧水中；

——不锈钢在含卤素环境中（如氯化物）；

——黄铜在氨水中；

——碳钢在硝酸盐环境中。

易发生 TGSCC 的体系如下：

——不锈钢和镍基合金在高纯氧水中；

——晶界处含有某些有害元素（如 P、S、Sb）；

——敏化后的不锈钢。

冷加工，如材料表面较大的研磨，使表面有较大的应力，诱导材料在特定环境中发生 SCC。

预防/缓解措施：

防止 SCC 应至少采用如下中一种方法：

——拉应力（如重新设计、加工产生的表面残余应力）；

——决定性的环境因素（如氧、氧化剂、特定离子）；

——敏感材料（用不敏感或稳定化材料来代替，如采用低碳稳定不锈钢）；

——确保采购的不锈钢材料经过固溶处理。

图 461-09-04-07　穿晶应力腐蚀开裂 IGSCC（×150）裂纹穿过晶粒

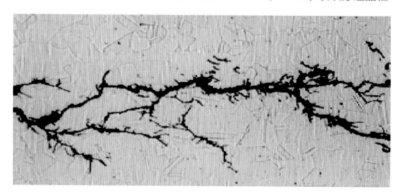

图 461-09-04-08　沿晶应力腐蚀开裂 TGSCC（×150）裂纹沿晶界扩展

4.7　其他环境诱发腐蚀

特点：

——塑性材料在几乎不发生全面腐蚀的介质中发生断裂后，其断口特征是脆性断口的腐蚀机制，有两种类型：腐蚀疲劳开裂（CFC）和氢致开裂（HIC）。

发生条件：

——腐蚀疲劳开裂：在腐蚀介质中周期性载荷作用；纯金属和合金均可发生；

——氢致开裂：析氢过程中，氢向合金中扩散，阴极极化加速裂纹扩展，可导致氢鼓泡。

预防/缓解措施：

——腐蚀疲劳开裂：消除周期性载荷，降低全面腐蚀速率；

——氢致开裂：消除氢来源，减小张应力，使用涂层保护。

4.8　选择性腐蚀

特点：

——多元合金中一种或多种较活泼组分优先溶解，使材料出现蜂窝状结构（如黄铜脱锌、灰口铸铁的石墨化腐蚀）。灰口铸铁的铁被选择性溶解，生成铁的氧化物，这是选择腐蚀的指示。残留的石墨沉积在铸铁的表面，因石墨较软，可用小刀或其他尖锐的工具清除。

发生条件：

——合金中较为活泼的组元优先溶解。

预防/缓解措施：

——减少环境的腐蚀性；

——使用敏感性较小的合金；

——减小流体的速率。

图 461-09-04-09　灰口铸铁的选择性腐蚀（石墨化腐蚀），挖掉石墨结构后的形貌

4.9　微生物腐蚀

特点：

——微生物腐（MIC）是指微生物活动参与下金属所发生的腐蚀；

——存在易导致发生微生物腐蚀的细菌；

——材料表面腐蚀产物的沉积或节瘤；

——用较耐蚀的材料代替腐蚀严重的材料；

——管道中度至严重堵塞，油罐壁的严重腐蚀产物沉积；

——材料表面呈波浪不整平；

——现在有难闻的臭味；

——手摸起来呈黏滑感。

发生条件：

——细菌的存在为好几种腐蚀创造了有利条件；

——两类细菌：厌氧型（生长不需要氧）和耗氧型（生长需要氧）；

——升高温度往往会促进 MIC；

——MIC 常常发生在低流速区域。

预防/缓解措施：

——制定定期清理程序，以消除有机体的聚集（机械清除或采用化学分散剂）；

——采用杀菌剂来清洗杀死细菌；

——避免出现死角、不流通的状态出现；

——避免热冲击；

——清除菌的营养源（S）；

——增加 pH，如果可能的话，pH＞9.0；

——使用更耐 MIC 的材料，但没材料完全耐 MIC；

——若全系统均发生了 MIC，则可较快解决该问题；若 MIC 仅局部出现，并不能表征该系统性能，较难发现，可采用材料替代。

图 461-09-04-10　海水冷却管道管节瘤腐蚀

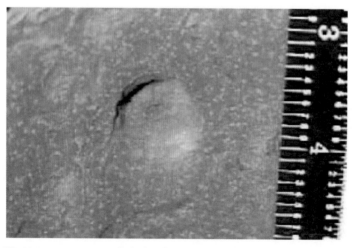

图 461-09-04-11　海水冷却管道中的微生物参与下的管结瘤腐蚀

4.10　空泡腐蚀

特点：

——流体流经某些区域流体静压可降低到液体蒸汽压之下，因而形成气泡；在高压区气泡受压力而破灭，气泡的反复生成和破灭产生很大的机械力使表面膜局部毁坏；

——具有高密度的坑；

——类似点蚀的坑，但是坑表面较为粗糙。

发生条件：

——高流速的流体经过弯头时，会在弯头下流产生一低压区。

易发生区：

——泵叶轮、导叶；

——孔板的下流管；

——节流阀门和下游管；

——热交换器。

出现的典型宏观特征：

——"嘎嘎""啪"或"噼啪"响亮的流体声特点；

——泵的性能降低。

预防/缓解措施：

——降低流速；

——减少不必要的调节阀；

——使用更耐蚀的材料，没有完全抗空蚀的材料，但一般强度和硬度越大越好。

图461-09-04-12　直径6 in管道下游流量控制器的空蚀

4.11　冲刷腐蚀

特点：

——液滴以较高的流速冲击材料表面，导致材料损失，加速了腐蚀；

——冲刷腐蚀形貌具有方向性；

——腐蚀形貌的边缘较为锐利；

——冲刷只发生在局部区域。

敏感区域如下：

——前后压力下降较大的控制阀下流；

——蒸汽疏水阀的下流；

——液体易瞬时转变为蒸汽的部位。

发生条件：

下述因素对冲刷腐蚀影响较大

——流速；

——压力和温度；

——流速控制装置；

——管道的几何形状；

——材料的磨损及疲劳抗力。

介质中的悬浮物会加大冲刷腐蚀速率：

——换热器管；

——夹带泥渣或沙的未经处理的水系统；

——任何夹带固体的高流速系统。

预防/缓解：

——除去液体中夹带的固体物，如过滤器或滤网；

——防止固体物的引入，如用移动泵来抽取；

——修改系统运行参数，以避免大的压力下降。

图 461-09-04-13　液体冲刷的形貌

图 461-09-04-14　固体颗粒冲刷的形貌（左为不锈钢，右为碳钢）

5 核电厂特殊的腐蚀现象与机理

5.1 PWSCC

PWSCC 是指一次侧应力腐蚀，PWSCC 是一种晶间腐蚀，需要下列三个条件：

——敏感的管子微观结构，合金含量和少量的晶间碳化物；

——高的残余拉应力和工作应力（接近于屈服强度）；

——腐蚀性环境（高温水）。

传热管局部管段受到高残余应力作用时，往往在该管段表面产生 PWSCC。这些部位主要指管板的胀管过渡区、管束内排管子的 U 形弯曲部分、与支撑板接触处的管子凹痕部分和管板上泥渣堆积处。在某些胀管过渡区和凹痕区里，轴向和周向裂纹都会发生。对于轴向 PWSCC 而言，当其破口尺寸未达到临界破裂尺寸之前，一般会出现泄漏。对于周向裂纹而言，由于其扩展情况不清楚，一般是在检查出来之后就要堵管或加装衬管。在机械胀管过渡区的 PWSCC 多为轴向裂纹，偶尔在轴向裂纹之间出现短的周向裂纹。在 U 形弯管区 PWSCC 通常为轴向裂纹，并限制在最里面几排管子直段至 U 形管的过渡区内，有时能检测到非轴向裂纹。在凹痕区里，轴向裂纹和周向裂纹都会产生。

实例：

1991 年，法国 Burry-3 核电厂控制棒驱动机构贯穿件应力腐蚀开裂，并有泄漏。这是最早发现的贯穿件存在应力腐蚀开裂，此后许多国家都加强了对此部位的检查。法国发现类似的事件最多，这可能是法国电力公司（EDF）决定更换所有 600 合金反应堆压力容器顶盖部件的原因。2000 年，美国 V.C.summer 核电厂一回路主管道 A 热管段管咀应力腐蚀开裂，约 90 kg 硼酸泄漏到安全壳厂房地面。2003 年，美国 South Texas Project-3 核电厂发现压力容器底部贯穿件有应力腐蚀开裂，并有硼酸溶液泄漏。日本 Tsuruga-2 稳压器仪表管咀发现硼结晶，并确认是 PWSCC 引起的。稳压器的上部仪表管咀和底部加热套管处所用的合金有 600 合金，其 PWSCC 值得关注。并且 600 合金作为蒸汽发生器传热管的应力腐蚀开裂问题，也给核电厂带来了巨大的安全隐患和经济负担。

5.2 FAC

冲刷腐蚀就是碳钢或低合金钢表面保护性的氧化膜在水流或多相混和物液流冲刷作用下发生溶解、破坏的过程。由于氧化膜的不断减薄，保护性能下降，腐蚀速率上升，最后达到一种稳定状态——腐蚀速率和溶解速率趋于一致，并保持这个稳定的腐蚀速率持续下去。金属表面局部区域的氧化膜非常薄，几乎相当于金属的裸露表面。更常见的情况是冲刷腐蚀表面呈现典型的磁铁矿黑色。

肉眼观察到的冲刷腐蚀表面会有多种不同的形貌，单相和双相流体的腐蚀形貌是不同的。在单相流体的腐蚀表面常会看到扇贝形、波浪形或桔子瓣状的腐蚀形貌，而在双相流体表面常会看到一种被称为虎皮花纹的腐蚀形貌。

冲刷腐蚀的特征是大面积的管壁减薄而不是局部腐蚀，例如点蚀和裂纹。尽管冲刷腐蚀在特定容器内部大面积发生，但是还是局限于那些管形装置中有强烈湍流的部位。这里"局限"的含义是装置内部或湍流区域的尺度，一般为 1 m 左右。然而，如果发现某处装置变薄了，那么极有可能还有其他的原因也在腐蚀器壁。

变薄的部分在工作压力、突然的水流冲击或者启动加载等冲击力的作用下会出现典型的破坏。对于大型装置而言，会发生突然爆裂，而不是在它们性能降低时以泄漏的方式向人们示警。

实例：

1986 年 12 月 9 日，由美国西屋公司设计的美国 Surry 核电厂 2 号机组凝结水管线的一个 $\phi18$ in 弯头在机组瞬态时突然破裂，造成 4 死 4 伤的严重后果。事后经过调查，2 个机组中的管线都有大范围由 FAC 导致的壁厚减薄现象，最后 190 个部件被更换。2004 年，日本美滨核电厂 3 号机组二回路管道发生破裂，造成 5 名维修人员死亡、6 人被灼伤的严重事故。事后检测结果显示，破口处管壁最薄处仅为 1.4 mm 左右，较厚处也只有 3.4 mm，低于设计允许的管壁最薄厚度 4.7 mm。据日本核能与工业安全机构（NISA）报告，导致管道破裂的原因是流动加速腐蚀。表 461-09-05-01 是发生在美国的一些 FAC 事件。

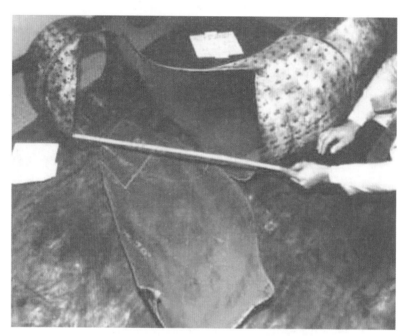

图 461-09-05-01　凝结水管线流动加速腐蚀

表 461-09-05-01　美国部分核电厂发生的 FAC 事件

时间	地点	电厂类型	部件	FAC 破坏部位描述
1978	Oyster Creek	620 MWe BWR	管	给水泵出口处给水管
1982.11	Navajo	Fossil	ϕ10 in 弯头	182 ℃；流速 8 m/s；氨&碳酰联氨水处理；锅炉给水泵的下游给水管
1986.12.9	Surry unit 2	822 MWe PWR	ϕ18 in 弯头	190 ℃；5.5 m/s；氨&联氨水处理；给水泵的上游凝结水管；4 人死亡
1987	Trojan	1095 MWe PWR	多种	给水系统
1989.4	Arkansas nuclear one	858 MWe PWR	ϕ14 in 管	汽轮机出口下游 2 nd 高压抽汽管
1990.12	Millstone unit 3	1142 MWe PWR	ϕ6 in 管	193 ℃；5.5 m/s；氨&联氨水处理；0%质量；汽水分离器疏水管
1991.11	Millstone unit 2	863 MWe PWR	ϕ8 in 弯头	239 ℃；2.3 m/s；氨&联氨水处理；0%质量；再热器疏水箱疏水管
1993.3.1	Sequoyah unit 2	1148 MWe PWR	ϕ10 in 管	高压抽汽管
1995.2.12	Pleasant Prairie	Fossil	ϕ12 in 管	给水，阀站的下游管系&省煤器和锅炉的上游管系
1997.4.21	Fort Calhoun	478 MWe PWR	ϕ12 in 弯管	211 ℃；47.2 m/s；抽汽管

5.3　硼酸腐蚀

硼酸腐蚀的机理

硼酸是一种弱酸，当它泄漏到热的表面时，水不断蒸发，剩下的溶液不断浓缩，到最后形成硼酸结晶。95 ℃的饱和硼酸溶液 pH 小于 3，腐蚀性很强，能使碳钢和低合金钢设备溶解和腐蚀。

大多数情况下，硼酸溶液泄漏点附近结晶，而腐蚀就在硼酸结晶下面进行，腐蚀速度达 0.2～0.5 mm/a。这里硼结晶对硼酸腐蚀是有利的。

硼酸腐蚀的另一种机理是异种金属之间的原电池腐蚀，通常发生在异种金属焊接区域。如果这种焊接有硼酸溶液的话，碳钢将迅速腐蚀。

至于缝隙腐蚀，实验表明缝隙中硼酸溶液将会沸腾、浓缩和消耗，因此寿命很短，潜在的风险较小，但是碳钢例外，值得注意。

实例：

2002 年，美国戴维价贝塞核电厂的反应堆控制棒驱动机构密封壳体与反应堆压力容器顶盖结合的部位处，由于硼酸的泄漏，导致在 3 号控制棒密封充体与压力容器顶盖结合处产生了严重的蚀坑，减薄区顶盖最小剩余厚度仅剩 1 cm。在美国土耳其角核电厂 4 号机组也曾发现硼酸腐蚀，在反应堆压力容器顶盖上，大约有 227 kg 的硼酸结晶。清除掉硼酸结晶后，可以清楚地观察到各种部件的腐蚀情况。又例如美国的阿肯色核电厂 1 号机组，在距离高压喷嘴上方约 243 cm 地方的一个高压喷射隔离阀出现泄漏，积累的硼酸在不锈钢与碳钢连接焊缝处造成大约 1.27 cm 厚的腐蚀产物。

图 461-09-05-02　压力容器硼酸腐蚀

6　腐蚀防护技术与策略

选材与结构优化

设计是设备制造过程的第一个环节，也是最重要的环节。所谓防腐蚀设计，包括耐蚀材料选择（主体设备材料、零部件材料、覆层材料），在设备结构设计和强度校核中考虑腐蚀控制的要求，在设计中为准备采用的防护技术（如覆盖层）提供必要的实施条件，对加工制造技术提出指示性意见等。

防腐蚀设计，需要考虑三方面内容：

——选材，耐蚀材料的合理选择，包括主体设备的材料、零部件材料、覆层材料；

——结构和强度，结构设计和强度计算，考虑腐蚀问题；

——防腐施工条件，设计中为准备采用的防护技术（如覆盖层），提供必要的实施条件。

6.1 选材

防腐选材的依据主要包含三个方面：

——设备，包括设备的用途，加工要求和加工量，设备在整个装置中所占的地位，以及设备之间的相互影响，是否易于检查、修理或更换，计划的使用寿命等；

——腐蚀环境，包括介质的种类、温度、浓度、压力、流速、充气情况等，原料和工艺水中的杂质，设备局部区域（如缝隙、死角）内介质的浓缩、杂质的富集，以及可能的局部过热或者局部温度过低，介质条件变化的幅度等；

——腐蚀影响，可能发生的腐蚀类型，对全面腐蚀有良好耐蚀性的材料，如不锈钢，要特别注意可能发生的局部腐蚀问题，发生腐蚀的后果等问题。

选材的耐蚀性判断可参考腐蚀数据手册《Crosion Data Survey》或者进行腐蚀实验，腐蚀实验包括实验室试验，现场挂片试验和实物试验三大类。

综合上述要求，防腐选材的基本原则如下：

——依据材料的使用环境条件进行材料选择；

——既要考虑材料的优点，又要注意材料的弱点和可能发生的腐蚀问题；

——使用不同材料组合时，要考虑材料之间的相容性；

——要十分重视设备的实际使用经验，积累腐蚀数据、案例，特别是设备腐蚀破坏事故的有关资料。将实验结果和实际使用经验结合起来，可以为评价材料耐腐蚀性提供最可靠的依据。

—— 除耐蚀性能之外，还应考虑材料的物理性能、机械性能和加工性能。物理性能包括：密度、传热性、导电性、热膨胀系数等；机械性能包括：强度、塑性、韧性等；加工性能：铸造、切削、焊接性能等。

——单一材料往往难以同时满足耐蚀性、物理性能、机械性能、加工性能和经济指标几个方面的要求，因此应根据不同设备的具体情况，正确处理技术性和经济性之间的关系，将两种材料复合使用是一种有效而经济的方法，得到了广泛的应用。

——系统、设备选材设计时应充分考虑材料的腐蚀余量。

6.2 结构优化

结构设计是在满足运行要求的情况下，应尽可能优化，减少腐蚀对设备的危害，结构优化应重点关注以下几个方面的内容：

——设备的结构应尽可能简单，减少腐蚀电池形成的机会；

——从防腐蚀角度看，整体结构比分段结构好；

——设备的表面状态应当均匀、平滑、清洁，突出的紧固件的数目越少越好；

——结构上应尽量避免缝隙、死角、坑洼、液体停滞、应力集中、局部过热等不均匀因素；

——注意材料的相容性和设备之间的相互腐蚀影响；

——采用覆盖层保护的设备（如衬里设备）要有足够的强度和刚度，使用中不能变形；

——几何结构应方便清洗、维修和防腐施工。

防腐蚀结构优化设计的细则：

（1）排液——防止液体停滞

——金属结构和设备的外形应避免积水，减少易积水的间隙，凹槽和坑洼；

——贮罐和容器的内部形状应有利于液体排放；

——管道系统内部要流线化，使流动顺畅；

——立式热交换器的上端管束应与管板平齐，卧式热交换器最好向出口端稍倾斜，以避免残留液体；

——不要使用容易吸收水分和液体介质的绝缘、隔热、包装材料。

（2）消除温度不均和浓度不均

——避免局部过热；

——被焊组件的厚度不要相差很大；

——加热盘管最好安装在容器中心，不要紧靠器壁；

——和高温气体接触的设备，要避免局部地区温度偏低，即避免"冷点"。

（3）消除浓度不均

——为了使溶液中各部分的浓度和充气情况趋向均匀，在必要时应设置搅拌装置；

——在向容器中加入浓液时，加入管最好安装在容器中心；

——管壳式热交换器的气液交界面是腐蚀严重的部位，这里容易造成有害成分浓缩、温度不均匀、高速气流冲刷。如有可能，提高液面使管束完全浸没，是保护管束的有效措施。

（4）避免（或减少）电偶腐蚀影响

——用绝缘材料把异金属部件隔离；

——降低异金属部件之间的电位差异；

——降低电偶对结合处环境的腐蚀性，保持干燥；

——增加异金属部件在溶液中的距离（不要靠得太近），使腐蚀电池溶液通路的电阻增加；

——用非金属涂料层把异金属部件涂复，最常用的是油漆涂料，但要注意不仅涂复阳极部件，阴极部件也要涂复。

（5）避免缝隙

——选择适当的连接方式，对于不可拆卸连接，只要允许，应优先选用；

——当设计中缝隙不可以避免时，可以采取适当措施防止形成闭塞条件；

——固体悬浮物质的沉积是造成缝隙的另一个重要原因。为了防止固体物质沉积，在设计时应考虑澄清和过滤的设施；

——装置停工时不要用易吸水材料包盖设备；

——热交换器管子和管板的连接方式对很多腐蚀问题都有重要影响。

（6）减少冲刷（磨损）

——改善流体的流动状态，减少湍流和涡旋的形成，流速要适当；

——避免流动方向突然改变，以减小流体的冲击作用；

——管道系统中流动截面积不要突然改变，以避免扰动流动状态；

——减少气体中夹带的气泡，悬浮固体物质，除去气体和蒸气中的冷凝液滴，可以大大降低液流和气流对设备的磨损。

（7）相对位置

——注意设备之间的相互影响，避免腐蚀液体泄漏，腐蚀性气流，振动、高温管道等造成的危害；

——装置和设备的选址要考虑到风向、水流等环境条件带来的腐蚀问题。

（8）衬里设备的结构设计要求

——衬里设备的结构必须方便衬里施工和维修，结构应尽可能简单；

——设备尺寸应当留出足够余量，特别是接管，以保证在衬里施工后其直径能满足工艺要求的容积和流量；

——衬里设备的结构必须有足够的刚度和强度；

——设备基础设计要考虑衬里层增加的重量，特别是大型贮槽、容器、塔器衬砖板，增重是很大的。

（9）应力影响和强度设计

——避免局部应力集中；

——考虑设备在运行中因热膨胀、震动、冲击等原因可能引起的变形;

——用热处理消除残余应力;

——用表面喷丸、喷砂、锤打等方法消除表面拉应力并引入压应力,也可以增加合金材料抵抗应力腐蚀破裂的能力。

7 环境与介质优化

7.1 介质对腐蚀的影响

环境介质,是指自然环境中各个独立组成部分中所具有的物质。如大气、水体、土壤和岩石、生物体中所具有各自特性的气体、水、固体颗粒、肌肉和体液等不同介质(或不同的相),它们之间常发生相互作用或关联。环境中不同介质间物理、化学和生物的作用是环境化学的物质迁移分布、形态变化、污染效应、最终归宿的重要环节。环境的优劣严重地影响材料的腐蚀速度,盐、水、气、pH 是影响腐蚀速度的重要因素。水对金属和非金属都有腐蚀性,应尽量除去。水中含盐进一步提高了水的导电性,加速电化学腐蚀,在无法干燥脱水的条件下,则要考虑脱盐。氨气可能造成铜的开裂,H_2S 气体可能导致应力腐蚀开裂,水中含有 CO_2、O_2 可加速碳钢的腐蚀。

7.1.1 介质酸碱性对腐蚀的影响

介质的 pH 对腐蚀速率的影响是多方面的。因为氢离子是有效的阴极去极剂,所以当 pH 变小时,将有利于腐蚀的进行。另外 pH 的变化对金属表面膜的溶解也有影响,因而也影响到金属的腐蚀速率。介质酸碱性对腐蚀速度的影响有以下三类:1)标准电极电位较正,稳定性高的金属,如金、银、铂等,腐蚀速度较小,pH 的影响就小;2)两性金属如锌、铝、铅等,表面膜在酸性和碱性溶液中均可溶,只有在中性溶液中才具有较小的腐蚀速率;3)一般金属,如铁、镁等,其保护膜只溶于酸而不溶于碱。

7.1.2 介质的成分及浓度的影响

不同成分及浓度的介质对金同腐蚀不同。在非氧化性酸中(如盐酸),金属随介质浓度的增加,腐蚀速度加大。而在氧化性团中,当浓度增加到一定数值时,表面即生成钝化膜,腐蚀就出现一个峰值,即使再增加浓度,腐蚀速率也不会增大。如碳钢、不锈钢等在浓度为 50% 左右的硫酸中腐蚀最严重,而当浓度增加到 60% 以上时,腐蚀反而急剧下降。在稀碱液中,铁能生成不易镕解的氢氧化物,使腐蚀速率减小,但当碱液的浓度增加时,则会使其溶解,使铁的腐蚀速度增大。

不同盐类溶液的性质对腐蚀也有较大的影响。非氧化性酸性盐类能引起金属的强烈腐蚀。中性及碱性盐类对金属的腐蚀,主要是氧的去极化作用,腐蚀比前者要小。氧化性盐类有钝化作用,如使用浓度得当,可用作缓蚀剂。

溶液中有没有氧,在多数情况下对腐蚀起决定作用。氧是一种去极化剂,能加速金属的腐蚀过程,而有的时候它则能促进生成保护膜,保护金属不受腐蚀。

7.1.3 介质的温度、压力对腐蚀的影响

腐蚀是化学反应,通常随温度升高,腐蚀加剧。温度升高,扩散速度增大,电解液电阻下降,阴极过程和阳极过程均被加速。温度对钝化膜也有影响,往往在一个温度生成的膜在另一温度便会溶解,高温使钝化变得困难,腐蚀就加剧,但在有些情况下,腐蚀速度与温度的关系较复杂。随温度增加,氧分子溶解度减小,氧浓度下降,腐蚀速率亦下降。

压力的增加,可使溶液中溶解氧的浓度增大,而加速腐蚀。如在高压锅炉内,只要有少量氧存在,便可引起剧烈反应。

7.1.4 介质的流动速度对腐蚀的影响

流动对腐蚀的影响是复杂的,这主要取决于金属和介质的特性。在多数情况下,流速越高,腐蚀

越大。因为溶液较快流动时，可带来更多的活性物质（如氧），加速阴极去权化过程，从而加速腐蚀进行。当流速继续加大时，氧化能使金属达到钝化，腐蚀反而会下降。

有些金属如铝在稀硫酸中，可在表面生成厚的保护膜，但加大流速可使膜遭到破坏，结果使金属在高流速状态的介质中腐蚀加剧。流速的增加可使金属表面各部分溶液成分均一，避免形成浓差电池而产生孔蚀。

总之流速过大是有害的，它会破坏金闻表面而引起严重的冲击腐蚀，有时甚至引起空泡腐蚀。

7.1.5 电偶的影响（生意材料与结构优化）

在实际生产中，不同的金属合金与腐蚀介质三者接触时将产生电偶效应，电位较负的金属在电偶中成为阳极，被强烈腐蚀。电偶腐蚀的动力是两金属间的电位差，电位差越大，阳极腐蚀就越严重。对于电偶腐蚀还应特别注意距离效应和面积效应。在电偶中，当阳极面积较大时，腐蚀并不显著，如阳极面积过小，阳极的电流密度过大，就易发生严重的孔蚀。根据金属的电偶效应.在涂装时，如果其中之一要涂漆，必须把较贵重金属涂漆。

再者是距离效应，电偶效应引起的加速腐蚀，一般在连接处最大，距离越远，腐蚀越小，距离的影响还取决于溶液的导电率。电偶影响并不是都有害，阴极保护就是利用电偶腐蚀的原理。

7.2 环境与介质优化的方向

改善环境包含两个方面的内容，一是降低环境中有害因素的影响，去除有害物质。二是强化提高环境中有益因素的影响，加入有利物质。

通常采用除去介质中有害成分、调节介质的 pH、降低气体介质中的水分、加入缓蚀剂等方法进行介质处理。

7.2.1 去除介质中的有害成分

水中的有害物质之一是溶解在水中的氧，它会引起氧去极化的腐蚀过程。对水除氧，是防止腐蚀的有效措施，常用的除氧方法有热力法和化学法两类。热力法是将给水加热至沸点以除去水中溶解的氧，这是电厂通常采用的除氧措施，不需要任何化学药品，不会带来水气的污染问题。化学法通常是用作给水除氧的辅助措施，以消除经热力法除氧后残留在给水中的溶解氧。

7.2.2 调节介质的 pH

如果介质中含有酸性物质，使其 pH 偏低（pH＜7），则可能产生氢去极化腐蚀。而钢材在酸性介质中不易生成表面保护膜，故这时必须提高其 pH，以防止氢去极化腐蚀或金属表面保护膜的破坏。提高水的 pH 的方法，一般是加氨或胺。

7.2.3 降低气体介质中的水分

气体介质中含水分较多时，就有可能在金属表面上形成冷凝水膜，而使金属遭受腐蚀，例如湿的大气比干的大气腐蚀严重，湿氯气、湿氯化氢比干的干氯气、干氯化氢对金属的腐蚀严重得多，并且腐蚀率通常随着气体湿度的增加而增加。因而降低气体介质中的水分是减缓金属腐蚀的有效措施之一。降低气体水分的方法有以下几种：采用干燥剂吸收气体中的水分；采用冷凝的方法从气体中除去水分或用提高气体温度的方法降低气体中的相对湿度，使水气不致冷凝。

7.2.4 缓蚀剂

加入有利物质主要是指加入缓蚀剂。缓蚀剂是指将少许物质加入腐蚀环境中，借助该物质在金属和腐蚀介质的界面上发生物理、化学作用，以降低金属的溶解速度，这一物质叫缓蚀剂。应该指出：在这一物质明显降低金属腐蚀速度的同时，还应该保持金属材料原有的物理机械性能不变，同时也不能影响生产工艺环境，特别是不能影响产品的质量及催化剂的功能。缓蚀剂的用量一般为百万分之几至百分之一二。如果某些物质的使用量很大，即使它们不影响生产工艺条件，也会由于经济上不合算，而失掉其应用价值，因此，这样的物质也不应该归于缓蚀剂的范畴。

8 防护手段

8.1 腐蚀防护整体思路

腐蚀防护技术主要从以下几个方面展开。

——将材料与腐蚀介质隔开：采用衬里、防锈油、涂层等；

——采用涂镀层和表面改性：采用金属涂镀层、非金属涂层和改变材料的表面结构使材料表面具有耐蚀的特性；

——采用电化学保护：采用牺牲阳极或外加电流的方式来保护；

——改变环境：降低环境的腐蚀性，如除去大气中的 SO_2，在水溶液中除 O_2，改变溶液的 pH，在环境中加入缓蚀剂等。

8.2 常用防腐涂层

8.2.1 耐蚀涂料

耐蚀涂料主要用于建筑物、构筑物、装置及贮罐的内外壁、输油、输气管线。有人统计防腐蚀涂层损坏，基体表面处理不当占 75%，重视表面处理质量将是当务之急。防腐蚀涂料目前以配套性涂料居多，配套性漆分为底漆、中层底漆和面层防腐漆三种。

第一，底漆：为了防止除锈后二次生锈，必须立刻涂覆预涂底漆。常用的预涂底漆有磷化底漆、无机富锌底漆、有机富锌底漆，后两者底漆的效果较好。无机富锌底漆中烷基硅酸酯富锌底漆的附着力好，防腐蚀效果强。传统的防锈底漆有红丹、铅酸钙、铬酸锌、碱式硅铬酸铅等，均有一定的防锈缓蚀效果。采用偏硼酸钡、钼酸锌、三聚磷酸铅、磷酸锌代替上述铅、铬系颜料，发展了无毒防锈底漆。采用不锈钢鳞片为颜料，与环氧、聚氨酯漆料混合，可制得抗腐蚀性好的不锈钢防锈底漆。使钢铁表面残锈起钝化和化学转变，发展了使锈蚀变得稳定的带锈底漆。如含有丹宁酸、没食子酸和某些络合物，可用来作反应性带锈底漆。渗透性带锈底漆含有特殊的渗透剂，容易渗入锈层，与水反应生成惰性的带锈涂膜。如在醋酸乙烯乳液中加入磷酸、酒石酸、亚铁氰化钾和耐蚀颜料后，可以制得乳胶带锈底漆。

第二，中层底漆：中层底漆是底漆和面漆之间的中间层，起承上启下、增大厚度、增强屏蔽作用。品种有云母氧化铁、磷酸锌中间底漆。另外，也可以添加二氧化硅、硫酸钡、辉绿岩粉、石墨粉、玻璃鳞片、云母鳞片等防腐蚀填料，提高涂料的固体含量，以增强涂层的防腐蚀效果。

第三，防腐蚀面漆：面漆中以乙烯共聚涂料的品种最多，应用面最广；氯磺化聚乙烯、氯化乙烯涂料的耐蚀性比上述双键不饱和型涂料好，适用于化工大气腐蚀与煤气贮罐外壁的防腐蚀；氯化橡胶涂料除了耐蚀性能好以外，一般受施工气候、温度的限制较少，对表面处理要求也不苛求，适用于化工设备及污水他的防腐蚀；聚氨酯涂料耐水、耐油，可在低温潮湿表面上施工，一道涂层可达 100 mm，适用于地下管道、涵洞设施、地下油罐的防腐蚀；环氧树脂涂料的附着力、抗张力、耐蚀性能均好，其中胺固化型环氧树脂涂料适用于贮罐内壁及管道的防腐蚀；聚酰胺、C-20 等高分子固化型涂料适用于水下及采油平台设施的涂装。在环氧涂料中加有玻璃磷片和偶联剂后，能阻止腐蚀性介质的渗入，减少漆膜内应力，增加漆膜厚度，增强机械性能，提高耐磨性，减少涂层与钢铁基体之间的热膨胀系数差，防止温度骤变引起漆膜开裂脱落，常用作强腐蚀介质的内防腐。

8.2.2 表面工程技术

随着真空、离子、激光等新技术的应用及表面分析测试手段的进步，赋予材料和产品表面的特性功能越来越多，大大促进了表面改性工作的发展。为适应化工、石油开采、煤化工发展的需要，采用表面工程技术解决防腐蚀、耐磨、耐温、抗污、防粘的工艺问题，发展水平、应用方面也取得了很大进展。

第一，喷涂：喷涂是利用火焰、等离子、电弧喷涂在材料和产品上获得金属、合金、无机、有机耐蚀耐磨表面层的一种工艺技术。火焰喷涂热源广泛，投资少，可进行现场施工，已在化工防腐蚀中广泛使用。其中塑料火焰喷涂涂层，可用于化工管道、天然气和石油地下管道、锅炉、海港设施等；用超速火焰喷涂获得的致密、结合强度高的陶瓷涂层，可用于高温阀门、高温机械密封面等，喷涂镍基自熔性粉末制得的涂层，可在强腐蚀性介质中应用。等离子喷涂工艺技术有高能等离子喷涂、真空低压等离子喷涂、燃气－空气等离子喷涂等。如采用真空等离子喷涂陶瓷涂层，可解决燃气轮机和蒸汽轮机叶片的腐蚀，也可作炉前绝热层、辐射层、耐热层；喷涂镍、铬基合金粉末涂层，可用于阀门、挤压机、钻井设备的磨损面。电弧喷涂工艺技术有线材电弧喷涂、低压电弧喷涂、大功率电弧喷涂等，所获得的涂层可用于化工构件的长效防腐及锅炉管道的高温防腐蚀。

第二，镀：分为电镀和化学镀两种工艺技术。在化工防腐蚀应用中，电镀主要有镀铬、镀锌和镀镍。要求耐磨的场合如轴承，可以采用镀铬。要求高耐蚀的防腐蚀产品，可以采用镀镍、镀锌、锌合金的防腐蚀产品，主要在海洋、湿热环境下使用。化学镀是采用金属盐和还原剂在同一溶液中进行自催化氧化还原反应，在固体表面沉积出金属镀层的成膜技术。最初是作为电镀镍和电镀铬的代用镀层而工业化的。由于化学镀可在非金属材料表面上沉积，不存在电流分布对镀层质量的影响，可镀形状复杂的工件，不需直流电源，操作简便等，以后发展到具有耐蚀、耐磨等多种用途，而获得广泛应用，是目前国内外发展速度最快的表面处理工艺之一。化学镀镍、镍磷合金等具有优良的耐蚀、耐磨性能，在石油和天然气工业中主要用于抽油杆、泵、阀、防喷装置；在化学工业中主要用于压力容器、反应器、热交换器、泵、搅拌器等。目前化学镀工艺技术的重点是镀液的稳定性、镀层的均一性、镀速、厚镀及镀液的自动管理等方面。

第三，渗：在化工防腐蚀领域中.渗氮、渗碳、渗硼、多元共渗等表面技术应用不广。渗铝工艺是一项老工艺，国内有 20～30 年历史，主要在高温含硫介质中应用。由于配套技术不能同步发展，质量不稳定，铝耗、能耗大，长期处于停滞不前阶段。

8.2.3 电化学保护技术

电化学保护分阴、阳极保护两种方法。其中阴极保护是一种发展较早、实用性很强的防腐蚀技术。它的传统应用领域是地下管线、电缆、构筑物及海水换热器、海洋设施等设备的保护。目前应用领域还在扩大，如为了解决混凝土钢筋的问题，阴极保护已成为一项主要的防腐措施。最近由于导电涂料的发展，阴极保护的应用扩大到水线以上设备和大气介质设备成为可能。近年随着电化学测试技术和计算机在防腐蚀中的应用，阴极保护在理论和实践上均有新的进展。例如，在保护工程设计中最重要的一些保护参数，如最佳保护电位（包括 IR 降的测量）和保护构件的表面电位、电流密度的分布，过去在很大程度上是依靠实际经验的积累。现在由于可用交流阻抗法测量阴极保护电位下金目的瞬时腐蚀速度，这样就可以通过实验直接确定最佳保护电位，也可以进行阴极保护系统运转状况的现场监测。计算机的应用也是阴极保护发展中的一大特点，阴极保护构件上表面电位和电流密度的分布也可以采用拉普拉斯方程来描述，并发展了一些数值解的算法和相应的计算机软件，如有限元法、有限差分法等。另外，还可以进行阴极保护的计算机设计，运行状态下计算机的管理，用计算机控制外加电源等。在牺牲阳极保护方面，发展的最大特点是：牺牲阳极材料的制造开始由纯金属改为廉价的工业金属，这样就大大地降低了生产成本，提高了防腐蚀的经济效益。另外，还开发了一些特有的牺牲阳极，如根据阴极保护初期要消耗大量电流，极化完成以后，电流密度降低很多的道理，采用了镁包覆锌的复合阳极；为了把牺牲阳极保护技术扩大到高电阻、套管内输送管道及临时性阴极保护等领域，发展了带状阳极。在电源方面，开发太阳能阴极保护系统，经济问题已经基本过关，提供的电流可在 70 A，安全可靠。特别是可靠性高，不需人员看守，可连续运转 20 年以上，适合于边远无人区的密闭循环蒸汽透平，已进入大量应用阶段，有几千万小时的运转经验。在阴极保护的设计方面，通过土壤电阻率和管/地电位的测量,确定可能发生腐蚀的阳极区后,提出了所谓的"热点"保护。这种"热点"保护的设计方案,只需完全保护方案投资的 15%,可防止 90% 的泄漏事故的发生。

阳极保护是依靠通入阳极极化电流使金属电极电位正移,在表面上生成钝化膜,从而减轻腐蚀的一种电化学保护方法。它适用于活化、钝化转变体系。它的应用领域远不如阴极保护广泛,但相比之下,国内阳极保护的应用研究工作却相当活跃。自 20 世纪 60 年代以来,继碳化塔、氨水罐群、三氧化硫发生器的阳极保护获得成功后,20 世纪 80 年代又对硫酸生产中低温余热设备不锈钢管壳式浓硫酸冷却器进行了阳极保护。目前已达 200 000 t 级设备的规模,已有上百台设备正在生产中服役,运行一直很正常,其最长时间已近十年。该项技术的推广应用工作很有成效,被国家科委列为国家重点推广项目。

8.2.4 缓蚀剂

缓蚀剂是一种用于腐蚀环境中抑制金属腐蚀的添加剂。根据缓蚀剂对腐蚀介质中金属电极表面的作用原理,可以分为缓蚀剂的界面抑制作用、电解质层抑制作用、膜抑制作用、钝化膜抑制作用四种,也可以更简化分为界面作用机理和相界作用机理两种。界面作用是指缓蚀剂完全程盖金属表面、覆盖金属表面的活性点部分或者覆盖金属表面,进而在金属表面上生成一层两维膜。依靠这一稳定的两维膜,防止侵蚀件离子到达金属表面,达到防腐蚀的目的。相界作用是指缓蚀剂在金属表面上伴随化学反应,例如还原反应、聚合反应、金属离子反应、整合反应等,进而生成一层不溶但不甚致密的三维膜,它将金属表面与腐蚀介质隔离,达到防腐蚀的目的。常见的无机物缓蚀剂有:氧化物、碱性化合物、亚硝酸盐、亚硫酸盐、硅酸盐、铬酸盐、磷酸盐、聚磷酸盐、钼酸盐、钨酸盐及砷、锑、锌、韧的盐类。常见的有机缓蚀剂有:炔类、酸(盐)类、醛类、胺类、季铵盐、聚氧乙烯醚、咪唑啉、有机硫化物、晴化物、喹啉、吖啶、嘧啶、硫(硒)代磷酸酯类等。缓蚀剂目前的主要应用领域是油、气开采与炼制工业,中性介质特别是工业循环冷却水系统,酸性介质(如酸洗行业),大气环境(如储藏运输行业)。

9 预防性和纠正性防腐

预防性防腐和纠正性防腐是腐蚀防护的基本策略,预防性防腐和纠正性防腐须建立在系统设备腐蚀风险分析的基础上进行分类处理。

9.1 风险分析

风险分析从系统设备腐蚀的敏感性和腐蚀失效对运行安全性、经济性影响后果的严重性二个维度进行评估。

根据环境腐蚀性和材料耐蚀性等确定设备材料腐蚀敏感性,腐蚀敏感性划分为低、中、高三类。

根据系统设备腐蚀失效后对运行安全性、经济性影响程度确定腐蚀后果严重性,严重性同样划分为低、中、高三类。

综合考虑核电厂系统设备腐蚀敏感性和腐蚀后果严重性形成以下腐蚀风险分析矩阵,以此划分系统设备腐蚀风险等级。

表 461-09-09-01 腐蚀风险分析矩阵

腐蚀后果严重性	腐蚀敏感性		
	低	中	高
高	中	高	高
中	低	中	高
低	低	低	中

根据腐蚀风险等级对中、高的系统采取预防性防腐策略，建立系统设备预防性防腐大纲，而腐蚀风险低的系统设备则不需要建立系统设备预防性防腐大纲，采取纠正性防腐策略。

9.2 预防性防腐

预防性防腐项目应包括：PM 编号、SSC 编码、SSC 名称、SSC 分级、防腐项目类别、防腐项目内容、周期、规程编号、说明等要素。

通过系统设备腐蚀风险分析，确定设备面临潜在腐蚀问题，并制定相应防腐项目，进行有针对性的预防性防腐管理。

预防性防腐项目分为两个大类，腐蚀检查和防腐处理。

腐蚀检查：以目视检查为主，一般用肉眼检查设备腐蚀部位、严重程度、腐蚀模式。测量并记录腐蚀损伤的位置、面积、深度等。一些涂层、衬胶层的检查需要测厚仪、电火花检测仪、邵氏硬度计等相关工具来完成。

防腐处理：一般指表面处理后的局部或整体防腐层施工，此外，还可能涉及电化学保护措施的清理和更换等防腐工作。

预防性防腐处理分为局部防腐处理和整体防腐处理两种，从经济性角度分析，两种情况最好都能在腐蚀检查基础上开展。

9.3 纠正性防腐

纠正性防腐是指针对设备管道的腐蚀缺陷开展将其恢复到可接收标准的防腐处理活动，主要针对低腐蚀风险的系统及设备。对于纠正性防腐主要是在现场腐蚀检查及状态报告产生的腐蚀问题的基础上，对预防性防腐以外的系统，发现的腐蚀问题进行纠正性防腐处理。核电厂防腐技术管理模式采取以预防性防腐为主结合纠正性防腐的管理模式。

实施纠正性防腐处理前，应核实该设备或部件的腐蚀程度，若腐蚀严重，做防腐时可能导致设备或部件损坏的情况，应讨论后确认是否继续进行防腐处理或对设备或部件进行更换。

考虑到对核电厂安全运行影响程度的不同，在制定纠正性防腐处理计划的优先级别时，纠正性防腐又可分为"专项防腐"及"简单防腐"。

简单防腐可以使用核电厂已有的防腐作业规程进行，专项防腐需要编制专项防腐方案，专项防腐方案中应包括防腐过程风险分析评估及应对措施，最大程度控制防腐期间的工业安全风险和防腐工作对设备带来的影响和风险。另外，针对 SPV 设备的防腐方案或可能影响设备功能的防腐方案，应组织设备工程师和维修工程师讨论，并由其会签最终的方案。

第十章 老化管理

1 概述

随着核电厂运行时间的增加，核电厂所有设备和材料都有不同程度的老化，这种老化将导致设备性能的下降，这个过程可能涉及一种或多种老化机理单独或综合的作用，老化严重影响了核电厂构筑物、系统和部件（SSC）执行功能的能力，对核电厂的安全造成极大的威胁。

老化管理致力于及时探测和缓解核电厂 SSC 的老化效应，以确保安全重要 SSC 的完整性和执行预定功能的能力，保证核电厂持续安全可靠运行。

表 461-10-01-01　次级技术要素

次级技术要素	包含内容
老化管理原则	核电厂开展老化管理活动的原则
老化管理组织机构	核电厂开展老化管理活动需要的管理机构
老化管理方法	核电厂开展老化管理活动的 PDCA 循环
数据收集和保存老化管理数据	核电厂对老化管理数据管理要求
构筑物、系统和部件筛选	核电厂开展 SSC 筛选的要求
老化管理审查	核电厂开展老化管理审查要求
状态评估	核电厂开展状态评估要求
设备老化管理分大纲	核电厂应建立设备老化管理分大纲
过时管理	核电厂过时管理要求
审查和优化	核电厂老化管理要不断更新和优化

2 参考和依据文件

《核动力厂设计安全规定》（HAF 102）

《核动力厂运行安全规定》（HAF 103）

《核动力厂定期安全审查》（HAD 103/11）

《核动力厂老化管理》（HAD 103/12）

《核电厂老化管理大纲实施和审查》（IAEA 安全报告系列丛书　No.15）

《核电厂安全重要设备老化管理方法》（IAEA 技术报告系列丛书　No.338）

《核电厂老化管理的数据收集和记录保存》（IAEA 安全系列丛书　No.50-P-3）

3 术语和定义

老化：指构筑物、系统和部件的物理特性和/或其构成物质的结构或成分随时间或使用逐步发生变化的过程。

老化管理：通过设计、运行和维修行动将 SSC 老化所致的性能劣化控制在可接受限值内。

安全重要 SSC：指其失效对执行核电厂安全功能有重要影响的 SSC。所谓安全功能是指 SSC 在各种运行状态下、在发生设计基准事故期间和之后，以及尽实际可能在所选定的超设计基准事故工况下执行下列功能的能力：控制反应性；排出堆芯热量；包容放射性物质和控制运行排放，以及限制事故释放。

老化管理大纲：能够有效、全面管理核电厂 SSC 老化问题的大纲。核电厂的老化管理大纲是核电厂开展老化管理的指导性文件。老化管理大纲具有综合性、系统性和主动性的特点。

老化管理相关大纲：与核电厂 SSC 的老化管理工作有关的某一或某些工作的执行大纲，如在役检查大纲、试验大纲、监督大纲、维修大纲等。

4 老化管理技术策略

4.1 老化管理原则

——对于核电厂 SSC 的老化管理须采取超前主动的方式，并贯穿于设计、制造、安装调试、设计寿期及延寿期间的运行和退役等核电厂生命全过程中；

——对核电厂安全重要 SSC 且有显著老化效应的 SSC，须进行分析并采取有效的探测和缓解措施，以确保这些 SSC 在设计寿期及延长寿期内的完整性和/或执行预定功能的能力；

——核电厂通过老化管理大纲协调维修、役检、监督、试验、化学等大纲，指导核电厂系统化地开展老化管理活动，确保核电厂安全、可靠运行；

——核电厂 SSC 的寿期管理是老化管理和经济规划的结合，除优化 SSC 的服役寿期并将其性能和安全裕度保持在可接受的水平外，应确保取得最大限度的投资回报。

4.2 老化管理组织机构

老化管理是一项综合性的活动，需要核电厂各相关组织（包括外部组织）协同配合。为此，需要建立老化管理的组织机构。核电厂老化管理组织机构如图 461-10-04-01 所示。

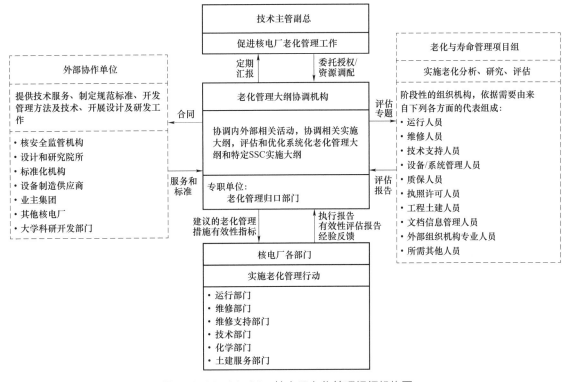

图 461-10-04-01 核电厂老化管理组织机构图

4.3 老化管理方法

核电厂主要通过运行、检查、维修以及对状态和功能参数的分析评估等方法来管理老化。在SSC 整个使用寿期内进行有效的老化管理，应采用系统化的老化管理方法来协调相关的大纲和活动，包括认知、控制、监测以及缓解核电厂部件或构筑物的老化效应。系统化老化管理方法的一般流程如图 461-10-04-02 所示。

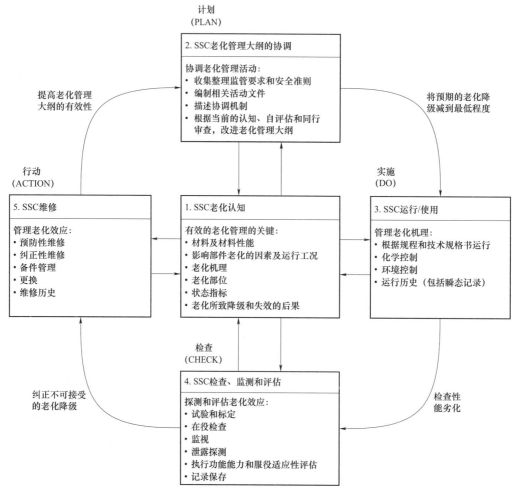

图 461-10-04-02　系统化老化管理方法流程图

对构筑物或部件老化的认知是开展有效老化管理的关键，老化的认知应基于以下知识：

——设计基准（包括适用的规范和标准）；

——安全功能；

——设计和建造（包括材料、材料性能、具体服役条件、制造中的检查、检验和试验）；

——设备合格鉴定（适用时）；

——运行和维修历史（包括调试、修理、修改和监督）；

——核电厂通用运行经验和特用运行经验；

——相关的研究结果；

——在状态监测、检查和维修中收集的数据以及这些数据的趋势。

"计划"活动是指整合、协调以及修改和构筑物或部件老化管理相关的大纲和活动，其目的是提高老化管理的效果。"计划"应确定老化管理过程中法规要求、安全标准以及其他老化管理相关大纲的地位，同时描述大纲协调及持续改进的机制。

"实施"活动是指通过严格按照运行规程和技术规格书运行/使用构筑物或部件，从而使其预期的劣化减到最小。

"检查"活动的目的是通过对构筑物或部件的检查和监测，及时探测和表征其显著的性能劣化，并对所观测到的性能劣化做出评估，以便确定所需纠正行动的类型和时机。

"行动"活动是指通过适当的维修和设计修改，包括构筑物或部件的修理和更换，及时缓解和纠正部件的性能劣化。

4.4 数据收集和记录保存

在核电厂的运行寿期内，应保存老化相关的数据，以为核电厂的老化和寿命管理提供依据。

应编制相应的管理程序对老化管理的数据收集和记录保存提出具体要求，明确：

—— 数据收集和记录保存的重要性；

—— 数据收集和记录保存的范围；

—— 数据收集和记录保存的详细程度、频度；

—— 收集和保存的数据、记录应适用于关注的老化问题；

—— 数据收集和记录保存的格式、要求等。

应建立老化管理数据收集和记录保存系统，以便为下列活动提供数据信息：

—— 鉴别和评价由老化效应引起的部件性能劣化、失效和故障；

—— 确定维修活动（包括设备的标定、维修、整修和更换等）的类型和时机；

—— 优化运行条件和操作，以减轻设备的老化劣化；

—— 及时识别新的老化效应，避免危及核电厂的安全，降低核电厂的运行可靠性和运行寿期。

在建立记录保存系统时，应向运行、维修等相关部门进行咨询，以获得充足、可靠的老化相关数据。

4.5 构筑物、系统和部件的筛选

在核电厂寿期内，应集中资源重点关注对核电厂安全运行有不利影响且对老化劣化敏感的构筑物、系统和部件，同时还应关注虽然本身不具有安全功能，但其失效会妨碍其他构筑物、系统和部件执行安全功能的构筑物、系统和部件。

实施老化管理的构筑物、系统和部件的筛选应以核动力厂的安全为基础，其基本步骤如下：

—— 根据部件发生故障或失效是否会直接或间接导致安全功能的丧失或受到损害，从所有系统和构筑物清单中鉴别出安全重要的构筑物、系统和部件；

—— 对每一个安全重要系统和构筑物，根据系统部件和构筑物构件的失效是否会直接或间接导致安全功能的丧失或损失，进一步确定安全重要的系统部件和构筑物构件；

—— 应从安全重要构筑物构件和系统部件清单中，确定其老化劣化可能会引起部件失效的部分；

—— 为保障老化管理审查资源的效率，应将筛选出的、对老化劣化敏感的安全重要构筑物构件和系统部件，根据设备类型、材质、服役条件及劣化状况等因素进行分组。如可将服役条件（如温度、压力和水化学）相似的同类部件（阀门、泵和小尺寸管道）分成一组。具体采用的筛选方法应制定相应的程序进行规定。

构筑物、系统和部件筛选的结果应形成文件。

对于筛选出来的老化管理对象，应根据对安全的重要性，考虑采用基于风险的方法（概率安全分析和确定论方法）、老化失效发生的可能性及管理的难易程度对所选择的部件进行老化管理的分级和排序，并对于不同的分级考虑相应的老化管理策略，以确保对安全重要及老化敏感的设备进行重点管理。

4.6 老化管理审查

对筛选出的所有构筑物和部件以及构筑物和部件的组合都应进行老化管理审查，以确保这些构筑物和部件的老化机理及老化效应得到了有效的管理。对于老化管理审查，重点针对以下三个方面：

——老化的认知。对老化的认知是有效监测和缓解老化效应的基础。为认知某个构筑物或部件的老化劣化，应识别并了解相应的老化机理和老化效应。对构筑物和部件老化认知的审查应涵盖材料、危害因素、环境、关注的老化机理、老化部位，还包括可用于预测劣化趋势的理论分析模型和经验模型。

——老化的监测。在考虑相关运行经验和研究成果的基础上对现有老化监测方法进行评价，以确定这些方法能在构筑物和部件失效前及时、有效地探测出老化劣化。老化监测的参数选取时应考虑可用于探测、监测构筑物和部件老化并作趋势分析的功能参数及状态指标；同时评估现有监测技术的有效性及实用性，以确认其有足够的灵敏度、可靠性和精度监测选定的参数和指标。在进行老化监测时，应考虑建立用于确认显著劣化、失效率及其趋势和预测构筑物或部件未来的完整性和功能能力的数据评价技术。

——老化效应的缓解。应在考虑相关运行经验和研究成果的基础上确定现有构筑物或部件老化劣化缓解方法和措施的有效性。缓解的措施包括运行条件的优化、操作、试验、维修、零部件和耗材的定期更换、预防性维修周期调整、设计变更、部件材料更换等。

老化管理审查的频度可以根据老化管理对象的分级不同而有所不同。对于关键重要的老化管理对象，可以以比较短的周期开展老化管理审查工作，对于一般的老化管理对象，可以结合每十年一次的定期安全审查，开展相关的老化管理审查工作。

老化管理审查的结果应以报告形式形成文件。

4.7 状态评估

对筛选后的关键构筑物或部件应根据其老化机理及老化效应尽可能地建立相应的老化状态指标，并以此为基础评价其实际状态。

构筑物或部件实际状态的评估应基于以下方面的事实：

——老化管理审查的相关报告；

——构筑物或部件的运行、维修和工程设计数据，包括相应的验收准则；

——检查和状态评估结果，如有必要且可行，还应包括更新后的检查和状态评估数据。

状态评估结果应以报告形式形成文件，并提供以下信息：

——构筑物或部件当前的性能和状态，包括对任何老化相关失效或材料性能显著劣化迹象的评估；

——如果可行，应对构筑物或部件的未来性能、老化劣化和使用寿命做出预测。

4.8 设备老化管理分大纲

对核电厂安全有重要影响的关键设备，应在本大纲的基础上编制设备老化管理分大纲，用以具体指导专项设备的老化管理工作。老化管理分大纲包括：反应堆压力容器辐照监督大纲、蒸汽发生器老化管理大纲、水化学大纲、在役检查大纲、安全壳老化管理大纲等。

4.9 过时管理

老化分为实物老化以及知识、标准及技术的过时，过时管理是老化管理的一部分。

应在核动力厂整个运行寿期内对安全重要构筑物、系统和部件的过时进行具有预见性和远见性的主动管理。

对于过时管理，应制定专门的管理程序，明确过时管理的目标、组织机构、管理策略等。

过时管理的重点应关注技术过时，对于标准的过时可以通过定期安全审查的形式进行管理。

4.10 审查和优化

老化管理大纲是动态的大纲，应开展老化管理大纲的审查，重点审查老化管理大纲的有效性。

应综合运用对标、自我评估、同行评估、经验反馈、定期审查、纠正行动等措施，使老化管理得到持续改进和提高。

5 记录

老化管理的各项工作必须有准确完整的记录，并按照相应要求保存。

第十一章 在役检查

1 概述

在役检查是在核电厂运行寿期内，对核安全 1、2、3 级系统、部件及其支承所进行的有计划的定期检验，以便及时发现新产生的缺陷和（或）跟踪已知缺陷的扩展，并判断它们对核电厂运行是否可以接受，或是否有必要采取补救措施。

在役检查策略主要包括以下几方面次级技术要素，如表 461-11-01-01 所示：

表 461-11-01-01 次级技术要素

次级技术要素	包含内容
法规规范	在役检查需依据和参考的法规体系
检查范围	在役检查对象和边界
检查方法	在役检查方法的原理和适用范围
检查策略	在役检查的分类、时机、扩大检测和跟踪检查的要求
风险指引在役检查	风险指引在役检查基本流程与判别依据

2 术语与定义

下列术语和定义适用于本文件。

役前检查：

核电厂在运行开始前，必须进行役前检查，以提供初始状态下的数据。修理过的或更换过的部件，也必须进行役：前检查。

在役检查：

在核电厂运行寿期内，对核安全 1、2、3 级设备及其支承所进行的定期检验。

全面在役检查：

按在役检查大纲的检查计划对核安全 1、2、3 级承压部件及其支承进行全部（100%）的检验。

部分在役检查：

在两次全面在役检查之间进行的检查。

水压试验：

承压容器的水压试验是指使该部件经受高于最大允许运行压力的适当水压。该试验应在管理部门代表在场时完成。

营运单位（业主）：

持有国家核安全管理当局许可证（执照），负责经营和运行核电厂的单位。

检查间隔：

两次全面在役检查之间所间隔的时间。

3　法规规范

在役检查在满足核安全法律、法规的要求下开展，我国核安全法规体系如图461-11-03-01所示：

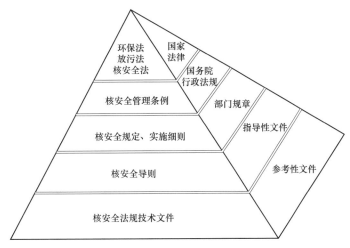

图461-11-03-01　中国核安全法规体系

在役检查活动主要依据的核安全法规、导则包括：

《民用核安全设备设计制造安装和无损检验监督管理规定》（HAF601）

该条例是核安全部门对全国民用核设施执行核安全监督的主要法律依据。该条例有七章（总则、许可、质量管理与控制、报告与备案、监督检查、法律责任以及附则），四十九条，涵盖了核安全监督管理所涉及的主要方面（监督管理职责、安全许可制度、核安全监督等）。

《民用核安全设备无损检验人员资格管理规定》（HAF602）

规定了民用核承压设备超声、射线、涡流、磁粉、渗透、目视及泄漏等七种无损检验方法的无损检验人员培训、考核及取证所应遵循的基本要求。

《核电厂在役检查》（HAD103/07）

导则概述了编制在役检查大纲的规定。在推荐在役检查范围时，导则还列出了有关检验和试验的方法、技术和最小频度的一般指导。提出取样法作为检验相同部件同类缺陷的一种方法，对所得结果的评价方法作了说明，并规定了合格标准。在认为必须处，提出了重复或进行补充检验和试验的要求。对于检验和试验结果不可接受的情况，推荐必要的纠正措施。

导则推荐了核电厂营运单位编制必要的文件、规程和记录的方法，也推荐了对检验结果见证或验证的要求以及对检验人员的资格要求。

4　检查范围

在役检查对核岛承压设备，即核安全1、2、3级系统、部件及其支承的金属状态和结构完整性进行一系列的检查活动，以便及时地发现新产生的缺陷和跟踪已知缺陷的扩展情况，评定和判断它们是否能继续运行，有条件的继续运行、检修或者更换，从而保证核电厂的安全运行。

营运单位应根据机组核安全等级的范围，选取需要监督的部件制定核安全1、2、3级检查项目清单。

4.1　核安全1级部件的在役检查范围

核安全1级部件为核电站安全分析报告中定义的安全1级部件，蒸汽发生器二次侧及主二回路系统，考虑到其安全重要性，也按照核1级要求进行役前和在役检查，如下所述：

——包容直接受核燃料辐照，且不能采用安全方式与包容燃料设备相隔离的主回路系统部件（第一道隔离阀之后内径小于 25 mm 的管道除外），包括：

- 反应堆压力容器及其顶盖、所有接管和连接装置，包括控制棒驱动机构耐压壳；
- 主管道及其管嘴到辅助系统的管道，直至并包括连接第二道隔离阀的两条焊缝，包括所有相关的阀门及附件；
- 蒸汽发生器的下封头及管板，直至并包括管板与二次侧筒体的连接焊缝；
- 蒸汽发生器传热管；
- 主泵的承压泵壳，泵壳螺栓及螺母、轴密封壳体；
- 稳压器及稳压器安全阀、快速卸压阀，包括所有管道。

　　——主回路系统部件包括隔离阀，其内径等于或大于在破裂事故中的一个设定值，该设定值可保证泄漏量能通过容易实现的补水手段进行补充；

　　——主二回路系统：

- 蒸汽发生器二次侧壳体以及与二次侧壳体相连接的焊缝；
- 主蒸汽管线：从蒸汽发生器直到并包括安全壳外的主蒸汽隔离阀，也包括主蒸汽安全阀；
- 保护和排放管线：从主蒸汽管线直到并包括大气排放阀；
- 主给水管线：从蒸汽发生器到位于安全壳外的第二道隔离阀；
- 辅助给水管线：从主给水管线到位于安全壳外的第二道隔离阀。

　　——二次侧非能动余热排出系统：

- 与主蒸汽系统相连的管道，从主蒸汽管道的连接焊缝到二次侧非能动余热排出热交换器蒸汽入口管嘴连接焊缝；
- 反应堆厂房内部与主给水管道相连的管道，从主给水管道连接焊缝到安全壳贯穿件连接焊缝。

　　——小管道：

　　主回路、主二回路及二次侧非能动余热排出系统小管道，这些小管道不需要完全满足核安全 1 级部件的检查要求。

　　主回路、主二回路及二次侧非能动余热排出系统小管道包括：

- 主回路系统内径小于 25 mm 的管道；
- 主二回路系统及与主蒸汽系统相连的二次侧非能动余热排出系统，内径小于 100 mm 的管线（除了辅助给水管线）；
- 主二回路辅助给水管线及与主给水管道相连的二次侧非能动余热排出系统，内径小于 100 mm 的安全壳外部的管线；
- 主二回路辅助给水管线及与主给水管道相连的二次侧非能动余热排出系统内径小于 25 mm 的安全壳内部的管线。

　　核 1 级设备的在役检查范围还包括承压边界的螺栓，以及上述系统的支撑。

4.2　核安全 2 级部件的在役检查范围

　　核安全 2 级部件为安全分析报告中定义的安全 2 级部件。

　　核安全 2 级系统检查范围内的管道应符合下列规定：

　　传输最高运行温度可超过 120 ℃的蒸汽或过热水的管道，实施全面在役检查（包括役前检查）、部分在役检查或其他在役检查的限制条件为：

　　——内径大于 110 mm（注 1）；

　　——最大运行压力大于 0.4 MPa；

　　——最大运行压力与内径之积大于 100 MPa·mm。

（注1：如果流体的化学或辐射特性可能对人员产生危害，则相应的管道内径限值应从110 mm 降至80 mm）

传输有效运行压力可超过0.1 MPa 的气体、水汽或液体的管道，实施全面在役检查（包括役前检查）、部分在役检查或其他在役检查的限制条件为：

——管道内径大于110 m（注2）；

——流体有效压力可超过1 MPa；

——最大有效运行压力与内径之积大于150 MPa·mm（注3）。

（注2：如果流体的化学或辐射特性可能对人员产生危害，则相应的管道内径限值应从110 mm 降至80 mm）

（注3：对于某些流体，特别是下列情况，以上规定的110 mm、1 MPa、150 MPa·mm 应分别降至80 mm、0.4 MPa 和100 MPa·mm）：

（1）流体温度可超过120 ℃；

（2）易燃或可变成易燃的气体或蒸汽；

（3）燃点低于55 ℃的可燃液体；

（4）氧或氧含量超过35%的混合物。

4.3　核安全3级部件的在役检查范围

核安全3级部件为安全分析报告中定义的安全3级部件。

核安全3级系统检查范围内的管道应符合下列规定：

传输最高运行温度可超过120 ℃的蒸汽或过热水的管道，实施全面在役检查（包括役前检查）、部分在役检查或其他在役检查的限制条件为：

——内径大于110 mm（注1）；

——最大运行压力大于0.4 MPa；

——最大运行压力与内径之积大于100 MPa·mm。

（注1：如果流体的化学或辐射特性可能对人员产生危害，则相应的管道内径限值应从110 mm 降至80 mm）

传输有效运行压力可超过0.1 MPa 的气体、水汽或液体的管道，实施全面在役检查（包括役前检查）、部分在役检查或其他在役检查的限制条件为：

——管道内径大于110 m（注2）；

——流体有效压力可超过1 MPa；

——最大有效运行压力与内径之积大于150 MPa·mm（注3）。

（注2：如果流体的化学或辐射特性可能对人员产生危害，则相应的管道内径限值应从110 mm 降至80 mm）

（注3：对于某些流体，特别是下列情况，以上规定的110 mm、1 MPa、150 MPa·mm 应分别降至80 mm、0.4 MPa 和100 MPa·mm）：

（1）流体温度可超过120 ℃；

（2）易燃或可变成易燃的气体或蒸汽；

（3）燃点低于55 ℃的可燃液体；

（4）氧或氧含量超过35%的混合物。

5　检查方法

在役检查使用的检验方法分为目视检验、表面检验、体积检验和其他检验方法。

在役检查使用的检验方法应符合相关法规标准的规定，具体的检验方法和实施步骤应编制检验程序进行规定。

5.1 目视检验

目视检验即采用目视检查的方法检验设备表面的缺陷，包括磨损、裂纹、腐蚀、浸蚀以及泄漏等。目视检查分为直接目视检查和间接目视检查。

5.2 表面检验

表面检验用以显示或验证表面或近表层缺陷的存在。可采用的方法有磁粉检验、液体渗透检验。

磁粉检验：钢铁等强磁性材料磁化后，表面或近表面缺陷部位产生磁极，形成漏磁场。利用漏磁吸附磁粉显示缺陷的方法称为磁粉检验。

液体渗透检验：利用毛细管现象，使渗透液渗入缺陷，经清洗去除工件表面渗透液，而缺陷中的渗透液残留，再利用显像剂的毛细管作用，吸附出缺陷中残留渗透液检查缺陷的方法称为液体渗透检验。

5.3 体积检验

体积检验用以查明表面下缺陷的存在、深度或大小，可以在部件外表面或内表面进行，通常包括超声检验、射线检验和涡流检验。

超声检验：超声波频率高、波长短，在材料中具有很高的穿透力，在遇到缺陷时会发生发射或者散射。超声仪接收到超声波后经放大和转换在仪器上显示出来。

射线检验：当射线透照工件时，有缺陷部位与无缺陷部位对射线的吸收能力不同，因而可通过透过工件射线强度的差异，来判断工件中是否存在缺陷。

涡流检查：涡流检测是以电磁感应原理为基础，利用试件中的涡流来分析试件质量信息的无损检测方法。

5.4 其他检验

其他检测方法有声发射检验、泄漏检验和金相检查。

6 检查策略

6.1 检查分类

在役检查包括役前检查、全面在役检查、部分在役检查、深度检查和其他在役检查。

役前检查所使用的方法、技术和设备类型应尽可能与在役检查所使用的相同，在役检查在采用与役前检查不同的检查方法、技术或设备前应进行技术论证。役前检查应该至少包括全部在役检查要求的各项检查。修理过的或更换过的部件，也必须进行役前检查。

全面在役检查是按在役检查大纲的检查计划对核安全 1、2、3 级设备及其支承进行全部（100%）的检验。全面在役检查通常与系统的水压试验同期进行，可安排在核电厂停堆换料期间进行。

部分在役检查是指在符合在役检查大纲要求的两次全面在役检查之间实施的检查，应根据需要，优化后确定部分在役检查。

深度检查是指在某些特殊情形下需要对部件进行的相对于部分在役检查更为全面的检查，深度检查的内容应根据部件的服役情况逐例制定。

其他在役检查是指对满足要求的核 2、3 级设备及其支撑进行的不采用固定时间间隔的在役检查。

6.2　检查时机

役前检查必须包括要求进行在役检查的所有部件；当役前检查包含焊缝取样时，必须检验焊缝和邻近母材的规定部分的全长度；修理过的或更换过的部件都必须进行役前检查，以便在投入使用前建立参考状态（新的零点）。

在役检查必须在一定的检查间隔期内完成。检查间隔期的长短必须按保守的假定来选择，以确保受影响最严重的部件即使有极少损伤也能在导致失效前被检测出来。

对于某些压力边界的全面在役检查计划可能分散安排在多次设备计划停运之间进行（例如阀门和泵）。

部分在役检查计划应考虑下列情况：

——在连续两次全面在役检查之间进行一次部分在役检查，指部分在役检查实施的时间在两次全面在役检查的正中间，其提前和推迟应不超过 2 年；

——在连续两次全面在役检查之间进行两次部分在役检查，则两次部分在役检查应分别安排在前一次全面在役检查之后的第 3 年和第 7 年实施，并允许时间误差为±1 年；

——计划在前一次全面在役检查之后第 3 年和第 5 年以后执行的部分在役检查，允许时间误差为±1 年，除非另有规定；

——接近核电厂寿期末尾时，随着设备的劣化和缺陷的扩展，检查间隔期可做相应的调整。

深度检查应考虑下列情况：

——如果出现了 3 类工况，在恢复运行前应进行深度检查；

——主系统承压部件更换后 30 个月之内应完成深度检查；

——服役超过 30 年的部件，在全面在役检查后的 4～6 年之间需要进行深度检查。深度检查应按照事先编制的程序文件执行。

全面在役检查与部分在役检查的计划周期见表 461-11-06-01。

表 461-11-06-01　在役检查进度表

日　期	水压试验	全面在役检查	部分在役检查
D0（1）	初始水压试验	VCI	
间隔时间	（2）		
D1≤D0＋2.5 年	第一次重复水压试验	VC01	
间隔时间	（3）		每次停堆换料进行 VP（5）
D2≤D1＋10 年	第二次重复水压试验	VC10（4）	
间隔时间	（3）		每次停堆换料进行一次 VP（5）
Dn≤Dn-1＋10 年	第 n 次重复水压试验	VC［(n-1)，10］（4）	
间隔时间	（3）	（6）	

注：VC：全面在役检查；

VCI：役前检查；

VC01：第一次全面在役检查；

VP：部分在役检查；

（1）初始水压试验日期；

（2）第一次重复水压试验应在 D0 以后 30 个月（2.5 年）内进行；

（3）相邻两次重复水压试验之间的间隔不得超过 10 年；

（4）全面在役检查应与一回路水压试验同期进行，全面在役检查的部分检查工作可在重复水压试验之前的两年内进行；

（5）相邻两次 VP 或在 VC 和 VP 之间的间隔不得超过 2 年；

（6）对于服役超过 30 年的部件，全面在役检查后的 4～6 年之间需要进行部分部件的深度检查。

6.3 扩大检查

（1）补充检查方法

在役检查过程中，当使用一种无损检验方法得出的缺陷超过验收标准，可用其他无损检验方法和技术进行补充检验，以证实缺陷的存在，并确定缺陷的特征（如缺陷的大小、形状和方向），从而确定该部位能否继续运行。

（2）扩大检查范围

在任何一次取样检验中，如果发现有超过验收标准的缺陷显示，必须另选若干类似部件（或区域）对其相同部件进行补充检验，所选部件（或区域）的数目应近似于等于在被检样品中部件（或区域）的数目。如果补充检验查明更多的缺陷超过合格标准，除下面两项要求所作的修正外，所有其余类似部件（或区域）都必须按照初次取样中的部件或物项所规定的检验范围进行检查。

若取样计划中要求的管系检验只限于基本对称布置的管系中的一条环路或一个分支管路，而检验表明缺陷超过合格标准时，则补充检验必须包括第二条环路或分支管路；

如果第二条环路或分支管路的检验表明还有超标缺陷，则必须对具有相似功能的其余各环路或分支管路进行检验。

6.4 跟踪检查

在役检查间隔期内进行的部件检验的顺序，在以后的检查间隔期内应尽可能予以保持。当一个部件检验发现超标的评价结果经确认该部件可以继续使用时，则在后续的三个检查期中，都必须对该部件上含有此缺陷的部位予以重复检验，并将其作为最初检查进度中的一项附加要求。

一旦重复检验结果表明在后续的三次检查中缺陷未发生显著变化，则该部件的检验进度可恢复到最初的检查进度。主回路系统设备的重复检验恢复到最初检查进度前应上报国家核安全局。

7 风险指引在役检查

风险指引在役检查（RI-ISI）是基于概率安全评价（PSA），并结合核电厂运行经验与降质机理分析，使用综合决策方法和过程对现行在役检查大纲项目进行优化的方法。

在役检查大纲可采用根据 RI-ISI 方法，根据受检区域对堆芯熔化概率（CDF）的影响程度、当前的降质机理情况、同类型电站的运行经验、辐射剂量、可达性等因素，以达到在满足核安全的基础上，优化在役检查项目与计划，提高风险性高的受检区域的监督力度，减少或取消风险低的受检部位，典型的风险指引在役检查分析方法见图 461-11-07-01 所示。

如风险指引型在役检查的优化结果需要修订在役检查大纲，应由核安全监管当局批准。

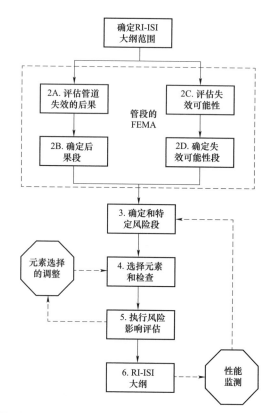

图 461-11-07-01 典型的风险指引在役检查分析流程

第十二章 金属监督

1 概述

建立并实行核电厂常规岛（CI）和电站辅助设施（BOP）金属监督相关设备（包括汽轮发电机组部件，CI 及 BOP 系统压力容器及压力管道等）的运行监督和定期检查制度，是确保核电厂常规设备安全运行必不可少的条件。根据国家、行业有关标准、规程的要求，结合核电厂实际运行情况，制定核电厂金属监督大纲。

金属监督策略主要包括以下几方面次级技术要素，如表 461-12-01-01 所示：

表 461-12-01-01　次级技术要素

次级技术要素	包含内容
法规规范	金属监督需依据和参考的法规体系
检查范围	金属监督对象和边界
检查方法	检查方法的原理和适用范围
检查策略	检查时机、比例和频度

2 术语与定义

下列术语和定义适用于本文件。

金属监督：通过有效的检测和诊断，及时掌握 CI 及 BOP 系统的金属部件的质量状况，并采取有效措施进行防范处理和管理的一系列活动。

无损检测：在不损坏检测对象的前提下，以物理或化学方法为手段，借助相应的设备器材，按照规定的技术要求，对检测对象的内部及表面的结构、性质或状态进行检查和测试，并对结构进行分析和评价。

役前金属监督：在核电厂投运前，按照金属监督大纲规定的检查范围进行一系列无损检测和试验，为以后的检验结果建立可供比较的基准点。

部件：指构成工艺系统的各独立要素，如容器、管道、配件、泵和阀门等。

显示：指用无损检验方法得到的迹象或信号。

检查：为评定结构、系统、部件、材料以及运行活动、技术过程、组织过程、程序和工作人员能力而进行的考查、观察、测量或试验。

检验：检查工作的一部分，包括对材料、部件、供应品或服务进行调查，在只靠这种调查就能判断的范围内确定它们符合规定的要求。

役检取样：从一批类似的受检位置（如焊缝或部件、管线、系统）中选取一部分作为样品。

缩写释义

CI：常规岛

BOP：电站配套设施

MT：磁粉检测

PT：液体渗透检测

UT：超声检测

RT：射线检测

ET：涡流检测

VT：目视检查

TM：壁厚测量

HM：硬度测试

FM：频率测试

FAC：流体加速腐蚀

3 法规规范

金属监督依据或参照以下法律、法规的要求开展。

3.1 《固定式压力容器安全技术监察规程》(TSG21—2016)

该规程规定了固定式压力容器在使用过程中的定期自行检查（包括月度检查和年度检查）和定期检验。金属监督涉及的压力容器检验方法及验收标准应依据《固定式压力容器安全技术监察规程》(TSG 21—2016) 实施。

3.2 《核电厂常规岛金属技术监督规程》(NB/T 25017—2013)

该标准规定了核电厂常规岛金属监督的部件范围、检验监督的项目、内容和管理要求。适用于下列金属部件的技术监督：

——汽轮机及发电机主要部件：金属监督主要包括汽轮机转子大轴、叶轮、叶片、喷嘴、轴瓦、隔板和隔板套等部件，发电机转子大轴、护环、轴瓦、风冷扇叶等部件；

——固定式压力容器和压力管道：金属监督主要包括固定式压力容器本体及焊缝，压力管道部件及焊缝；

——大型铸造部件和紧固件：金属监督主要包括汽缸、主蒸汽门、调速汽门、阀门、大于或等于M32 的高温紧固螺栓等部件。

以上部件的金属监督应依据《核电厂常规岛金属技术监督规程》(NB/T 25017—2013) 实施。

3.3 《承压设备无损检测》(NB/T 47013—2015)

该标准规定了射线检测、超声检测、磁粉检测、渗透检测、涡流检测、泄漏检测、目视检测、声发射检测、衍射时差法超声检测、X 射线数字成像检测、漏磁检测和脉冲涡流检测等无损检测方法的一般要求和使用原则。核电厂金属监督检测标准应依据《承压设备无损检测》(NB/T 47013—2015) 实施。

3.4 《压水堆核电厂常规岛流体加速腐蚀敏感管线筛选导则》(NB/T 25033—2014)

核电厂常规岛和电站辅助设施的压力管道可依据本导则对管线进行分类（分为一二三类）、管件筛选及检查。

3.5 《压力管道安全技术监察规程—工业管道》(TSG D0001—2009)

该规程将工业管道划分为GC1、GC2、GC3三个等级。核电厂常规岛和电站辅助设施的压力管道可参照该规程进行等级划分。

3.6 《压力管道定期检验规则—工业管道》(TSG D7005—2018)

核电厂常规岛和电站辅助设施的压力管道参照《压力管道安全技术监察规程—工业管道》(TSG D0001—2009)划分为GC1、GC2、GC3三个等级，依据本规则按照等级实施表面和体积检测。

4 检查范围

核电厂常规岛金属监督的部件范围如下。

4.1 汽轮机及发电机主要部件：

——汽轮机转子大轴、高低压汽缸缸体、叶轮、叶片、叶根、锁紧销钉、隔板、围带、铆钉头等；

——发电机大轴、护环、槽楔、槽楔连接处、滑环、转子风叶、联轴器、基座螺栓、定子绕组等；

——主汽门、调门、再热调门、再热隔离门、轴瓦等；

——大于等于M32的高温螺栓。

4.2 固定式压力容器：

（1）压力容器定义和分类

安装在固定位置并且同时具备以下条件的容器为固定式压力容器（简称压力容器）：

——工作压力大于或者等于0.1 MPa（注1）；

——容积大于或者等于0.03 m^3并且内径（非圆形截面指截面内边界最大几何尺寸）大于或者等于150 mm（注2）；

——盛装介质为气体、液化气体以及介质最高工作温度高于或者等于其标准沸点的液体（注3）。

[注1：工作压力，是指在正常工作情况下，压力容器顶部可能达到的最高压力（表压力）]

[注2：容积，是指压力容器的几何容积，即由设计图样标注的尺寸计算（不考虑制造公差）并且圆整。一般需要扣除永久连接在压力容器内部内件的体积]

[注3：容器内介质为最高工作温度低于其标准沸点的液体时，如果气相空间的容积大于或者等于0.03 m^3时，也属于本大纲适用范围]

压力容器划推荐分为Ⅰ、Ⅱ、Ⅲ三类，划分方法见图461-12-04-01和图461-12-04-02：

（2）压力容器监督范围

压力容器监督主要包括年检和定期检验的，监督范围如下。

——压力容器年度检查，包括以下内容：

● 压力容器的产品铭牌及其有关标志是否符合有关规定；

● 压力容器的本体、接口（阀门、管路）部位、焊接接头等有无裂纹、过热、变形、泄漏、机械接触损伤等；

● 外表面有无腐蚀，有无异常结霜、结露等；

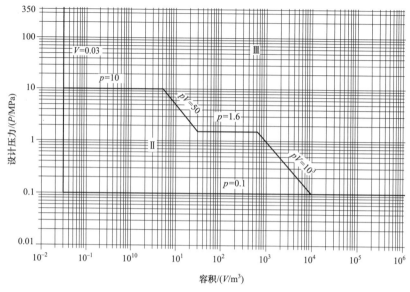

图 461-12-04-01　压力容器分类图—第一组介质

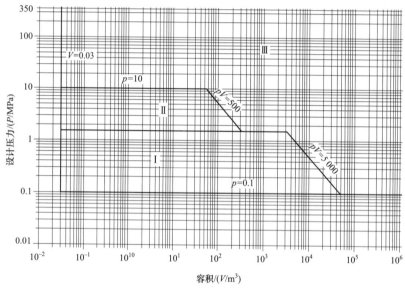

图 461-12-04-02　压力容器分类图—第二组介质

- 隔热层有无破损、脱落、潮湿、跑冷；
- 检漏孔、信号孔有无漏液、漏气，检漏孔是否通畅；
- 压力容器与相邻管道或者构件有无异常振动、响声或者相互摩擦；
- 支承或者支座有无损坏，基础有无下沉、倾斜、开裂，紧固件是否齐全、完好；
- 排放（疏水、排污）装置是否完好；
- 运行期间是否有超压、超温、超量等现象；
- 罐体有接地装置的，检查接地装置是否符合要求；
- 监控使用的压力容器，监控措施是否有效实施。

——压力容器定期检验，包括以下内容：

- 压力容器内外部目视检查；
- 压力容器本体壁厚监督；
- 压力容器焊缝表面及体积性检查。

4.3 压力管道

同时具备下列条件的金属工业管道焊缝及管件（直管、三通、大小头、变径管、弯头等）的监督检查：

——最高工作压力大于或者等于 0.1 MPa（表压、下同）的；

——公称直径＞25 mm 的；

——输送介质为气体、蒸汽、液化气体、最高工作温度高于或者等于其标准沸点的液体或者可燃、易爆、有毒、有腐蚀性的液体的。

5 检查方法

金属监督使用的检验方法分为目视检验、表面检验、体积检验和其他检测方法。

5.1 目视检验

目视检验即采用目视检查的方法检验设备表面的缺陷，包括磨损、裂纹、腐蚀、浸蚀以及泄漏等。目视检查分为直接目视检查和间接目视检查。

5.2 表面检验

表面检验用以显示或验证表面或近表层缺陷的存在。可采用的方法有磁粉检验、液体渗透检验。

磁粉检验：钢铁等强磁性材料磁化后，表面或近表面缺陷部位产生磁极，形成漏磁场。利用漏磁吸附磁粉显示缺陷的方法称为磁粉检验。

液体渗透检验：利用毛细管现象，使渗透液渗入缺陷，经清洗去除工件表面渗透液，而缺陷中的渗透液残留，再利用显像剂的毛细管作用，吸附出缺陷中残留渗透液检查缺陷的方法称为液体渗透检验。

5.3 体积检验

体积检验用以查明表面下缺陷的存在、深度或大小，可以在部件外表面或内表面进行，通常包括超声检验、射线检验和涡流检验。

超声检验：超声波频率高、波长短，在材料中具有很高的穿透力，在遇到缺陷时会发生发射或者散射。超声仪接收到超声波后经放大和转换在仪器上显示出来。

射线检验：当射线透照工件时，有缺陷部位与无缺陷部位对射线的吸收能力不同，因而可通过透过工件射线强度的差异，来判断工件中是否存在缺陷。

涡流检查：涡流检测是以电磁感应原理为基础，利用试件中的涡流来分析试件质量信息的无损检测方法。

5.4 其他检测方法

有声发射、泄漏和金相检查。

金属监督使用的检验方法应符合相关法规标准的规定，具体的检验方法和实施步骤应编制检验程序进行规定。

6 检查策略

6.1 检查时机

金属监督时机如下。

——役前金属监督：原则上应在核电厂建安期间采集初始状态的数据，这些数据可以采用安装期间的制造检验的数据，但对部分汽水管道的壁厚，需要进行原始数据采集，这些数据将作为后续检查的比较基础；对于后续新增加的项目，在安装期间未采集的，可以第一次检查的检验结果作为后续金属监督的比较基础。

——运行期间金属监督，使用无损检测方法对部件实施宏观检测、表面检测、体积检测和其他检测方法。

——项目可安排在机组停堆检修（大修或小修）以及运行期间实施。如果系统或部件检查要求设备解体，则应将检查安排在设备维修解体时实施（打开人孔或拆除保温层不属于设备解体）。

6.2 检查比例和周期

（1）汽轮发电机

——检查比例：汽轮发电机每次解体对所有待检部位实施检查；

——检查周期：与维修解体检修周期保持一致。

（2）压力容器

——检查比例：

● 表面检测：检测长度不少于对接焊缝长度的20%；

● 埋藏缺陷检测：根据具体情况确定抽查采用的无损检测方法及比例，已进行过埋藏缺陷检测的，使用过程中如果无异常情况，可以不再进行检测。

（3）检查周期

——年度检查：每年一次；

——定期检验：金属压力容器一般于投用后3年内进行首次定期检验，以后的检验周期由检验机构根据压力容器的安全状况等级，按照以下要求确定：

● 安全状况等级为1、2级的，一般每6年检验一次；

● 安全状况等级为3级的，一般每3年至6年检验一次；

● 安全状况等级为4级的，监控使用，其检验周期由检验机构确定，累计监控使用时间不得超过3年，在监控使用期内，使用单位应当采取有效的监控措施；

● 安全状况等级为5级的，应当对缺陷进行处理，否则不得继续使用。

（4）压力管道

1）管道FAC监督

FAC分类

——一类管线，属于对FAC敏感的管线，应同时满足下列条件：

● 管线中至少应有一个属于承压边界的管件，其材料为碳钢或名义 Cr 含量小于1%的低合金钢；

● 工作介质应为单相水或湿蒸汽；

● 应是常开管线；

● 名义管径应不小于50 mm；

● 流速应大于1.5 m/s。

——二类管线，是可能对FAC敏感的管线，应同时满足下列条件：

● 管线中至少应有一个属于承压边界的管件，其材料为碳钢或名义 Cr 含量小于1%的低合金钢；

● 工作介质应为单相水或湿蒸汽；

● 应为非常开管线；

● 流速应不大于1.5 m/s；

● 名义管径应小于50 mm；

● 管线流速不确定的排汽管线和平衡管线。

二类管线应进行现场检查判断其是否存在管壁减薄或内表面存在 FAC 特征形貌等来确定是否受 FAC 影响。

注 1：前两条需同时满足，后四条满足其一即可确定为二类管线。

注 2：对于非常开的选择条件，正常工况下，没有流动介质，或运行时间不到核电厂运行时间 2% 的管线可作为三类管线来考虑。但是在管线的工作状态（如阀门的可能泄漏、系统的运行时间等）不能确定，或者系统的工作条件很苛刻（如高速蒸汽），则不能仅凭运行时间而不考虑。有些运行时间低于 2% 的系统也经历过 FAC 的伤害。从保守角度考虑，可将非常开管线全部考虑为二类管线。

——三类管线，应满足下列条件：

● 管线全部管件材质应为不锈钢或名义 Cr 含量大于 1% 的低合金钢，不含碳钢；

● 工作介质应为干蒸汽或过热蒸汽；

● 未处理的高氧含量的汽水介质管线等；

● 直接排放大气或排废液的管线。

符合以上条件之一，即为三类管线，三类管线不会遭受 FAC 影响，不在本策略中考虑。

检查比例和周期

——一类管线：

检查周期为 6 年，在 1 个检查周期内，对纳入检查范围的所有管线重点检查部位进行检查；如系统中有运行参数相同的并列管线，则至少选取 1 条管线进行全面检查，其余管线选取至少 25% 的重点检查部位进行抽查。若发现抽检管线减薄速率明显大于全面监督管线相应部位，则将抽检管线调整为全面检查。

——二类管线：

检查周期为 10 年，在 1 个检查周期内，对纳入检查范围的所有管线重点检查部位进行检查；如系统中有运行参数相同的并列管线，则至少选取 1 条管线进行全面检查，其余管选取至少 25% 的重点检查部位进行抽查。若发现抽检管线减薄速率明显大于全面监督管线相应部位，则将抽检管线调整为全面检查。

——三类管线：

不定期监督检查，或根据内外部经验反馈，必要时进行针对性检查。

2）管道焊缝监督

管道分级

——GC1 级管道：

符合下列条件之一的工业管道，为 GC1 级。

● 输送毒性程度为极度危害介质，高度危害气体介质和工作温度高于其标准沸点的高度危害的液体介质的管道；

● 输送火灾危险性为甲、乙类可燃气体或者甲类可燃液体（包括液化烃）的管道，并且设计压力大于或者等于 4.0 MPa 的管道；

● 输送除前两项介质的流体介质并且设计压力大于或者等于 10.0 MPa，或者设计压力大于或者等于 4.0 MPa，并且设计温度高于或者等于 400 ℃的管道。

——GC2 级管道：

除 GC3 级管道外，介质毒性程度、火灾危险性（可燃性）、设计压力和设计温度低于 GC1 级的管道为 GC2 级。

——GC3 级管道：

输送无毒、非可燃流体介质，设计压力小于或者等于 1.0 MPa，并且设计温度高于-20 ℃但是不高于 185 ℃的管道。

检查比例如表 461-12-06-01 所示：

表 461-12-06-01　管道焊缝监督检查比例

管道级别	超声或射线检测比例	表面无损检测比例
GC1	焊接接头数量的15%且不少于2个	1.宏观检查发现裂纹或可疑情况的管道，在相应部位进行表面检测
GC2	焊接接头数量的10%且不少于2个	2. 必要时，对支管角焊缝等部位进行表面检测抽查
GC3	如未发现异常情况，一般不进行焊接接头的超声或射线检测抽查	3. 长期承受明显交变载荷的管道，在焊接接头进行表面检测，比例不低于焊接接头数量的5%且不少于2个 4. 隔热层破损或可能渗入雨水的奥氏体不锈钢管道,在相应部位进行表面检测

检查周期

——GC1、GC2 级：

● 检验周期一般不超过 6 年；

● 按照基于风险检验（RBI）的结果确定的检验周期，一般不超过 9 年。

——GC3 级：检验周期一般不超过 9 年；

——属于下列情况之一的管道，应当适当缩短检验周期：

● 新投用的 GC1、GC2 级的（首次检验周期一般不超过 3 年）；

● 发现应力腐蚀或者严重局部腐蚀的；

● 承受交变载荷，可能导致疲劳失效的；

● 材质发生劣化的；

● 在线检验中发现存在严重问题的；

● 检验人员和使用单位认为需要缩短检验周期的；

● 基于风险的检验分析报告中给出高风险的。

6.3　扩大检查

（1）补充检查方法

在检查过程中，当使用一种无损检测方法得出的缺陷超过验收标准，可用其他无损检测方法和技术进行补充检验，以证实缺陷的存在，并确定缺陷的特征（如缺陷的大小、形状和方向），从而确定该部位能否继续运行。

（2）扩大检查范围

在任何一次取样检验中，如果发现有超过验收标准的缺陷显示，可另选若干类似部件（或区域）对其相同部件进行补充检验，所选部件（或区域）的数目应近似等于在被检样品中部件（或区域）的数目。如果补充检验查明更多的缺陷超过合格标准，除下面两项要求所作的修正外，所有其余类似部件（或区域）都必须按照初次取样中的部件或物项所规定的检验范围进行检查：

——若取样计划中要求的管系检验只限于基本对称布置的管系中的一条环路或一个分支管路，而检验表明缺陷超过合格标准时，则补充检验应该包括第二条环路或分支管路；

——如果第二条环路或分支管路的检验表明还有超标缺陷，则应该对具有相似功能的其余各环路或分支管路进行检验。

6.4　跟踪检查

当一个部件检验发现超标，且评价结果经确认该部件可以继续使用时，则在后续的三个检查期中，都必须对该部件上含有此缺陷的部位予以重复检验。一旦重复检验结果表明在后续的三次检查中缺陷未发生显著变化，则该部件的检验进度可恢复到最初的检查进度；如果重复检验结果表明缺陷有扩展或显著变化，则应该对存在缺陷的部件进行重新评价，确认其是否可以继续使用。

第十三章 水压试验

1 一回路水压试验

1.1 概述

本节综述了"华龙一号"机组在役一回路水压试验需进行的相关准备工作。

1.2 规范性引用文件

下列文件对于本文件的应用是必不可少的。凡是注日期的引用文件，仅所注日期的版本适用于本文件。凡是不注日期的引用文件，其最新版本（包括所有的修改单）适用于本文件。

《压水堆核电厂核岛机械设备在役检查规则》（RSE-M 2010 版）

《压水堆核岛机械设备设计和建造规则》（RCC-M 2007 版）

《核电厂主回路水压试验技术导则》（GB/T 28548—2012）

1.3 术语与定义

水压试验

为验证承压机械设备（包括承压容器、管道及附件、热交换器和阀门等）的强度和完整性，使其经受高于最大允许运行压力的适当水压的试验。

1.4 试验准备

1.4.1 专项组织

宜成立一回路水压试验专项组织，统筹安排水压试验。该专项组织应包括运行、机械、仪控、役检等部门，建议组织机构如图 461-13-01-01 所示。

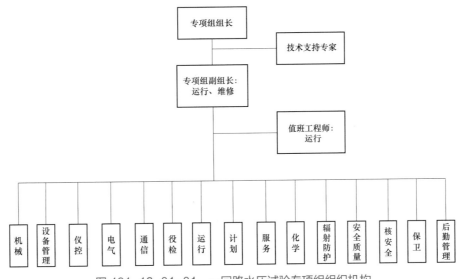

图 461-13-01-01 一回路水压试验专项组组织机构

1.4.2 人力准备

一回路水压试验实施及检查人员应经过专业的培训，水压试验前应进行交底。

1.4.3 物资准备

水压试验的物资准备，通常包括但不限于以下内容：

——应准备水压试验相关的压力监测设备、温度测量设备、临时管线、临时电话及消耗性材料等；

——应准备一回路水压试验回路阀门抢修备品备件等；

——应准备临时电话、头戴式电话、手电、秒表等；

——试验过程中所使用的计量器具应标定合格，并在有效期内。

1.4.4 文件准备

水压试验的文件准备，通常包括但不限于以下内容：

——一回路水压试验大修规程编制完成；

——一回路水压试验相关工作程序、检查单编制完成；

——一回路水压试验在线文件包等编制完成；

——一回路水压试验边界图编制完成；

——一回路水压试验实施逻辑图编制完成；

——一回路水压试验相关工作文件包准备完成；

——一回路水压试验风险分析及应急预案编制完成。

1.4.5 一回路水压试验主要流程

在役一回路水压试验从三台主泵再鉴定完成后正式开始，经过上行 27 bar.g、70 bar.g、100 bar.g、154 bar.g、165 bar.g、172 bar.g、20.6 bar.g 及下行 172 bar.g、165 bar.g、154 bar.g、27 bar.g 共计 11 个压力平台，期间需进行启停主泵、水压试验泵，泄漏率计算等一系列操作动作，详细流程见图 461-13-01-02。

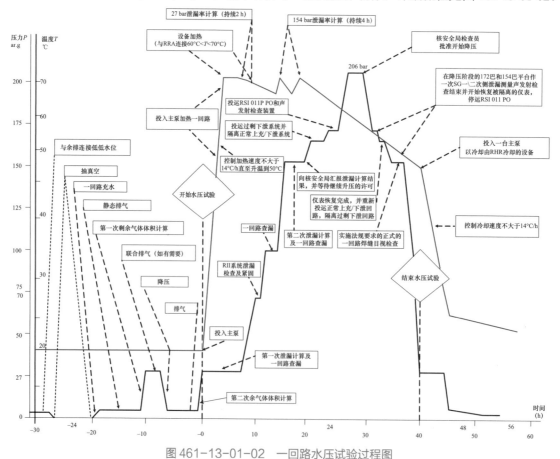

图 461-13-01-02 一回路水压试验过程图

1.4.6 其他要求

——一回路水压试验边界范围内保温已拆除；

——一回路水压试验边界内的阀门确保可操作，需检查的焊缝保证可达；

——试验区域应使用警示带、标牌隔离，设置无关人员不得进入的警示；

——一回路水压试验边界内的阀门状态已按边界图要求设置；

——压力、温度等测量仪表均已安装到位并能正常显示；

——临时管线已安装完成并经过无损检测合格；

——各系统均已按一回路水压试验主规程在线完毕。

2 主二回路水压试验

2.1 概述

本节综述了"华龙一号"机组主二回路水压试验需进行的相关准备工作。

2.2 规范性引用文件

下列文件对于本文件的应用是必不可少的。凡是注日期的引用文件，仅所注日期的版本适用于本文件。凡是不注日期的引用文件，其最新版本（包括所有的修改单）适用于本文件。

《压水堆核电厂核岛机械设备在役检查规则》（RSE-M 2010 版）

《压水堆核岛机械设备设计和建造规则》（RCC-M 2007 版）

2.3 术语与定义

水压试验

为验证承压机械设备（包括承压容器、管道及附件、热交换器和阀门等）的强度和完整性，使其经受高于最大允许运行压力的适当水压的试验。

2.4 试验准备

2.4.1 专项组织

宜成立主二回路水压试验专项组织，统筹安排水压试验。

2.4.2 人力准备

水压试验实施及检查人员应经过专业的培训，水压试验前应进行交底。

2.4.3 物资准备

水压试验的物资准备，通常包括但不限于以下内容：

——主二回路水压试验相关的加压设备、临时管线等；

——主二回路水压试验阀门抢修备品备件等；

——水压试验回路介质加热装置等。

试验过程中所使用的计量器具应标定合格，并在有效期内。

2.4.4 文件准备

水压试验的文件准备，通常包括但不限于以下内容：

——主二回路水压试验流程图编制完成；

——主二回路水压试验相关工作程序、检查方案编制完成；

——主二回路水压试验相关系统在线文件包编制完成。

2.4.5 其他要求

——蒸汽发生器二次侧水压试验前，蒸汽发生器二次侧应排空；

——试验区域应使用警示带、标牌隔离，设置无关人员不得进入的警示；

——试验回路内的阀门状态已按试验流程图设置；

——临时给水管线已根据现场条件连接，并经过冲洗，清洁度与正式管线要求一致；

——升压设备已安装；

——必要时，加热、抽真空装置已安装；

——压力、温度等测量仪表已安装；

——临时排水管线已在水压试验回路低点安装。

3 核二、三级设备单体水压试验

3.1 概述

本节综述了"华龙一号"机组核级二、三级设备单体水压试验需进行的相关准备工作。

3.2 规范性引用文件

下列文件对于本文件的应用是必不可少的。凡是注日期的引用文件，仅所注日期的版本适用于本文件。凡是不注日期的引用文件，其最新版本（包括所有的修改单）适用于本文件。

《压水堆核电厂核岛机械设备在役检查规则》（RSE-M 2010 版）

《压水堆核岛机械设备设计和建造规则》（RCC-M 2007 版）

《压水堆核电厂核级承压容器单体水压试验技术导则》（Q/CNNC JE 26—2017）

3.3 术语与定义

水压试验：

为验证承压机械设备（主要包括承压容器、管道及附件、热交换器和阀门等）的强度和完整性，使其经受高于最大允许运行压力的适当水压的试验。

3.4 试验准备

3.4.1 专项组织

宜成立核二、三级设备单体水压试验专项组织，统筹安排水压试验。

3.4.2 人力准备

水压试验实施及检查人员应经过专业的培训，水压试验前应进行技术交底。

承压容器水压试验目视检验人员应在民用核安全设备无损检验培训机构接受专门培训和考核，并取得有效的民用核安全设备目视检验资格证书。

3.4.3 物资准备

水压试验的物资准备，通常包括但不限于以下内容：

——应准备试验相关的加压设备、临时管线及消耗性材料；

——试验过程中所使用的计量器具应标定合格，并在有效期内；

——应准备水压试验回路介质加热装置；

——应准备水压试验所使用的压力监测及温度监测设备。

3.4.4 文件准备

水压试验的文件准备，通常包括但不限于以下内容：

——水压试验程序已编制完成；

——水压试验打压相关工作文件包准备完成。

3.4.5 试验阶段要求

承压容器水压试验之前应对容器外壁、内壁进行全面的目视检验。

承压容器水压试验升降压速率一般不应 2 bar/min，对于容积大于 1 m³ 的容器应以低于 10 bar/min 的速率升压。试验时应设置一些中间压力保持过程（如运行压力和设计压力），达到试验压力后，应对承压容器外壁进行全面的目视检验，以检查任何泄漏、严重的缺陷、明显的永久形变或容器支架的异常。在目视检验过程中，承压容器压力应保持试验压力。

3.4.6 其他要求

——试验用水水质应满足试验要求；

——水压试验开始前承压容器所有要检查的表面均应保持清洁，不允许有残留的油漆、液体渗透剂痕迹、标志、胶带、油脂痕迹和冷凝水迹；

——承压容器水压试验边界应用警示绳/带围住，并挂警示牌，防止无关人员进入试验区域。

第十四章　核电厂化学

1　化学控制

核电厂水化学的主要工作是监督一二回路的水质。通过水质参数，了解设备腐蚀状况及燃料包壳的完整性，协助运行、维修及其他部门及时发现和解决机组存在的问题。其主要任务：

——监督两道屏障（燃料包壳和一回路压力边界）的完整性及电厂设备的可用性；

——降低一回路的放射性水平；

——保证化学相关设备的长期可用性；

——利用化学监督手段，为寻找机组系统设备存在问题的原因分析提供线索。

1.1　一回路系统化学控制

1.1.1　目的

一回路水化学管理主要是要解决两个问题即减少结构材料腐蚀和降低放射性辐射场。首先水化学控制要考虑保护结构材料，包括不锈钢、镍基合金、锆合金等，在高温高压高辐照条件下要求保证良好的水质条件，以减少冷却剂对材料的腐蚀影响。同时腐蚀不但降低了设备和管道的使用寿命，而且还造成辐射污染，如腐蚀产物经堆芯后被活化、燃料元件包壳破损造成的裂变产物外漏、蒸汽发生器传热管破裂造成二回路的污染等。因此一回路冷却剂的水质管理，还要考虑尽可能减少腐蚀产物释放和转移到堆芯，避免在堆芯活化和在燃料包壳沉积，从而降低放射性辐射场。

1.1.2　水的辐照分解

反应堆功率运行时，一回路冷却剂由于经受以 γ 射线为主的混合射线的辐照而引起水的辐照分解。为了抑制水的辐照分解而产生对结构材料完整性有害的氧，通过 RCV 容控箱向 RCS 加入氢气。一般来讲，水中溶解氢浓度大于 15 mL/kg 时，一回路的溶解氧浓度会低于 5 μg/kg。正常功率运行期间，通过在容控箱内保证一定的压力和氢气纯度，可以保证一回路溶解氢满足要求。一回路升温期间，当 $T<120\ ℃$，采用向一回路添加联氨的方法除去水中氧：

$$N_2H_4 + O_2 \rightarrow N_2 + 2H_2O$$

1.1.3　可溶性中子吸收剂的选择

反应性控制的关键在于控制堆内的中子注量率，向堆内有控制地引入强烈吸收中子的物质能达到这一目的，具体方法：

——在堆芯安装固定的含有中子吸收物质的可燃毒物棒；

——采用能够快速插入或抽出的含有中子吸收物质的控制棒；

——向冷却剂添加可溶性中子吸收物质。

在堆芯设计中，如果大量使用控制棒将使堆芯及压力容器的设计十分复杂，对安全不利；另一方面，控制棒的排列方式和单位体积中子吸收能力不能随燃耗的增加及时变化，以适应堆芯中子注量率的要求。但如果采用可溶性中子吸收剂就可以解决此问题，因为可溶性中子吸收剂有均匀性、不占额外体积、可调节浓度等优点。作为一个良好的中子吸收剂应该具备以下条件：

——中子吸收截面大；

——在水中有足够的溶解度；

——不引进或少引进其他无关元素；

——无感生放射性；

——物理化学稳定性好；

——与反应堆材料相容；

——经济性好。

通过全面衡量，硼酸具有以上一系列优点。它可以水合物的形式存在，不引进其他核素，且有足够的溶解度。天然硼同位素中，^{10}B 占 19.8%，其中子吸收截面为 3837 b，反应生成物为稳定核素 ^7Li，其余 80.2% 的 ^{11}B，其中子吸收截面仅为 5.5×10^{-3} b，活化几率很小。低温下显弱酸性，高温下其酸性更弱，在一回路正常运行条件下（15.5 MPa，310 ℃）。对一回路材料腐蚀影响极小。

天然 ^{10}B 的中子吸收截面很大，其（n、α）反应生成 ^7Li 和氦，在运行过程中逐渐消耗。冷却剂中硼浓度的调节是由化学和容积控制系统与硼和水补给系统完成的，若欲提高冷却剂硼浓度，加硼，反之减硼。堆芯运行后期，因硼浓度较低，通过稀释来降低硼浓度会产生大量废液，可用 OH 型阴离子交换树脂来除硼。

硼酸是一种弱酸，其离解反应：

$$H_3BO_3 + H_2O \Leftrightarrow H^+ + B(OH)_4^-$$

硼与中子的反应：$^{10}_{5}B + ^1_0n \rightarrow ^7_3Li + ^4_2He$

因此硼酸经过中子活化后会产生 ^7Li。

1.1.4　一回路 pH 调节剂的选择

压水堆一般都在主冷却剂系统中加入硼酸作为可溶性中子吸收剂，用于反应性的慢性补偿控制。冷却剂中加入硼酸后偏酸性，pH 偏低，不利于保护系统设备结构材料。因此，需要加入一定量的碱性物质来中和硼酸引起的酸性，适当提高冷却剂的 pH。为了尽可能减少其他杂质元素的引入，常用的碱性物质有氢氧化钠、氢氧化钾、氨、氢氧化锂等。

（1）氢氧化钠（NaOH）

钠与中子会发生反应：

$$^{23}_{11}Na + ^1_0n \rightarrow ^{24}_{11}Na$$

式中，^{24}Na 是放射性核素，作为化学调节剂时会增加一回路放射性活度和人员照射剂量。

另外，当发生沸腾时，NaOH 溶解度高，容易形成局部浓缩，可能引起腐蚀（晶间腐蚀）。

（2）氢氧化钾（KOH）

天然钾中含量为 6.19% 的 ^{41}K（截面 0.95 b）与中子会发生反应：

$$^{41}K + ^1_0n \rightarrow ^{42}K$$

式中，^{42}K 是放射性核素，会增加一回路放射线性活度和人员的照射剂量。

与 NaOH 相似，KOH 溶解度高，当发生沸腾时，容易局部浓缩，存在碱性腐蚀的风险。

（3）氨（NH₄OH）

在 RCS 中不够稳定，在高温和射线的作用下会发生分解反应：

$$NH_3 \rightarrow H_2 + N_2$$

在 300 ℃ 下，这是一种很弱的碱，调节 pH 较困难。而且由于氨的存在，一回路净化床的运行显得复杂，对杂质离子的控制难度增加。

（4）氢氧化锂（LiOH）

是一种强碱，相对而言，其溶解度不太大，所以限制了局部浓缩现象的发生，引起腐蚀的风险较小。另外从放射化学角度考虑：

在自然界中，锂的同位素分布 ^6Li 占 7.42%，^7Li 占 92.58%，^6Li 会与中子反应产生氚：$^6_3Li + ^1_0n \rightarrow$ $^4_2He + ^3_1H(氚)$

氚是放射性核素，它会增加工作人员吸收剂量和对环境的放射性排放，所以在核电厂均使用 ^7Li 纯度为 99.9% 的氢氧化锂。

使用 ^7Li 没有中子活化产生放射性同位素的问题，而且 ^7Li 还可由硼和中子反应产生：

$$^{10}_5B + ^1_0n \rightarrow ^7_3Li + ^4_2He$$

因此，采用 ^7Li 可简化化学调节方法，是被压水堆核电厂广泛采用的一回路 pH 调节剂。

1.1.5 一回路水质控制

一回路及其辅助系统化学和放化监督与控制主要包括以下几方面：

——RCS 及其辅助系统硼浓度和杂质监督；

——RCS 硼锂协调控制最佳 pH；

——控制 RCS 溶解氢，减少溶解氧；

——监督 RCV、RFT、ZLT、ZBR 等系统除盐床效率，保证净化效果；

——监督补给水的品质，减少杂质进入主系统；

——燃料组件完整性监督；

——一回路停堆氧化运行、气体防爆监督；

——一回路启动除氧，临界硼浓度分析等。

一回路系统主要化学参数及其控制：

（1）一回路 pH 控制和硼锂协调

由于硼浓度是根据反应堆反应性的控制要求而变化的，不能随意调节。为了保证一回路 pH（一般是高温 $pH_{300℃}$）在设计范围内，以减少冷却剂对一回路结构材料的腐蚀，就需要根据一回路硼浓度来调节氢氧化锂的浓度。为满足一定的 $pH_{300℃}$，锂浓度随着硼浓度变化而变化的调节方式称为硼锂协调。

腐蚀速度及沉积量与 pH 的关系研究表明：高温下（300 ℃）pH 低于 6.9 时沉积增加，大于 7.4 后沉积也略有增加，两者之间相对较低。目前压水堆核电厂普遍控制 $pH_{300℃}$ 在 7.2±0.1。

为了防止碱浓缩造成腐蚀，对锂浓度规定了上限。目前研究认为锂浓度小于 3.5 mg/kg 对燃料包壳是安全的，不存在碱性腐蚀的风险。由于锂浓度上限的限制，在燃料循环初期硼浓度较高时，一回路 $pH_{300℃}$ 值往往达不到 7.2。为保守起见，电厂运行技术规格书要求锂浓度小于 3.5 mg/kg，同时，为了减少一回路结构材料的均匀腐蚀，要求任何情况下，一回路水中的锂浓度要大于 0.40 mg/kg。

电厂的硼锂协调曲线如图 461-14-01-01 所示。中间粗线条表示控制基准值。燃料循环初期，硼浓度高，$pH_{300℃}$ 控制在 6.90。随着硼浓度逐渐下降，$pH_{300℃}$ 控制值从 6.9 逐渐上升到 7.0。曲线上方是 RCV 阳床启动区，表示锂浓度过高，需要启动除锂床进行除锂。曲线下方是添加区，表示锂浓度偏低，不足以维持既定的 pH，需要加入一定量的 LiOH。正常运行期间，当主系统 ^7Li 浓度低于硼锂协调曲线时，通过 RBM006 BA 往主系统添加 ^7LiOH。而当 ^7Li 浓度高时，可以通过 RCV003 DE（除 Li 床）进行除锂，除锂时间可通过除盐床流量计算获得。

（2）溶解氧

降低冷却剂中氧浓度，将显著降低结构材料的 SCC 和全面腐蚀，氧是奥氏体不锈钢应力腐蚀的促进剂。在无氧的氯化物溶液中，奥氏体不锈钢不会发生腐蚀破裂，但如果在有氧的情况下，氯化物浓度很小也可能发生腐蚀破裂。

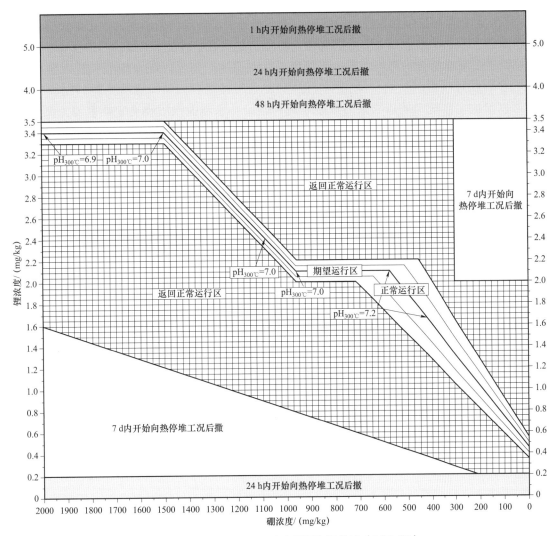

图 461-14-01-01　一回路硼锂协调曲线（300 ℃）

反应堆功率运行期间，通过向冷却剂中加入氢和减少补水中氧的含量来控制冷却剂中的氧浓度。试验证明只要维持冷却剂中氢气的含量在 15 mL/kg 左右，就可抑制由于水的辐射分解产生的氧。一回路启动阶段，在升温至 120 ℃前，通过 RBM006 BA 向一回路添加水合联氨进行化学除氧。

（3）溶解氢

一回路加入溶解氢主要是保持一个主系统还原性气氛环境以减小一回路系统的腐蚀，氧化性环境将加速腐蚀产物的形成和转移。由于氧有很多途径进入到主系统中，所以功率运行时维持过量的溶解氢，从而保证在各种运行条件下的还原性环境。另外，溶解氢会增加蒸汽发生器传热管对 SCC 的敏感性，所以建议溶解氢的浓度在 25～35 cc/kg 较为适宜。正常运行期间 RCV002 BA 上部空间氢气覆盖并维持一定的压力（表压约 0.1 MPa）、温度和纯度，可以保证主系统溶解氢的浓度，从而抑制氧的浓度。

（4）氟、氯、硫酸根、钙、镁、铝、硅等杂质离子

氯离子的存在会破坏系统表面的氧化膜，特别是在系统中有溶解氧的情况下，氯的存在会加速系统的应力腐蚀。应力腐蚀破坏的几率随氯离子浓度的增大而增加，尤其在氧含量很高的水中，一回路泵、阀的密封填料、焊剂、离子交换树脂乃至二回路的渗漏都可能向冷却剂引入氯离子，硫酸根、氟化物也会引致不锈钢的应力腐蚀。另外，氟化物能使锆合金产生腐蚀。

铝、钙、镁的许多硅酸盐和氧化物，其溶解度具有负温度系数的特点，因此它们将在反应堆冷却

剂系统温度高的部位即燃料组件表面优先沉积，这种沉积使堆芯表面的沉积物致密，传热效率下降，燃料包壳表面温度升高，加重 Zr-4 合金的腐蚀，特别是在反应堆有发生显著沸腾的部位。

由于补给水不纯或者硼酸等互学添加剂纯度不高的原因，在反应堆冷却剂中断续地检测到这些杂质。化学和容积控制系统有两台净化床（混床），采用锂型阳树脂和氢氧型阴树脂，通过此净化床净化，可以除去主系统中的以上杂质离子。对一回路补水箱的水质也要定期监督，保证补水的品质满足要求。

1.1.6　一回路系统水质规范

一回路水化学处于非正常条件下运行，会使燃料包壳、系统设备结构材料的完整性损害，活性区以外的放射性水平增加，降低了反应堆运行的安全性和可利用率。为此核电厂制定了严格的水化学技术规范和纠正行动基准。一旦某参数超出限值或者偏离正常范围应该采取相应的纠正行动，在尽可能短的时间内使其回复到正常值范围内。建立的水化学参数纠正行动准则应该能够完成以下目标：

——查找参数变动的原因；

——使一回路杂质浓度尽可能的低；

——所采取的行动应该和核电厂技术规范相适应。

典型的纠正行动有：

——确认一回路冷却剂净化系统运行正常，离子交换树脂净化效率满足要求；

——与前面的分析结果相比较，确认目前的水化学状况；

——确认并隔离杂质源；

——增加取样分析频度以观察水化学短期变化趋势。

对于主系统氟化物、氯化物、溶解氧含量超出限值（见表 461-14-01-01 和表 461-14-01-02）后的具体规定如下：

——当反应堆冷却剂系统平均温度≤120 ℃时，如果氟化物或氯化物含量超过正常值而在限值之内，允许在 48 h 之内恢复到正常水平，否则，必须使反应堆处于冷停堆。如果氟化物或氯化物含量超过限值，则立即使反应堆处于冷停堆。

——当反应堆冷却剂系统平均温度＞120 ℃时，如果氟化物、氯化物或溶解氧含量超过正常值而在限值之内，允许在 24 h 之内恢复到正常水平，否则，必须使反应堆处于冷停堆。如果氟化物、氯化物或溶解氧含量超过限值，则立即使反应堆处于冷停堆。

——若氟化物、氯化物或溶解氧含量超出限值，则要求每天至少取样分析一次。

——若氟化物和氯化物含量超出限值，要尽快采用净化手段或更换离子交换树脂，并寻找来源。

——若溶解氧含量超出限值，在反应堆次临界状态的启动阶段添加联氨或在功率运行期间通过容控箱调整氢浓度，检查系统补水溶解氧浓度。

表 461-14-01-01　反应堆冷却剂（RCS）系统反应堆冷却剂模式 1、2、3

参数	单位	期望值	限值	正常频率	注　释
硼	mg/kg	0～2500		连续＋1/d	● 每天手动分析一次硼浓度并与在线硼表相比较 ● 若在线硼表不可用，手动分析频率改为在模式 1 和模式 2 下为 1/d，在模式 3 下为 8 h 一次 ● 若超限值，参见运行技术规格书
锂	mg/kg	见图 461-14-01-01		1/d	● 仅在模式 1 和模式 2 是"安全"参数 ● 超限值，见图 461-14-01-01
		＜3.5			● 此值为模式 3 期望值

续表

参数	单位	期望值	限值	正常频率	注 释
氯化物	mg/kg	<0.05	<0.15	1/周（或 1/d 当 F⁻、Cl⁻≥0.15 时）	● 当 0.15≤Cl⁻<1.5 或 0.15≤F⁻<1.5 时，应在 24 h 内开始向模式 5 后撤 ● 当 F⁻或 Cl⁻≥1.5 时，应在 8 h 内开始向模式 5 后撤
氟化物	mg/kg	<0.05	<0.15		● 当 0.15≤F⁻<1.5 和 0.15≤Cl⁻<1.5 时，应在 8 h 内开始向模式 5 后撤
硫酸盐	mg/kg	<0.05	<0.15	1/周（或 1/d 当 SO_4^{2-}≥0.15 时）	● 当 0.15≤SO_4^{2-}<1.5 时，应在 7 d 内开始向模式 5 后撤 ● 当 SO_4^{2-}≥1.5 时，应在 8 h 内内开始向模式 5 后撤
氢（水中）	mL/kg（STP）	25～35	20～50	连续 + 1/周	● 仅在模式 1 和模式 2 是"安全"参数 ● 每周手动测量一次，并与在线仪表比较 ● 若在线氢表不可用，手动分析频率 3/周 ● 如果 5<H_2<20，限运行 24 h，然后 1 h 内开始向模式 3 后撤 ● 如果 H_2≤5 或 H_2>50，应在 8 h 内开始向模式 3 后撤 ● 当机组处于模式 3 模式时，不用后撤，应查明原因及时处理
钠	mg/kg	<0.1	<0.2	1/月（或 1/d 当 Na≥0.2 时）	● 仅在模式 1 和模式 2 是"安全"参数 ● 在 ²⁴Na 明显增加情况下，应跟踪趋势并查找污染源 ● 如 0.2≤Na<3，应在 7 d 内开始向模式 3 后撤 ● 如 Na≥3，应在 1 h 内开始向模式 3 后撤
溶硅	mg/kg	<0.6	<1.0	1/月或 X	● X：当超期望值时，同时增加测量 Ca、Mg、Al，尽快采取措施并恢复至期望值内，分析频率为 1/周
钙、镁、铝	mg/kg		<0.05	1/月或 X	● X：当任意一个超限值时，应增加其分析频率为 1/周
溶氧	mg/kg	<0.01	<0.1	X	● X：如果水中溶解氢低于 20 mL/kg（STP），分析频率 1/d ● 如果 O_2≥0.1，应在 8 h 内开始向模式 5 后撤 ● 通过调节氢浓度控制溶氧含量
氨	mg/kg	<0.5		不定期	● 当 NH_3≥0.5 时，应控制 RCV 容控箱气相中的氮，使其含量低于 5%

注：[1] 本化学规范中涉及参数：氯化物以 Cl⁻计，氟化物以 F⁻计，硫酸盐以 SO_4^{2-}计，磷酸盐以 PO_4^{3-}计，溶硅以 SiO_2 计。

表 461-14-01-02　反应堆冷却剂/余热排出（RCS/RHR）系统反应堆冷却剂模式 4、5、6

参数	单位	期望值	限值	正常频率	注 释
硼	mg/kg		0～2500	连续 + 1/d	● 若在线硼表不可用，应每 8 h 手动分析一次 ● 在装卸料操作期间，必须每 8 h 手动分析一次硼浓度 如果在线硼表不可用，必须每 4 h 手动分析一次硼浓度
氯化物或氟化物	mg/kg	<0.05	<0.15	1/周（或 1/d 当 F⁻或 Cl⁻≥0.15 时）	如果 T_{RCS}≥120 ℃，则： ● 当 0.15≤Cl⁻<1.5 或 0.15≤F⁻<1.5 时，应在 24 h 内开始向模式 5 后撤 ● 当 F⁻或 Cl⁻≥1.5 时，应在 8 h 内开始向模式 5 后撤 ● 当 0.15≤F⁻<1.5 和 0.15≤Cl⁻<1.5 时，应在 8 h 内开始向模式 5 后撤 ● 如果 90 ℃<T_{RCS}<120 ℃，则： ● 当 0.15≤Cl⁻<0.5 或 0.15≤F⁻<1.5 时，应在 3 d 内开始向模式 5 后撤 ● 当 Cl⁻≥0.5 或 F⁻≥1.5 时，应在 8 h 内开始向模式 5 后撤
硫酸盐（当 T_{RCS}≥120 ℃时，是"安全"参数）	mg/kg	<0.05	<0.15	1/周（或 1/d 当 SO_4^{2-}≥0.15 时）	如果 T_{RCS}≥120 ℃，则： ● 当 0.15≤SO_4^{2-}<1.5 时，应在 7 d 内开始向模式 5 后撤 ● 当 SO_4^{2-}≥1.5 时，应在 8 h 内开始向模式 5 后撤
硫酸盐（当 T_{RCS}<120 ℃时）	mg/kg		<0.15	1/月（当 SO_4^{2-}≥0.15 时，1/d）	● 当 SO_4^{2-}≥0.15 时，查找污染源，并尽快恢复水质到期望值内。 ● 当 SO_4^{2-}≥0.15 时，主回路温度不能超出 120 ℃

续表

参数	单位	期望值	限值	正常频率	注　释
钠	mg/kg	<0.1	<0.2	1/周（或 1/d，当 Na≥0.2）	• 如 Na≥0.2，净化回路，并检查有否 PO_4^{3-} 污染
钙或镁或铝	mg/kg	<0.05	<1.0	1/月	• 如 Ca 或 Mg 或 Al≥0.05，净化回路，查找污染源
溶硅	mg/kg	<0.6	<1.0	1/月	• 溶硅≥0.4，净化回路，查找污染源
溶氧 RCS 没有氢覆盖	mg/kg		<0.1	1/周	在模式 4 时： • 如 O_2≥0.10，维持主回路温度在 120 ℃以下，除氧，分析频率 1/d • 如 O_2≥0.10，且 T≥120 ℃，应在 8 h 内开始向模式 5

1.2　二回路水化学

1.2.1　目的

在蒸汽发生器中，由于蒸发使杂质浓缩。通过连续排污可降低杂质浓度，但排污率低，作用有限。另外在流动性较差的区域，同时在热量的作用下局部过热，使这些区域的杂质进一步浓缩，即在蒸汽发生器二次侧存在杂质的蒸发浓缩（10～100 倍）和局部过热浓缩（103～106 倍）两种现象。所以，蒸汽发生器极易工作在恶劣的化学环境中，引起设备的腐蚀。二回路水化学的主要目的就是要把对二回路设备和材料的腐蚀限制到最低限度，特别是降低对蒸汽发生器的腐蚀，防止 U 形管破裂而使一回路水进入二回路，导致放射性物质的扩散。

二回路水化学的基本任务为：确定化学添加调节试剂的种类和浓度、确定在回路中化学杂质的浓度限值、确定可实现的最好的化学条件减少腐蚀现象和提高安全水平。

1.2.2　二回路 pH 调节剂的选择

磷酸盐化学：20 世纪 70 年代末之前，大部分核电厂采用磷酸盐作为二回路的 pH 调节控制剂。因为蒸汽发生器传热管出现较为严重的晶间腐蚀和均匀腐蚀以及较为严重的点蚀、坑蚀等现象而被淘汰，原因是磷酸盐的浓缩对 SG 管子有直接侵蚀作用，破坏保护膜，而且很容易产生游离的强碱氢氧化钠。

全挥发处理（氨和联氨）：即用联氨除氧，氨调节 pH。氨作为一种已为人们所熟悉的试剂。具有低成本、无分解产物、易于实施等优点，而且它还是联氨的分解产物，从而允许使用较高的联氨浓度来保持还原性环境，氨除了会对铜合金造成腐蚀外（pH＞9.2 时），几乎没什么副作用。氨处理也有它的缺点：（1）要达到预期的 pH 所需要的氨浓度较高，从而可能对环境造成不利影响、消耗阳离子交换树脂的交换容量。（2）由于氨易挥发，在高温时，液相的 pH 不足以减少给水系统及疏水系统碳钢材料的腐蚀，容易发生 FAC 现象。若 pH 增加到 9.6 以减少腐蚀，但会增加凝结水精处理系统和 SG 排污系统的除盐床的负担，而且也受环境排放量限制以及废树脂量的限制。

吗啉林：吗啉林的汽–水两相的分配系数接近 1，从而使得整个水汽系统都可以保持相同的 pH。吗啉林的缺点是相对氨来讲，碱性较弱，达到 pH=9.6 需要较高的浓度，会增加有机物的含量，而且会对精处理系统以及 SG 排污系统的除盐床带来较重的负担。因此，用吗啉林作为 pH 调节剂的核电厂一般没有精处理系统或者精处理系统正常期间不运行。

乙醇胺（ETA）：ETA 的碱性比氨及吗啉林强，因此达到预期的 pH 所需要的浓度较低，从而减少了对精处理及排污系统除盐床的负担，降低运行成本，使用 ETA 的电厂发现二回路（包括 MSR 疏水、高加疏水、主给水和凝结水）迁移的腐蚀产物减少了。但是 ETA 的挥发性小，汽水分配系数只有 0.6，因此在水汽系统的浓度是不一样的，有可能导致对蒸汽及凝结水系统的保护不够（加药点一般在凝结水泵之后）。

混合胺处理：由于单独使用某种胺作为 pH 调节剂都各有优劣，有些核电厂采取混合胺处理的方法，选用碱性和挥发性适当的混合碱配合。在美国和日本不少核电厂已经做了尝试，效果不错。北海道电力公司泊核电厂原来采用氨处理，在改进采用氨和ETA混合处理后，发现主给水特别是疏水系统的铁含量明显降低。

目前，世界上还没有统一的二回路pH控制剂，各国国内各电厂之间也不尽相同。

1.2.3 二回路的水质处理

研究和电厂实践表明，pH大于9.6时，铁素体合金的腐蚀速率降至很小，而低于9.2时，系统材料受到流体加速腐蚀的侵蚀，腐蚀速率加快，长时间会出现管壁减薄。二回路系统pH控制对降低二回路设备的腐蚀很重要，适当提高pH可以提高氧化物保护膜的稳定性，从而降低整个二回路系统的碳钢腐蚀率，这对于核电厂长期稳定运行和SG的寿命是很有好处的。即使只有几个μg/kg的腐蚀产物，一个燃料周期下来，也会在SG中积累几十千克甚至上百千克的淤渣。

二回路水采用全挥发处理，即向二回路水汽系统加入氨水（或其他挥发性有机胺）和联氨进行处理。氨水是一种挥发性碱，加入它在调节系统pH，减少回路腐蚀的同时，又可避免在蒸汽发生器水中的浓缩。

联氨是一种还原剂，它一方面使铁（Fe）和铜（Cu）处在非氧化态（Fe_3O_4、CuO）；另一方面是物理除气（凝汽器真空除氧和除氧器热力除氧）的补充，除去回路中少量残余溶解氧。二回路联氨浓度一般在30～200μg/kg，联氨在二回路中发生如下化学反应：

与O_2和氧化物的反应：$N_2H_4 + O_2 \rightarrow N_2 + 2H_2O$

热分解反应：$3N_2H_4 \rightarrow N_2 + 4NH_3$

当蒸汽发生器（SG）停运一周以上时，应当对SG进行保养。保养方式一般有两种：充入较高浓度的联氨–氨保养溶液进行的湿保养以及采用干燥空气吹扫和保养的干保养。

1.2.4 杂质含量控制

二回路杂质来源主要有补给水污染、海水泄漏、空气漏入真空系统、冷却水进入二回路水汽系统、树脂再生剂、破碎树脂、化学添加剂等、水质监督的主要杂质是氯离子、硫酸根、钠离子、溶解氧等。一般各核电厂对蒸汽发生器水质包括钠离子、氯离子、硫酸根离子、阳离子电导率等参数都有相应规范，当参数超出限值时必须采取相应的纠正行动要求直至停堆运行以恢复水质。当二回路发生污染时，对二回路的水质影响归纳见表461-14-01-03。

表461-14-01-03 二回路污染时在线仪表测量值的变化

现象		在蒸汽发生器排污水（TTB）中		
		Na	λ^+	pH（趋势）
海水泄漏进入凝汽器		↑	↑	↘
补给水污染	盐	↑	↑	
	碱	↑		↗
	酸		↑	↘
WCI冷却水进入二回路		↑	↑	
空气漏入凝汽器		凝结水中含氧量升高，如果大量进入空气，λ^+会升高		

二回路化学监督与控制主要内容：

——控制补水水质；

——监督和处理泄漏（海水、空气、冷却水、树脂等）；

——控制树脂及其再生剂、二回路添加药剂品质；

——监督 WDP、TFC、TTB 等除盐床效率；

——控制氨和联氨，保证二回路系统 pH 和合格的氧浓度，减少腐蚀；

——SG 水质控制，监测 SG 泄漏率；

——二回路及其辅助系统设备防腐或保养条件实施与监督等。

1.2.5 凝汽器泄漏

（1）凝汽器发生海水泄漏对水化学和系统设备的影响

凝汽器的海水泄漏会使二回路凝结水中进入不挥发性盐，导致凝结水水质短时间内就会急剧恶化，若凝结水精处理系统没有全流量处理，这些盐将进入 SG 而沉积在其内部。当海水进入 SG 后，将引起钠离子、氯离子及酸性物质的急剧增加，高浓度的杂质含量会增加蒸汽发生器传热管腐蚀，从而大大增加蒸汽发生器传热管破裂的风险。具体说，主要有以下几方面：

——钠离子、氯离子容易在 SG 内局部浓缩，引起 SG 内部结构材料特别是传热管的腐蚀；

——分化学物质进入 SG 后发生沉积或者水解产生酸性物质和沉积物，增加 SG 内结构材料的腐蚀；

——增加二回路管道和设备的腐蚀速率，而且腐蚀产物最终进入 SG 在其中沉积；

——破坏系统设备和管道内壁已经生成的较为稳定的 Fe_3O_4 保护膜。

（2）凝汽器钛管海水泄漏的判断

——在线化学仪表数据异常：

冷凝器海水泄漏首先是通过在线化学仪表发现的，对于高含盐量的海水一旦漏入冷凝器，在线仪表就可以轻易监测到。实际上，安装在凝汽器热阱、TFE 泵出口母管、TTB 系统的化学在线表都是监测海水泄漏及时有效的手段，因此对这些仪表应该及时维护并对其数据及相应的报警要引起足够重视。通过以下几个在线表的数据基本可以确定凝汽器发生钛管海水泄漏现象：

首先监测凝结水泵出口母管氢电导率表，凝结水发生海水泄漏时电导表数据会明显上升，一般超过 0.5 μS/cm，引发主控 WCS100AA 报警，在现场巡检和常规岛的 WCS 数据采集系统中查询也可以发现。

（MX-8.5 m）WCS 系统取样架上凝结水泵出口母管的阳电导表和钠表数据会明显上升，主控室有"WCS301MG"红报警光字牌。

如果凝结水精处理系统（TFC）没有全流量处理，则 SG 水质会迅速恶化，响应最为明显，RNS 系统的在线阳电导表、钠表数值会迅速上升并出现报警，在主控室有"RNS 阳离子电导率"和"RNS010MG 钠高"报警，在数据采集系统中可以连续观测 SG 水质参数变化的趋势；同时高加给水的阳电导表也会上升。如果凝结水精处理系统（TFC）处于全流量处理状态，则 SG 水质和给水水质变化相对不明显。

如果以上几个参数同时有异常，由可以初步认定发生凝汽器海水泄漏现象。表 461-14-01-04 为在主控室响应的水化学监测参数。

表 461-14-01-04　主控室响应的水化学监测参数

报警仪表	报警内容	说　明
WCS301MG	WCS100AA 凝结水泵出口母管阳电导高（红）	整定值：0.3 μS/cm
WCS313MG	WCS102AA 高加给水总管阳电导高（黄）	整定值：0.2 μS/cm
RNS081MG、010MG	RNS061AA SG 二次侧出水阳电导/钠高/高高（黄）	高报警值：阳电导 0.8 μS/cm，钠 20 μg/kg 高高报警值：阳电导 2.0 μS/cm，钠 100 μg/kg
RNS081MG、010MG	RNS063AA SG 二次侧出水阳电导/钠高（红）	整定值：阳电导 7.0 μS/cm，钠 500 μg/kg
RNS041MG	RNS054AA TTB001/003DE 出水电导率高（黄）	整定值：电导 2.0 μS/cm
RNS042MG	RNS056AA TTB002/004DE 出水电导率高（黄）	整定值：电导 2.0 μS/cm

——通过化学分析的方法确定海水泄漏：

当化学人员发现在线化学仪表异常数据后，可以通过对蒸汽发生器、冷凝器的水质分析来确认在线表的结果，确定是否有海水泄漏。如果人工取样分析确认热阱、凝泵出口母管存在钠离子和氯离子明显升高（一般凝泵出口钠离子、氯离子大于 5 μg/kg，热阱发生海水泄漏的那列中钠离子、氯离子会大于 30 μg/kg），则认为有海水泄漏，并且通过机组有关参数及水质分析结果可以估算海水泄漏率。以 TFE 凝结水水质来估算泄漏率：

泄漏率 $F = CX \times QTFE/CWCW$

其中：CX = 凝结水中某物质浓度（钠或氯离子）

QTFE = 凝结水流量

CWCW = WCW 海水中某物质浓度（钠或氯离子）

（3）凝汽器钛管海水泄漏的主要对策

由于凝汽器海水泄漏对机组安全运行和系统设备存在较大危害，必须高度重视并及时采取相应的对策。主要落实以下几方面的工作。

——及时确认泄漏问题：如上所述，通过一些化学相关的信号可以初步认定可能发生海水泄漏问题，运行人员发现上述在线仪表数据异常时必须立即通知化学人员，及时与化学人员沟通，进行数据分析和跟踪，以便及时确认是否发生凝汽器海水泄漏问题。化学人员通过判断认为可能发生海水泄漏，应立即赶到现场，确认相关的阳离子树脂交换柱是否有效，相关的仪表工作是否正常，然后立即取样分析确认海水泄漏。通过热井 6 个电导表的数据，确认哪一列凝汽器发生泄漏，然后通过取样管线阀门的切换，确定靠近哪一侧漏。

——加强 TFC 系统设备的管理和系统运行管理，TFC 不连续运行的系列，一定要保持备用状态满足全流量处理的要求。一旦发现有海水泄漏，立即投运 TFC 进行全流量处理，保证给水水质，并且在凝汽器查漏和处理期间，一直保持全流量运行。可以估算满功率运行时海水泄漏污染整个给水系统并到达蒸汽发生器所需的时间：

$$T = 机组给水系统总水量/凝结水流量 \approx 800 \ t/(2400 \ t/h) = 20 \ min$$

可见时间很短，必须及时投运 TFC 进行净化处理，不然 SG 水质就会受到严惩污染而不符合技术规格书的要求。

——应严格执行水质技术规范，当 SG 水质不能满足正常运行水质要求时，应根据技术规范要求采取相应的纠正行动。

1.3　辅助系统化学控制

1.3.1　补给水的水质管理

由于补水是一、二回路系统中杂质的潜在来源，其水质控制和管理显得很重要，必须加强生水系统（WRW）和除盐水生产系统（WDP）的控制与监督，保证补水的质量。除盐水生产系统的功能是处理来自生水系统的水，为常规岛、核岛、BOP 等提供符合水质和水量要求的除盐水。通常采用反渗透、阳床、阴床、混床水处理技术，提高制水质量。混床出水经加氨调节 pH 后进入 SER 水箱。

1.3.2　核辅助系统的水质管理

核辅助系统包括化学和容积控制、反应堆硼和水补给、反应堆换料水池和乏燃料水池冷却及处理等。

化学和容积控制系统（RCV）：反应堆功率运行期间，应确保 RCV 净化系统净化床（001/002 DE）以及除锂床（003 DE）的有效性。通过 RCV 净化床净化反应堆冷却剂系统水质，降低系统设备腐蚀。通过 RCV 除锂床（003 DE）除锂，控制反应堆冷却剂 pH。通过维持 RCV 容控箱氢气压力，控制反应堆冷却剂溶解氢含量，降低系统溶解氧含量。

反应堆硼和水补给系统（RBM）为 RCS 系统制备、贮存和供应反应性控制、容积控制和化学控制所需的硼和水，是一回路系统杂质的潜在来源，其水质控制和管理很重要。通过控制硼酸配制箱（RBM005BA）硼酸溶液以及 ZBR 硼回收系统浓硼水来实现 RBM 硼酸箱水质控制。通过控制 RBM 补水箱及监测 ZBR 蒸馏液水质，来满足补水水质要求。

反应堆换料水池和乏燃料水池冷却和处理系统（RFT）主要是保证乏燃料元件贮存池的持久冷却，和反应堆换料水池的注水、排水和净化。通常通过连续投运 RFT001 DE 去除水中杂质离子和放射性物质。装卸料期间，投运水面撇沫和过滤回路，除去悬浮物，维持水质澄清。

1.3.3 闭式冷却水的水质管理

闭式冷却水系统的水质好坏不仅影响到本身系统能否正常运行，而且影响到相关设备的正常运行，进而影响到一、二回路系统及机组的安全运行，因此必须高度重视冷却水的水质问题。

闭式冷却水系统中可能影响化学状态的潜在问题包括腐蚀、微生物生长和结垢。闭式冷却水系统中化学处理的目的是：最小化腐蚀、控制微生物生长、控制悬浮固体的沉积、以及防止均匀腐蚀。各种水处理化学品可用于控制闭式冷却水系统中的腐蚀、微生物生长和悬浮固体沉积。这些化学品可以作为单独的产品或作为两种或更多种产品的混合物使用。

除了所讨论的化学品之外，还有其他化学品被添加到处理程序中以控制闭式冷却水系统的 pH。pH 控制的目的是将 pH 保持在腐蚀最小化并且化学品缓蚀效果最佳的范围内，这些化学品包括氢氧化钠（或钾）、氢氧化锂、碳酸氢钠、碳酸钠、四硼酸钠（硼砂）和胺等。

1.3.4 海水冷却系统

压水堆核电厂海水系统包括循环水系统（WCW）、安全厂用水系统（WES）和辅助冷却水系统（WUC），分别为凝汽器、设备冷却水以及常规岛闭式冷却水系统等提供必需的冷却水。海水系统可能遇到的问题有：系统腐蚀、设备堵塞以及海生物的生长。为防止海水系统海生物的附着和繁殖，在取水头部以及泵房进水间投加次氯酸钠溶液；为防止管道/设备腐蚀，系统内安装有锌条，采用牺牲阳极保护阴极法；另外，系统中安装有拦污栅和格栅除污机、鼓形滤网及除贝类装置等，去除杂物，防止设备堵塞。

1.4 油品化学控制

1.4.1 核电厂油质管理综述

油液就好比是机器设备中的血液，通过其传质作用，设备运行中产生的不良状态可以在油液中体现出来，从而了解设备的健康状况，为状态检修服务，同时，油液的质量变化反过来也会影响设备及系统的运行。因此，油质监督成为电力生产过程中化学监督工作的一个重要分支，对新油和运行油进行监督控制，是电力设备安全、经济运行的必要保障。油质监督和管理的主要内容包括：

——新油的验收和管理；

——运行油的质量监督和维护；

——对油质进行评价，发现用油设备的潜伏性故障，为设备状态检修服务；

——主要用油设备和系统检修时的监督检查和评价；

——协助用油部门开展预防油质老化和废油再生工作；

——旧油退库的验收与鉴定和设备补油、换油时的混油试验。

核电厂中使用的油品种类很多，数量也大，归纳起来，重要用油主要包括以下几类：

——电气绝缘油，主要用于变压器中，因此又叫变压器油；

——润滑油，如汽轮机润滑油、重要转动设备润滑油、柴油机润滑油等；

——抗燃油；

——柴油。

1.4.2　绝缘油

绝缘油是电力系统中重要的矿物液体绝缘介质，如变压器、断路器、电流和电压互感器、套管等中大都充以绝缘油，以起绝缘、散热冷却和熄灭电弧作用。绝缘油应具备以下几个基本特点和功能：具有较高的介电强度，以适应不同的工作电压；具有较低的黏度，以满足循环对流和传热需要；具有较高的闪点温度，以满足防火要求；具有足够的低温性能，以抵御设备可能遇到的低温环境；具有良好的抗氧化能力，以保证油品有较长的使用寿命。

（1）绝缘油的主要特性参数

运行油：外观、水分、击穿电压、酸值、闭口闪点、运动黏度（40 ℃）、体积电阻率（90 ℃）、介电损耗因数（90 ℃）、可燃气体含量、色度、糠醛；

新油：外观、水分、击穿电压、酸值、闭口闪点、运动黏度（40 ℃）、体积电阻率（90 ℃）、介电损耗因数（90 ℃）、密度（20 ℃）、色度；

（2）绝缘油的监督

在购置新油之前，供油部门或炼油厂必须提供油质全分析化验单。在新油到货时，应对油样进行抽样检查，按照相关油质规范进行验收。从整批油桶内取样时，取样的桶数应能足够代表该批油的质量。

对于变压器、油开关或其他充油电气设备，应从下部阀门（含密封取样阀）处取样。取样前油阀门应先用干净甲级棉纱或纱布擦净，旋开螺帽，接上取样用耐油管，再放油将管路冲洗干净，将排出废油用废油容器收集，废油不应直接排至现场。然后用取样瓶取样，取样结束，旋紧螺帽。

核电厂应遵照国家标准规定项目和频率，在运行、维修人员的配合下，定期对现场用油设备的油品进行取样分析，根据分析结果研究油质存在的问题，提出处理意见。对任何重要的性能若已接近所推荐的标准限值时，应增加检验次数，以确保设备安全。油品需要混合使用时，应选择同一油基、同一牌号及同一添加剂类型的油品，当补油量大于 5% 时，需要做混油试验。不同油基、牌号、添加剂类型的油原则上不宜混合使用。

新油注入设备前应用真空脱气滤油设备进行过滤净化处理，以脱除油中的水分、气体和其他杂质，在处理过程中进行击穿电压、水分、介质损耗因数的检验。过滤处理后，可进行真空注油、热油循环，热油循环后检测击穿电压、水分、介质损耗因数等项目。热油循环结束后，一般绝缘油在设备中静置 72 h 以后，应对油质进行一次全分析。油品的某些特性，由于在与绝缘材料接触中溶有一些杂质，而较新油有所改变，因而控制标准应按投入运行前的油执行。

随着设备运行年数的增加，变压器等绝缘油用油设备逐步出现各种绝缘老化、设备内部故障等问题，能较好反映这些故障的变压器油中溶解气体组份含量的变化，将越来越受关注。因此，很多核电厂的主变压器上安装了在线色谱检测装置。

1.4.3　润滑油

润滑油是电力系统重要的润滑介质，主要用于机械转动设备，在转动部件间形成油膜，避免部件间直接接触，防止设备磨损，减少摩擦损耗。润滑油应具备以下几个基本特点和功能：适宜的黏度及良好的黏温特性，以保证设备在不同温度下能得到良好的润滑；优良的氧化安定性，避免生成酸性物质和沉淀物；优良的抗乳化性，避免因水分而形成乳浊液降低润滑性能；良好的防锈防腐性，以保证设备金属不会产生锈蚀；良好的抗泡沫性，以保证油路畅通，避免造成设备的损坏。

润滑油在核电厂主要用于汽轮发电机组、各种转动设备的油系统中，起润滑、散热、冷却、密封等作用，其中汽轮机润滑油的使用量最大，其他纳入监督的转动设备润滑油主要包括各重要系统给水泵、电机等的润滑油。另外，应急柴油机、环吊等重要设备用的润滑油也需要关注和监督。

（1）汽轮机润滑油

汽轮机润滑油的主要特性参数

运行油：外观、水分、颗粒度、色度、运动黏度（40 ℃）、酸值、开口闪点；

新油：外观、水分、颗粒度、运动黏度（40℃）、酸值、开口闪点、密度。

汽轮机润滑油的监督：

核电厂新油一般以桶装形式交货，在新油到货时，应对油样进行抽样检查，按照国家标准进行验收。取样应从可能污染最严重的底部取样，必要时可抽取上部油样。从整批油桶内取样时，取样的桶数应能足够代表该批油的质量。

核电厂应按照国家标准对运行润滑油进行监督，在运行、维修人员的配合下，定期对现场用油设备的油品进行取样分析，根据分析结果对油品做出评价，提出处理意见。用于监督试验的运行油应从冷油器出口取样，检查油中杂质和水分时，应从油箱底部取样，当系统进行冲洗时，应增设管道取样点。当运行油检验的项目中某些指标明显接近限值时，应增加试验次数，以确保设备安全。当维修或运行对油品进行处理时，如过滤、混油、换油等，化学人员需配合进行油品监督。

（2）重要转动设备润滑油

重要转动设备润滑油的主要特性参数。

运行油：外观、水分、运行黏度（40℃）、颗粒度；

新油：外观、水分、运行黏度（40℃）、颗粒度、金属含量。

重要转动设备润滑油的监督。

对核电厂重要的泵、电机等转动设备润滑油的监督主要是为了避免由于油品变质或油质污染而引起的运行故障或设备损毁。核电厂应定期监测油品质量，根据分析结果对油品做出评价，提出处理意见。由于部分设备的用油量较小，当油品出现不合格时，可采用直接换油的处理方式，或根据核电厂情况，制定定期换油的策略。

（3）应急柴油机润滑油

应急柴油机润滑油的主要特性参数。

运行油：外观、水分、运行黏度（100℃）、金属含量；

新油：运行黏度（100℃）、水分。

应急柴油机润滑油的监督。

应急柴油机的润滑油是为了降低发电机设备的磨损。核电厂应定期监测油品质量，根据分析结果对油品做出评价，提出处理意见。当运行油品出现质量下降时，监测正戊烷不溶物，以及铁、铜、铝、硅等元素的含量，有助于判断是否需要更换油品。

1.4.4 核电厂抗燃油

抗燃油在核电厂中主要用于汽轮机的调节系统，用合成磷酸酯作为工作介质实现主蒸汽阀门的精确控制、汽轮机超速保护及防火安全要求。抗燃油应具备以下几个基本特点和功能：油品应具有良好的抗燃性、低挥发性和热氧化安定性，以满足在高温高压环境中工作的要求；具有良好的润滑性，以减少调节系统各部件的磨损；具有良好的介电性，即保证足够的电阻率，以减少伺服阀的磨损；具有良好的抗泡沫性和析气性，防止对系统产生气蚀作用，和减少系统内局部高温现象；具有良好的清洁度，防止伺服阀等工作部件卡涩。

（1）抗燃油的主要特性参数

运行油：外观、水分、酸值、色度、颗粒度、电阻率（20℃）、运动黏度（40℃）；

新油：外观、水分、酸值、色度、颗粒度、电阻率（20℃）、运动黏度（40℃）。

（2）抗燃油的监督

新油注入油箱后应在油系统内进行油循环，并外加过滤装置过滤，取样测试颗粒污染度，试验结果应符合国家标准要求。常规监督测试的油样应从油箱底部的取样口取样，必要时可增加取样点（如油箱内油液的上部、过滤器或再生装置出口等），取样前油箱中的油应在电液调节系统内至少正常循环24 h。抗燃油正常运行应控制在35～55℃，当系统油温超过正常温度时，将会加速油质的劣化。

核电厂应定期监测油品质量，根据分析结果对油品做出评价，提出处理意见。其中水分、酸值、颗粒度、体积电阻率等参数需要重点关注，当发生异常时，须及时对油品进行过滤处理。随着机组抗燃油运行时间的增加，补油或换油工作不可避免，应补加经检验合格的相同品牌、相同牌号规格的磷酸酯抗燃油。补油前应进行混油试验，磷酸酯抗燃油不应与矿物油混合使用。磷酸酯抗燃油运行中因油质劣化需要换油时，需将劣化油品排放干净，检查油箱及油系统。必要时清理油箱，用冲洗油彻底冲洗系统。注入新油后，进行油循环，并持续监测油品质量，直至符合国家标准要求。

1.4.5 应急柴油机柴油

备用/应急柴油发电机用于在厂外电源及厂内电源全部失电情况下，向核电厂安全设施提供可靠、独立、备用的应急电源。核电厂对备用/应急柴油机的性能都有着严格的要求，如能在 10 s 内启动并达到额定转速及额定电压，并按照预定的加载程序自动带载，因此柴油机燃料的柴油管理不可忽视。柴油应具备以下几个基本特点和功能：需要有良好的发火性，以保证柴油机易启动，工作柔和；良好的雾化性，以保证形成可燃混合气体；低温流动性，以保证柴油机油路的畅通，并要求它的燃烧产物积炭少、腐蚀性小、机械杂质与水分少，避免喷油构件的堵塞和磨损。

（1）柴油的主要特性参数

运行油：氧化安定性、水分、机械杂质、10%蒸余物残炭、灰份、铜片腐蚀、50%回收温度、90%回收温度、95%回收温度、密度、硫含量、酸度、润滑性、低热值、运动黏度（20 ℃）、凝点、闭口闪点、十六烷值、冷凝点、色度、脂肪酸甲酯、多环芳烃含量、总污染物含量、十六烷指数。

（2）柴油的监督

核电厂应定期监测油品质量，根据分析结果对油品做出评价，提出处理意见。柴油的取样必须具有代表性，主储油罐底部是较为合理的取样点。核电厂厂区内，必须贮存足够的燃油和其他易耗物料柴油，因此，核电厂柴油具有储量大、储存时间长的特点。根据这一特点，核电厂根据需要制定燃油评定大纲用于必要时更换燃油。如果柴油储罐放置在室外，还应考虑在冬季和夏季增加相应的监测参数，如水分、凝点等。

2 化学实验室管理

2.1 概述

规范化学实验室的管理活动和工作人员的行为，使化学实验室满足开展化学分析工作的要求。

——化学实验室的人员、文件、设备设施和物资等资源配置应能够满足核电厂对化学分析工作的需求，对化学实验室无法分析的项目，应建立一定的外部技术支持渠道，以满足现场生产活动的需求；

——核电厂应建立化学实验室管理体系，包括组织、文件、质量和技术等方面的管理；

——化学实验室的制度、计划、程序和操作方法等文件应保证实验室化学分析结果能够达到质量管理的要求；

——实验室负责人应指定人员全面负责实验室技术和质量管理工作，保证实验室运作所需要的技术条件得到满足，各项质量管理要求得到实施和遵循，并通过检查、反馈、评审、对标等活动，完善实验室技术和质量管理体系；

——全体实验室工作人员应理解并执行实验室管理体系文件；

——实验室工作人员必须经过培训并获得相应的授权才允许开展实验室工作；

——应明确实验室内各岗位的职责，特别是对分析质量影响较大的管理和操作岗位的职责。

2.2 实验室文件管理

2.2.1 化学实验室的文件体系

——化学实验室文件分为四个层级：

——以质量手册作为第一层级；

——以化学分析规程、化学取样规程、化学仪器操作规程等作为第二层级；

——质量和技术记录、管理和技术要求类等文件作为第三层级；

——计划、清单、会议纪要、报告等文件作为第四层级。

2.2.2 化学实验室的文件分类

化学实验室的文件资料，主要包括以下类别：

——程序规程类，如相关管理程序、管理指令、技术规范、化学运行规程、化学分析规程、化学操作票、流程图等文件；

——参考文件类，如仪器设备档案、设计文件、标准方法等；

——存档记录类，如已从岗位取走但还没有超过文件保存期的分析数据原始记录本、仪器维护记录本、交接班日志、质量控制曲线、检定/核查记录等；

——管理和技术报告类，如实验室监督报告、观察报告、内部技术报告、专项试验记录、经验反馈材料等；

——文件模板类，如各类原始记录本、标签、标识模板等；

——其他与技术、管理相关的指导生产和管理活动的指导性和证实性材料。

2.2.3 化学实验室文档管理要求

应按照核电厂关于文档管理的要求加强文件和档案（包括仪器设备档案和已存档的原始记录）的管理，做好文档的收发、归类、借阅、保存和作废等工作。若有涉密的文件资料，应严格遵守涉密文件管理规定。

2.2.4 化学实验室的记录控制要求

——完整而规范的原始记录是确保实验室分析结果可追溯性的重要保证，在实验室内化学分析活动中产生的质量、技术记录是证明实验室管理体系运行、技术能力及分析过程符合性和有效性的重要证据；实验室应定期组织对质量和技术记录进行检查和监督活动；

——化学实验室所产生的数据及信息（包括电子储存和传输的结果）应遵守核电厂在信息和文档方面的管理要求；

——实验室的所有记录应真实、完整、清晰，记录（包括纸质记录和电子记录）应便于查询和追踪，所有记录应妥善保存，以防止损坏或数据丢失；

——当记录中出现错误时，每一错误应单线或双划线划去，保留原数据清晰的字迹，不得任意涂改或涂擦掉，正确的数据写在划改数据的上方，签名并注明修改日期，必要时应注明修改原因；

——以电子文件形式储存的图谱、分析条件和结果等文件，应作为分析原始记录的一部分进行管理；

——实验室应定期收集、整理和归档各类记录，记录的保存期根据核电厂的规定执行。记录的维护管理、查阅或借阅应符合核电厂相关程序要求。

2.3 化学取样管理规定

2.3.1 现场取样管理

——取样人员进行现场设备操作时，必须遵守核电厂现场操作的相关程序和安全管理制度要求；

——进行常规样品取样时，取样人员应事先熟悉取样规程；

——取样时应根据样品的特性，携带合适的取样工器具和样品瓶，保证样品具有代表性；

——应对所取样品进行标识，提供准确的样品名称、取样时间等信息；

——取样前所取样系统或设备已经过充分循环，在取样时确保足够的扫液量，以保证取到有代表性的样品；

——取样人员应根据所取样品的性质（温度、压力、腐蚀性、放射性、易燃易爆等），穿戴必要的防护用品，采取合适的防护措施；

——化学人员进行现场取样操作应正确使用各种防人因失误工具；

——应对化学取样操作进行梳理和风险分析，对于风险较高且操作步骤较多的化学取样操作，应考虑编制化学取样操作文件，供取样人员现场取样使用，必要时应组织召开工前会；

——化学取样人员不得超出授权操作的范围，若取样需要运行、维修等部门人员支持，应提前联系和安排；

——对于非正常取样点的临时取样，由设备管辖部门负责设备操作，对风险较高的临时取样，应组织召开工前会，必要时编制临时操作文件；

——对于池边、设备内部等取样要注意防异物，池边取样不使用白色或无色透明的袋子。对于须吊取的取样操作，须核实取样工具牢固性；

——取样结束之后需清理场地，确保工完料尽场地清；

——对于化学取样过程出现任何重大异常或偏离，都应将设备置于安全状态，并遵守核电厂的汇报制度及时报告。

2.3.2 取样计划调整

已经发布的常规样品取样分析计划如需调整，应得到许可，以满足化学监督工作的要求。

2.3.3 样品管理

——放射性样品和非放样品要分开存放，避免放射性污染；

——正常需保留的样品。

● 树脂样品：由化学控制工程师确定需要保留的时间，由树脂保留人员粘贴保留化学品标签（标签内容包括化学品名称、化学品型号、是否已使用、使用系统设备、有无放射性、取样日期时间、取样人员、保留期限、保留人员等信息）；

● 化学品：由化学品管理工程师确定需要保留的时间，并打印粘贴保留化学品标签；

● 油样：由化学控制工程师确定需要保留的时间，由油室分析人员粘贴保留样品标签（标签内容包括样品名称、取样日期、取样时间、取样人员、保留人员、保留期限等信息）；

● 其他特殊试验（如蒸汽发生器含湿量试验）等水样，由试验负责人根据程序确定需要保留的时间，由取样人员打印保留样品标签；

● 中、夜班分析的样品需保留至第二天数据复校确认后再进行清理。

——送检样品保留：

● 送检样品需黏贴送检标签，标签内容需至少包含样品名称、样品管理员、取样日期、分析项目等信息；

注：如外委单位已给出专用标签模板，则黏贴专用模板。

● 待送检的油样统一放到 0 AL 油实验室指定位置存放；

● 待送检水样由各实验室样品管理员统一存放至指定区域，并做好标识；

● 实验室样品管理员应建立送检样品台账，跟踪样品送检进度，直至外委分析流程完结。

——异常样品保留：

日常分析中遇到的异常样品，在异常原因不明的情况下，由化学控制工程师或班组长评估确定样品保留时间，分析人员粘贴保留样品标签。

——保留样品存放区域规定如下：

所有保留样品放置在各实验室保留样品区域内，保留样品需由实验室样品管理员进行登记、并做处置记录。

2.3.4 其他化学操作管理规定

化学人员在进行加药、化学管辖系统/设备操作、实验室仪器操作和日常巡检时，应严格按照程序或要求执行，避免人因失误。

2.4 化学分析管理规定

2.4.1 化学分析要求

——实验室的化学分析任务主要来自各核电厂化学监督程序的规定和以指令、邮件、工单和分析申请等形式提出的临时性样品；

——经过培训并获得相应资格授权的工作人员方可独立在化学实验室从事分析工作；

——分析人员应对分析要求进行审核，审核内容可包括：对分析项目所用的方法实验室是否已有现成的规程；实验室是否有能力和资源满足分析要求；

——在执行样品分析时，如发现无法满足分析要求时应尽快通知分析申请人；

——化学人员应选择适当的、能满足分析要求的样品处理和化学分析方法；

——一切试剂、标准源样品，都应贴有与其内容相符的标签并分类妥善保存。所配制的试剂、标准源样品应标明其名称、浓度或比活度、配制时间、配制人及有效期限等。测量样品则应标明其名称和取样时间等；

——可能存在相互产生交叉污染或干扰的项目分析操作，必须分开进行或按规定时间错开进行；

——若由于各种原因（如工作量、专业技术和设备等原因而暂时不具备能力）需将工作委托外部单位进行化学分析，化学实验室应负责选择有资质、有能力完成化学分析要求的外部单位。

2.4.2 化学分析计划的制订

——常规样品取样分析计划应根据核电厂化学控制技术程序的要求进行安排，可通过定期发布分析任务或通过化学管理软件来实现；

——各类原材料、复杂或疑难样品的分析，由化学分析科班组长及以上岗位人员具体安排；

——除主控直接指令外，其他的临时样品的分析需求，申请人都必须填写临时化学分析申请单；由化学人员按照申请人的分析目的，确定分析项目并安排取样分析或接受申请人送到实验室的样品，完成样品所有分析参数后，经相关授权人员审核后关闭分析申请单。

2.4.3 分析数据的审批和评价

——对于已经完成的样品分析，应根据化学实验室的管理流程进行审批；

——所有分析数据都要经批准后才生效。

2.4.4 化学分析质量控制

为使化学分析结果达到所期望的精确度和准确度，应建立实验室分析质量控制体系。

2.5 服务和物资采购

与化学分析活动相关的服务和物资是保障实验室正常工作的不可缺少的条件，实验室应选择和采购对分析质量没有影响的服务和物资，加强对化学分析影响较大的标准物质和消耗材料的采购和接收管理，确保化学分析数据的可信、可靠。

所采购的服务和物资应符合核电厂及实验室规定的要求。对可能会影响分析质量的仪器、设备、化学试剂和消耗品，须确认满足有关技术文件要求后才能投入使用。

2.6 物资管理

应建立实验室各类物资管理的程序和制度，根据物资特征建立物资管理台账，并保存相关的管理和使用记录。实验室物资台账可以包含以下部分或全部：

——仪器设备台账；

——备品备件台账；

——化学试剂台账；

——放射源台账；

——剧毒化学品台账；

——易制毒化学品台账；

——易制爆化学品台账；

——消耗品台账；

——工器具台账；

——其他必要的物资管理台账。

应明确实验室各类物资的管理责任人，加强日常使用管理，确保实验室各类物资的可知、可控。

仪器的电脑设备应专机专用，不得在仪器电脑设备上运行与测量分析无关的程序文件等。对仪器相关电脑做好定期检查，确保测量数据安全，联网电脑必须设置防病毒措施。

实验室放射源管理员应满足核电厂关于放射源管理员的资格和培训取证要求。实验室放射源管理应遵守核电厂放射源管理程序。

实验室剧毒化学品、易制毒化学品、易制爆化学品等危化品的管理应遵守国家和核电厂相关文件及程序的要求。在进行物资申请的时候必须严格控制申报量，不得过量申报和储存。

2.7 实验室安全卫生管理

——进入实验室和样品分析操作应按要求穿戴好必要的防护用品；

——不得在实验室内吸烟、进食、喝水；

——化学分析人员必须熟悉和遵守所使用危险化学品的安全使用要求和应急处置技能；

——实验室物品应摆放有序、合理，所有化学用品和放射性样品（包括放射源）都应标识准确、清楚并符合管理规定要求；

——实验室仪器载气或标气所使用的气瓶一般为高压气瓶，应分类妥善保管，对其进行可靠固定、隔离放置，远离火源、热源，避免暴晒及强烈振动；

——加强通风柜、灭火器、洗眼器、应急淋浴、防护面具、防护手套等安全设备和器材管理，加强人员安全器材使用培训；

——实验室许多分析仪器为精密电子分析仪器，为确保这些仪器长期处于一个其所要求的良好工作环境中，实验室温湿度应满足仪器使用条件；

——实验室内产生的"三废"及其他有害物质须按规定有效措施进行处置，以符合有害物质控制和环境保护要求。

2.8 实验室辐射控制区管理

——在实验室辐射控制区的工作人员须遵守核电厂辐射控制区管理制度，穿戴辐射防护用品，佩戴剂量仪表。按要求出入实验室辐射控制区；

——工作人员身体发生沾污后需及时通知辐射防护人员；地面发生沾污后及时通知辐射防护人员或核清洁人员进行处理；

——实验室地面和桌面不允许有水迹，如发现不明水迹应首先确认是否有放射性，以便采取合适的处理措施。即便为非放射性水迹，也应该立即清理；

——实验室及控制区内放射性样品转移应该使用专用托盘或者提桶，以防止样品意外洒落；

——应该定期对放射性实验室进行清洁和污染调查；

——实验室内废物处理应遵守核电厂放射性废物收集要求，尽可能减少非放射性废物（包括包装物）进入辐射控制区。

2.9 不符合工作控制

——对管理体系或化学分析活动的不符合工作或问题的识别，可能发生在实验室管理体系和技术运作的各个环节，如质量控制、仪器校准或标定、化学药品和消耗品的检查、实验室间比对、对员工的观察、工作监督、分析报告的审批、质量评估、分析申请人的反馈等；

——应对发生的实验室不符合工作进行控制，当化学分析过程出现不符合核电厂管理要求或程序时应及时纠正或填写状态报告进行跟踪处理，并对纠正行动的结果进行跟踪，以确保所采取的纠正措施是有效的；

——应加强经验反馈，通过化学分析的质量控制、数据审核评价、实验室内外部比对、纠正措施和预防措施等手段来持续改进管理体系的有效性；

——应识别实验室潜在不符合的原因和所需的改进，并制订纠正行动计划，持续改进；

——应鼓励实验室工作人员主动报告在工作过程中出现的任何偏差和错误行为。

3 化学品管理原则

3.1 建立核电厂生产用化学品数据库

核电厂生产用化学品数据库是核电厂生产用化学品管理的前提和基础，核电厂生产用化学品数据库应包括核电厂生产使用的所有化学品及其基本信息，如化学品名称、化学品物理化学性质、限值使用条件、化学品安全技术说明、主要用途、主要使用的系统设备、主要使用部门等。

核电厂生产用化学品数据库信息向所有工作人员开放（包括在核电厂工作的承包商），工作人员可以随时了解和掌握化学品的基本信息、使用要求、限值使用条件、危害性和防护措施等，能够正确使用化学品。

3.2 核电厂生产用化学品的技术审定

核电厂生产用化学品都必须经过技术审定，以评价该化学品对核电厂人员、设备和环境造成的潜在危害，确定生产用化学品在核电厂安全使用。

3.2.1 审定内容

——核电厂生产用化学品的安全标识及安全措施；

——在核电厂内允许使用的区域、系统、设备或限制使用的区域、系统、设备；

——生产用化学品的危险特性评价，包括对人员的伤害及对环境的影响等；

——报废或废弃生产用化学品的处理方式。

3.2.2 审定方式

——一般生产用化学品由化学专业技术工程师审定；

——如有必要时，化学技术工程师可组织其他相关专业进行化学品的技术审定。

3.2.3 审定依据

——使用范围审定依据核电厂程序化学品技术规范；

——危险特性审定依据国标《化学品分类和危险性公示通则》(GB 13690—2009);

——化学品的物理、化学特性及安全使用信息,由生产厂家提供;

——原则上剧毒化学品在核电厂禁止使用,如必须使用,剧毒化学品的采购、贮存、使用及报废处理必要严格按照危险化学品安全管理程序的相关规定执行,并符合国家有关法规政策;

——如果一种已审定的化学品需要扩大原审定的使用范围,用户也必须填写"电厂生产用化学品技术审定表",经技术审定批准后,方可扩大使用范围。

3.3 核电厂生产用化学品标识

核电厂生产用化学品在入库验收时,必须有明确、清晰的厂家标识,并根据核电厂生产用化学品的使用分类,粘贴本核电厂生产用化学品管理标识。

标识。

厂家标识:所有生产用化学品必须有明确、清晰的标识,表明物品以下特征:名称、批号、有效期、质保要求、包装大小、浊度/纯度、易燃易爆、毒性等。化学品在运输、贮存及使用中注意保持标识完好。

化学品二次标签:所有入库的化学品或存放于现场使用的化学品必须贴有二次标签(化学品槽车除外),其中,入库的化学品二次标签由化学品购买部门或存储部门负责粘贴,不入库而直接运至现场贮存的化学品二次标签由使用部门粘贴,不入库直接充装到工艺系统内的不需要粘贴。化学品二次标签的底色分为三种:绿色代表"不受限化学品";黄色代表"限制使用品",即仅可用于指定的区域、系统或设备;红色代表"重要系统禁用品",即禁止带入反应堆厂房,同时禁止使用于与主蒸汽系统直接相关的系统中。化学品二次标签包括以下内容:物资名称、规格型号、危险类别、有效期、适用范围等。化学品二次标签一般可粘贴在原厂家标签的右侧,保证其位置适中、醒目,不得覆盖重要的信息等。

3.4 正确使用化学品安全技术说明书

化学品安全技术说明书(MSDS),是一份关于化学品燃、爆、毒性和生态危害以及安全使用、应急处置、主要理化参数、法律法规等方面信息的综合性文件。作为对用户的一种服务,化学品生产企业应随化学品向用户提供化学品安全技术说明书,使用户明白化学品的有关危害,使用时的自我保护,起到减少职业危害和预防化学事故的作用。

3.4.1 化学品安全技术说明书的内容

按照《化学品安全技术说明书编写规定》(GB 16483—2000),化学品安全技术说明书应包括安全信息16项,具体项目如下:化学品及企业标识、成分/组成信息、危险性概述、急救措施、消防措施、泄漏应急处理、操作处置和贮存、接触控制/个体防护、理化特性、稳定性和反应活性毒理学资料、生态学资料、废弃处置、运输信息、法规信息及其他信息等。

3.4.2 化学品安全技术说明书的作用

——是核电厂作业人员安全使用化学品的指导性文件;

——为化学品生产、处置、贮存和使用各环节制订安全操作规程提供技术信息;

——为危害控制和预防措施设计提供技术依据;

——是企业安全教育的主要内容。

3.5 生产现场化学品的存放

3.5.1 生产用化学品固定存放点必须满足以下要求:

——现场固定存放点应悬挂生产化学品现场固定存放点标识牌;

——责任部门保证存储条件(包括空间大小、温度、通风条件、货架或药品柜等);

——现场存放的化学品数量原则上不超过三个月的使用量，特殊情况不得超过半年使用量；

——对化学品的使用进行登记（信息至少包括使用人、使用时间、使用位置、使用量等）；

——现场的化学品包装必须清晰明确，化学品分装或临时容器也应该有明显标识，没有标识的严禁使用；

——在现场必须有明显标识说明存放的化学品名称及主要特性，若是危险品，必须悬挂相应的安全警示牌，标明该危险化学品的特性、操作安全要点、应急预案等；

——若同一存放点有多项化学品，必须满足有关相互间隔或隔离要求，制定必要的措施防止化学品混用（误用）；

——现场应与明火区、高温区保持足够的安全距离；

——现场应配备必要的消防设施和防护用具；

——化学废料及容器应统一回收，按规定进行妥善处理。

3.5.2 生产用化学品现场临时存放

带入现场的生产用化学品必须控制数量，一般不得存放在现场过夜。如果确实需要在现场存放并超过 1 d 时间的，用户必须办理现场物料存放证，保证其存放的生产用化学品满足安全与质量要求，并在现场做好有关的标识。

如果是危险化学品，必须按照危险化学品安全管理程序中相关规定执行。

3.6 生产用化学品的使用

3.6.1 总要求

——使用部门负有生产用化学品使用过程中监管其质量与安全的责任。生产用化学品，尤其是危险化学品，使用前应做好风险分析，以及防护措施；按程序或文件要求正确使用化学品，避免对人员、环境、设备、系统水质造成伤害及影响；工作结束后及时清理现场；未用完的要及时入库，妥善保管。

——生产用化学品使用人员必须经核电厂基本授权培训合格后方可上岗，危险化学品的使用人员还必须参加市（县）安全生产监督管理部门组织的危险化学品知识和安全防护方面的培训并获得授权。

——危险化学品使用部门应编制本部门的危险化学品使用安全规程，保证危险化学品的安全使用和管理。

——对爆炸品的操作除使用人员须获得授权外，操作还必须在有监护人员到场时进行。

——使用危险化学品时，应根据危险品的种类、特性及工作情况采取相应的隔离、清扫、通风、检测、防火、防爆、防毒等安全措施，并使用安全防护用具。对腐蚀性强的化学品操作应在通风良好处进行，蒸发、蒸馏、煮沸有毒化学品应在通风柜内进行，操作人员应穿戴好防护用品。

——在危险化学品工作区域要设置警戒区或设置安全警告标志，在该区域不得吸烟、进食、严禁用嘴和裸手接触有毒危险化学品。

——在操作现场附近应具备冲洗、稀释用水源。

——使用危险化学品的设备或容器，应符合防火、防爆的要求；存有易燃液体、气体和粉尘的设备，应密闭；有爆炸危险的设备，应有防爆泄压装置；有可能回火的设备，应有防回火装置。

——已经贮存过某种危险化学品的容器，禁止再贮存其他危险化学品，特别是不准再贮存食品。

——使用生产用化学品后工作负责人必须对现场进行清理，回收并清除排放物和各种作业废物，并进行场所和人身的清洗，消除化学品的残迹。未用完的要及时入库，妥善保管。

——禁止使用性质不明的危险化学品，使用剧毒化学品的人员，必须经过资格审查并被任命。

3.6.2 维修工作票使用

——当通过工作票领用的核电厂库存生产用化学品，其风险分析和安全措施应列在工作包中；

——当某工作不需要新领用核电厂生产用化学品，但是其工作内容需要使用时，准备人员必须将要使用的化学品对应的风险分析和安全措施调到工作包中；

——按工作文件使用，并做好相应的领用及使用记录。

3.6.3 非工作票使用

工作负责人可以从：危险品手册、危化品安全信息卡或 MSDS 得到生产用化学品的相关信息。

3.6.4 化验室试剂以及系统添加剂

实验室管理部门应制定相应的具体规程。

3.7 生产用化学品的报废处理

3.7.1 报废处理原则

——到达使用寿期，不能做延期处理；

——变质或物理、化学性质发生改变；

——包装损坏，并由鉴定部门检测为不合格；

——标识不清而无法进行技术分辨；

——维修、试验工作使用剩余的，不可再使用的化学品。

符合以上情况之一者，均应做报废处理。

3.7.2 报废处理方式

提交《核电厂零星化学废物鉴定处理申请单》，按照化学技术工程师的鉴定意见处理：

——对于酸、碱类报废化学品，由使用处室送到水处理厂或凝结水精处理车间，在运行人员监护下将废物倒入废水系统中，进行中和处理；

——对于可溶的非酸碱无毒报废的化学品，申请处室将需报废的化学品直接倒入核电厂排水构筑物中稀释后排入大海或作为工业垃圾处理。相应包装物撕掉原标识后作为工业垃圾废弃；

——对于其他报废的化学品，应按照危险废物管理程序执行。

3.8 化学品使用不当可能导致的后果

3.8.1 化学品使用不当的危害

在核电厂的生产活动中，如果化学品管理不善，使用不当，有可能给核电厂带来很大的危害和经济损失。根据核电厂使用化学品的性质和种类，核电厂化学品的危害可划分为以下几种。

——工业安全方面的危害：

主要包括使用的危险性化学品可能发生的爆炸、燃烧、人身伤害事故等。

——对电厂系统、设备的危害：

主要指用于系统设备的化学品质量和成分控制不当，造成系统设备部件直接和间接腐蚀，污染一、二回路水质。另外，对进入核岛的化学品成分控制不严，可能导致核岛一回路产生不希望的中子活化产物，增加一回路放射性等。若安全壳内有错用油漆而剥落，可能导致 LOCA 事故工况下 CSP 启动时，堵塞 CSP 的滤网从而降低安全水平。

——对化学品废物收集、管理、排放不当，造成环境污染。

3.8.2 化学品使用不当的典型案例

——某核电厂凝结水精处理系统曾经出现再生用液碱氯离子超标引起 SG 水中氯离子高。

——某核电厂二回路水汽系统阀门注胶堵漏，由于使用的密封胶杂质含量高引起 SG 钠离子明显升高。

——某核电厂大修期间，反应堆坑主螺栓清洗人员被清洁剂熏的发晕。

——美国某核电厂化学人员将装有 200 加仑的磷酸钠罐认作 MPA（二回路 pH 调节剂）容器，错误地将磷酸三钠错误地加到蒸汽发生器中，导致机组停堆。事件原因之一就是容器相似，标识不清。

——国外有核电厂出现设冷水管道胶带下穿孔腐蚀，原因是胶带化学成分不合格。

——国内某核电厂大修启动期间，将 KOH 当成 LiOH 误加入一回路系统，影响大修进度。

——国内某核电厂出现过滤器芯子更换引起一回路和蒸汽发生器中 SiO_2 明显升高。

——国内某核电厂，有一高纯氢气瓶被误装了氩气，使氩气进入液体区域控制系统，导致该系统剂量率异常上升。

4 化学在线仪表

4.1 概述

在线化学仪表是指安装在核电厂系统设备上的化学仪表，它随着系统设备运行而投入运行，连续监测系统设备中某些化学成分的含量。在线化学仪表具有可连续监督、响应速度快、样品不易污染及自动化程度高等特点。"华龙一号"在一、二回路均配备了不少在线化学仪表，用于日常化学监督与控制。

4.2 一回路及其辅助系统在线化学仪表

表 461-14-04-01　一回路及其辅助系统在线化学仪表配置情况

系统	取样点名称	配置仪表
核取样系统	反应堆及一回路系统内循环水	硼表、溶解氢表
废液处理系统	冷却器蒸馏液	电导率表、pH 表
废气处理系统	含氢废气中的氧气浓度	氧表
	含氢废气中的氢气浓度	氢表
安全壳大气监测系统	安全壳内氢气浓度	氢表
安全壳氢气监测系统	安全壳大空间、蒸汽发生器隔间、稳压器隔间氢气浓度	氢表
核辅助厂房通风系统	制冷剂泄露分析仪	制冷剂泄漏分析仪

4.2.1 硼表

压水堆核电厂一般通过一回路水中硼浓度的调节来实现对堆芯过剩反应性的补偿控制，通过硼表可以实时监测反应堆及一回路系统冷却剂中的硼浓度，防止反应堆及一回路系统中的硼被意外稀释引起反应堆功率的意外增长，确保运行安全。

4.2.2 溶解氢表

核取样系统中有溶解氢分析仪，为核电厂运行人员提供在线实时的反应堆一回路冷却剂和稳压器液相中所含溶解氢浓度以及与之相关的报警信息。

4.2.3 安全壳氢气浓度监测仪

安全壳氢气浓度监测仪设备用于在线连续测量核电厂严重事故后安全壳大气中的氢气浓度，便于对核电厂事故状态做出准确评价。福清核电每台机组安全壳内包括 6 台氢浓度监测仪，3 台蒸汽发生器隔间各 1 台、稳压器隔间 1 台、安全壳上部空间 2 台。每 3 台氢浓度监测仪成一套，共用 1 台机柜。每个核电机组配置两套安全壳氢浓度监测仪。

4.2.4 氧表

废气处理系统装有防爆氧分析仪表，为核电厂提供在线实时的废气中所含氧气的浓度以及与之相关的报警信息。分析仪表测量结果提供有报警继电器，作为相应信号的高/低报警输出；当传感器故障时，分析仪表会产生一个系统报警信号，可以作为连锁。

4.3 二回路及其辅助系统在线化学仪表

表 461-14-04-02 二回路及其辅助系统在线化学仪表配置情况

系统	取样点名称	配置仪表
核取样系统	蒸汽发生器下排污	钠表
	蒸汽发生器下排污除盐床出口	电导率表
	热交换器出口	pH 表、阳电导率表
常规岛水汽取样分析系统	高加出口给水、辅助给水泵出口管（核岛）	电导率表、阳电导率表、pH 表、溶解氧表、累计腐蚀产物表
	凝结水泵出口母管	阳电导率表、钠表、溶解氧表
	凝结水加药点后	电导率表、pH 表
	主蒸汽管 A、B、C	阳电导率表
	高加 A、B 疏水管	阳电导率表
	低加疏水泵 A、B 出口管	阳电导率表
	汽水分离器 A、B 疏水管	阳电导率表
	闭式冷却水管	电导率表、pH 表
	除氧器下降管 A、B、C 及启动给水泵进水管	pH 表
	除氧器下降管 A、B、C 及启动给水泵进水管样水/主蒸汽管 A、B、C	钠表
	除氧器入口管/除氧器下降管 A、B、C 及启动给水泵进水管	ORP 表、溶解氧表
	除氧器下降管 A、B、C 及启动给水泵进水管/高加出口给水、辅助给水泵出口管（核岛）	联氨表
	凝汽器检漏	电导率表
凝结水精处理系统	前置阳床进口母管	电导率表
	前置阳床进口	阳电导率表
	前置阳床出口	阴电导率表
	混床出口	电导率表、钠表、硅表
	混床出口母管	电导率表、氢电导率表、钠表、硅表
	混床阴树脂再生塔	电导率表
	混床阳树脂再生塔	电导率表
	混床再生树脂混合贮存塔	电导率表
	阳再生塔出口	电导率表
	废水池	pH 表
	混床再生	酸浓度计、碱浓度计
	混床出口	钠表
	混床出口母管	钠表
	混床出口/混床母管	硅表

系统	取样点名称	配置仪表
发电机定子冷却水系统	发电机进水	电导率表、溶解氧表
	离子交换器出水	电导率表
发电机氢气供应系统	发电机入口	氢表
	发电机出口	氢表
	发电机	铁芯过热监测装置
	发电机定子冷却水水箱	漏氢分析仪
	发电机氢气冷却器 1 号回水	漏氢分析仪
	发电机氢气冷却器 2 号回水	漏氢分析仪
	发电机氢气冷却器 3 号回水	漏氢分析仪
	发电机氢气冷却器 4 号回水	漏氢分析仪
	密封油空侧回油管路（汽端）	漏氢分析仪
	密封油空侧回油管路（励端）	漏氢分析仪
	发电机出线连接端外罩壳 1 号	漏氢分析仪
	发电机出线连接端外罩壳 2 号	漏氢分析仪
除盐水生产系统	总进水	浊度仪
	双滤料	浊度仪
	反渗透进口	pH 表、电导率表、ORP 表
	反渗透产水	电导率表
	清洗水泵进口	pH 表
	阴床产水	电导率表、硅表
	混床产水	电导率表、硅表、钠表
	除盐水输水	浊度仪、电导率表
	除盐水输水总进水	pH 表
	除盐水输水总出水	pH 表
	阳床再生	酸浓度计
	阴床再生	碱浓度计
	混床再生	酸浓度计、碱浓度计
	废水中和池	pH 表
	阳床产水	钠表
核岛除盐水分配系统	核岛供水	pH 表、电导率表
常规岛除盐水分配系统	常规岛供水	pH 表、电导率表
除盐水通风系统	盐酸计量间	酸雾泄漏检测仪
	加氨间	氨泄漏分析仪
	氨贮存间	氨泄漏分析仪

续表

系统	取样点名称	配置仪表
化学加药系统	1 号氨溶液箱	电导率表
	2 号氨溶液箱	电导率表
电气厂房机械设备区通风系统	L307 房间	制冷剂泄漏分析仪
	L308 房间	制冷剂泄漏分析仪
主变压器和高压厂用变压器系统	主变 A\B\C 相	在线气相色谱仪
废油和非放射性废水排放系统	油水分离器	油分分析仪
氢气贮存与分配系统	氢气贮罐	氢气纯度分析仪、微量氧分析仪
	ZB 厂房	漏氢分析仪
循环水处理系统	循环水	pH 表
	制氯站	酸度计、氯气报警仪、酸雾报警仪
常用气体贮存和分配系统	7AL	乙炔报警仪、氢气报警仪

4.3.1　钠表

在线钠表主要用于监测核电厂凝结水和蒸汽品质。钠表采用离子选择性电极，具有响应速度快、信号反应灵敏的优点，可以及时发现凝汽器泄漏、精处理系统漏钠和蒸汽品质恶化的情况，对减少水汽系统腐蚀结垢和积盐有重要意义。

4.3.2　pH 表

对 pH 的调节、优化是控制水汽系统设备全面腐蚀的主要手段之一，因此核电厂就需要设置在线的 pH 表来连续、准确地测量水、汽系统的 pH。pH 表是通过测量指示电极和参比电极在被测溶液中的电势差来确定溶液中氢离子浓度的。

4.3.3　联氨表

联氨表适用于凝结水及给水中联氨浓度的测量和监测。水样中的联氨与碘反应，水样经过碘电极、参比电极和温度电极，所测量的电位随碘离子浓度的变化而改变。

4.3.4　在线气相色谱仪

变压器色谱在线监测系统可以定量、自动、快速地在线监测变压器高压设备的油中溶解故障气体的含量及其增长率，通过诊断专家系统早期预报设备故障隐患信息，避免设备事故。

4.4　主控室化学信号监控

表 461-14-04-03　主控室化学信号监控清单

设备位号	设备名称	报警描述
XCHM001MG	安全壳大空间氢气浓度	安全壳大空间氢气浓度高
XCHM002MG	安全壳大空间氢气浓度	安全壳大空间氢气浓度高
XCHM003MG	SG1 隔间氢气浓度	SG1 隔间氢气浓度高
XCHM004MG	SG2 隔间氢气浓度	SG2 隔间氢气浓度高
XCHM005MG	SG3 隔间氢气浓度	SG3 隔间氢气浓度高
XCHM006MG	稳压器隔间氢气浓度	稳压器隔间氢气浓度高

设备位号	设备名称	报警描述
XCHM001AR	氢气浓度分析仪机柜	001AR 故障
XCHM002AR	氢气浓度分析仪机柜	002AR 故障
XETM050AR	主变气相色谱显示屏	主变 A 相色谱在线监测系统综合报警
		主变 B 相色谱在线监测系统综合报警
		主变 C 相色谱在线监测系统综合报警
XRNS010MG	001\002\003SG 钠含量	蒸汽发生器二次侧水阳电导率/钠比率高
		蒸汽发生器二次侧水阳电导率/钠比率高高
		蒸汽发生器二次侧水阳电导率/钠比率太高
XRNS012MG	硼浓度	硼浓度异常
XRNS041MG	TTB001DE 出口电导率	001DE 除盐器下游电导率高
XRNS042MG	TTB002DE 出口电导率	002DE 除盐器下游电导率高
XRNS043MG	TTB003DE 出口电导率	003DE 除盐器下游电导率高
XRNS044MG	TTB004DE 出口电导率	004DE 除盐器下游电导率高
XRNS071MG	081RF 出口 pH	一号蒸汽发生器二次侧水 pH 低
		一号蒸汽发生器二次侧水 pH 高
XRNS072MG	082RF 出口 pH	二号蒸汽发生器二次侧水 pH 低
		二号蒸汽发生器二次侧水 pH 高
XRNS073MG	083RF 出口 pH	三号蒸汽发生器二次侧水 pH 低
		三号蒸汽发生器二次侧水 pH 高
XRNS081MG	081RF 出口阳电导率	蒸汽发生器二次侧水阳电导率/钠比率高
XRNS082MG	082RF 出口阳电导率	蒸汽发生器二次侧水阳电导率/钠比率高高
XRNS083MG	083RF 出口阳电导率	蒸汽发生器二次侧水阳电导率/钠比率太高
XTGC001MR	定子冷却水入口电导率	定子冷却水进水电导率"高"
XTGC002MR	定子冷却水入口电导率	定子冷却水进水电导率"过高"
XTGC003MR	定子冷却水入口电导率	离子交换器出水电导率"高"
XTGH001MG	发电机氢气纯度仪	发电机氢气纯度"低"
XTGH002MG	发电机氢气纯度仪	
XTGH005MG	发电机绝缘过热监测装置	发电机绝缘过热报警
XTGH011MG	发电机定子冷却水水箱漏氢	水箱漏氢"高"
		水箱漏氢"高高"
XTGH012MG	发电机氢气冷却器 1#回水漏氢	氢气冷却器 1 漏氢"高"
XTGH013MG	发电机氢气冷却器 2#回水漏氢	氢气冷却器 2 漏氢"高"
XTGH014MG	发电机氢气冷却器 3#回水漏氢	氢气冷却器 3 漏氢"高"
XTGH015MG	发电机氢气冷却器 4#回水漏氢	氢气冷却器 4 漏氢"高"
XTGH016MG	密封油空侧回油管路漏氢（汽端）	汽端轴承回油管漏氢"高"
XTGH017MG	密封油空侧回油管路漏氢（励端）	励端轴承回油管漏氢"高"
XTGH018MG	发电机出线连接端外罩壳 1#漏氢	发电机出线连接端外罩壳 1 漏氢"高"

续表

设备位号	设备名称	报警描述
XTGH019MG	发电机出线连接端外罩壳 2#漏氢	发电机出线连接端外罩壳 2 漏氢"高"
XTGH020MG	发电机隔音罩漏氢	发电机隔音罩漏氢"高"
XVNA100MZ	制冷剂泄露探测	N730 房间制冷剂浓度高
		N731 房间制冷剂浓度探测故障
XVEE001MZ	L307 房间内制冷剂浓度	制冷剂探测故障
		制冷剂浓度高
XVEE002MZ	L308 房间内制冷剂浓度	制冷剂探测故障
		制冷剂浓度高
XWCS301MG	凝结水泵出口母管样水 C	凝结水泵出口母管氢电导率高
XWCS314MG	高加出口给水、辅助给水泵出口管（核岛）样水 pH	高加出口母管 pH 低
		高加出口母管 pH 高
XWCS303MG	凝结水泵出口母管样水 Na	凝结水泵出口母管钠离子浓度高
XWCS315MG	高加出口给水、辅助给水泵出口管（核岛）样水 O_2	高加出口母管溶氧
XWCS302MG	凝结水泵出口母管样水 O_2	凝结水泵出口母管溶氧高
XZGT001MG	含氢废气中的氧气浓度	氧浓度高-2
		氧分析仪故障
		氧浓度高
XZGT002MG	含氢废气中的氧气浓度	氧浓度高-2
		氧分析仪故障
		氧浓度高
7ZLT100MG	蒸馏液电导率	001CS 蒸馏液电导率高

5 流出物管理

5.1 放射性流出物管理

5.1.1 概述

明确放射性流出物向环境排放的管理原则要求，确保放射性流出物排放满足相关的法规、标准，减少放射性流出物的排放，使其保持合理可行尽量低的水平。

——开展放射性流出物取样检测，应确保样品有足够的代表性。检测项目应符合最新版本的化学和放射化学技术规范、环境影响报告书及最终安全分析报告等的要求；

——流出物活度浓度和排放总量，必须满足 GB 6249 要求。同时流出物年排放总量还必须满足国家环境保护部门所批准的排放量控制值要求；

——根据三废系统运行情况，应每年制定流出物排放量管理目标值；

——放射性废液均采用槽式排放，放射性气载流出物均通过烟囱进行排放；

——对多堆核电厂气载流出物的批量排放，应建立必要的排放协调机制；

——应合理估算低于探测限核素的活度浓度，否则按探测限的二分之一统计。

5.1.2 流出物取样分析管理

（1）流出物取样、运输和贮存

——应优先按照国家或国际标准，制定流出物取样、包装、运输和贮存的详细操作规程，除明确规定的技术方法或要求外，应包括具体的操作步骤、记录内容、格式、标签设置，以保证样品性质稳定（样品的代表性），避免样品中放射性核素通过化学、物理或生物作用损失和偶然沾污等。

——样品接收、核查和发放各环节应受控，样品标签及其包装应完整。若发现样品有异常或处于损坏状态，应如实记录，并尽快采取相关处理措施，必要时重新取样。

——样品应分区存放，并有明显标志，以免混淆。样品保存条件应符合相关标准或技术规范要求。

——应准确测量样品的质量、体积或流量，其误差一般应控制在10%以内。

——一般应根据使用的实际条件用实验测定收集效率，如果使用条件与采样装置的生产厂家的测定条件相同或相近，也可采用厂家给出的数据。

——为了确定采样的不确定度，应采集一定数量的平行样品，且平行样品数量一般不小于常规样品总数的5%。

——对放射性水平异常或有其他特殊情况的样品应保存到有调查结论后再进行处理。

（2）样品预处理及分析测量方法的标准化

——样品预处理和分析测量方法必须有完备的书面程序，所有分析测量装置都应有分析性能和详细的操作说明书。

——应优先采用已经颁布的国家标准中确定的方法和等效采用的国际标准方法，实验条件与实验过程在标准中有明确、详细的规定；也可采用经过鉴定和验证，在实践中普遍应用的实用方法，或由行业内部制定的标准方法等。

——在分析测量的操作过程中，应注意防止样品之间的交叉污染。分析测量实验室和仪器设备，应尽可能按放射性核素种类及其浓度大小区分使用。

——应该准确地配置载体和标准溶液，并根据其稳定性确定出使用期限或重新标定的期限，不合格的试剂一律不准使用。

5.1.3 流出物排放在线监测

——放射性流出物排放（液态流出物排放、气体批量排放、烟囱气体排放）都应有在线监测系统，对排放中的相关参数进行监测；

——在流出物排放过程中相应的辐射监测系统通道发生报警时，应及时按报警规程或报警卡进行处理，必要时重新进行取样和分析；

——放射性流出物在线监测仪表应定期进行标定。

5.1.4 流出物排放管理

（1）液态流出物及气体批量排放控制管理

——运行部门负责申请放射性流出物的批量排放；

——化学处负责流出物的取样、检测，液态流出物取样、检测的内容包括氚、^{14}C 和其余核素；批量排放的气载流出物取样、检测的内容包括粒子、碘、惰性气体、氚等；

——流出物正常的批量排放，由负责流出物排放控制科室的科长或其授权人批准，仅在年累计排放总量预计超过管理目标值的情况下，需经化学主管领导/分管领导或核电厂厂长核准；

——若预计年排放量超过排放量控制值，化学处负责编写特许排放申请报告，向国家核安全局申请特许排放；

——若流出物的排放不满足运行技术规格书、FSAR 等文件要求，运行部门负责编写特许排放申请报告（如流出物辐射监测通道故障无法短时间内排除时，需要排放），向国家核安全局申请特许排放；

——不需要编写特许排放申请报告，但月累计排放量预计超过国家批准的年排放量控制值的 1/5 或季度累计排放量超过国家批准的年排放量控制值的1/2，则由化学处负责编写特许排放申请表，由化学主管领导/分管领导或核电厂厂长批准；

——不需要编写特许排放申请报告，但放射性流出物排放偏离运行手册等情况，则运行处负责编写特许排放申请表，由化学主管领导/分管领导或核电厂厂长批准；

——特许排放申请报告或特许排放申请表获得批准后，方可按规定实施排放；

——在流出物排放过程中相应的辐射监测系统通道发生报警时，应及时按报警规程或报警卡进行处理，必要时重新进行取样和分析；

——对排放过程中出现的任何异常，都必须查明原因，并采取相应的纠正措施。

（2）烟囱气体排放管理

——由运行部门负责烟囱气体连续排放过程中相关参数的监督；

——放射性气体连续排放过程中的放射性取样、监测与统计由化学处负责；

——烟囱取样周期应满足环境影响报告、最终安全分析报告的要求，取样、分析的内容包括：粒子、碘、惰性气体、氚、^{14}C 等；

——当烟囱对应的辐射监测系统通道发生报警时，应及时按报警规程或报警卡进行处理，必要时重新进行取样和分析。

5.2 非放射性流出物管理

5.2.1 概述

——废液系统向环境排放的有害化学物质根据其来源应满足《污水综合排放标准》（GB 8978）、《城镇污水处理厂污染物排放标准》（GB 18918）、《环境影响评价报告书》及《最终安全分析报告》的要求；

——生活污水排放执行《城镇污水处理厂污染物排放标准》（GB 18918）的一级标准，生产废水排放（总排放口）执行《污水综合排放标准》（GB 8978）的一级标准；

——核电厂需按照环评报告等要求的监测项目及频次等开展化学污染物的监测；

——在线仪表应根据预防性维修计划进行定期标定和维护；

——大、小修期间对含化学有害物的工艺系统介质的集中排放，如果没有设计管线通往废液处理系统，则应就地增加临时处理设施，或变更增加临时管线以便将有害物质导入废液处理系统；

——污水排放口应在便于识别的位置设置标志，包括各生活污水处理站的处理工艺的末端排放口处、CC 跌落井处、最终排放口。

5.2.2 生活污水管理规定

（1）污水站日常运行和维护管理

——污水站应根据地方环保部门的要求，设置在线连续监测系统装置，检测进、出厂水流量、水质（pH、水温、COD 等）指标。取样监测的项目、类别和频次可根据污水来源和历史经验选择主要污染物进行监测，以确保污水达标排放为原则确定。

——负责污水站日常运行部门应及时根据排放要求审核监测数据，发现异常时应告知环境监督部门，并立即采取控制措施。

——负责污水站日常运行部门应定期对取样监测数据进行汇总，编制月报发送环境监督部门。

（2）污水排放监督管理

——环境监督部门负责对污水站日常监测数据的监督检查，发现数据异常时，立即组织查找原因，限期整改。

——环境监督部门负责生活污水监督性检测，每季度组织进行一次取样检测，并出具检测报告，存档并发送污水处理站管理部门。需要外委检测时，委托有资质的检测单位，并负责取样过程的跟踪监督。

——环境监督部门应不定期对各生活污水站运行情况进行监督检查。

（3）生活污水日常监测和监督性检测技术要求

——在污水站排放口应根据地方环保部门要求设流量、pH、水温、COD 等主要水质指标在线监测装置；

——在污水站处理工艺末端排放口进行水质取样；

——取样方法和水质测定方法要求符合《城镇污水处理厂污染物排放标准》（GB 18918）等相关国标中的相关规定；

——检测项目根据地方环保部门、《城镇污水处理厂污染物排放标准》（GB 18918）及环评报告确定。

5.2.3 生产废水管理规定

（1）生产废水排放过程要求

——对于相关符合设计路径排放的生产废水，运行部门负责上游废水的收集、处理及排放；化学处负责化学相关在线仪表的维保及废水排放前的取样监测；经化学确认分析结果满足要求时可排入或排放。

——对于 FS 含油废水处理站，运行部门负责 FS 的运行管理；含油废水经油水分离器处理、在线油含量分析仪表监测合格时才能排放；若在线仪表不可用，由化学处取样分析核实是否达到排放标准，必要时环境监督部门进行协助。在日常工作中，化学处负责化学相关在线仪表的维保。

——单厂至少两列循环水泵处于正常运行状态时，保证水质符合执照文件相关要求规定，确保在最终到达总排放口时，各类排放指标满足国家排放标准要求。

——如生产现场有不确定的废水需要排放时，需经化学处核实评估；必要时环境监督部门协助评估，经化学处取样分析核实并满足排放标准后才能排放。

——对于满足排放要求的非临时接管排放，由排放申请部门组织相关责任部门进行讨论后确定排放方式（如涉及环保相关内容，环境监督部门视情况参加讨论）。

——对于环境实验室酸碱中和池，环境监督部门负责废水的收集，达到排放量后进行排放前的取样监测，pH 等指标满足排放管理要求时，集中运输至厂区处置。

——环境监督部门负责定期在核电厂总排放口取样监测，并在取水口处取样作为比对。

（2）生产废水取样检测技术要求

——生产废水取样检测时，取样、测定方法要求符合国家相关标准中相关规定；

——生产废水检测项目根据《污水综合排放标准》（GB 8978）及核电厂环境影响报告书确定；

——在总排放口取样的同时，在取水口也进行取样，以作为对照点，评估排放对海水的影响。

5.2.4 海水管理规定

——环境监督部门负责定期对核电厂排放口的海水水质进行评估，每季度委托外委单位对取排水口海水进行取样检测，出具检测报告并存档；

——通过取排水口海水水质对比情况，掌握核电厂周围海水水质变化情况。

第十五章 全范围模拟机总体技术要求

1 概述

本章表述了"华龙一号"全范围模拟机（简称模拟机或 FSS）的总体运维技术要求，用于指导模拟机维护作业，以及确保模拟机设备满足法规和标准要求。该要求参照《华龙一号全范围模拟机企业标准》（Q/CNNC HLBZ GF1—2019）编制。

2 术语和定义

《核电厂操纵人员培训及考试用模拟机》（NB/T 20015）界定的及以下术语和定义适用于本文件。

2.1 参考机组

确定模拟机控制室配置、系统控制设置和设计数据库所依据的特定核电厂机组。

2.2 超控

中断或修改模拟机数学模型与盘台仪表之间的输入/输出数据传递。

3 模拟机运维技术要求

3.1 适用范围

模拟机运维技术要求确定模拟机维护原则、维护作业指标，适用于模拟机及其配套系统（包括模拟机本体、软件数据、备品备件、模拟机配套设施等）的日常运维、预防性维护、纠正性维修、一致性跟踪和升级改造作业，是进行模拟机设备维护技术工作的指导性依据。

3.2 模拟机维护总体要求

3.2.1 模拟机可靠性

模拟机设备可靠性管理应采取"预防为主，高效处置"的原则，模拟机可用率要求宜不低于 97%。

模拟机系统设备维护应以设备可靠性为中心，以系统设备健康状态监视（日常维护）、预防性维护、故障诊断分析、升级改造、备品备件管理、软件备份管理为手段，消除模拟机运行隐患，预防故障出现或降低故障影响；以纠正性维修管理、技术文件管理、提高维护人员作业技能、建立技术支持渠道为补充，投入合理资源，高效处置故障，确保模拟机尽快可用。

3.2.2 模拟机一致性

在模拟范围内，模拟机应能够准确模拟参考机组物理属性或动态响应，允许误差不超过《核电厂操纵人员培训及考试用模拟机》（NB/T 20015）中的规定。

应定期收集参考机组永久变更项目，对变更资料进行分析审核，以确定模拟机是否需要跟踪修改，并在参考机组实施完成后 1 个换料周期内完成模拟机修改和更新。

为保证参考机组正常运行而配置在主控室内的信息设备、办公家具、文件资料柜、文件规程、值班记录本、抄表夹等设施，应评估是否对模拟机培训影响，并在模拟机上同步配置。

3.2.3　模拟机设备分级

为了合理分配模拟机维护资源，根据设备故障对模拟机培训的影响，将模拟机设备分为：关键设备、重要设备、一般设备和辅助设备，每个等级的设备都有相应的管理策略。

3.2.4　建立技术支持渠道

模拟机系统是一个庞大而复杂的系统，工艺系统模拟、DCS 仿真等源代码等由供货商掌握，有一些故障尤其是软件故障，模拟机用户无法清楚了解故障的发生机理，对于这类问题的彻底解决宜建立与模拟机供货商的技术支持。

3.3　模拟机日常运行

模拟机应在合格的环境条件下停运或运行，环境条件包括模拟机设备厂房内的温湿度、外部供电电压等。

应编写模拟机启停等操作规程，并遵照规程执行。模拟机断电后启动需进行盘台开关量、模拟量等信号测试。

模拟机的运行期间出现硬件设备或者软件系统故障，应尽可能采用不中断运行的原则处理。对于硬件故障，首先采用超控手段对故障设备进行隔离，确保模拟机培训或者考试的继续进行，在不影响培训或考试的情况下对故障设备进行紧急维修处理；对于软件故障，如果经过诊断需要重启系统或者软件，则首先需要保存当前状态的初始条件，尽可能保证模拟机能够恢复到故障之前的状态。

模拟机的运行状况应做记录，以备查询和跟踪。

3.4　模拟机预防性维护

模拟机设备根据设备分级和其自身特点，开展不同周期的预防性维护工作，以降低设备故障率。内容包含：计算机设备（包括服务器、工作站及接口系统计算机）检查测试、盘台设备检查测试、电气设备检查测试、备品备件检查测试、软件/数据备份/配置备份、偏差和一致性分析等。

3.5　模拟机纠正性维修

模拟机故障诊断和维修总体上应遵循不中断模拟机培训或考试的原则，应尽可能减少模拟机的不可用时间。

模拟机因软件故障而必须中断培训进行故障处理时，应采取措施保证模拟机能够恢复到培训中断前的状态，以保证模拟机培训的连续性。

模拟机软件或硬件故障处理后应及时进行信息记录和反馈，并定期收集和分析模拟机发生的软硬件故障信息，对故障处理方法应编制经验反馈或开发对应的指导性文件。

特殊设备的维修应编制单独的工作文件以指导设备的维修，并进行定期复训，以熟悉设备的维修过程。

软件故障修改遵循先备份再修改的原则，确保在维修失败的情况下能够恢复到修改前的状态。

模拟机软硬件故障维修前应详细分析维修风险，制定可靠的维修方案，在经过讨论确认可行的情况下进行维修。

模拟机应具有故障诊断辅助工具，模拟机维护人员应熟悉故障诊断工具的使用，定期进行相关工具的使用培训工作。

3.6　模拟机一致性跟踪

应定期收集参考机组永久变更项目，对变更资料进行分析审核，以确定模拟机是否需要跟踪修改，并在参考机组实施完成后 24 个月内完成模拟机修改和更新。

模拟机上需跟踪的变更项目，在参考机组已完成但模拟机未完成前应进行不一致项告知，确保教员和学员了解不一致项。

模拟机的更新与改进以及开发工作，应保证模拟机性能符合规定的标准和规范，在影响模拟机性能的重大改造活动结束后，应进行模拟机与规定标准相符的测试验证工作。

3.7　模拟机升级改造

应根据模拟机培训需求、外部经验反馈、上级监管要求等，定期对模拟机性能进行评估，以确定是否对仿真范围进行扩充。

应根据模拟机设备老化程度、维修成本和备件供应情况等进行综合评估，以确定模拟机设备是否进行升级改造。

应建立模拟机完整的设备基础信息，应包括设备的规格型号、制造厂商、服役时间、设备有效期和维修记录等，对于服役期满的设备及时进行升级更换。

3.8　模拟机备品备件

应保证模拟机备件可持续供应。建议对模拟机设备建立设备总量、型号、库存量、年消耗量、年故障率等关系对应表，同时获取设备停产、价格变动等有关信息，计算出需要补充的备件数量，确保备件可持续供应。

应根据设备分级确定备品备件的定额，总体上建议按照 10% 的数量储存备件。对于特殊仪表，同类型必须保证至少一个备件。

应保证库存备件有效性，对于需要长期存放的电子备件，除了要满足恒温恒湿等条件外，还应根据备件预防性保养规定的周期要求，进行定期上电检查保养。

3.9　模拟机网络安全及移动介质

模拟机网络需保持独立，减少与其他网络所有不必要的连接，或采用防火墙等隔离装置与其他网络连接。

模拟机系统软件修改、软件恢复、软件安装等应进行有效的权限控制，避免非预期的修改删除、覆盖等。

模拟机设备账户、口令等应进行严格管理，不得将口令透露给非模拟机运维人员。在模拟机改造期间，因软件修改及维护需要，其他相关人员（如承包商相关人员）确需口令的，可在工作期间获得授权或临时口令，但工作完成后应及时修改口令或取消临时口令。

为预防计算机病毒，模拟机系统使用的移动存储设备都不得在非模拟机系统计算机上使用，在非模拟机系统计算机上使用过的存储设备不得再在模拟机系统的计算机上使用。

4　模拟机设备技术要求

4.1　适用范围

模拟机设备技术要求包括模拟的软硬件组成和模拟机的功能两部分，规定了模拟机设备满足核电厂操纵人员培训和取证考试、演习验证等工作必需的功能要求。

4.2　模拟机设备软硬件组成

全范围模拟机设备应作为一个整体，组成包括软硬件、备品备件、耗材、办公设备、专用工具等的总和。

4.2.1 基本仿真计算机设备

基本仿真计算机设备包括核电厂模型计算机、教练员工作站、核电厂模型开发及维护工程师站、模拟机配置管理服务器、主干网络设备和机柜等。

4.2.2 模拟控制室设备

模拟控制室设备包括 DCS 仿真设备、专用仪控设备、盘台设备、主控室通信及照明仿真控制设备等。

（1）DCS 仿真设备

1）非安全级 DCS Level 2 设备

——非安全级 DCS Level 2 设备包括主控室（MCR）、远程停堆站（RSS）、技术支持中心（TSC）和教练员工作室中的操纵员工作终端（OT）、非安全级 DCS Level 2 的数据处理服务器（PU）和历史数据服务器（SU）、网络设备、大屏幕显示设备以及组态工作站（ES685）等，数量和外观与主控室保持一致。

2）非安全级 DCS Level 1 设备

——非安全级 DCS Level 1 设备由一台虚拟机和一台组态工作站（ES680）组成；

——其中虚拟机是一台对称多处理器服务器，它提供一个虚拟硬件平台，用来运行参考机组所有 AP 上的程序。

3）安全级 DCS Level 2 设备

——安全级 DCS Level 2 设备包括模拟主控室和远程停堆站的 4 台安全级视频显示器（QDS）。

4）安全级 DCS Level 1 设备

——安全级 DCS Level 1 设备仅包括一台组态工作站（SPACE）。

（2）专用仪控设备

专用仪控系统的 HMI 设备一般采用与参考机组实际主控室相同型号和配置的硬件产品，由专用仪控设备生产厂家提供（在实际核电厂中，部分专用仪控系统的 HMI 设备集成到 DCS 中）。出于技术可行性或经济性的原因，某些设备可能需要通过模仿实现。

专用仪控系统的过程控制层设备采用纯模拟方案，在核电厂模型计算机中通过软件实现。人机交互 HMI 设备如显示器、专用键盘、轨迹球将采购与实际核电厂主控室一致的设备。如果汽轮机控制保护不包括在 DCS 中，将采购与实际核电厂一致的操作键盘、监视器、通用计算机工作站，模拟实现其软件。

（3）盘台

模拟机主控室的后备盘台（BUP）和紧急操作盘（ECP）、远程停堆站（RSS）的仪表、开关采购与将采用与实际机组主控室相同尺寸、相同外观、相同颜色的设备（但 1E 级设备允许采用 NC 级设备替换）。

（4）主控室其他设备

实现通信系统、与应急广播系统的接口、仿真照明系统的模拟，以及闭路电视系统的外观模拟。模拟机主控室仿真通信系统包括电话机、报警控制台、对讲控制台、广播台、信息平台监视器、键盘、跟踪球。

4.2.3 盘台仪表接口系统

盘台仪表接口系统是核电厂模型计算机与模拟主控室和模拟远程停堆站的盘台间的接口。接口系统采用国内可采购到工业标准通用接口，该接口系统在国内工业或电站系统已得到广泛应用，并表明其工作可靠，满足数据通信实时要求，且软件配套完善，便于今后的维护。

4.2.4 模拟机教学多画面监控系统

由于参考机组采用了 DCS 进行操控，主控室操作由传统的硬盘台操作变为计算机人机交互界面操作，全范围模拟机教学监控要求随之发生较大的变化。考虑在模拟机教控室设置一套模拟机教学监控系统，用于教员通过多种途径对学员在模拟机上的操作行为进行监视和记录，为教学评价提供依据和参考。

4.2.5　电源供给设备

电源供给设备用于为全部模拟机设备提供电源，包括 UPS、稳压电源、开关柜等设备。UPS 不间断电源具有稳压功能，同时当外电源断电时提供约 2 h 的支持，保证模拟机维护人员能赶到现场，正常关闭模拟机计算机设备。

4.2.6　接地系统

模拟机接地系统包括交流接地和直流接地，在盘柜内两类接地体相互绝缘。在机房建设时，在地板下应有交流接地铜排，接地电阻应满足交流、直流接地标准要求。

4.3　模拟机设备功能要求

4.3.1　基本功能要求

模拟机原则上基于参考机组的相关数据进行设计，参考机组数据主要用于描述实际核电厂的运行性能、物理特性、运行经验以及其他相关特性，在参考机组数据不完整的情况下辅以类似机组的参考资料进行。

模拟范围必须包括那些对操纵人员在控制室进行的各种操作的响应以及对模拟故障作出响应所需的参考机组系统。系统模拟的完整程度必须使操纵人员能够进行各种操作，并能观察到与参考机组一样的响应。模拟范围必须包括被模拟系统之间的相互作用，以给出全面的整体机组响应。

——模拟机应能实时再现核电厂的性能与行为，所有在模拟机控制室中观察到的现象应与参考机组控制室一致且响应速度也相同。模拟机的质量应保证使被培训人员不会感到与实际控制过程有任何不同。

——对于发展较快的过程，模拟机可以与实际相同的速度或减慢的速度进行模拟，减慢的倍数应在 1～10 范围内可调。对于发展较慢的过程（如氙毒、硼浓度的变化等）可以与实际相同的速度或加快速度进行模拟。对于某些过程如氙毒效应，加快的倍数应在 50～200 范围内可调。

——模拟范围应包括从维修冷停堆到满功率运行的所有运行方式，模拟机应保证在整个运行范围内的连续性。

——模拟机应具有自动或管理控制功能，当模型的参数超过某一数值，指示出事件超出了模拟范围或预期的参考机组运行情况以及发生可能影响模拟精度的软硬件故障时能够提醒教练员。

——在模拟的控制室中，将按实际的位置及布置方式模拟相应的设备。模拟机应计算各种运行工况下的系统参数，在适当的仪表上实时地连续显示这些参数，并能产生适当的报警信息。计算机终端设备上显示的内容、界面和内部逻辑应与参考机组一致。

——控制室以外设备的动态特性由仿真模型模拟，特别注意的是应考虑传感器的时间常数、阀门开闭的时间、管路中介质的传输时间、空间中介质的传输时间以及各种旋转设备（泵、压缩机、风机和柴油机等）的启停时间。

——对某些系统允许一定的简化或假设，但不因此减损模拟的真实性，同时不影响在模拟机总体模型运行过程中的计算。

——模拟机应以公认的、成熟的数学模型为仿真基础，并考虑实际参考机组的参数和系数。

——设备模型要根据其特有的规律和特性建模，采用单一模型模拟系统及设备在各种工况下的真实响应过程。

——对控制逻辑、发配电系统要求模拟到二次接线一级；对模拟信号及逻辑必须真实模拟，内部逻辑联锁功能要如实模拟；信号定值与实际系统信号定值要求完全一致。

——所有主要系统采用的物理公式应保证稳态和瞬态过程中的模拟精度。

——当采用的物理公式会导致模型复杂、程序增加，却给模拟结果未带来相应好处时，可采用经验公式或实验数据，但需在模型说明书中明确说明。

——模拟机全部模拟过程应借助通用数字计算机实现。对于模拟程序应尽可能采用通用计算机语言。

——模拟机应采用标准化的高可靠性部件。

——模拟机测试、维修应方便。模拟机必须有试验接口，以提供执行和监测试验的能力，保证模拟机在各种工况下能以图形或报表的形式提供数据的拷贝，能通过通用格式数据文件的方式导出相关数据。这个监测功能必须具有足够的参数和时间分辨率。

——应保证模拟机教员、维护及维修人员的安全。

4.3.2　针对参考机组的模拟

（1）模拟范围

应根据模拟机的设计目标和设计需求评估确定模拟机的模拟范围、逼真度以及核电厂各种运行条件下的模拟边界。一般地，与核电厂主控室操纵员相关的核电厂系统都应该包括在模拟机的模拟范围之内，而不管该系统是否在控制室进行监视和控制。直接与核电厂核安全和电力生产相关的系统必须进行详细的完全仿真。核电厂其他辅助系统应按照主控室相关运行操作的要求，允许进行部分模拟或者只是进行功能模拟。参考机组规程中提到的操作和监视数据都必须在模拟范围内。

模拟机的工况模拟范围应涵盖冷停堆状态至满功率运行状态、各事故状态以及包括运行规程（包括在停堆换料期间的核电厂状态）内的全部范围。也就是说模拟机应能够尽可能地模拟参考机组在核电厂所有工况下的行为，如：

——参考机组的正常操作，包括主回路系统的排水及半管运行等；

——在任何正常运行状态期间的异常扰动；

——事故运行（包括所有设计基准事故和严重事故工况）。

模拟机应对参考机组的所有系统特性进行完全、综合且实时的仿真。各系统模型将提供与其他相关仿真系统之间的接口，提供一个针对参考机组正常、异常和事故工况条件下以连续及可重复方式进行的完整和实时的模拟。模拟机的响应不允许出现误导操纵员和可能会导致操纵员做出不适当动作的明显偏离参考机组实际响应的行为。模拟机应对各系统中的设备和部件如电机、泵、阀门、调节器等的动态运行特性和运行状态进行模拟，在控制室系统和人机界面的所有响应和运行特性都应被如实仿真。对核电厂 DCS 系统、计算机化的人机界面系统应以高度仿真方式进行，以确保模拟机对该部分系统模拟的逼真度。

根据参考机组的运行程序，模拟机应可以模拟包括换料冷停堆、热停堆、正常运行、异常运行和事故运行的所有模式，全厂各系统的定期试验也可以在模拟机上执行。参考机组的安全分析报告中的瞬态事件分析、在调试期间的功能测试与附录 D 列出的故障列表都将在模拟机中以仿真的方式执行。

所有的模拟机的模型都应建立在物理规律的基础上。模拟机应在它的全部运行范围内正确响应，从环境温度到堆芯过热、从零功率到可预期的在剧烈扰动和事故工况下可达到的最大功率都应可以在模拟机上实现真实模拟。

计算机驱动显示设备、指示仪表、记录仪表、报警装置、设备状态指示器等都将随工况的变化自动变化而与同样环境下参考机组控制室相关设备的响应一致。

不同的压力和流量、冷却剂温度、燃料温度、裂变产物和控制棒位置的改变，模拟机应逼真可信的瞬时响应，同参考机组的响应行为以及预测估计的情况相一致。

模拟机可以模拟执行各运行条件下的相应变化，同参考机组在相同的条件下的响应一样，各参数将在模拟机的相关仪表和计算机终端上进行显示。当出现接近或超越限制值时，模拟机将模拟适当的报警信息或者系统保护动作。核电厂运行的所有状态都应能在模拟机控制室系统中执行,并把实际的响应显示在相关的仪表或计算机系统上。

所有的模拟机控制室设备,包括控制盘台、核电厂处理计算机和计算机化的人机界面子系统都是参考机组控制室大小、外形、颜色和配置的拷贝。所有的仪表、控制、标识、仿真设备和其他的操纵员运行指导都在这些控制盘台、核电厂处理计算机和计算机化人机界面子系统上,也都是参考机组的尺寸、外形、颜色、配置、外貌和使用感觉及动态功能的拷贝。所有为操纵员显示的信息格式和工程单位都与参考机组控制室相同。

操纵人员在模拟机上看到的信息、格式和单位应与参考电厂控制室内一样。需观察的项目包括开关、控制器、仪表、区域划线、刻模(字)、颜色、盘台布置、总体外观、灯光、标签、触觉、显示系统等。

模拟机应支持正常、异常、越限和事故操作的所有环境特征,与参考机组主控室一致,其中主控室的通信系统,应至少确保操纵员能与远程停堆室、应急运行设施、教练员室进行联系。

模拟机控制室环境,如场地规划、照明、通信、办公家具设备、外观、影响提示及障碍物等,都是参考机组控制室的拷贝,全部的环境特征模拟都必须尽量包括在模拟机的设计中。

所要求的就地操纵员动作和集中控制设备的就地操作都应能够在教练员站以适当的方式进行模拟,同时核电厂气象信息、冷却水的参数和外网供电状况也应可以在教练员站进行功能模拟,它只需为模拟机控制室仪表设备和其他系统提供适当的输入信号和报警信息。

就地控制动作,如换料前的准备工作(比如反应堆压力容器顶盖的开启)和换料后的重新启动也应在模拟机中进行模拟。

(2)堆芯物理学或动力学模型

堆芯物理学或动力学模型应采用真三维模型,双群扩散、六组缓发中子的差分中子扩散理论模型,对于每一个燃料组件的轴向应不少于18个以上的节点,径向单个节点建立模型。所选模型应能真实反映参考机组的堆芯中子物理学和动力学的特性,遵照参考机组总体特性、运行/事故规程及安全分析报告,模拟包括换料冷停堆到对应于核电厂正常工况、异常工况以及事故工况所能达到的最大功率,从堆芯初始运行到堆芯寿期结束。对于不同的寿期阶段,模型应能支持响应的多套截面参数的输入数据。

所有影响反应性的因素和反馈均应在堆芯模型中体现。对于正常、偏离正常、异常和事故工况下的电站评估,应用到的影响堆芯正常和非正常情况下反应性的因素(不限于此)如下:

——堆芯反应性是不同堆芯、核电厂状态、控制棒重叠度条件下棒位置的函数;

——燃料在不同的燃料周期内相关特性的变化带来的影响;

——氙毒、硼浓度、钐毒、主回路压力、空泡份额和温度(燃料和慢化剂)对于堆芯反应性和控制棒价值的影响将贯穿整个堆芯周期;

——棒位探测器对棒位指示偏差的影响;

——控制棒运动,慢化剂温度和燃料温度对氙分布的影响;

——由中子源产生的中子注量率的空间和时间影响,包括中子源的强度、源分布以及反应堆启停期间的次临界倍增影响;

——流量和温度分布的不均匀性和堆外核测仪表的指示偏差所造成的影响;

——燃料包壳破口造成的放射性物质释放到冷却剂系统的影响;

——燃料和包壳热传导性是一个温度的函数;

——氢和裂变产物的释放是包壳温度、历史功率、燃料破损时间、包壳和冷却剂之间压力差异的函数;

——堆芯 ^{16}N 的释放是中子注量率的一个函数;

——反应性反馈的计算基于原子核属性($\beta-$常数、微观和宏观截面、K 有效增值系数等)进行,考虑到：

  ——燃料和可燃毒物；

  ——裂变产物中的毒物（碘/氙/钜/钐）；

  ——不同的控制棒束的位置；

  ——主要系统的硼浓度；

  ——慢化剂的局部密度/温度/空泡份额；

  ——局部燃料温度（多普勒效应）；

  ——中子扩散或运输方程的边界条件应说明反射体的影响作用；

  ——模型应考虑放射性源项的计算；

  ——反应堆运行期间由于历史运行、当前反应堆状态、裂变产物的产生引起的衰变热的变化；

  ——由不均匀控制棒分布、慢化剂密度、空泡和硼注入导致的轴向和径向的氙瞬动态计算；

  ——模型能精确仿真控制棒正常运行，卡棒或弹棒情况下引起的控制棒价值的动态变化。

  堆芯物理模型中应充分计算硼对反应性的影响。水化学的仿真是为了精确的度量腐蚀产物的传导率和放射性。采用堆芯物理模型计算腐蚀产物的放射性，它通过反应堆热工水力模型以及核岛、常规岛和 BOP 模型传输至核电厂各个系统。

  堆芯物理学或者动力学模型将提供以下现象的仿真，并且能够计算不正常冷却条件下堆芯几何形状发生改变的工况（严重事故工况）：

  ——堆芯裸露；

  ——燃料元件包壳温度达到 1200 ℃；

  ——燃料失效、包壳失效和裂变产物释放；

  ——堆芯融化、燃料棒变形、放射性产物释放到安全壳；

  ——堆芯热工水力模型。

  堆芯热工水力模型应采用三维非均匀的和非平衡模型，或能满足模拟机国内外标准要求的一维非均匀热工水力模型。同时严格考虑不可压缩气体，以精确模拟汽水两相流系统。模型应精确计算包括燃料芯块和包壳在内的反应堆压力容器、再循环回路、稳压器、蒸汽发生器、蒸汽管线和封头等的水力特性和热传递特性。在模型计算中应对整个系统划分为一定数量的节点进行，以相同的守恒方程贯穿各个节点。模型应能正确按照方位角进行节点划分计算，同时考虑热源分布的不均匀性和冷却剂通道分布的不均匀性。计算时冷却剂通道在轴向至少包含 10 个热工水力学节点。下降管将根据参考机组的应急堆芯冷却系统的设计特征再细分为适当的数量的分段。模型应包含质量守恒方程（水、水蒸气和不可压缩气体）、能量方程（水蒸气/气体混合流体和水/蒸汽、气体混合）、动量方程（水蒸气/气体混合流体和水/蒸汽、气体混合）。模型应能真实模拟从换料冷停堆到满功率运行、运行瞬态、运行规程、事故规程以及安全分析报告中假设的事故类型（包括大破口、小破口等事故），而不应依赖于特殊的测量，特殊的初始条件设定或切换至简化模型。

  热力学模型应使用交错网络的方法建模，反应堆压力容器、稳压器、蒸汽发生器和外部管线都被分为一定数量的控制容积和节点相互连接起来。模型将仿真在高温情况下锆－水反应的氢和能量的释放，包括模拟锆的腐蚀和锆氧化物的生成。质量守恒方程将应用于各个节点的边界处；模型应具有精确的预测核电厂运行演化的能力。对于部分临界相关的非可见参数，如局部空泡份额、燃料中心温度、包壳顶部温度、DNBR 和冷却剂液位都应精确模拟，保证在所有的模拟运行条件下的控制室显示的可靠性和逼真度。模型将至少包括但不限于以下热工水力现象的模拟：单相和两相流体、单相和两相对流换热、燃料和压力容器的热惯性、流体收缩和膨胀、泵的启动和阻塞、破口的临界流和排放阀开启关闭等。在模型中至少须对以下的部件和设备进行详细模拟而不允许采用功能模拟的方法：反应堆压力容器、稳压器、蒸汽发生器、冷却剂泵、主回路管线、燃料/包壳的热动力特性等。

（3）安全壳模型

安全壳模型应真实和实时地反映参考机组在正常、异常和事故工况下安全壳预期会发生的热工水力现象和这些现象的演化过程，这些现象包括了水、蒸汽、不可压缩气体和放射性污染物的动态变化。模型应确保能够真实模拟所有稳态和瞬态下安全壳内的温度和压力响应。所有模型的搭建应采用多节点形式进行建模，并应充分考虑其详细的空间分布、内部节点划分（至少分为七个部分），各个节点之间存在水、气体的传输和放射性核素的传播和交换。模型应至少分为两个控制区域，分为气相区和地坑水区域，在两个区域都应具有独立的温度。模型将模拟通过安全壳壁面、生物屏蔽层和内部构件进行热传递。在各热平衡计算中应充分考虑系统内部的热源和热阱。安全壳上部气体空间包含有氮、氧、水蒸气、水滴、氢、一氧化碳和二氧化碳等成分，需采取适当的方法对这些成分的各种特性进行仿真。仿真模型中必须考虑以下因素：热传递过程中的冷凝、安全壳喷淋系统运行与否、由喷淋引起的压力降低、通过安全壳壁面和内部构件的热传递、壳内地坑水的蒸发等。安全壳地坑的各项特征应被精确仿真，同时地坑的液位输出指示反映出安全壳的几何特征，因破口泄漏导致的闪蒸应予以考虑，安全壳出现泄漏导致的放射性向环境的释放同样必须体现在安全壳模型中。另外，由于安全壳通风空调系统的运行导致的热量和质量的变化必须在安全壳模型中体现。

由于采用了双层安全壳结构，应对安全壳的内壳、外壳以及内外壳之间的环形空间分别建模。安全壳模型中应体现由于内外壳间的冷却导致热量和质量的变化以及内壳外壳之间的环形空间的自然对流和水膜蒸发换热。

（4）汽轮机模型

汽轮机模型应是一个完整，精确和实时的动态模型，它覆盖了参考机组汽轮机从冷态或热备用到最大功率运行范围的所有工况演变并可模拟过程中的所有故障。模型应对所有汽轮机运行条件下（包括故障运行）的蒸汽热性能参数进行精确模拟，如内部热功率、整机效率和汽轮机的输出功率、蒸汽品质、蒸汽流量、温度、压力、每一级各汽轮机汽缸进出口的焓、每一级叶片参数、管道和汽轮机密封管系统等。

控制阀和主蒸汽隔离阀的所有特征参数、安全阀的开启、蒸汽排放等需在模型中进行精确模拟。模型中应精确模拟在汽轮机的各种运行工况下（启动加速过程、跳闸、增减负荷运行等）转子和汽缸的热应力。

汽轮机金属温度和蒸汽温度以及环境温度之间是相互关联的，模型应体现其中的关联，精确模拟其演化过程。汽缸内外壁之间的温度差异，转子中心和表面的温度差别都将体现在仿真模型中。

由于汽轮机启动以及过高的冷凝器压力引起的汽轮机低压缸末级叶片过热现象也需在仿真模型中体现。由于主蒸汽参数的变化、汽轮机负荷变化、负荷中断、汽轮机启动和跳闸等因素导致的轴偏移需在仿真模型中体现。

模型也需要提供在启动，停车和运行条件下的汽轮机夹层或法兰的加热、轴承振动、汽缸膨胀、不均匀膨胀、轴偏移等动态特征的模拟。

汽轮机模型还应考虑由转子偏心、临界温度、轴承冷却油温变化和水锤现象引起的轴振动。

汽轮机仿真模型中至少应对以下的故障予以模拟：由于蒸汽品质差引起的水滴、叶片破裂、汽缸夹层或法兰过热，轴承振动过大、汽缸过度膨胀、不均匀膨胀、轴偏移、轴瓦轴承温度过高、汽轮机调节器故障等。

汽轮机应使用适当的方法进行振动仿真，以综合反映下列现象的影响：

——由转速、负荷和偏心产生的正常运转振动；

——由处于临界转速或通过临界转速造成的振动；

——由于冷润滑油或者热轴承的作用造成的振动增加；

——由于水分到如（低蒸汽品质）导致的振动增大；

——高振动故障。

（5）发电机模型

发电机模型应包括一个完整的发电机转子运转状态，电流和电压特征、电磁瞬态、空载特征、短路特征、负荷特征和外部特征的动态模型，它应覆盖所有的从启动到满负荷和所有的发电机故障现象的仿真，如绕组线圈或相间的短路、过载、过压、单相接地、失磁、异步性能、三相之间不平衡、系统振荡和主断路器启动等。模型包括精确的励磁机励磁饱和、电枢效应仿真、电压、电流、负荷因子和硅整流器等的仿真。在所有的运行条件下，模型应为控制室变量显示提供正确的实时值，如定子和转子的电压和电流、有功功率、无功功率、发电机相电压、电流和频率等。

发电机的仿真应能够提供发电机在连接到一个无限大的电网、一个有限或可变的孤立电网，或者发电机处于无负荷的条件下开环运行的动态响应。发电机的动态模型由发电机电气动态模型仿真和发电机运转动态模型仿真组成。

该模型应仿真与发电机子系统相关的所有逻辑和控制，包括同步逻辑、发电机保护逻辑和发电机的所有控制方式，其中，同步逻辑应同模型进行的动态相位角的计算结合。

（6）其他设备部件模型

热交换器应基于工程原理进行模拟。对于部分单相热交换器、两相热交换器都应该考虑其在异常工况下的运行。对于给水加热器需考虑两相流的热传导，热交换器模型应详细计算热交换器的管侧和壳侧的热传递以便对部分热交换器的异常运行进行模拟，如无管侧流动或壳侧流动等工况。当管侧泄漏到加热器或排污阀关闭的情况下，加热器将被充满介质，此时应能实时模拟管侧和壳侧的压力响应。

容器模型也应基于工程原理来建立，主要的相关容器应基于两相流建立模型以真实模拟容器的非均匀状态和非平衡性。

水箱、安全壳和房间也应模拟。需计算所有流体动力学和热力学参数，包括流量、压力、热力学参数、浓度和传输。边界结构上的换热，如水箱、安全壳壁面和它们的温度，也应通过仿真软件进行计算。

泵在启动、运行和停止时的电流指示和出口流量/压力响应都应该被模拟，在异常运行条件下泵的气蚀现象和水冲击也应被模拟。由于泵的转动对流体的加热作用应体现在动态模型中。

影响电站运行的可以观测到状态的阀门应进行模拟，包括阀门开/关速度、限位开关逻辑和阀位指示等，对于专设安全驱动相关的阀门来说其仿真重点应放在真实模拟其响应时间上。与流量计算相关的阀门需精确模拟，流量计算也将模拟。建立安全/排放阀的模型时应充分考虑蓄能特性、单相排放、两相排放以及排放口温度等因素。

对于所有相同类型的模拟应采用同样的方法和原理进行模拟，以保证整个 FSS 模型具有相同的模拟精度。

模拟机应提供电站在不同运行状态下对于控制室中影响运行人员视觉和听觉效果的信息如：控制室声音（安全减压阀排泄，在高压差下的 MSIV 开启等）、控制室灯光亮度的变化、全场断电以及失去操作终端等。

标准软件的随机数发生器将用来模拟过程和测量噪声。它将可能在参考机组大部分重要状态变量中增加类似于自然测量噪声的模拟噪声，这个噪声将贯穿所有仿真模型的不同变量和主控室的相关显示。在对 FSS 进行测试时应可以采取技术手段临时去掉所有变量的噪声，以免影响 FSS 的测试结果。

（7）核电厂仪控系统的模拟

核电厂仪控系统包括：

——核电厂 DCS 系统，包括主控室系统人机界面（即 CRS MMI）和公共控制区在内的主控室相关设备。另外，还包括主控室中的后备盘（BUP）和主控盘台上的常规控制设备。

——不属于 DCS 供货范围但与电站运行或安全状态监视相关的所有第三方 I&C 系统。

——对于电站 DCS 系统的仿真以及对第三方数字化或计算机化的仪控系统的仿真也在 FSS 的模拟范围内。

DCS 系统的模拟方案大体包括实物模拟、虚拟实物模拟以及全模拟的模拟方式。"华龙一号"模拟机采取实物模拟和虚拟实物模拟混合的方式，即 DCS 一层采用虚拟实物模拟方式，主控室采用实物模拟方式。

对核电厂仪控系统的模拟需要满足如下技术要求：

——界面与实际仪控系统完全相同（包括硬件界面、软件界面、显示信息）；

——在模拟机处于冻结状态时，界面完全处于静止状态，包括趋势显示、始终等所有动态信息处于冻结前的瞬时值；

——IC 装入时间不大于 30 s；

——IC 存储时间应不影响模拟机的实时运行，各站点的数据应该是同步的；

——各站点与仿真服务器以及站点之间的通信是实时的；

——与实际的操纵员站相比，模拟机操纵员站的显示信息应有以下差别：所显示的时间是模拟机的相对时间；核电厂参数历史趋势曲线的时间轴由实际时间改为模拟机时间。

4.3.3　模拟机精度要求

模拟机各种仪表的的真值应与同样条件下数据包中的理论值相一致，模拟机的仪表误差不得大于参考机组相应的指示表、记录仪和相关仪表系统的误差。对于与控制通道相关联的一些参数，其计算值的分辨率应远高于仪表的分辨率。对于中间值，其分辨率应满足使最终值的数值波动不大于其允许偏差。

对于要求精度的核准，将根据参考机组的实测参数对模拟机精度进行核准。

（1）稳态运行工况

——25%～100%负荷之间。对于主要变量，在任意时刻，模拟机计算值与参考值（来自数据包）之间的偏差不应超过参考值的 1%。对于辅助变量，在 25%～100%负荷之间的，其精度应是参考值的 ±3%。对于要求无死区并跟随设定点变化的一些值，在任意时刻，设定值与模拟机计算值之间的偏差不应超过设定值的 0.5%；

——0～25%负荷之间。在 0 负荷时（冷停堆及热停堆），主要变量的精度应是参考值的 2%，在 0～25%负荷之间具有线性关系。对于辅助变量，在 0～25%负荷之间，其精度应是参考值的 ±5%。对于在 0～25%负荷之间要求无死区并跟随设定点变化的一些值，其精度应为相应负荷下的设定值的 ±1%；

——在模拟机连续运行 60 min 期间，主要变量的变化不超过允差要求。

（2）瞬态运行工况

——1、2 类瞬态运行工况。在任意时刻，变量计算值与数据包提供的理论值之间的偏差不得超过该变量的稳态偏差加变化量的 10%。在瞬态过程中，变量出现极限值时刻的时间偏差小于瞬态开始到极限值出现的时间间隔的 10%。对于非常快的瞬态过程（如发电机跳闸时电变量的变化），时间偏差的绝对值小于 1 s。

——3、4 类瞬态运行工况。在任意时刻，变量计算值与数据包提供的理论值之间的偏差不得超过该变量的稳态偏差加变化量的 20%。在瞬态过程中，变量出现极限值时刻的时间偏差小于瞬态开始到极限值出现的时间间隔的 20%。对于非常快的瞬态过程，时间偏差的绝对值小于 2 s。

（3）严重事故工况

在任意时刻，变量计算值与数据包提供的理论值之间的偏差不得超过该变量的稳态偏差加变化量的 100%，但是变化趋势必须相同。

在瞬态过程中，变量出现极限值时刻的时间偏差小于瞬态开始到极限值出现的时间间隔的 100%。对于非常快的瞬态过程，时间偏差的绝对值小于 5 s。

4.3.4 故障模拟

模拟机故障包括通用故障、特殊故障和 DCS 仪控系统故障。

DCS 仪控系统故障功能将分别考虑 Level 2 和 Level 1 两类设备的故障。DCS 的 Level 2 仿真系统将在任何时候导入下列故障：

——任意一台或多台监视器失效；

——任意一台或多台操纵员工作站失效；

——Level 2 服务器失效；

——任意一个或多个计算机外围设备（键盘、鼠标等）失效；

——DCS 的 Level 1 仿真系统将在任何时候导入下列故障；

——任意一个或多个处理器的失效；

——与 Level 2 的通信（包括网卡、网关等）失效；

——一个或多个 I/O 模块失效。

4.3.5 教练员站系统

教练员站系统功能应充分考虑人因工程以及对便于模拟机教学的需要。所有与教员有关的功能应尽可能地在教练员站执行，同时教员台的设计应该尽量简洁。有教练员站通过按钮、触摸屏或显示菜单实现的功能，也可以从模拟机系统的相关工作站执行。

教练员站应是一个包括计算机工作站在内的综合系统。该工作站通过网络连到仿真计算机系统进行所有仿真任务的控制管理工作，包括加载和卸载仿真软件。

第二篇

技术支持规范

第一章　安全分析

1　概述

本章规定了"华龙一号"核电厂安全分析实施规范，保证"华龙一号"机组的安全分析实施标准化，且质量满足要求，包括概率安全分析、严重事故两部分。

2　引用文件

下列文件对于本文件的应用是必不可少的。凡是注日期的引用文件，仅所注日期的版本适用于本文件。凡是不注日期的引用文件，其最新版本（包括所有的修改单）适用于本文件。

《核动力厂设计安全规定》（HAF102）

《核动力厂运行安全规定》（HAF103）

《核动力厂安全评价与验证》（HAD102/17）

《核动力厂定期安全审查》（HAD103/11）

《应用于核电厂的一级概率安全评价　第 1 部分：总体要求》（NB/T 20037.1—2017RK）

《应用于核电厂的一级概率安全评价　第 2 部分：低功率和停堆工况内部事件》（NB/T 20037.2—2012）

《应用于核电厂的一级概率安全评价　第 11 部分：功率运行内部事件》（NB/T 20037.11—2018RK）

《应用于核电厂的二级概率安全评价　第 1 部分：总体要求》（NB/T 20445.1—2017）

《应用于核电厂的二级概率安全评价　第 2 部分：功率运行内部事件》（NB/T 20445.2—2017）

《核电厂严重事故管理导则的编制和实施》（NB/T 20369—2016）

《压水堆核电厂二级概率安全分析要求　低功率和停堆工况内部事件》（Q/CNNC HLBZ AE8—2018）

《压水堆核电厂二级概率安全分析要求　外部事件》（Q/CNNC HLBZ AE9—2018）

《压水堆核电厂一级概率安全分析要求　低功率和停堆工况外部事件》（Q/CNNC HLBZ AE10—2018）

《压水堆核电厂建（构）筑物地震概率安全分析方法》（Q/CNNC HLBZ CB3—2018）

《华龙一号严重事故序列分析方法》（Q/CNNC HLBZ AE1—2018）

《压水堆核电厂严重事故下设备可用性要求》（Q/CNNC HLBZ AE7—2018）

《压水堆核电厂严重事故风险分析方法》（Q/CNNC HLBZ AB2—2018）

3　定义和术语

下列定义适用于本文件。

3.1　概率安全分析

概率安全分析（PSA），提供一种全面的结构化处理方法，识别出核电厂失效的情景，并对工作人员和公众所承受的风险作出数值估计。PSA 通常分三个级别，其中：一级 PSA 识别可能造成堆芯损坏的事故序列，估计堆芯损坏频率，对核电厂的安全性和合理性进行评价，找出核电厂薄弱环节，提出降低堆芯损坏频率的措施；二级 PSA 是在一级 PSA 的基础上分析堆芯熔化的物理过程以及安全壳响应特性，定量计算大量放射性释放频率和早期大量放射性释放频率以及释放到环境的放射性源项。

3.2 严重事故

严重性超过设计基准事故并造成堆芯明显恶化的事故工况。

3.3 始发事件

任何干扰核电厂稳定运行状态从而引发异常事件［诸如瞬态或失冷事故（LOCA）］的核电厂内部或外部事件。始发事件要求核电厂缓解系统及人员作出响应，一旦响应失败则可能导致不希望的后果，如堆芯损坏。

3.4 事故序列分析

确定可能导致堆芯损坏的始发事件、安全功能以及系统失效和成功组合的过程。

3.5 事件树

一种逻辑图，该逻辑图以某一始发事件或状态开始，通过一系列描述预期系统或操纵员行为的成功或失败的分支说明事故的进程，并最终达到成功或失败的终态。

3.6 故障树

一种演绎逻辑图，描述特定的不希望事件（顶事件）是如何由其他不希望事件的逻辑组合所引发的。

3.7 人员可靠性分析

用于识别潜在的人员失误事件，并应用数据、模型或专家判断来系统地评估这些事件的概率的一种结构化方法。

3.8 堆芯损坏

堆芯裸露和升温到预计会造成堆芯相当大一部分区域长期氧化和严重的燃料损坏。

3.9 堆芯损坏频率

单位时间内预计的堆芯损坏事件的次数。

3.10 早期大量放射性释放

需要场外防护行动，但是这些行动受到时间长度和使用区域的限制，且在预期时间内不可能全面有效执行，从而不足以保护人员和环境而导致的放射性释放。

3.11 早期大量释放频率

单位时间内预期发生早期大量放射性释放的次数。

3.12 核电厂损伤状态

具有相似事故进程和安全壳或专设安全设施状态的事故序列终态组。

3.13 源项

特定位置放射性释放的特性，包括释放物质的物理和化学性质、释放量、载体的热焓（或能量）、与能够影响从释放点开始的释放输运过程的局部障碍物的相对位置，以及这些参数随时间的变化（如释放的持续时间）。

3.14 定期安全审查

定期安全审查（PSR），以规定的时间间隔（通常为 10 年）对运行核电厂的安全性进行的系统性的再评价，以应对老化、修改、运行经验、技术更新和厂址方面的积累效应，目的是确保核电厂在整个使用寿期内具有高的安全水平。

3.15 最终安全分析报告

英文缩写 FSAR。

4 概率安全分析

4.1 分析范围及分析目标

4.1.1 分析范围

根据最新核安全法规以及国家核安全局相关文件要求，新建核电机组必须完成核电厂功率运行、低功率运行和停堆状态下的一、二级，全范围概率安全分析，包括乏燃料储存池以及其他包含大量放射性物质的设施。"华龙一号"机组全范围概率安全分析工作包括以下内容：

——全工况内部事件一级 PSA；

——全工况内部事件二级 PSA；

——外部事件识别筛选与包络分析报告；

——全工况内部水淹 PSA；

——全工况内部火灾 PSA；

——全工况地震 PSA；

——乏燃料水池 PSA。

4.1.2 分析目标

以下针对"华龙一号"机组全范围概率安全分析各项工作的分析目标进行阐述。

（1）全工况内部事件一级 PSA

全工况内部事件一级 PSA 分析的目标为：

——完成功率运行、低功率及停堆工况内部事件一级 PSA 工作（包括丧失外部电源，但不含内部火灾和内部水淹），建立核电厂相关模型，得出堆芯损坏频率；

——识别核电厂的薄弱环节，为设计优化与改进提供输入和支持；

——论证整个设计的平衡性；

——确认核电厂参数的小偏离不会引起核电厂性能严重异常（陡边效应）；

——论证核电厂的整体安全水平，确信符合总的安全目标。

（2）全工况内部事件二级 PSA

全工况内部事件二级 PSA 分析的目标为：

——完成功率运行、低功率及停堆工况内部事件二级 PSA 工作，建立核电厂相关模型，得出大量放射性释放频率及早期大量放射性频率，并对放射性源项特征进行评价；

——通过分析严重事故发生后"华龙一号"机组不同的严重事故发展进程及其可能性，分析严重事故缓解措施设计的有效性，分析不同放射性释放类的发生频率及其释放后果（源项），论证大量放射性释放频率满足"华龙一号"机组的概率安全目标。

（3）外部事件识别筛选与包络分析

外部事件识别与筛选是外部事件概率安全分析的初始环节，通过对"华龙一号"机组厂址和设计信息的收集和分析，识别外部事件，确定外部事件清单。接着基于既定的筛选准则，将清单中对核电厂安全运行不构成风险或者风险极低的外部事件筛除，未能筛除的外部事件开展进一步分析。

（4）全工况内部水淹 PSA

内部水淹概率安全分析（内部水淹 PSA）是核电厂概率安全分析工作的重要组成部分，其分析目标主要包括：

——评价机组全工况下内部水淹导致的整体风险；

——确定能够造成不利条件和影响核电厂事故缓解的核电厂内水淹源；

——确定并量化对核电厂风险有贡献的水淹情景；

——评估水淹对于核电厂安全重要相关的结构、系统和设备的影响，找出核电厂设计和运行中存在的薄弱环节。

（5）全工况内部火灾 PSA

内部火灾概率安全分析（内部火灾 PSA）是核电厂火灾安全评价的主要方法之一，也是核电厂概率安全分析的重要组成部分，其分析目标主要包括：

——评价机组全工况下内部火灾所导致的风险；

——确定重要的火灾风险设备和电缆；

——确定并量化风险重要的火灾情景；

——评价核电厂现有的防火设计，找出核电厂设计和运行中存在的薄弱环节。

（6）全工况地震 PSA

地震概率安全分析是针对核电厂的地震灾害进行的概率安全分析，是核电厂概率安全分析的重要组成部分，其分析目标主要包括：

——评价机组全工况下地震导致的堆芯损坏频率（CDF）；

——确定对电厂地震风险贡献较大的峰值地面加速度的范围；

——确定对核电厂地震风险贡献较大的地震导致的核电厂始发事件类；

——识别可能存在的地震风险薄弱环节，提出合理的改进措施，以降低核电厂的地震风险。

（7）乏燃料水池 PSA

乏燃料水池概率安全分析是以乏燃料水池为分析对象，根据相关设施的结构和布置特性，对现有内部事件一级 PSA 的技术要素和分析方法进行调整和简化，开展的乏燃料水池内部事件概率安全分析工作，其分析目标主要包括：

——完成乏燃料水池内部事件 PSA 工作（包括丧失外部电源，但不含内部火灾和内部水淹），建立相关模型，得出燃料元件损坏频率；

——确定出导致燃料元件损坏的支配性事件序列；

——确定出安全重要的部件和人的动作；

——评价重要的系统之间，人机之间的相依性；

——识别出核电厂乏燃料贮存设施的薄弱环节，并提出相应的改进建议。

4.2 分析方法与技术要素

本章针对典型的内部事件一级、二级 PSA 的分析方法与技术要素进行阐述。

4.2.1 内部事件一级 PSA 分析方法与技术要素

内部事件一级 PSA 分析工作流程如图 462-01-04-01 所示,其主要技术要素包括:核电厂信息收集、核电厂运行状态分析、始发事件分析、事件序列分析、系统分析、数据分析、人员可靠性分析、相关性分析、定量化、不确定性分析、重要度分析和敏感性分析。

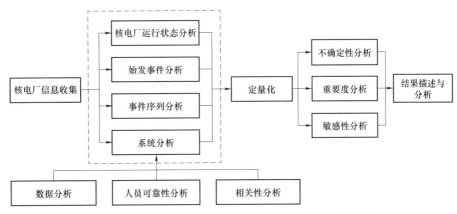

图 462-01-04-01 内部事件一级 PSA 分析工作流程

（1）核电厂运行状态分析

核电厂进入低功率和停堆工况后,将经历不同的运行工况。在每一种运行工况下,核电厂具有不同的特征参量,且要求不同的硬件系统配置、控制管理手段及技术规格。对于这样一个复杂的随时间变化的动态系统,无法同功率运行工况 PSA 一样构造静态的电厂模型进行分析,而应根据核电厂在低功率和停堆工况下的一些参数,将核电厂低功率和停堆工况划分为不同的核电厂运行状态（POS）,然后进行评价。

POS 的划分方法是,依据技术规范中确定的电厂运行模式及标准运行工况,先根据衰变热移出机制、一回路的温度、压力和水位等进行粗略的分类,然后依据主要参数,如反应堆的反应性、衰变热水平、一回路系统的温度、压力和水位、一回路系统的开口状态、一回路冷却剂环路状态、燃料元件位置、缓解和支持系统状态以及系统序列和安全壳的状态等进行细致划分,使得到的每一个子 POS 与低功率和停堆 PSA 分析相关的核电厂参数相一致。

（2）始发事件分析

始发事件分析是实施核电厂概率安全分析的第一步。始发事件是造成核电厂扰动并且有可能导致堆芯损坏的事件,它究竟能否造成堆芯损坏,依赖于核电厂各个缓解事故的系统是否能成功地运行。在进行始发事件分析之前要确定堆芯损坏的状态和放射性释放的来源。

始发事件分析的任务首先是确定始发事件,形成一个尽可能完整的始发事件清单,然后对始发事件进行分组,即将具有相同成功准则且具有相同事件进程的全部始发事件归并为一组,以便减轻事故序列模型化和定量化的工作量。从最终确定的始发事件组清单出发,完成事件树的定性定量分析。

核电厂 PSA 分析中确定始发事件清单的方法通常有工程评价、参考现有清单、演绎分析以及运行经验反馈等几种,但每一种都有其局限性。为了得到尽可能完备的始发事件清单,建议采用所有的方法,但是选择其中一种作为主要方法。

（3）事件序列分析

事件序列分析目的是确定始发事件发生后核电厂自动响应和人为响应的模型以产生事件树,并求出各个事件序列的发生频率。一个事件序列实质上就是一个由各个题头事件用"与"门联系起来的故障树，或称为事件序列故障树。因此，事件序列分析也是故障树分析。为了完成 PSA 中的事件序列分析，要分析每个始发事件组下所需的安全功能和他们的成功准则。事件序列分析方法有三种，分别是事件树分析、原因后果图和事件序列图，一般通过事件树分析来进行。目前 PSA 分析中有两种事件树分析法，即小事件树–大故障树方法和大事件树–小故障树方法。小事件树–大故障树方法是美国核管会（NRC）推荐在 PSA 中使用的方法，在此方法中，首先发展以安全功能为题头的事件树，然后又扩展为以前沿系统状态为题头的事件树。由此发展前沿系统故障树模型，该故障树展开到与支持系统相关联的边界。

（4）系统分析

核电厂对始发事件的响应提供了一种有效的事件序列模型化技术进行模型化处理，事件序列模型中关键要素是系统的成功与失败。这些关键要素可通过一种可用的系统模型来进行分析。系统分析的方法很多，有可靠性框图法、故障树方法、马尔可夫分析法、FMEA 法和 GO 法等，目前在核电厂 PSA 中广泛采用的是故障树分析法。这种方法的理论已经很成熟，是一种图形化的、演绎的静态分析方法，分析系统是如何失效的。从不期望的顶事件开始，分析可能造成"顶事件"的各种因素，定义分析边界，按逻辑关系从上至下分析，直至找到导致顶事件发生的最终原因。

故障树分析包括定性分析与定量分析两个方面。故障树定性分析的目的在于查找导致系统的不希望事件发生的原因事件或原因事件的组合，即寻找导致顶事件发生的各种部件故障模式的组合，故障树定量分析的目的在于利用底事件的发生概率求出顶事件的发生概率及其他定量指标。

（5）数据分析

数据分析的主要目的是提供系统故障树定量分析以及事件序列定量分析所需要的基本事件数据，这些数据包括设备可靠性参数、始发事件发生频率、共因失效参数及人误失效概率。始发事件的发生频率数据来源于通用数据、贝叶斯方法分析和核电厂特定数据等，设备可靠性参数也是采用通用数据或贝叶斯方法处理或采用核电厂特定数据，共因失效参数来自于通用数据。数据分析主要是收集、整理和比较相近行业经验的通用数据以及同类型核电厂 PSA 的数据，由这些数据建立一套 PSA 数据库。

（6）人员可靠性分析

人员失误通常分为三类：一是始发事件前的人员失误，简称 A 类人误；二是引起始发事件的人员失误，简称 B 类人误；三是始发事件后的人员失误，简称 C 类人误。人员可靠性分析通常包括下列步骤：熟悉核电厂的基本情况，识别收集需评价的人员行为，确立这些人为行动的重要程度（定性和定量筛选），将这些人为行动加入到逻辑模型中恰当的部分，选择合适的人员可靠性分析方法，采用如 THERP、HCR 方法对人误事件进行定量化分析，对所完成的分析进行文档记录。

（7）相关性分析

在事件序列分析中，相关性的分析是一个复杂的但很关键的问题，必须认真加以对待。核电厂的设计中考虑了安全功能的备用，系统设计也考虑了多列冗余，而各个系统或列并不都是独立的，很多系统之间都有相关性。系统的相关性对于多个系统故障和事件序列均有很大的影响，相关性导致多个互为备用的功能和列会一起失效。在事件序列分析和系统分析中碰到的相关性可以分为以下几类：功能相关性、实体相关性、人因事件相关性和部件失效相关性。

在分析中，需要确定出可能降低安全系统和部件可靠性的各种相关性，并做出系统化的分析。功能相关性和实体相关性应尽可能地在事件树和故障树分析中明确地建模。对于部件失效相关性，应正确的选择和筛选共因事件组，并确保不漏掉重要的共因事件组，PSA 中使用的共因失效概率必须做恰当的判断。在可能的情况下，应采用核电厂的具体数据。条件不允许的话，可使用通用数据或其他同类型核电厂的数据。

（8）定量化

定量化由 PSA 建模程序完成。定量化包括故障树的定量化、事件序列的定量化。事件序列定量化的目的是估算始发事件发生后导致堆芯损坏的事件序列的发生频率。事件序列通过事件树分析来确定，事件树中每个序列的终结状态有事故成功地被缓解的核电厂安全状态和事故缓解失败导致堆芯损坏的核电厂危险状态。事件序列定量化侧重于事件树中导致堆芯损坏的序列，产生最小割集（MCS），并计算其发生频率，以及确定对堆芯损坏频率各种贡献因素的相对重要性。每一事件序列频率为始发事件频率乘以每个分支点上的分支概率。

（9）不确定性分析

不确定性分析是对 PSA 结果中的不确定性给出定性的讨论和定量的度量，目标是为 PSA 结果的不确定性提供定量分析手段和定性讨论。在 PSA 分析的每一步都有不确定性问题，有些不确定性可能还很大。不管是定性还是定量分析，都要考虑数据库的不确定性、建模时假设的不确定性以及分析的完整性。PSA 中的不确定性可分为三个主要类别：不完备性、模型不确定性和参数不确定性。

PSA 中一般采用蒙特卡罗模拟法对基本事件输入参数的不确定性进行定量化分析。蒙特卡罗模拟法根据 PSA 中的参数（包括始发事件频率、底事件失效率、底事件失效概率等）的概率分布函数产生随机数，由最小割集分析产生的最小割集形成计算顶事件概率的布尔方程，通过反复应用不同的抽样结果来计算顶事件的概率。当抽样次数越大时，顶事件概率值的抽样结果越接近于它的连续分布。

（10）重要度分析

重要度分析的目的是确定堆芯损坏频率、事件序列频率和系统不可用度各贡献者的重要性。重要度分析对 PSA 的应用如设计修改或识别设计弱点等特别重要。某一部件的某种重要度数值大，就说明该部件在某方面的重要性大。通常在 PSA 分析中涉及到的重要度有基本事件的 Fussel-Vesely（FV）重要度、风险增加因子（RIF）、风险减少因子（RDF）、相对贡献（FC）。

（11）敏感性分析

敏感性分析是指，如果构成系统的某一部件的可靠性参数（故障率/故障概率）发生了变化，则整个 PSA 模型的 CDF 将会如何变化。做敏感性分析的目的是为了找出那些对结果有潜在重大影响的问题，如建模假设和数据等。这些假设或数据通常是在缺乏信息或强烈依赖于分析者判断的情况下得出的，在敏感性分析中用另外的假设或数据进行替换，评价它们对结果的影响。

4.2.2 内部事件二级 PSA 分析方法与技术要素

内部事件二级 PSA 分析工作流程如图 462-01-04-02 所示，其主要技术要素包括：一级和二级 PSA 接口分析、严重事故进程分析、安全壳性能分析、安全壳事件树分析及定量化、严重事故缓解系统故障树分析、严重事故缓解人员可靠性分析、严重事故现象概率分析、源项分析、结果评价与讨论。

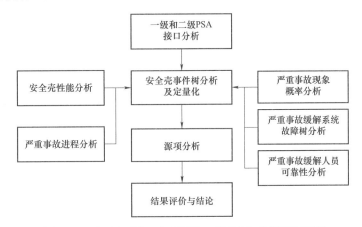

图 462-01-04-02 内部事件二级 PSA 分析工作流程

（1）一级和二级 PSA 接口分析

二级 PSA 分析以一级 PSA 得到的堆芯损坏（CD）序列为输入。一级 PSA 分析往往会得到数量巨大（数百个）的 CD 序列，在二级 PSA 中对每个 CD 序列都进行详细的严重事故分析既不太可行，也没有必要。根据国际原子能机构（IAEA）于 2010 年发布的二级 PSA 分析导则 IAEA SSG-4（2010），可以按照后续严重事故进程以及放射性释放的相似性将这些 CD 序列归入数量较少的 CD 序列组，并针对这些 CD 序列组构建安全壳事件树进行二级 PSA 分析。这一 CD 序列的归组过程称为一级和二级 PSA 的接口分析，归并所得的 CD 序列组一般称为电厂损伤状态（PDS）。

根据国家能源局发布的二级 PSA 行业标准《应用于核电厂的二级概率安全评价第 2 部分：功率运行内部事件》（NB/T 20445.2），对于一级和二级 PSA 接口分析，要求在减少后续二级 PSA 分析工作量的情况下，确保能够为二级 PSA 中的严重事故风险分析（包括各种不同释放类型的发生频率及后果）提供有关一级 PSA 中堆芯损坏事故序列分析的充分有效的信息。

（2）严重事故进程分析

严重事故进程分析作为二级 PSA 分析的重要组成部分，是开展严重事故概率框架构建和确定人员动作时间窗口等分析的基础，通常使用 MAAP 程序针对不同事故序列下的一回路卸压、堆腔注水等关键人员操作时间窗口进行计算分析。"华龙一号"机组典型严重事故序列类型如下：丧失给水事故（LOFW）、主蒸汽管道破口事故（MSLB）、一回路大破口失冷事故（大 LOCA）、一回路小破口失冷事故（小 LOCA）、蒸汽发生器传热管断裂事故（SGTR）、丧失主给水（ATWS）、全厂断电事故（SBO）。在分析过程中，针对每个事故，根据不同的计算目的和成功准则，在进行合理假设的基础上，选取相应的事故工况开展严重事故分析。

（3）安全壳性能分析

二级 PSA 分析需要评估放射性物质从安全壳释放的频率，因此安全壳能否承受严重事故环境条件、防止放射性物质大规模释放是二级 PSA 分析的重要内容。为此，需要了解安全壳的设计特点，识别安全壳可能的失效模式，并对安全壳抵御各种失效模式的能力进行评估。

在各种安全壳失效模式中，安全壳超压失效是最常见的一种失效模式。为了评估安全壳的承压能力，需要对安全壳的结构性能进行分析，利用确定论分析程序，计算安全壳的极限承载力。从概率论分析的角度来看，由于确定论分析过程中存在诸多不确定性，因此安全壳极限承载能力通常服从一定的概率分布。为了对安全壳超压失效的风险进行评价，除需要评价严重事故现象产生的安全壳压力载荷外，还需要对安全壳的结构性能进行分析，评价安全壳的承压能力，并从概率论分析的角度得到"安全壳失效概率曲线"。

（4）安全壳事件树分析

二级 PSA 中通过安全壳事件树（CET）分析 CD 发生的情况下各种可能的严重事故发展进程及放射性释放的情形，为定量化分析不同严重事故序列下导致放射性物质向环境释放的频率提供逻辑框架。

在通过一级和二级 PSA 接口分析将一级 PSA 得到的大量 CD 事故序列归为数量较少的核电厂损伤状态（PDS）之后，需要以这些 PDS 作为输入构建安全壳事件树来分析各种可能的严重事故进程和放射性释放途径。安全壳事件树分析中主要包括以下几个基本要素：

——分析假设；

——题头事件；

——事件树终态；

——事件序列发展。

在"华龙一号"机组安全壳事件树分析中，以内部事件一级和二级 PSA 接口分析得到的核电厂损伤状态组（PDSG）作为始发事件，采用"小事件树–大故障树"的方法构建安全壳事件树模型，在安全壳事件树模型中通过考虑"华龙一号"设计中采取的一系列严重事故缓解措施的投入对严重事故进程、现象的缓解作用，并基于严重事故进程的确定论分析计算，确定安全壳事件树中的各种可能的严重事故发展进程及终态——放射性释放类（RC）。

（5）严重事故缓解系统故障树分析

本要素主要针对预防或缓解严重事故有贡献的相关系统进行分析，并构建系统故障树，具体包括系统功能分析、简化流程图、故障模式与影响分析、建模假设、顶事件确定、共因失效分析、定量化分析。

"华龙一号"机组开展故障树分析的严重事故缓解系统包括：一回路快速卸压系统、安全壳隔离系统、堆腔注水冷却系统、非能动安全壳热量导出系统、安全壳过滤排放系统。

（6）严重事故缓解人员可靠性分析

人员可靠性分析（HRA）是 PSA 分析的重要环节。1992 年，IAEA 将 HRA 列为 PSA 必不可少的组成部分，并且指出 HRA 水平是衡量 PSA 报告水平的重要指标之一。通过对人员失误概率的现实客观评价，可以揭示系统的薄弱环节，在事故发生之前加以防范。因二级 PSA 是针对堆芯损伤的严重事故进行分析，不涉及引起始发事件的人员动作，故二级 PSA 中的 HRA 分析主要针对始发事件前和始发事件后两类人员动作来进行。通常，始发事件前人员可靠性分析采用事故序列详估项目（ASEP）方法，始发事件后人员可靠性分析采用标准化机组风险分析——人员可靠性分析（SPAR-H）方法。

（7）严重事故现象概率分析

在二级 PSA 安全壳事件树题头定量化中，需要评估严重事故现象类题头事件的发生概率。一般来说，常用的严重事故现象概率评估方法主要包括专家判断、参考同类型机组、ROAAM 分析。专家判断方法是使用专家主观判断对认知不足的严重事故现象进行概率定量化的一种分析方法，专家判断并不完全基于主观猜测，而是需要基于目前已有的试验或观测结果以及计算分析的基础之上。

在缺乏相关分析基础的情况下，参考同类型机组的分析结果是一种较为简单快捷的分析方法。采用该方法时，需要考虑其适用性。

ROAAM 分析方法，即"风险导向的事故分析方法"，最早由美国加州大学 Theofanous 教授提出，旨在进一步解决事故分析中特别是严重事故分析中的概率定量化问题。该方法将一个大的问题分解为一些小的问题，而分解的问题是一些参数级问题，对于参数级问题进行专家判断则要容易得多。当然，ROAAM 方法实施的基础是，对问题的物理模型具备一定的认识基础。简单来说，假设某个需要分析的问题是多个参数的函数，为了确定该函数的不确定性，可以首先分析影响该函数的关键参数的不确定性，然后通过抽样综合，多次计算该函数，就可以得到该函数的不确定性。

（8）安全壳事件序列定量化

定量化分析的目的是得出各释放类的发生频率及其相对贡献，并得到各个导致释放类的支配性最小割集。通过对安全壳事件树中各事件序列进行定量化分析，可以得到各释放类的发生频率、支配性最小割集及相对贡献。二级 PSA 定量化分析的过程与一级 PSA 一致，即首先针对每个安全壳事件树和故障树逻辑模型进行定性分析，然后使用相关数据计算得到事件序列和各释放类的发生频率，以及相关的割集信息。

在"华龙一号"机组二级 PSA 定量化分析过程中，一些关键问题的处理如下：

1）截断值的选取

沿用内部事件一级 PSA 定量化分析中采用的概率截断值 1.0×10^{-15}/堆·年。

2）转移事件树及边界条件的传递

二级 PSA 中使用大量转移事件树，转移事件树的输入为转入事件树的后果，可确保相关割集信息向转出事件树传递。另外，在相关功能事件中设定一些边界条件，并在定量化分析时采用边界条件可传输模式，保证相关边界条件向下游事件树传递。

（9）源项分析

严重事故源项是二级 PSA 分析的一部分，是进行厂外后果分析、计算大量放射性释放频率的重要输入条件。严重事故后裂变产物的释放主要有以下几个过程：

——从堆芯及一回路释放到安全壳；

——在安全壳内去除及滞留；

——最终向环境的释放。

对于一个特定的严重事故，裂变产物可能通过正常的安全壳泄漏、安全壳破裂或者安全壳旁通释放到环境。为了减少厂外放射性后果分析的事故序列数，将二级 PSA 分析中有相似的裂变产物释放特征的安全壳事件树终态归为一个释放类。"华龙一号"机组二级 PSA 中通常定义以下释放类：

——RC01 安全壳完好；

——RC02 安全壳隔离失效；

——RC03 安全壳旁路失效：界面失冷事故（LOCA）；

——RC04 安全壳旁路失效：蒸汽发生器传热管破裂（SGTR）；

——RC05 安全壳早期失效，压力容器下封头熔穿；

——RC06 安全壳早期失效，压力容器下封头完好；

——RC07 安全壳晚期超压失效，压力容器下封头熔穿；

——RC08 安全壳晚期超压失效，压力容器下封头完好；

——RC09 安全壳过滤排放，压力容器下封头熔穿；

——RC10 安全壳过滤排放，压力容器下封头完好；

——RC11 安全壳底板熔穿。

（10）结果评价与讨论

本要素主要通过一致的方法及相应文档，说明一级 PSA 事故序列被恰当地传递到二级 PSA 模型并定量化计算，得到在不同 POS 下的内部事件导致的大量放射性释放频率（LRF）结果，并满足以下要求：

——应以清晰的方式给出对于二级 PSA 终态的重要贡献项的分析结果；

——应按照相应分析的具体要求对不确定性进行描述和处理；

——应识别可能会影响二级 PSA 结果应用的分析中的局限性。

5 严重事故管理

5.1 严重事故管理目标

严重事故是指始发事件发生后因安全系统多重故障而引起的严重性超过设计基准事故，造成堆芯明显恶化并可能危及多层或所有用于防止放射性物质释放屏障完整性的事故工况。严重事故发生后，堆芯严重损伤，裂变产物进入到压力容器和安全壳，并可能释放到环境，造成严重的经济和社会后果。

因此严重事故的对策和管理是核电厂应对可能发生的严重事故的必然选择，严重事故管理导则（SAMG）是在严重事故下用于主控室和技术支持中心（TSC）的可执行文件，是一系列完整的、一体化的针对严重事故的指导性管理文件。其基本目标是通过建立一套对策和导则，在发生严重事故情况下使机组重新回到稳定可控状态，使场内和场外的放射性后果降到最低，其目标包括：

——使堆芯回到可控稳定状态；

——维持或使安全壳回到可控稳定状态；

——终止机组的裂变产物释放。

这三个目标具体体现为：

对于堆芯，其管理目标是：1）控制反应性；2）使热阱可用；3）维持一回路水装量。当堆芯温度低于物理或化学变化能够发生的临界点，且长期的热阱可用时，堆芯就已经处于可控稳定状态。

对于安全壳，其管理目标是：1）控制安全壳压力；2）控制安全壳内的水量；3）使安全壳热阱可用；4）安全壳隔离成功；5）氢气控制。当安全壳能量通过长期热阱导出的途径得以建立，且安全壳隔离成功、结构完整，同时一回路和安全壳的状态不会发生突变时，安全壳就已经处于可控稳定状态。

对于裂变产物，其管理目标是：1）控制放射性释放；2）最小化向环境的放射性释放。当安全壳完整性得以保持，通过安全壳边界的所有泄漏都能得到控制，且安全壳大气内的挥发性裂变产物的总量得以减少时，就可以认为裂变产物释放达到了可控稳定状态。

5.2　严重事故机理

5.2.1　严重事故中的主要过程、现象

（1）严重事故分类

严重事故大致可以分为两类，一类为堆芯熔化事故，另一类为堆芯解体事故。堆芯熔化事故是由于堆芯冷却不足导致堆芯裸露、升温进而熔化的相对比较缓慢的过程，堆芯解体事故是正反应性大量快速引入造成的功率骤增和燃料破坏的快速过程。轻水堆由于有固有负温度反馈特性以及采用大量专设安全设施，发生堆芯解体事故的可能性极小。对于"华龙一号"类型的轻水反应堆，只关注堆芯熔化类严重事故。

（2）堆芯熔化事故类严重事故主要过程

对于堆芯熔化类严重事故，事故过程可以分为压力容器失效前（压力容器内过程）和压力容器失效后（压力容器外过程）两个阶段。压力容器内过程主要是堆芯损坏、熔化和重置的过程，压力容器外过程主要是威胁安全壳的过程。

在严重事故的初始阶段，由于主冷却剂管道发生破口或冷却不足导致的稳压器安全阀开启，造成堆芯冷却剂流失。此时，如果堆芯得不到充足的冷却，将发生裸露，燃料温度不断上升，并且发生锆合金包壳与水蒸气的氧化反应产生氢气。随后，控制棒、燃料棒和支撑结构发生熔化，并向下坍塌，堆熔混合物随着下栅板及下支撑板的失效掉入下腔室。如果熔融物掉落入下腔室时，下腔室内有残存水，会因冷却剂与熔融物反应而生产大量蒸汽和氢气。此时，如果反应堆堆腔注水措施失败，熔融物将下封头熔穿，堆熔物掉入或喷射到堆腔，与堆腔内的水作用产生的大量水蒸气、氢气、不凝结气体和放射性气溶胶进入安全壳内，随后堆芯熔融物与混凝土底板发生作用，堆腔底板及径向发生熔蚀，并释放出大量不可凝气体。由于可燃气体的存在，并在安全壳大气空间不断积聚，浓度不断上升，可能发生氢燃或者氢爆，威胁安全壳的完整性。同时不可凝气体的不断积聚，最终可能导致安全壳超压失效。

（3）严重事故过程中危及安全壳功能的主要现象

安全壳是反应堆和环境之间的实体屏障，在严重事故工况下，安全壳是纵深防御的最后一道屏障，起着防止或者减缓放射性物质向环境的可能释放，因此，必须尽可能保证安全壳的完整性。严重事故的发展过程是一个极其复杂的物理化学过程，并且其发展进程有相当大的不确定性，针对严重事故过程中危及安全壳功能的主要现象，本节从以下五个方面分别进行阐述。

安全壳大气直接加热

在某些严重事故工况下，如果压力容器失效时反应堆冷却剂系统压力偏高，则熔融物将在高压作用下从压力容器内喷射进入安全壳，这种现象称为高压熔融物喷射（HPME）。熔融物碎片喷射入安全壳，将迅速地对安全壳内气体加热，同时熔融物碎片中的金属成分将与安全壳大气中的氧气和蒸汽发

生反应，释放出大量化学能并产生大量的不可凝气体，进一步对安全壳加温加压，这个过程称为安全壳直接加热（DCH）。一旦发生 DCH，会对安全壳完整性造成严重威胁。

蒸汽爆炸

来自堆芯的熔融物倾入水中时，会破碎成细小颗粒，从而形成巨大的与水的接触换热面积。如果这些碎片颗粒与水在极短的时间内混合，急剧的汽化就会形成蒸汽爆炸。这种蒸汽爆炸会形成强烈的冲击载荷，有可能对机组结构造成严重威胁。蒸汽爆炸对机组安全壳的威胁取决于参与的熔融物量的大小、参与水量的多少以及熔融物的细粒化程度。

氢气燃烧及爆炸

严重事故下氢气的主要来源为锆水反应、堆芯熔融物和混凝土相互作用、水的辐照分解以及结构材料的氧化等。氢气的产生速率和质量与严重事故序列、反应堆堆芯的燃料、冷却剂的质量和结构材料的成分、质量有关。

氢气在安全壳内积聚到一定程度，在有点火源存在情况下会发生燃烧或燃爆，燃烧或燃爆会造成高温和压力脉冲，有可能威胁到安全壳的完整性。

堆芯熔融物与混凝土相互作用

压力容器失效后，堆芯熔融物将从反应堆压力容器倾泻到反应堆堆腔的底板上，熔融物将在反应堆堆腔的底板上扩展，向反应堆的混凝土底板传热，并与混凝土相互作用（MCCI）。

堆芯熔融物与混凝土的相互作用对核电厂的严重事故进程有着重要的影响。根据混凝土成分不同，堆芯熔融物与混凝土的相互作用过程中可能会产生水蒸气、二氧化碳、一氧化碳和氢气等，这些气体在安全壳内的不断聚集，有可能造成安全壳的晚期超压失效。同时熔融物与混凝土的反应导致反应堆底板不断的被熔化，有可能造成底板被熔穿，使安全壳旁通失效。另外，熔融物与混凝土的相互反应过程伴随着气溶胶的生成与迁移，这个将直接影响放射性物质的释放。

衰变热引起的安全壳升温升压

在严重事故过程中，反应堆的衰变热使得反应堆冷却剂系统中的水不断蒸发，这些蒸汽会进入到安全壳内，并且熔融物与混凝土相互作用时，不断产生蒸汽和不可凝气体，同时，熔融物衰变热大部分也释入安全壳。释放到安全壳内的气体和衰变热造成安全壳内的压力和温度不断升高最终可能造成安全壳的晚期超压失效

（4）"华龙一号"严重事故序列中危及安全壳功能的主要现象

在堆腔结构已确定的情况下，严重事故过程中可能出现的危及安全壳功能的现象与事故序列有关。从"华龙一号"机组的严重事故序列分析中，可看出主要危及安全壳功能的主要现象为（见表462-01-05-01）：高压熔融物喷射、氢气燃烧、堆芯熔融物与混凝土相互作用、衰变热引起的安全壳升温升压。对于这些现象，"华龙一号"机组均设置了相应的缓解措施，详见第 5.2.2 节。

表462-01-05-01 严重事故序列中可能危及安全壳功能的现象

事故序列 \ 主要现象*	（1）	（2）	（3）	（4）
SLOCA	√	√	√	√
MLOCA		√	√	√
LLOCA		√	√	√
MSLB	√	√	√	√
LOFW	√	√	√	√
SBO	√	√	√	√

续表

主要现象*	（1）	（2）	（3）	（4）
事故序列				
LOFW	√	√	√	√
SBO＋LLOCA		√	√	√

*注：表中所列现象为（1）高压熔融物喷射；

　　　（2）氢气燃烧；

　　　（3）堆芯熔融物与混凝土相互作用；

　　　（4）衰变热引起的安全壳升温升压。

5.2.2 "华龙一号"严重事故缓解措施

严重事故的发展是一个极其复杂的物理化学过程，且其发展进程有相当大的不确定性，对其研究分析需要从多方面考虑。根据"华龙一号"最终安全分析报告描述，"华龙一号"严重事故主要威胁是：燃料冷却剂相互作用、高压熔融物喷射、氢气燃烧及爆炸、堆芯熔融物与混凝土相互作用、衰变热引起的安全壳升温升压。

5.2.3 "华龙一号"严重事故缓解措施

根据《核动力厂设计安全规定》（HAF 102—2016）中的要求，核电厂在设计中除了设计基准事故外，还必须考虑核电厂在设计扩展工况包括严重事故中的行为。HAF 102—2016 要求增设附加的用于设计扩展工况的安全设施或扩展安全系统的能力，来预防严重事故的发生或减轻严重事故的后果，或保持安全壳的完整性。必须保证核电厂能进入可控状态并维持安全壳功能，控制和减轻事故后果，从而能实际消除导致早期放射性释放或大量放射性释放的核电厂状态发生的可能性。

"华龙一号"核电机组作为第三代核电厂，在设计上针对上述提及的高压熔融物喷射、蒸汽爆炸、氢气燃烧或爆炸、堆芯熔融物与混凝土相互作用、安全壳晚期超压失效等造成安全壳失效的威胁均考虑了相应的缓解措施。

（1）双层安全壳

设置双层安全壳，安全壳环形空间通风系统可以控制来自内层安全壳的潜在放射性物质释放到外部环境，而且在排放之前，内层安全壳和外层安全壳的泄漏要经过过滤。

（2）反应堆冷却剂系统卸压

为了防止严重事故工况下高压熔堆的发生，设置快速卸压系统。

在正常、扰动及设计基准事故期间，快速卸压阀处于关闭状态，由稳压器安全阀实现反应堆冷却剂系统的超压保护。在严重事故工况下，快速卸压阀执行排放卸压功能，在控制室由操纵员根据有关的严重事故管理导则的规定手动开启阀门，完成反应堆冷却剂系统的快速卸压，从而避免高压熔堆以及伴随的安全壳直接加热的发生。

操纵员手动开启大排量快速卸压阀为反应堆冷却剂系统卸压，主系统将迅速转入低压状态。即使没有安注补水，单纯的大量排汽也可防止堆芯熔化过程发生在高压状态，并且其快速卸压的同时会延缓堆芯熔化的进程，这是因为减压过程中堆芯冷却剂的闪蒸使堆芯混合液位上升，燃料元件上部可以获得汽液两相流的额外冷却，从而延缓过热过程。同时压力下降到安注箱开启压力以下，还可有效地引入安注箱注水，有利于热量的导出。设置快速卸压系统，能够有效降低严重事故下高压熔堆风险，符合新一代核电厂严重事故应对措施的设计特点，提高了核电厂的安全性。

（3）堆腔注水冷却系统

"华龙一号"设置了堆腔注水冷却系统（CIS），用以实现严重事故工况下的压力容器内熔融物滞留，从而避免了压力容器外蒸汽爆炸以及堆芯熔融物与混凝土相互作用的发生。在堆芯出口温度达到 650 ℃时，意味着堆芯熔化过程已经开始或即将开始，此时考虑投入 CIS 系统，使冷却水流过反应堆压力容器与保温层间的通道，带走堆芯熔融物释放出的热量，降低反应堆压力容器的温度，以维持压力容器的完整性。

当堆芯出口温度达到 650 ℃时，投入 CIS 系统的操作步骤如下：

——首先启动 CIS 系统的能动子系统，主控室通知现场操纵员解除 CIS 隔离阀的行政隔离后，手动打开相关阀门，启动堆腔注水冷却泵，从安全壳内置换料水箱取水向堆腔注水，对反应堆压力容器进行持续的强制对流冷却。如果内置换料水箱水源暂时不可用，可将作为备用的消防水源与泵入口处预留接管相连接进行取水。

——如果 CIS 系统的能动子系统不可用（例如全厂断电），则启动 CIS 系统的非能动子系统，操纵员在主控室或者安全壳外就地手动打开由蓄电池供电的直流电动阀，非能动堆腔注水箱内的水依靠重力注入到保温层与压力容器之间的流道，对反应堆压力容器进行冷却。非能动子系统内的水持续注入堆腔，能够补偿由于汽化而损失的冷却水量，从而满足不少于 72 h 的冷却要求。

当严重事故得到缓解，不会再有压力容器下封头失效的危险时，由运行人员根据相关的严重事故管理导则手动停运 CIS 系统。

（4）安全壳消氢系统

设置安全壳消氢系统（CHC）用于在设计基准事故工况下和严重事故工况下将安全壳大气中的氢浓度减少到安全限值以下，从而在设计基准事故工况下避免氢气燃烧，在超设计基准事故工况下避免发生由于氢气爆炸而导致的安全壳失效。安全壳消氢系统由多台完全独立的非能动催化氢复合器组成，即在安全壳隔室内根据氢气的产生和聚积情况布设一定数量的非能动催化氢复合器，用于在设计基准事故和超设计基准事故工况，分别限制安全壳内的氢气浓度在燃烧和爆炸限值以下。安全壳消氢系统同时应对设计基准事故和严重事故消氢，系统采用的非能动催化氢复合器，其中几台同时用于设计基准事故工况和严重事故工况消氢，其他则仅用于严重事故工况消氢。

非能动安全壳消氢系统是相对独立的系统，与其他系统没有接口，不需要控制信号、电源、气源等。当安全壳内的氢浓度达到一定数值时，氢复合器自动工作，将安全壳内的氢浓度控制在安全范围之内。

（5）非能动安全壳热量导出系统

设置非能动安全壳热量导出系统（PCS）用于在超设计基准等事故工况下安全壳的长期排热，包括与全厂断电和喷淋系统故障相关的事故。在核电厂发生超设计基准事故（包括严重事故）时，将安全壳压力和温度降低至可以接受的水平，保持安全壳完整性。PCS 系统设置三个相互独立的系列。每个系列包括一台换热器、一台汽水分离器、一台换热水箱、一台导热水箱、一个常开电动隔离阀、两个并联常关的电动阀。换热器布置在安全壳内的圆周上；换热水箱是钢筋混凝土结构不锈钢衬里的设备，布置在双层安全壳外壳的环形建筑物内。

系统设计采用非能动设计理念，利用内置于安全壳内的换热器组，通过水蒸气在换热器上的冷凝、混合气体与换热器之间的对流和辐射换热实现安全壳的冷却，通过换热器管内水的流动，连续不断地将安全壳内的热量带到安全壳外，在安全壳外设置换热水箱，利用水的温度差导致的密度差实现非能动安全壳热量排出。PCS 配备了外置安全壳冷却水箱的液封措施，防止安全壳换热水箱水质被壳外环境污染。核电厂正常运行和检修时，系统配置了循环水泵和加药措施防止安全壳外换热水箱微生物滋生和水质降低。

（6）安全壳过滤排放系统

设置安全壳过滤排放系统（CFE）通过主动卸压使安全壳内的大气压力不超过其承载限值，确保安全壳的完整性，并通过过滤装置对排放气体中的放射性物质进行过滤以减少释放到环境中的放射性物质。

在发生堆芯熔穿压力容器的严重事故下，可能会因各种原因产生高能气体，释放到安全壳空间，在安全壳冷却系统失效的情况下，会导致安全壳内大气缓慢升温升压，最终会造成安全壳晚期失效和放射性裂变产物释放的风险。为了缓解 MCCI 对双层安全壳完整性造成的威胁并控制放射性裂变产物释放，"华龙一号"设置了安全壳过滤排放系统，通过主动卸压使安全壳内压力不超过承载限值，同时通过安装在卸压管线上的过滤装置对排放气体的放射性物质进行过滤，对放射性裂变产物进行可控排放。事故后安全壳大气通过两级过滤设备进行净化：首先通过文丘里水洗器进行第一级过滤，过滤掉大部分的气溶胶和碘，然后通过文丘里水洗器下游的金属过滤器进行第二级过滤，从而达到系统过滤要求。在发生严重事故工况下，为防止安全壳内压力超过其压力限值，保证安全壳的完整性，由现场应急指挥中心根据严重事故管理导则确定安全壳过滤排放系统开始运行的时机。

5.2.4 严重事故进程分析

在严重事故的初始阶段，由于堆芯发生裸露，燃料温度将不断上升，并且发生锆合金包壳与水蒸气的氧化反应产生氢气。随后，控制棒、燃料棒和支撑结构发生熔化，并向下坍塌，堆芯熔融物随着下栅板及下支撑板的失效掉入下腔室。

如果熔融物掉入下腔室时下腔室内有残存水，将会因冷却剂与熔融物反应而产生大量蒸汽和氢气，并有可能发生蒸汽爆炸。此后，如果熔融物没有能够最终冷却下来，压力容器下封头将会被熔穿。

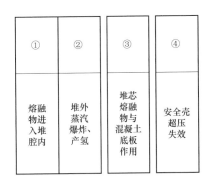

图 462-01-05-01　压力容器内阶段事故进程　　图 462-01-05-02　压力容器外阶段事故进程

在压力容器下封头熔穿的情况下，根据此时主系统内压力的情况，熔融物将跌落或喷射到堆腔中。如果堆腔中存在水，则会发生燃料与水的相互作用，并有可能发生蒸汽爆炸。随后堆芯熔融物与混凝土底板发生作用，堆腔底板将逐步熔蚀，并释放出大量不可凝气体。由于可燃气体的存在，并在安全壳大气空间不断积聚，浓度不断上升，可能发生氢燃或者氢爆。同时不可凝气体的不断积聚，最终可能导致安全壳超压失效。

5.3 严重事故管理导则

严重事故管理导则按用户分为主控室严重事故管理导则和技术支持中心严重事故管理导则。

主控室导则分为技术支持中心就位前的导则和技术支持中心就位后的导则，导则由主控人员执行。

对于技术支持中心严重事故管理导则，由技术支持中心人员执行，主要分为以下方面。

——诊断导则：诊断流程图（DFC）和严重威胁状态树（SCST）；

——严重事故处置导则：分为严重事故导则（SAG）、严重威胁导则（SCG）；

——严重事故出口导则：严重事故出口导则（SAEG）；

——计算辅助：CA。

此外，还有一类文件，是核电厂人员基于导则开发的执行指导（EI），也就是具体的操作单，不是 SAMG 分导则，但是属于 SAMG 文件体系的范畴，本书不再详细介绍。

5.4 严重事故监测参数

5.4.1 核电厂严重事故诊断参数的选取

严重事故工况下，机组状态不断变化，严重事故管理需要对机组状态进行诊断以选择合适的操作。技术支持中心（TSC）诊断的目的就是指导应急响应人员选择合适的管理策略，以帮助决定终止或缓解机组至可控稳定状态的操作。

"华龙一号"严重事故管理导则的技术支持中心诊断流程图（DFC）提供了判断电厂是否处于可控稳态的方法。可控稳态定义为满足以下条件：1）堆芯返回可冷却状态；2）安全壳处于大气环境压力；3）没有正在进行的大量裂变产物释放；4）正在排出机组热量，机组状态预期不再发生改变。DFC中的参数应能够指示可控稳态以便采取操作建立此种稳态。可冷却的堆芯状态通过较低的堆芯温度和RCS温度来指示，或者当堆芯还在压力容器内时堆芯被水淹没。如果堆芯在压力容器外，通过安全壳水位来确定堆芯是否被淹没。安全壳压力和温度与周围环境接近或安全壳内不可燃的氢气浓度可以表明安全壳处于可控稳态，场内和场外辐射监测系统可以用于监测机组有无大量裂变产物释放。用于表征堆芯或安全壳状态没有发生迅速变化的机组参数为RCS压力、温度和安全壳压力，这些参数是排出热量以及表明状态没有发生明显变化的指示。RCS低压可以确保在压力容器失效时不会发生对安全壳裂变产物边界有立即威胁的情况。

如上所述，DFC是确定机组是否返回可控稳态的主要工具。表462-01-05-01给出了可以用来确定机组是否达到可控稳态的机组状态和参数。

表462-01-05-01 可控稳态所需机组状态

标准	机组状态	参数
堆芯可控稳态	堆芯冷却	堆芯温度
		RCS温度
		RPV（压力容器）水位/热段水位
	通过压力容器外部实现堆芯碎片冷却	反应堆堆腔水位
	堆芯次临界	RCS硼浓度
		堆芯中子指示
安全壳可控稳态	安全壳热量排出	安全壳压力
		安全壳温度
	安全壳内气体可燃	安全壳内氢气浓度
		安全壳压力
	RCS低压	RCS压力
可控稳定的裂变产物释放	SG水位超过U形管	SG水装量
	安全壳隔离	安全壳隔离状态
		排放辐射水平
		场外辐射水平
	安全壳低压	安全壳压力
排出热量防止状态快速变化	RCS低压	RCS压力
	RCS冷却	RCS压力和温度
	安全壳冷却	安全壳压力和温度

表 462-01-05-02 中有些参数没有作为 DFC 诊断参数，原因如下：

——DFC 中并不包括安全壳隔离参数，这是由于主控室人员比较容易监测，但是 TSC 独立监测存在一定的困难。在主控室严重事故导则中考虑了安全壳隔离参数；

——如果堆芯在压力容器内，反应堆压力容器水位和堆芯温度都能反应机组状态，基于对仪表的考虑，堆芯损坏发生后堆芯温度比压力容器水位更能真实反应堆芯状态，堆芯温度通过堆芯出口热电偶来指示，在堆芯损坏后可能已经不准确，可以采用 RCS 温度推断堆芯温度。

——裂变产物释放率可以用场区边界释放值表示，相应的 SAG（SAG-5）导则中对机组释放位置和所采取的适当策略进行了进一步诊断。

——安全壳负压对安全壳完整性造成长期威胁，在 SCST（严重威胁状态树）导则中进行监测，而不在 DFC 中。

——堆芯临界对裂变产物边界来说不是一个长期威胁。对于压水堆，如果堆芯在压力容器内被水淹没，并保持原有结构，同时向 RCS 注水的硼浓度小于停堆所需硼浓度，那么堆芯临界是一个值得关注的问题。即使发生这种情况，这个过程是自抑制的，并可以通过注水流量进行控制。

——安全壳温度对裂变产物边界来说是一个长期威胁，一些严重事故可能会导致较低安全壳压力下的安全壳高温，包括堆芯混凝土相互作用（尤其是安全壳底板熔穿）的严重事故序列，以及高压堆熔导致的高压熔融物喷射（HPME）工况。安全壳高温会带来两种威胁：1）安全壳密封材料在高温环境下降解；2）安全壳内仪表受到高温的影响。安全壳温度在安全壳压力超过设计压力时可能出现威胁安全壳完整性的高温。DFC 中有对安全壳压力和安全壳水位进行的监测，并且应对安全壳高温度的操作与应对水位不足或安全壳高压采取的操作相同，所以认为在 DFC 中考虑安全壳高温是冗余的。

因此，DFC 中的监测参数包括：

——RCS 压力；

——反应堆压力容器保温层水位；

——蒸汽发生器水位；

——堆芯温度或热管段水位；

——场区裂变产物释放；

——安全壳压力；

——安全壳内氢气浓度。

5.4.2 诊断参数的优先级

图 462-01-05-03 为"华龙一号"技术支持中心诊断流程图（DFC），其中参数的优先级和严重事故进程的时间序列有关，各个参数的优先级说明如下。

严重事故下，对安全壳完整性的威胁主要是压力容器失效导致的，如果堆芯能够保持在压力容器内，则威胁安全壳完整性的所有压力容器外严重事故现象就不会发生，同时氢气燃烧和高安全壳蒸汽压力成为仅有的可能威胁安全壳完整性的现象了。淹没压力容器外表面至足够的位置同时保持 RCS 低压可以减小压力或避免压力容器失效的风险，其中对 RCS 卸压是保证堆芯熔融物压力容器内滞留策略成功的前提条件，同时也可缓解蒸汽发生器传热管蠕变失效，因此需要首选予以关注和考虑，其次应关注的是反应堆压力容器保温层水位。

对安全壳完整性的另一个威胁是蒸汽发生器传热管蠕变失效，可以通过维持 SG 水位和对 RCS 降压进行缓解，保持一定的蒸汽发生器水位可以帮助解决严重事故中需要关注的三个问题：1）洗涤通过故障或泄漏蒸汽发生器传热管排放的裂变产物；2）提供二次侧热阱；3）使蒸汽发生器传热管温度低于在较高的蒸汽发生器压差下发生传热管失效的温度。事故分析表明如果蒸汽发生器的坍塌水位高于传热管顶部时，从蒸汽发生器排出热量的能力可以达到最大。因为 SG 传热管蠕变失效和大量裂变产物通过故障或泄漏 SG 传热管释放都可能在进入 SAMG 后很短时间内发生，所以向 SG 注水的需求需要在 SAMG 早期进行评价。

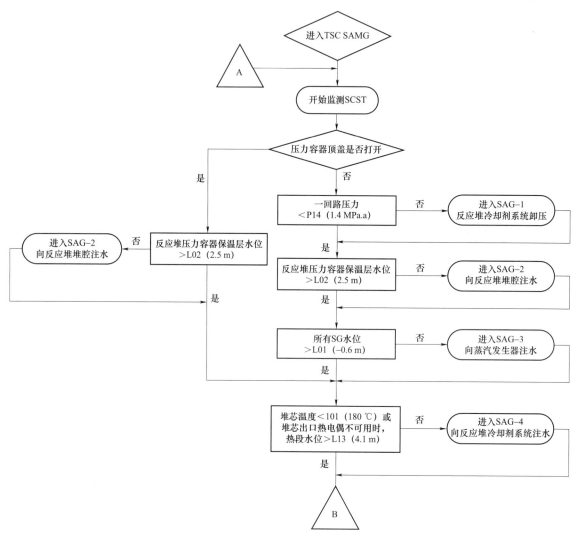

图 462-01-05-03 "华龙一号"技术支持中心诊断流程图（DFC）

一旦考虑短期威胁，则堆芯温度是下一个需要关注的问题。如果堆芯温度可控，就可以使其他的威胁最小化。同样，如果在 DFC 之前的步骤中 RCS 卸压成功，那么向 RCS 注水路径也就可用。机组可控稳态要求堆芯被水淹没并且主要的储存热已经从堆芯碎屑中排出。在这种状态下，不会发生进一步的堆芯迁移（除非保持堆芯淹没的能力发生改变）。由于严重事故发生后不能比较准确地判断堆芯水位，所以选择堆芯温度作为诊断指示。

然后需要优先考虑的是裂变产物释放。堆芯损坏事件发生后裂变产物的不可控释放对公众的健康和安全造成威胁，一旦监测并评价到有对安全壳放射性产物边界早期和快速的威胁时就需要采取措施减少裂变产物释放。

优先级最后两位的分别为安全壳压力和安全壳内氢气，这是对安全壳边界的长期威胁，这两个参数的优先级和整定值是相互联系的。如果由于安全壳内蒸汽的增加使安全壳压力足够高，安全壳内的氢气浓度就不重要了，因为如果安全壳为蒸汽惰化环境，氢气在任何情况下都不会燃烧。但是如果安全壳压力足够低，氢气就会燃烧，同时氢气开始燃烧的安全壳压力很重要，这威胁到安全壳的完整性。在开发"华龙一号" SAMG 时，考虑到已有的非能动消氢系统对氢气的控制，所以在 DFC 中安全壳压力的优先级高于安全壳内氢气。

在停堆工况下，当压力容器顶盖打开时，由于反应堆冷却剂系统高压和蒸汽发生器传热管蠕变失效的风险已不存在，因此在 DFC 诊断中将跳过对相关参数的诊断。同时，根据核电厂的设计，在压力容器顶盖开启后，堆芯出口热电偶和压力容器水位仪表均无法使用，选择热管段水位作为堆芯被淹没（堆芯处于冷却状态）的表征参数。

最后评价机组状态并决定是否可以终止 SAMG。如果机组没有处于可控稳态，则 DFC 监测并返回到第一个参数：RCS 压力。如果机组处于可控稳态，则 TSC 终止使用 SAMG，并根据场内应急计划开始恢复操作。决定机组是否处于可控稳态的重要参数包括：

——堆芯温度或热管段水位：表明没有发生进一步的堆芯迁移；

——裂变产物释放：表明没有发生明显的释放；

——安全壳压力：表明没有发生明显的裂变产物泄漏，离安全壳威胁还有很大的裕量；

——安全壳内氢气：表明没有发生氢气燃烧。

6　定期安全审查

核动力厂定期安全审查（PSR）是我国核安全监管体系的基本要求，以规定的时间间隔对运行核电厂的安全性进行的系统性的再评价，以应对老化、修改、运行经验、技术更新和厂址方面的积累效应，目的是确保核电厂在整个使用寿期内具有高的安全水平。

《核动力厂运行安全规定》（HAF103—2004）：明确规定，必须采用 PSR 的方式对核动力厂重新进行系统的安全评价。运行核电厂 PSR 是对常规安全审查与专项安全审查的一种补充，是对营运核电厂的一种综合与系统的安全再评估。

6.1　审查范围

根据核安全导则《核动力厂定期安全审查》（HAD103/11）的要求，核电厂定期安全审查的范围包括 14 个安全要素，分别为：核动力厂设计、构筑物与系统和部件的实际状态、设备合格鉴定、老化、确定论安全分析、概率安全分析、灾害分析、安全性能、其他核动力厂经验及研究成果的应用、组织机构和行政管理、程序、人因、应急计划、辐射环境影响。核电厂应根据这 14 个要素开展审查工作，对审查过程中发现的重大或典型问题进行重点/专题审查。

6.2　审查方法

核电厂定期安全审查基本方法：对比设计、建造阶段安全基准与最新的安全基准，找出两者偏差，对真正影响安全运行的偏差，利用确定论和概率安全分析等方法进行分析评估，对确定影响安全运行的缺陷，提出纠正行动，并进行相应改进。

6.3　审查基准

核电厂定期安全审查引用的安全基准是进行审查的依据，安全基准包括两部分内容：安全标准和安全实践。安全标准是指核电厂应遵守的法律、法规及设计、制造规范、标准，安全实践是指根据经验反馈、技术发展所采用的、适用于核电厂新的要求、方法等。

定期安全审查所引用的安全基准分为原始安全基准与最新的安全基准。

6.4　审查流程

根据 HAD103/11 的规定，定期安全审查的持续时间应不超过 3 年。定期安全审查的起始点是核电厂营运单位定期安全审查的总的范围和要求以及预计的定期安全审查结果得到核安全监管部门认可之时，定期安全审查的结束点是核安全监管部门对纠正行动和（或）安全改进综合计划批准之时。

定期安全审查流程见图 462-01-06-01 和图 462-01-06-02：

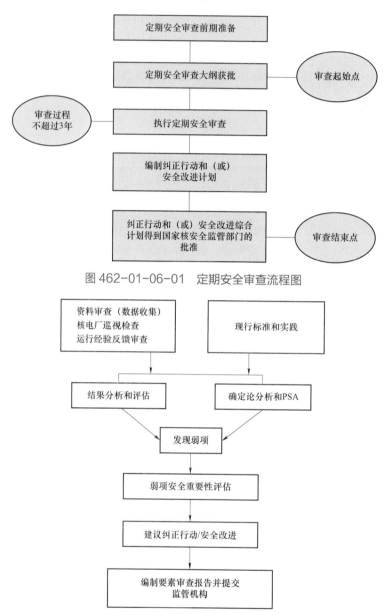

图 462-01-06-01　定期安全审查流程图

图 462-01-06-02　执行定期安全审查流程图

7　最终安全分析报告

7.1　FSAR 的基本目的

FSAR 的基本目的是向国家监管机构报告核电厂的性质，使用它的计划及评定运行核电厂能否保证对公众健康和安全无过度危害所做的分析。FSAR 是核电厂申请者提供说明据以得出上述结论的根据所需资料的主要文件，是在运行执照中说明据以颁发许可证和执照的根据所引用的主要文件，而且是国家监管机构用以确认设施的运行是否在得到批准的条件内进行的基本文件。

FSAR 中的资料应及时、精确、完善并以易于理解的格式编制。

7.2 FSAR 的章节内容及结构

FSAR 共包括 20 章，各章节内容及结构要求如下。

表 462-01-07-01　福清核电 5、6 号机组启动物理试验项目表

序号	章	章节内容	节
1.	第 1 章　引言和核电厂概述	本章应提供报告的引言和对核电厂的概述。本章应使读者在不阅读其他章节的情况下对核电厂情况有一个基本了解。这样就能更好地从总体上了解整个核电厂设计中每个项目有关的安全重要性以完成对各详细章节的审评	1.1　引言
			1.2　核电厂概述
			1.3　对比表格
			1.4　代理商和承包商的确定
			1.5　关于进一步提供技术资料的要求
			1.6　参考文献中包括的资料
			1.7　图纸和其他详细资料
			1.8　与国家核安全法规的一致性
			附录 1A　法规标准清单
			附录 1B　××××机组系统代码
			附录 1C
			附录 1D　××××机组满足福岛后核电厂改进通用技术要求的说明
			附录 1E　××××机组对重要安全要求的符合性分析
			附录 1F
2.	第 2 章　厂址特征	本章应将厂址及其附近地区的地质、地震、水文及气象方面的资料，连同目前规划的人口分布、土地使用和厂址上各种活动及管理方法一同提出。目的是指出这些厂址特征已如何影响到核电厂设计和运行准则，并从安全角度出发表明厂址特征的适宜性	2.1　地理和人口分布
			2.2　附近的工业、运输和军事设施
			2.3　气象
			2.4　工程水文
			2.5　地质、地震和土木工程
3.	第 3 章　构筑物、部件、设备及系统的设计	本章应明确、说明及论述安全上重要的结构、部件、设备及系统的主要建筑设计和工程设计 本章章节结构附下	3.1　与设计安全规定的一致性
			3.2　构筑物、系统和部件的分级
			3.3　风和龙卷风荷载
			3.4　水位（洪水）设计
			3.5　飞射物的防护
			3.6　对假想管道破裂动力效应的防护
			3.7　抗震设计
			3.8　抗震 I 类构筑物设计
			3.9　机械系统和部件
			3.10　抗震 I 类机械和电气仪控设备的抗震鉴定
			3.11　机械和电气设备的环境设计
			附录 3A　结构分析和设计中使用的计算软件
4.	第 4 章　反应堆	本章中申请者应提交有关确定反应堆在其整个设计寿期内所有正常运行方式包括瞬态、稳态和事故工况下执行其安全功能能力的评价和支持性材料。本章还应报告 FSAR 第 15 章《事故分析》中的分析所需的支持性资料	4.1　概述
			4.2　燃料系统设计
			4.3　核设计
			4.4　热工水力设计
			4.5　反应堆材料
			4.6　反应性控制系统功能设计

续表

序号	章	章节内容	节	
5.	第5章 反应堆冷却剂系统和与之相关的系统	本章应提供有关反应堆冷却剂系统和与之连接的系统的资料。对反应堆冷却剂系统和直至并包括隔离阀的承压附件（即反应堆冷却压力边界），应给予特殊考虑 本章应提供各种评价，连同必要的支持性资料，以表明反应堆冷却剂系统能达到其预期的目标并在所有可预见的反应堆行为造成的正常工况或事故工况下仍能保持其完整性。上述资料应能使读者对这些评价的适宜性作出判断，即保证所包括的评价都是正确而完整的，而且所需要的一切评价都已完成。包括在其他章节中与反应堆冷却剂系统有关的评价应加以引用	5.1	简要说明
			5.2	反应堆冷却剂压力边界的完整性
			5.3	反应堆压力容器
			5.4	部件和子系统设计
6.	第6章 专设安全设施	尽管假想事故很不可能发生，但为了减轻这些事故的后果，仍须设置专设安全设施。本章应提供核电厂配备的专设设施的详细资料，以便对这些设施的性能作适当的评价 核电厂设计中的专设安全设施种类很多。本章详细论述的是通常来限制反应堆假想事故后果的专设安全设施。它们被视为应在FSAR本章列出的专设安全设施的例证和所需各种有用的资料的例证。凡采用其他的或不同型式专设安全设施的，应以同样的方式将它们包括在另加的章节内 本章应确定核提供核电厂所设置的各种专设安全设施的简明摘要，并列出核电厂中视为专设安全设施的各个系统	6.1	专设安全设施的材料
			6.2	安全壳系统
			6.3	安全注入系统
			6.4	可居留性系统
			6.5	裂变产物清除和控制系统
			6.6	2级、3级和其他部件的在役检查
			6.7	应急硼注入系统
			6.8	非能动安全壳热量导出系统
7.	第7章 仪表和控制	反应堆的仪器仪表在正常运行期间检测反应堆的各种参数，并给调节系统输送适当的信号；在异常或事故工况期间，给反应堆事故停堆、专设安全设施输送信号。本章所提供的资料重点放在构成保护系统的仪表及其有关设备上，应提供调节系统和仪表装置的分析，特别是调节系统引起瞬态方面的考虑。这些瞬态如不及时终止，就会引起燃料损伤、放射性物质释放或其他公害。抗震设计和试验的详细情况应在FSAR第3章中提出	7.1	引言
			7.2	反应堆紧急停堆系统
			7.3	专设安全设施驱动系统
			7.4	安全停堆需要的系统
			7.5	安全相关显示仪表
			7.6	安全所需的其他系统
			7.7	安全不要求的控制系统
			7.8	多样性仪表和控制系统
			7.9	数据通信系统
8.	第8章 电力系统	电力系统是正常运行期间反应堆冷却剂泵和其他厂用设备用电以及异常与事故状态期间保护系统和专设安全设施用电的电源。本章的资料应旨在确立与安全相关的电力系统功能的充分性并确保这些系统具有符合现行准则的足够冗余度、独立性及可检验性的要求。抗震设计和试验的细节应在FSAR第3章中提出	8.1	引言
			8.2	厂外电力系统
			8.3	厂用电系统
9.	第9章 辅助系统	本章应提供核电厂各个辅助系统的资料 本章应指明那些对核电厂安全停堆或保护公众健康和安全必不可少的系统。本章应提供上述各系统的说明，有关各系统好主要部件的设计依据，阐述各系统如何满足设计依据的安全评价，为验证系统的能力和可靠性拟进行的试验和检查，以及所需要的仪表装置和控制器。辅助系统的某些方面可能与保护公众免受辐照，几乎没有或完全没有关系，在这种情况下，应提供使读者了解该辅助系统的设计与功能的足够资料，重点放在可能影响反应堆及安全设施或有助于控制放射性与运行方面。所提供的资料，应清晰表明系统在正常运行或瞬态工况下执行其功能而不会危及核电厂安全运行的能力，即失效分析 参照FSAR第3相应部分的详细资料，说明有关地震的设计分类。凡适于说明者，应摘要说明各个系统在正常和事故工况下，有关运行时必须考虑的放射性问题，并应引用FSAR第11章和第12章适用的详细资料	9.1	燃料贮存和操作
			9.2	水系统
			9.3	工艺辅助系统
			9.4	供热、通风与空调系统
			9.5	其他辅助系统

续表

序号	章	章节内容	节
10.	第10章 蒸汽—电力转换系统	本章应提供有关核电厂蒸汽电力转换系统的资料。核电厂的蒸汽段肯定会有许多方面的问题，但是其与保护公众免受辐照是几乎无关或完全无关的。因此，在FSAR中对核电厂的这一部分不需像那些在安全上起重要作用部分一样作出相同深度的或详尽的描述，但要提供足够的资料以对蒸汽电力转换系统有一个全面的了解。且重点应放在影响或可能影响反应堆及其安全设施或对放射性的控制有影响的那些设计和运行方面。应提供资料来表明该系统能在正常运行或瞬态条件和下完成功能而不会直接或间接有损于核电厂的安全。必要时对蒸汽电力转换系统及其子系统正常运行时的辐照问题的评价应在本章中综述，并在FSAR第11章和第12章中提出详细内容	10.1 概述 10.2 汽轮发电机 10.3 主蒸汽供应系统 10.4 蒸汽—电力转换系统的其他设施
11.	第11章 放射性废物管理	本章应叙述： 核电厂控制、收集、输送、处理、贮存和处置含有放射性物质的液体、气体和固体废物的能力，以及监测放射性废物释放的仪器仪表 资料应包括正常运行与预期运行事件（换料、清洗、设备停机、维护等）。拟建的放射性废物处理系统在系统设计、释放的控制和监测方面应满足相关的法规和管理导则的建议，放射性物质释放应保持在合理可行尽量低的水平	11.1 源项 11.2 废液管理系统 11.3 废气管理系统 11.4 固体废物管理系统 11.5 工艺流和流出物辐射监测与取样 11.6 废物最小化
12.	第12章 辐射防护	本章应提供在正常运行和预期运行事件（包括换料；清洗；燃料元件处理和贮存；放射性物质的处理、加工、使用、贮存、处置；维修；常规运行监视；在役检查；以及校准）期间辐射防护方法的资料以及对操作人员和建造人员职业性辐照的估计资料。本章还应提供申请者为了符合辐射防护标准和相应管理导则中提出的指导而采用的有关设施与设备的设计、计划和程序大纲、技术与方法等资料。本章中凡有必要引用其他章节资料者应在需要的地方明确提出	12.1 保证职业照射达到ALARA水平 12.2 辐射源 12.3 辐射防护设计特点 12.4 剂量评价 12.5 保健物理大纲
13.	第13章 生产管理	本章应提供核电厂准备工作和运行计划的有关资料。其目的是要求申请者保证建立和保持一个具有适当规模和技术能力的工作机构，以及保证执照持有者遵循的运行计划能充分保护公众的健康和安全。在FSAR阶段提供的资料应提出运行阶段的计划已经完成或正在执行的可靠证据	13.1 申请者的组织机构 13.2 培训 13.3 应急预案 13.4 审查评价和监查 13.5 核电厂程序和规程
14.	第14章 初始试验大纲	本章应提供有关核电厂核部分和核蒸汽系统以外其他辅助系统（BOP）的结构、系统、部件和设计设施的初始试验大纲资料。提供的资料应提到试验大纲各主要阶段，包括运行前试验、初始装料和初始临界、低功率试验和功率提升试验。FSAR应充分详细地叙述初始试验大纲的技术方面，表明试验大纲的实施将足够地验证对电厂结构、系统及部件的功能要求，以及表明所拟定的试验顺序可使核电厂的安全不取决于未经试验的结构、系统或部件。FSAR还应叙述保证实现下列各项内容拟采取的措施： 1）初始试验大纲将由适当数量的合格人员完成 2）建立适当的行政管理规则以管理初始试验大纲的实施 3）采用在本试验大纲中可作为培训的内容对电厂运行和技术人员进行培训并使之熟悉 4）以及在初始试验大纲实施期间在实践的程度上可验证核电厂程序和应急程序的适宜性	NA

序号	章	章节内容	节
15.	第15章 事故分析	核电厂安全分析评价应包括对核电厂过程变量假想波动和假想设备误动作或故障的响应分析。该安全分析对选择运行限制条件、限定安全系统的整定值和从公众健康与安全的观点出发确定部件与系统的设计技术条件有重要作用。这些分析是国家监管部门审查核电厂建造许可证和运行许可证申请的焦点 在FSAR的前几章中，评价了安全上重要的结构、系统及部件对误动作和故障的敏感性。本章应分析工艺过程的预期波动和部件假想故障产生的影响，以确定其后果并估计电站控制或适应这类故障何状况的能力（或确定预期性能的限制条件） 本章所分析的状况应包括预期运行事件（例如，线路故障引起的甩负荷）、引起燃料元件损坏超过预期正常运行事件情况的非设计瞬态以及低概率假想事故（例如，主要部件突然丧失完整性），分析应包括对假想裂变产物释放后果的估计，该释放后果可能引起的危险不会超过任何设想的可信事故引起的危险	15.0 事故分析
			15.1 二回路排热增加
			15.2 二回路系统排热减少
			15.3 反应堆冷却剂系统流量降低
			15.4 反应性和功率分布异常
			15.5 反应堆冷却剂装量增加
			15.6 反应堆冷却剂装量减少
			15.7 系统或部件的放射性释放
			15.8 征兆导向事故规程
			附录15A 用于评估事故的环境后果的剂量模型
16.	第16章 技术规格书	本章应说明对核电厂的运行所规定的限值、条件及其要求，目的之一就是保护公众的健康和安全。要求每个运行许可证申请者提交本电厂拟采用的技术规格书及其依据。这些技术规格书内容与格式应与国家监管部门认可的有关核蒸汽供应系统使用的标准技术规格书相一致。这些技术规格书经国家监管部门审查并作必要的修改后，由国家监管部门作为运行许可证的附录办法	16.0 概述
			16.1 技术规格书
			16.2 其他技术要求
17.	第17章 质量保证	本章不详述质量保证的具体内容，详细内容见对应阶段的质量保证大纲	NA
18.	第18章 人因工程	人因工程原则是核电厂控制室系统设计的基本原则之一。本章应说明核电厂主控制室、远程停堆站、技术支持中心、应急指挥中心和就地控制室的人机接口设计、布局、环境设计遵循人因工程原则，并阐述了核电厂控制室系统设计中人因工程原则的应用情况，按照初步安全分析阶段所批准的实施方案和原则，说明在工程设计中的执行结果	18.0 总述
			18.1 人因工程管理
			18.2 运行经验评审
			18.3 功能需求分析与功能分配
			18.4 任务分析
			18.5 人员配备与资质
			18.6 重要人员动作分析
			18.7 人机接口设计
			18.8 规程开发
			18.9 培训开发
			18.10 人因验证和确认
			18.11 设计实现
			18.12 人员效能监测
19.	第19章 概率安全分析/设计扩展工况评价	本章应包括两部分内容：概率安全分析（PSA）和设计扩展工况评价 概率安全分析的目标包括：1）提供核电厂发生堆芯严重损坏状态的概率评价以及要求厂外早期响应的（特别是与安全壳早期失效相关的）放射性物质向厂外大量释放的风险的评价；2）为核电厂响应瞬态和事故（包括严重事故）的性能提供整体的评价；3）识别核电厂的薄弱环节，为设计优化与改进提供输入和支持；4）评价核电厂设计的平衡性，确保没有任何一个设施或始发事件对于总的风险会有过大的或明显不确定的贡献；5）确认核电厂参数的小偏离不会引起核电厂性能严重异常（陡边效应）；6）论证核电厂的整体安全水平，确信符合总的安全目标 设计扩展工况评价的目标包括：1）未堆熔的设计扩展工况（DEC-A）：核电厂应使用概率安全分析（PSA）方法和模型来识别和确定极不可能事件和多重失效事件，同时考虑确定论和工程判断给出的设计扩展工况，增强核电厂应对未堆熔的设计扩展工况的承受能力，避免不可接受的放射性后果；2）严重事故（DEC-B）：核电厂在设计过程中应结合以往工程经验，参考国内\国际关于严重事故的研究成果以及诸多电厂对严重事故的相关实践及经验反馈，在严重事故预防和缓解方面进行全面深入的考虑，确定核电厂堆芯损坏的设计拓展工况，分析、确定核电厂用于严重事故缓解的设施的能力	19.1 概率安全分析 19.2 设计扩展工况评价

序号	章	章节内容	节	
20.	第 20 章 退役	核电厂退役是指在核电厂运行寿期结束后，根据核电厂所在厂址后续的使用用途所确定的退役目标，经过去污、拆除、厂房建（构）筑物拆毁、场址清理等一系列工作，达到厂址的退役目标，即作为核设施厂址继续利用或达到无限制开放水平 本章应描述核电厂在退役方面的考虑，主要包括退役策略设想、退役方案的选择、退役经费的考虑、源项预测、便于退役的考虑和分析结论	20.1	概述
			20.2	源项预测
			20.3	设计阶段便于退役的考虑
			20.4	运行阶段便于退役的考虑
			20.5	结论

第二章 堆芯核设计

1 概述

"华龙一号"反应堆为加压轻水型，核设计分析计算确定控制棒、可燃毒物棒的实际位置，确定诸如堆芯装载、燃料富集度和冷却剂中硼浓度一类的物理参数。核设计计算还确定反应堆堆芯的固有特性，与反应堆控制系统和保护系统一起提供适当的反应性控制，即使反应性价值最高的一个棒束控制组件完全卡在堆芯之外，也能提供足够的反应性控制，确保反应堆安全。

核设计分析计算要确保堆芯固有稳定性，防止径向和方位角的功率振荡，以及控制棒动作引起的轴向功率振荡。本章综述了反应堆核设计的设计基础和假设以及相应设计计算方法。

2 引用文件

下列文件对于本文件的应用是必不可少的。

《核电厂设计安全规定》（HAF102）

《核电厂运行安全规定》（HAF103）

《核动力厂运行限值和条件及运行规程》（HAD103/01）

《压水堆核电厂燃料系统设计限值规定》（EJ/T 1029—1996）

《压水堆核电厂安全停堆设计准则》（EJ/T 561—2000）

《压水堆燃料组件机械设计和评价》（EJ/T 629—2001）

《压水堆核电厂工况分类》（NB/T 20035—2011）

《压水堆核电厂反应堆系统设计 堆芯 第1部分 核设计》（NB/T 20057.1—2012）

《核反应堆稳态中子反应率分布和反应性的确定》（NB/T 20102—2012）

《压水堆核电厂未能紧急停堆的预期瞬态分析要求》（NB/T 20104—2012）

《福建福清核电厂5、6号机组（华龙一号）最终安全分析报告》（CPX00620001CNPE02GN）

《福建福清核电5、6号机组核设计报告》（CPX82010200N51103GN）

3 定义和术语

线功率密度：燃料单位活性长度上产生的热功率（kW/m）。

局部热流密度：包壳表面上的热流密度（W/cm²）。对名义棒参数，它与线功率密度差一个常数因子。

热流密度热通道因子 F_Q：燃料棒最大局部线功率密度除以燃料棒平均线功率密度。

热通道因子 $F_{\Delta H}$：具有最大积分功率的燃料棒线功率的积分值与棒平均功率之比。

径向功率峰值因子 $F_{xy}(z)$：在高度 Z 处峰值功率密度与平均功率密度之比。

燃料温度（多普勒）系数：燃料有效温度每变化 1 ℃所引起的反应性变化。

慢化剂温度（密度）系数：慢化剂温度（密度）单位变化所引起的反应性变化。

功率系数：功率变化 1% FP 引起的反应性变化。

4　缩略语

　　HZP：热态零功率

　　BOL：寿期初（Beginning of Life，0 MW·d/t）

　　BLX：寿期初、平衡氙（Beginning of Life，150 MW·d/t）

　　EOL：寿期末（End of Life）

　　ppm：1.0E-6（重量比），本文指可溶硼浓度

　　pcm：反应性单位（1 pcm＝1.0E-5）

5　核设计基准

　　在讨论核设计基准之前，简要地述说核电厂的四类运行工况。按照预计事件发生的频率和对公众的危害程度，核电厂运行工况分为如下四类：

　　工况Ⅰ：正常运行和正常运行瞬态，

　　工况Ⅱ：中等频率事件，

　　工况Ⅲ：稀有事故，

　　工况Ⅳ：极限事故。

　　通常，在工况Ⅰ时，核电厂的运行参数与其保护定值之间留有一定的裕度。在工况Ⅱ时，保护定值起作用，反应堆自动或手动停堆，在采取纠正措施后，有能力恢复正常运行（工况Ⅰ）。在工况Ⅰ和工况Ⅱ时，预计不会发生燃料棒破损（即裂变产物穿透燃料棒包壳），但是并不排除有极少数燃料棒概率性损坏。所释放的裂变产物，核电厂净化系统完全有能力处理，并与核电厂的设计基准相一致。

　　在工况Ⅲ时，虽然会发生相当数量的燃料损伤，以致不能立即恢复运行，但是燃料棒的破损份额很小，释放的放射性物质不应大到足以妨碍或限制公众使用厂址边界以外的区域。此外，工况Ⅲ本身不应扩大成工况Ⅳ事故，反应堆冷却剂系统或安全壳屏障的功能不会进一步丧失。

　　工况Ⅳ是预计不会发生的事故，在设计上必须加以杜绝。所造成的放射性物质的释放不应对公众的健康和安全造成严重的损伤。

　　对工况Ⅰ，通过适度保守的设计和控制系统的作用，来满足与燃料完整性有关的堆芯功率分布设计限制。对工况Ⅱ，则需要靠监督反应堆参数的保护系统的功作。

5.1　燃料燃耗

　　核设计的基准是最大卸料燃耗深度不超过燃料组件性能分析确定的燃耗限值。同时，分区卸料燃耗深度达到预期值，因此堆芯的燃料装载必须提供足够的过剩反应性。

　　燃料燃耗是表示燃料消耗产生总能量输出的一种度量，并且是定量表示燃料辐照准则的一种方便的方式。

　　堆芯设计寿期或设计卸料燃耗是通过在每一燃料区设置足够的后备反应性，以及在后续循环中执行换料程序且每个循环运行的堆芯满足所有安全相关的准则来实现的。

　　提供堆芯过剩反应性尽管不是设计基准，但必须使堆芯在满功率运行条件下，平衡氙、钐和其他裂变产物存在的整个循环寿期内维持临界。

　　循环寿期末的定义是当控制棒插入反应堆运行所要求必须的高度时，堆芯可溶硼浓度为零，即为寿期末。它相当于控制棒全提出堆芯时，堆芯内存在 10×10^{-6} 左右的可溶硼。

5.2 负反应性反馈

燃料温度系数成为负值,在功率运行条件下,慢化剂温度系数应为"非正值",因此该基准提供了堆芯负反应性反馈特性。

在考虑反应性快速引入的补偿时,有两个主要的效应,即与燃料温度变化相关的共振吸收效应(多普勒)和由慢化剂密度变化引起的能谱效应产生的反应性变化用反应性系数表征。采用低富集燃料可以确保燃料的多普勒反应性系数为负值,从而为反应堆提供快速的反应性补偿。

堆芯慢化剂温度系数为负值,可为冷却剂平均温度或汽泡含量的变化提供另外一种较慢的补偿效应。正常的功率运行只允许反应堆处于总的慢化剂温度系数为非正值的范围内,为了防止在功率运行状态下慢化剂温度系数为正值,必须限制有功率运行状态下的临界硼浓度。对于第一循环堆芯还要加入一定数量的可燃毒物才来,降低功率运行状态下的临界确浓度。

尽管可燃毒物棒的存在与运行工况下建立负的慢化剂温度系数有关,但可燃毒物棒的数量和分布不作为设计基准。

5.3 功率分布控制

在考虑 5%的计算偏差时,计算程序所得的 95%计算数据和实测数据相符,程序具有 95%的置信度。在置信度至少为 95%的条件下,功率分布控制必须满足:

——在正常运行工况下燃料棒线功率密度不大于设计限值,其中包括 2%的测量误差,但不包括燃料芯块密实化对功率峰因子的影响;

——在正常工况下(包括最大超功率工况,"非正常工况"指从工况 I 时由于人为误操作或设备故障原因过渡来的中等频率事件,即工况 II,最大的峰值功率不致引起燃料芯块熔化;

——在工况 I 和 II(包括最大超功率工况),堆芯功率分布不得导致在燃料棒表面发生偏离泡核沸腾现象;

——燃料管理设计应该使燃料棒产生的功率和燃耗与第 4.2 节中描述的燃料棒机械完整性分析所用的假设一致。

采用经过验证的方法完成影响燃料设计限值的极限功率分布计算,并经常要用反应堆测量加以验证。假设出现极限功率分布的工况按照允许的运行状态保守地加以选择。

即使测量和计算的峰值功率符合良好,但在计算局部峰值功率时仍需留有核不确定性裕度。这一裕度用于正常运行状态和预计瞬态的分析。

5.4 最大可控反应性引入速率

必须限制由控制棒的提升或可溶硼的稀释引起的最大反应性引入速率。在控制棒组事故提升情况下,最大的反应性变化速率是这样确定的:燃料棒的峰值释热率不得超过超功率工况下的最大允许值,以及 DNBR 大于超功率工况下的最低允许值。

限制控制棒的最大反应性价值和控制棒引入的最大反应性变化速率,是为了防止在发生提棒或弹棒事故时,冷却剂压力边界破坏或堆构件的损坏而损坏堆芯冷却能力。

对于诸如弹棒或主蒸汽管断裂等任何工况 IV 类事件,反应堆应能处于停堆状态,并且堆芯能够维持可接受传热的几何形状。

由一组或几组控制棒事故提升引入的反应性速率受控制棒的最大速度与棒价值的限制。控制棒最大速度是这样确定的:在两组控制棒事故提升时,最大反应性变化率应低于其限值。在正常功率运行和正常控制棒重叠提升时,最大的反应性变化速率要低于最大的可控反应性变化速率的设计值。

反应性变化速率是在不利的轴向功率分布和氙分布的假设条件下做出的保守计算,最大的氙燃耗速率（氙燃耗速率指堆芯在变功率时造成堆芯内氙浓度减小，引入正反应性）要远远低于正常运行时最大反应性引入速率。

5.5　停堆深度

反应堆无论在功率运行状态或停堆状态下都要求有适当的停堆深度或堆芯的次临界度。在涉及到反应堆事故停堆的所有分析中，都要假定一束价值最高的控制棒处于全提出堆芯的位置（卡棒准则）。

核电厂设置了两套独立的反应性控制系统，即控制棒系统和可溶硼系统。控制棒系统用于补偿从满负荷到零负荷范围内功率变化引起燃料和水温度变化的反应性效应。此外，在工况 I 下，控制棒系统提供最小的停堆深度，当一束最高价值控制棒被卡在堆芯外时，仍能使堆芯迅速达到次临界状态，以防止超过燃料损坏限值。

硼系统用于补偿氙及燃耗的变化引起的反应性变化并维持反应堆在冷停堆状态，所以，由机械的和化学补偿的控制系统提供了备用的与应急的停堆措施。

当燃料组件已放入压力容器内而顶盖尚未就位时，要通过插入控制棒和充硼溶液使堆芯 k_{eff} 不超过 0.95。此外，即使所有的控制棒束提出堆芯，反应堆仍能有足够的次临界度。

在充纯水的乏燃料贮存架和运输情况下，k_{eff} 不得超过 0.95。对换料操作没有明确规定。但是，对于有控制并连续监测的换料操作，留 5%的裕度是合适的，这与乏燃料贮存和运输的要求是一致的。

5.6　稳定性

反应堆在基模式（基模式为基负荷运行，即反应堆运行在额定功率或者接近额定功率）运行，堆芯对于功率振荡应具有固有的稳定性。在功率输出不变情况下，如果堆芯发生空间功率振荡，应能可靠而又容易地测出来并加以抑制。

无论何种原因引起的堆芯总功率输出的振荡，都能由回路温度传感器和核测仪表测出来。如果功率增加幅度不可接受，为了确保燃料的设计限值不被超过，应由这些系统保护堆芯，实施紧急停堆。由于汽轮机、蒸汽发生器、堆芯系统和反应堆控制系统具有稳定特性，使堆芯总功率振荡通常是不可能发生的。保护通道的多重性保证了超过设计功率水平的可能性极小。

堆芯设计应使出现径向和方位角的氙致振荡是自阻尼的，且无需操纵员动作或控制动作专门加以抑制。径向功率振荡的稳定性很高，以致激发这种振荡几乎是不可能的。收敛的方位角振荡可通过单束控制棒非正常的允许运动而激发，这种振荡可利用堆外通量测量仪表很容易地监测并予以报警。利用堆内热电偶和回路温度测量仪表可以连续监测指示，堆内探测器也能提供更详细的信息。在所有现行设计的堆芯中，仅靠设计的堆芯负反应性反馈特性，就可使水平方向的氙致振荡都是自阻尼的。

然而轴向的氙空间功率振荡是可能发生的。控制棒和堆外测量仪器可以用来控制和监督轴向功率分布。利用测量轴向功率偏差作为输入，通过反应堆超功率 ΔT 和超温 ΔT 停堆保护功能，可确保不超过燃料的设计限值。

6　堆芯描述

反应堆堆芯是由规定数目的燃料棒用定位格架和顶部与底部固定件装配成的燃料组件组成，组成 AFA3 G 燃料组件的燃料棒由堆积在 M5 包壳管内的二氧化铀芯块组成，该包壳管用端塞塞住并经密封焊好以便将燃料封装起来。

为了展平堆芯功率分布，第一循环堆芯燃料按照 ^{235}U 富集度分三区装载。较低富集度的两种组件按不完全棋盘格式排列在堆芯内区，最高富集度的组件装在堆芯外区。"华龙一号"首循环堆芯装载图见图 462-02-10-01，控制棒组件布置图见图 462-02-10-02。换料堆芯新燃料组件数量及其布置与下一个燃料循环的能量需求以及前后各燃料循环的燃耗和功率历史有关。

堆芯燃料平均富集度是根据所希望的堆芯寿期和能量需求所要求的可裂变物质的总量确定的。反应堆运行时，^{235}U 吸收中子而裂变，消耗了可利用的燃料。^{235}U 的燃耗速率是同反应堆运行时的功率水平成正比。此外，裂变过程生成容易吸收中子的裂变产物并由 ^{238}U 燃耗链产生 ^{239}Pu 等同位素，燃料的消耗和裂变产物的积累部分地被钚的积累所补偿。在任一循环开始时，反应堆必须有反应性贮备，这一贮备等于在规定的循环寿期中可裂变燃料的消耗和裂变产物毒物积累所要求的反应性。这些反应性贮备，即后备反应性是由溶解在一回路冷却剂中的可溶硼和可燃毒物来控制的。

一回路冷却剂中的可溶硼浓度是可变化的，以便控制和补偿长期的反应性变化。可溶硼浓度的变化是为了补偿燃料燃耗，包括氙和钐在内的裂变产物中毒、可燃毒物消耗以及从冷态到运行状态慢化剂温度变化所引起的反应性变化。采用正常的补给途径，当反应堆冷却剂中那浓度为 1000×10^{-6} 和 100×10^{-6} 时，化容系统（RCV）能引入的负反应性速率分别为 50 pcm/min 和 70 pcm/min。如果采用应急注硼途径，化容系统引入的负反应性速率则分别约为 120 pcm/min 和 160 pcm/min。

快速反应性改变要求和安全停堆要求是由控制棒束实现的。

随着硼浓度的增加，慢化剂负温度系数绝对值变小。在第一循环寿期初，仅使用可溶毒物会引起正的慢化剂温度系数。因此在第一循环堆芯中使用了可燃毒物棒以降低可溶硼浓度，从而保证在功率运行工况下慢化剂温度系数为非正值。功率运行期间，这些可燃毒物棒的毒物含量逐渐消耗，从而引入了正反应性，以便补偿燃料消耗和裂变产物积累损失的部分反应性。在预计的可燃毒物燃耗速率内，可溶硼总是可以利用的，并足以补偿任何可能的反应性偏离，因此可燃毒物棒的燃耗速率不是关键性的。

应该注意，即使到了寿期末，可燃毒物棒中总还残留了一些毒物，这会使第一循环堆芯寿期变短。在第一循环结束后，通常将所有可燃毒物棒取走，在换料堆芯中加入载轧燃料棒，也可以使慢化剂温度系数为负值，且空间功率分布仍能满足设计准则。

除了控制反应性外，适当地布置可燃毒物棒有助于获得良好的径向功率分布。

7 功率分布

7.1 径向功率分布

满功率时堆芯水平面上功率分布是燃料和可燃毒物装载方式以及有无控制棒的函数。在燃料循环的任一时刻，堆芯平面可用无棒或有棒的平面来表征。在这两者中每一种情况下，$F_{xy}(z)$ 实际上是常数。这两种情况与燃耗效应相结合决定了满功率时堆芯中可能存在的径向功率分布。功率水平、氙、钐及慢化剂密度对径向功率分布的影响也作了考虑，但这些影响很小。非均匀的流量分配对它的影响是可以忽略的。虽然堆芯中各个平面和径向功率分布常常是以图表方式说明，但是由每个通道的功率积分所确定的堆芯径向焓升分布是更值得注意的。对第一循环 BLX 工况下四分之一对称堆芯无棒和 R 棒插入的径向功率分布分别列于图 462-02-10-03 和图 462-02-10-04 中。

由于热通道位置是经常变化的，因此在 DNBR 计算中选用了包络参考径向设计功率分布。这一参考功率分布是保守地将功率集中在堆芯的一个区域内，并减小流量再分配的份额。燃料组件的功率归一化到堆芯平均功率。热工计算中利用了燃料棒内径向功率分布及其随燃耗的变化。

在满功率工况下计算了径向功率分布，并考虑了燃料和慢化剂温度的反馈效应。在每个通道内有相同质量流量的正常流量情况下作了稳态核设计计算，并计算流量的再分配效应，这种计算对事故工况下的 DNB 分析是很重要的。氙对径向功率分布的影响很小，但它仍作为设计过程的一部分。径向功率分布是相对固定的，并很容易包络其上限。

由于热通道周围详细的功率分布是随时变化的，所以在 DNB 分析中假设了一个保守组件功率分布，并将最大积分棒功率人为地升高到 $F_{\Delta H}$ 的设计值。

对所有循环和所有的运行工况，要确保核设计不致出现具有比 $F_{\Delta H}$ 设计值更为恶劣的组件功率分布。

7.2 轴向功率分布

轴向功率分布在很大程度上取决于操纵员的控制，如操纵员通过手动操作控制棒，或者通过 RCV 的操作使控制棒自动移动实现控制。造成轴向功率分布变化的核效应有：慢化剂密度，共振吸收的多普勒效应，空间氙和燃耗效应。自动控制总功率输出的变化以及控制棒的移动对研究任一时刻轴向功率分布都很重要。

操纵员可利用多段堆外通量仪器的信号，这些测量仪器布置在压力容器之外而平行于堆芯轴线。信号分别取自探测器的上半部与下半部。核电厂共设置 4 个堆外功率量程探测器，取自每个探测器上、下半部的信号差显示在控制屏上，并称为轴向功率偏差 ΔI。许多核电站堆芯平均峰值因子的计算和许多运行状态的测量都以这样一种万式同 ΔI 或轴向偏移 AO 相关联，即为峰值因子定出了一个上界。

图 462-02-10-05 和图 462-02-10-06 分别给出了在 BOL、EOL 状态下有代表性的轴向功率分布。

堆芯平均轴向功率分布会发生重大变化，移动控制棒与改变负荷会使其迅速变化，而氙分布的变化则较为缓慢。为了研究最接近轴向功率分布极限的那些点，考察了几千种情况。由于核设计就是要确定可能出现什么样的轴向分布，因此可以用核电厂易于观察到的参数来定出有主要意义的限制边界。具体地说，下述核设计参数对轴向功率分布的分析有重要作用：

——堆芯功率水平；

——堆芯高度；

——冷却剂温度与流量；

——冷却剂温度与反应堆功率的关系；

——循环长度；

——棒组价值；

——棒组重叠步。

7.3 功率分布限值及计算

——堆芯热点处（总功率峰因子 F_Q 所在的位置）的线功率密度必须小于设计值 620 W/cm，而这一设计限值又必须低于由燃料完整性要求所施加的限值，约 700 W/cm。

——正常运行期间，最大相对功率分布不得超过设计的限值，该限值是轴向位置的函数，在要求与燃料最高温度准则相符的 LOCA 分析中要用到这一限值。图 462-02-10-07 给出了平衡循环堆芯的 I 类工况 LOCA 限值验证结果。

在计算热点因子与轴向偏移的关系时，采用了三维方法。在计算获得 $Q(Z)$ 与 F_Q 限值进行比较。

在确定峰值因子 F_Q 和 $F_{\Delta H}$ 上限的计算中，包括了所有影响整个堆芯寿期径向和/或轴向功率分布的核效应。

对反应堆正常运行工况（包括负荷跟踪）做了计算，计算包括了寿期初、中、末。在计算负荷跟踪瞬态对轴向向功率分布的影响前要假设不同的运行历史，这些假设包括基荷运行和较频繁负荷跟踪。对给定的核电站和燃料循环，研究了几种运行方式，以确定局部功率密度的一般特性与堆芯高度的关系。

这些情况代表了一个燃料循环寿期中许多可能的反应堆状态，考虑这些情况是必要的并足以得出局部功率密度限值。然而这几百种分布只是运行历史的一部分，正是这几百种分布决定了包络线。它们也作为对下述情况的校核：所研究的反应堆在更为详尽地研究中是否具有典型意义。

因此，要想挑选出能决定最极限情况的瞬态或稳态条件是不可能的，甚至要区分构成适当分析的少量情况也是不可能的，形成无数种功率分布的过程对于要得出所必须的置信水平的原理来说是必不可少的。对某个反应堆燃料循环的极限情况，对具有不同控制棒组价值、燃料富集度、燃耗和反应性系数等另一反应堆燃料循环来说，就不一定也是极限情况。每种功率分布取决于到该时刻详细的运行历史以及在计算功率分布那一时刻前几天操纵员调节引起氙的分布方式。

为了确定反应堆保护系统对于功率分布整定值，考虑了三种事件，即控制棒设备故障、操纵员误操作和操纵员疏忽大意。在评价这三种事件时，假设堆芯起初处于以下四个限制条件下运行：

——在一个控制棒组内的各控制棒束是一起移动的，只有个别棒束偏离了棒组所要求的位置，但偏离指示不得超过设定值；

——各棒组按程序移动时棒组间有重叠；

——不得超越棒组插入极限；

——遵守用通量差控制和棒组位置指示的轴向功率分布规程。

第一种事件包括控制棒失控提升（按正常顺序提升），还包括控制棒组在其插入限以下移动，例如失控硼稀释或一回路冷却剂降温都会出现这种情况。功率分布的计算是在整个事件过程中假设事件发生极短时间内就采取纠正措施，也就是说，不考虑由于误动作引起的瞬态氙效应。这种事件假定是在包括正常氙瞬态在内的典型的正常运行状态下发生的。

在确定功率分布时还假定，总功率水平由于反应堆紧急停堆而被限制在 120% FP 以下。由于研究的目的是为了确定功率和轴向偏移的保护限值，因此不考虑由于通量差引起的紧急停堆整定值的减小。假定功率在（或低于）120% FP 情况下发生紧急停堆事件，在考虑了不确定性和密实化效应后，其峰值功率密度也低于燃料芯块中心熔化限制值。

第二种事件假定操纵员错误地将控制棒组插在超出插入限的位置，使反应堆在短期内处于不正常的运行状态之下。

第三种事件假定操纵员没有采取措施纠正超出规定范围的通量差。

对可能的运行功率分布所作的分析表明，F_Q 随功率降低而升高。通过 DNB 的保护整定值允许 $F_{\Delta H}$ 随功率降低而升高，并满足在棒组插入到插入极限时允许的径向功率分布变化。

允许 $F_{\Delta H}$ 升高后的量可以表示为目 $F_{\Delta H} = 1.60[1 + 0.3(1 - P_r)]$，这已成为一条设计准则，并用来确定可以接受的控制棒的布置方式和提插棒顺序，这一设计准则使得每个循环都选择类似的燃料装载方式。

为了验证这准则是否满足，对正常运行工况下可能的控制棒布置，采用了最坏的 $F_{\Delta H}$ 值典型的径向峰值因子和径向功率分布示于图 462-02-10-03 和图 462-02-10-04。最坏值一般假定控制棒处于其插入极限时出现。

即使正常运行中可能出现局部功率密度超过假想事故初始工况的假设值的状况，也不会使燃料损坏，报警信号和各种监督控制措施使会反应堆回到安全状态。

8 反应性系数

反应堆堆芯的动态特性决定了堆芯对改变电厂工况或操纵员在正常运行期间所采取的调整措施以及异常或事故瞬态的响应。反应性系数反映了中子增殖性能由于改变电厂工况（主要是功率、慢化剂或燃料温度，其次是压力或空泡份额的变化）所引起的变化。由于反应性系数在燃耗寿期内是变化的，为了确定整个寿期内电厂的响应特性，要在瞬态分析中采用不同范围的反应性系数值。

反应性系数是以整个堆芯为基础用二维径向和一维轴向扩散理论方法计算的。径向和轴向功率分布对堆芯平均反应性系数的影响在计算中已经加以考虑了。在正常运行工况下这种影响是不重要的。

在某些瞬态工况下，应重视空间效应。例如主蒸汽管道破裂和反应堆控制棒束组件机械外壳破裂，在分析中就要考虑这种效应。

计算得到的反应性系数包括燃料温度（多普勒）系数，慢化剂系数（密度、温度、压力与空泡）和功率系数。

8.1　燃料温度（多普勒）系数

燃料温度（多普勒）系数主要是 ^{238}U 和 ^{240}Pu 共振吸收峰多普勒展宽的量度。其他同位素如 ^{236}U、^{237}Np 等的多普勒展宽也考虑到了，但它们对多普勒效应的贡献很小。随着燃料温度的升高，燃料的有效共振吸收截面增大，因而使反应性相应减少。

燃料温度系数是用二群三维几何计算得到的。计算中，慢化剂温度保持不变，功率水平改变。燃料温度的空间变化是通过计算燃料有效温度与功率密度的关系加以考虑的。

由于中子注量率分布在燃料芯块内是非均匀的，使芯块表面温度有较大的权重，因此燃料有效温度低于燃料按体积平均的温度。多普勒效应对功率系数的贡献与堆芯相对功率的关系见图 462-02-10-08。

8.2　慢化剂密度和温度系数

通常，慢化剂密度和温度变化效应是同时考虑的。慢化剂密度降低意味着慢化能力的减弱，这就造成了负的慢化剂温度系数。若保持慢化剂密度不变，提高其温度将导致中子谱硬化，并引起 ^{238}U、^{240}Pu 和其他同位素共振吸收的增加。能谱的硬化还引起 ^{235}U 和 ^{239}Pu 裂变–俘获比变小。这两个效应都使慢化剂温度系数更负。随着温度的升高，水密度随温度变化得更快，因此慢化剂温度（密度）系数随温度的升高而变化更负。

用作反应性控制手段的可溶硼也影响慢化剂系数，这是由于慢化剂温度上升时，可溶硼毒物的密度与水密度一道下降。可溶硼浓度的下降在慢化剂温度系数中引进一个正的分量。

因此，如果可溶批硼浓度足够高，净的慢化剂温度系数就可能是正的。然而，由于可燃毒物棒的使用，降低了初始热态硼浓度的设计需求，使慢化剂温度系数在运行温度下为负值。

控制棒的效应使慢化剂温度系数变得更负，因为它减少了所需的可溶硼浓度并增加了堆芯的"泄漏"。

随着燃耗加深，慢化剂温度系数变得更负，这主要是由于硼酸逐渐被稀释，但钚和裂变产物的积累效应也起了重要作用。

对于上面讨论过的各种核电厂工况，慢化剂温度系数是这样计算的：在每个平均温度附近，使慢化剂温度变化 $\pm 2.8\ ^\circ C$，做两群三维几何计算。图 462-02-10-09 给出了在无控制棒情况下慢化剂温度系数与堆芯慢化剂温度和硼浓度的关系。

慢化剂温度系数随温度的变化关系主要有两个因素的综合效应决定：温度改变导致的密度变化以及温度变化引起的中子能谱的变化。特别当慢化剂中含有硼酸时，温度的升高将导致硼酸溶解度的减少，会引起正的反应性。而随着硼酸浓度的增加，这种正效应会更加明显，其在各种效应中起了主导作用。因此在图 462-02-10-09 中硼浓度为 2000×10^{-6} 这个较大浓度时，慢化剂温度系数为正且随着温度的升高正的越厉害。在这些结果中已扣除了由于慢化剂温度变化引起的多普勒系数的贡献。

慢化剂密度系数可由慢化剂温度系数考虑到单位温度变化引起的密度的变化推算给出，从数值符号上正好与慢化剂温度系数相反。

图 462-02-10-09 中给出的慢化剂温度系数是对堆芯计算给出的。因为考虑慢化剂温度变化会影响到整个堆芯，所以可以用其描述各种工况下堆芯的行为。

8.3　空泡系数

慢化剂空泡系数把中子增殖性能的变化与慢化剂中空泡的存在联系起来。压水堆中，冷却剂内空泡含量低，所以这个系数并不很重要。堆芯空泡含量小于千分之五，它是由局部或统计的沸腾造成的。

8.4 压力系数

堆芯压力的变化将引起慢化剂密度的改变，从而引起反应性的变化。对压水堆，这个系数并不重要，所以没有单独给出，通常它总是和慢化剂密度系数一起来考虑的。

8.5 功率系数

功率系数慢化剂温度和燃料温度随着堆芯功率的变化而变化的综合效应，随着燃耗加深，功率系数变得更负，这反映了慢化剂和燃料温度系数随燃耗变化的综合效应。

9 控制要求

为了实现反应堆冷停堆，并且有一定的停堆深度，在冷却剂中加入浓硼酸。对包括换料在内的所有堆芯状态，硼浓度都远低于溶解极限。使用棒束控制组件使反应堆进入热停堆状态。

在最大价值的一束控制棒卡在全提出堆芯位置，其余棒束全部插入堆芯，在扣除10%的计算不确定性情况下，仍有能力实现热停堆，其停堆深度都大于所要求的停堆深度。在功率发生变化时，补偿棒插入堆芯以补偿功率亏损。最大的反应性控制要求出现在循环末期，此时慢化剂温度效应达到其最大的负值，这已反映在较大的功率亏损中。

要求控制棒提供足够的负反应性，以抵消从满功率降至零功率的功率系数效应以及满足停堆深度的要求。功率下降导致反应性增加包括多普勒效应、慢化剂平均温度的变化、通量再分布以及空泡份额减少的贡献。

9.1 多普勒效应

多普勒应是由 ^{238}U 和 ^{240}Pu 共振峰随芯块有效温度增加而展宽引起的。从零功率至满功率，燃料芯块温度随功率增加而大幅度上升，所以这个效应是很重要的。

9.2 慢化剂平均温度的变化

当反应堆停堆达到热态零功率工况时，慢化剂的平均温度由满负荷平衡值变为无负荷平衡值，前者是由蒸汽发生器和汽轮机特性（蒸汽压力、传热、污垢等）决定的，而后者则基于蒸汽发生器壳侧的设计压力。考虑到控制死区和测量误差，设计的温度变化保守地增加了 2.2 ℃。

由于慢化剂温度系数是负值，功率下降将引起反应性增加。由于燃耗加深使临界硼浓度下降，慢化剂温度系数变得更负。因此，这个效应在寿期末更为重要。

9.3 通量再分布

反应堆功率运行时，堆芯冷却剂密度随堆芯高度的增加而下降。这一现象与控制棒的部分插入一起导致接近堆芯顶部的燃料燃耗较浅，相对功率分布稍微向堆芯底部倾斜。而在零功率时，冷却剂密度在整个堆芯是相同的，也没有由于多普勒效应的功率展平。因此零功率时通量分布向堆芯顶部倾斜。这种改变导致轴向中子泄漏的变化，从而引起反应性的变化。在计算出这种倾斜功率分布引入的反应性时考虑了氙分布的影响。

9.4 空泡份额

反应堆满功率运行时由于泡核沸腾在堆芯产生的空泡份额很小，当堆芯功率下降使空泡份额减小引入了一个小的正反应性。

9.5 控制棒的允许插入量

在满功率运行时，控制棒组在规定的运行带内运行，以便补偿硼浓度周期性的小变化、温度变化和氙浓度的微小变化，这种微小变化不能用改变硼浓度来补偿。当控制棒达到运行带的上、下限时，需要改变硼浓度来补偿这种反应性变化。由于棒的插入极限是由控制棒限值规定的，所以对控制棒的插入价值做了保守的计算，该价值大于正常插入的反应性。

9.6 燃耗

为提供足够的反应性以补偿整个循环中燃料的燃耗和裂变产物的积累，在寿期初设置后备反应性，这一反应性由可溶硼和可燃毒物控制。用于燃耗的后备反应性由可溶硼和可燃毒物控制，不包括在控制棒的反应性要求中。

9.7 氙和钐毒

在堆芯中产生的氙和钐浓度变化，即使在功率水平快速变化以后，也是足够缓慢的，它引起的反应性变化用改变可溶硼的浓度来控制。

10 分析方法

核设计中需要依次进行以下三种不同类型的计算：
——确定燃料有效温度；
——产生多群参数库；
——空间少群扩散计算。
这些计算可以用单独使用的计算机程序完成的，所需要的大多数程序已连接起来组成了个自动设计程序包，从而减少设计时间，避免数据转换中出错并使计算方法标准化。

组件输运计算程序采用碰撞几率方法。对于一个燃料组件，求解多群输运方程，并为燃耗计算程序提供两群均匀化的截面。采用 6 群均匀化的二维耦合计算模型及多栅元计算，可在计算精度和计算费用之间找到最佳平衡点，程序所具有的输运和输运等效特性可以确保糯合模型的正确性。程序还可以对具有不同边界条件和不同几何对称性的堆芯组件（1/8 堆芯、1/4 堆芯）进行计算，采用临界曲率搜索来进行通量计算。为了正确处理共振，对截面采用改进的自屏模型。

堆芯扩散－燃耗计算程序，采用先进节块方法，可以对所有类型的压水堆进行稳态和瞬态工况的计算。程序采用节点展开法和 PIN-POWER 再构造方法，求解与时间无关的两群稳态中子扩散方程，结合多参数数据库进行反馈修正。空间的离散采用二阶多项式或者二阶多项式与双曲项的组合，以表示横向积分通量。横向泄漏通量则由一个二阶多项式来表示，堆芯不连续因子对组件参数均匀化造成的误差进行修正，谱效应和燃耗效应用燃料的微观燃耗模型来表征。程序对主要的重原子核和主要的裂变产物链都做了处理。

稳态扩散燃耗程序能处理水温度、多普勒、氙和钐等非线性反馈效应和控制棒等效毒物截面。程序能够对硼浓度、控制棒位、功率水平等参数进行临界搜索，还能搜索给定的轴向功率偏移及临界轴向功率偏移，此外还能对硼稀释能力进行控制。程序包含了许多自动处理过程，例如微分和积分棒价值、控制棒插入限值、蝇迹图的生成、各种运行模式下轴向功率偏移控制的负荷跟踪以及非正常工况和运行错误的模拟分析等。

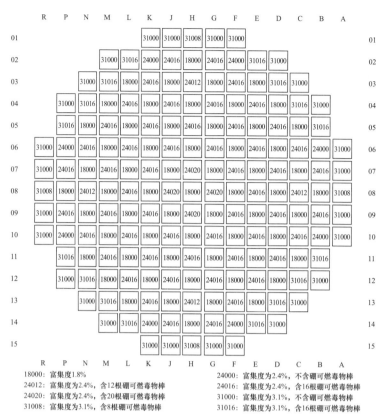

18000：富集度1.8%
24012：富集度为2.4%，含12根硼可燃毒物棒
24020：富集度为2.4%，含20根硼可燃毒物棒
31008：富集度为3.1%，含8根硼可燃毒物棒

24000：富集度为2.4%，不含硼可燃毒物棒
24016：富集度为2.4%，含16根硼可燃毒物棒
31000：富集度为3.1%，不含硼可燃毒物棒
31016：富集度为3.1%，含16根硼可燃毒物棒

图 462-02-10-01 "华龙一号"首循环堆芯装载图

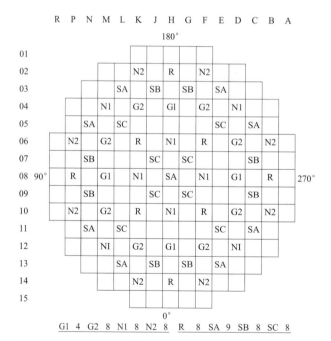

G1 4 G2 8 N1 8 N2 8 R 8 SA 9 SB 8 SC 8

图 462-02-10-02 "华龙一号"堆芯控制棒组件布置图

This figure shows a grid of fuel assembly boxes. Each box has a region number in the top-left corner and four values (AP, MP, AB, CB):

Region	AP	MP	AB	CB
6	0.97	1.03	137	137
9	0.95	1.19	135	135
6	1.05	1.13	151	151
5	1.09	1.29	159	159
6	1.14	1.21	167	167
7	1.20	1.33	182	182
6	1.09	1.18	167	167
2	0.92	1.32	145	145
8	0.95	1.19	135	135
6	1.02	1.11	145	145
5	1.06	1.26	152	152
6	1.10	0.17	160	160
5	1.11	1.33	164	164
6	1.12	1.21	169	169
5	1.05	1.31	163	163
1	0.96	1.26	151	151
6	1.05	1.13	151	151
5	1.06	1.26	152	152
6	1.08	1.15	156	156
5	1.08	1.28	158	158
6	1.09	1.16	161	161
5	1.06	1.28	160	160
4	1.11	1.27	171	171
1	0.74	1.22	116	116
5	1.09	1.29	159	159
6	1.10	1.17	160	160
5	1.08	1.28	158	158
6	1.08	1.15	158	158
5	1.04	1.25	155	155
6	0.98	1.09	148	148
3	0.79	1.29	121	121
6	1.14	1.21	167	167
5	1.11	1.33	164	164
6	1.09	1.16	161	161
5	1.04	1.25	155	155
6	1.00	1.10	151	151
3	0.95	1.36	146	146
1	0.61	1.03	94	94
7	1.20	1.33	182	182
6	1.12	1.21	169	169
5	1.06	1.28	160	160
6	0.98	1.09	148	148
x	0.95	1.36	146	146
1	0.70	1.11	107	107
6	1.09	1.16	167	167
5	1.05	1.31	163	163
4	1.11	1.27	171	171
3	0.79	1.29	121	121
1	0.61	1.03	94	94
6	0.92	1.32	145	145
1	0.96	1.28	151	151
1	0.74	1.22	116	116

Legend:

1	AP
	MP
	AB
x	CB

CB–CYCLB BURNUP
AB–ASSEMBLY BURNUP
MP–MAXIMUM POWER
AP–ASSEMBLY POWER

1, 2, 3, ...IN TOP LEPT CORNER INDICATES THE REGION 1, 2, 3, ...
x INDICATSS THE ASSEMBLY QUARTER WHERE YDH PEAR IS LOCATED

图 462-02-10-03　"华龙一号"首循环 BLX、无棒时的功率分布

0.97 1.04 137 137	0.93 1.14 135 135	1.02 1.11 151 151	1.10 1.33 159 159	1.16 1.24 167 167	1.07 1.33 182 182	**0.50 0.83 167 167**	0.56 0.91 145 145
0.95 1.19 135 135	0.95 1.02 145 145	0.91 1.21 152 152	2.07 2.19 160 160	1.15 1.37 164 164	1.11 1.23 169 169	0.91 1.25 163 163	0.83 1.17 151 151
1.02 1.11 151 151	0.91 1.21 152 152	**0.53 0.84 156 156**	0.99 1.33 158 158	1.18 1.27 161 161	1.06 1.40 160 160	1.11 1.27 171 171	0.75 1.19 116 116
1.10 1.33 159 159	1.07 1.19 160 160	0.99 2.33 158 158	1.13 1.26 158 158	1.20 1.41 155 155	1.17 1.28 148 148	0.91 1.47 121 121	
1.16 1.74 167 167	1.15 1.37 164 164	1.18 1.27 161 161	1.20 1.41 155 155	1.22 1.23 151 151	x 1.17 1.64 146 146	0.76 1.25 94 94	
1.09 1.33 182 182	1.11 1.23 169 169	1.16 1.40 160 160	1.17 1.28 148 148	1.17 1.64 146 146	0.88 1.38 107 107		
0.50 0.83 167 167	0.91 1.25 163 163	1.17 1.33 171 171	0.91 1.47 121 121	0.76 1.25 94 94			
0.66 0.91 145 145	0.93 1.17 151 151	0.75 1.19 116 116					

Legend:

1	AP
	MP
	AB
x	CB

CB–CYCLB BURNUP
AB–ASSEMBLY BURNUP
MP–MAXIMUM POWER
AP–ASSEMBLY POWER

1, 2, 3, ...IN TOP LEPT CORNER INDICATES THE REGION 1, 2, 3, ...
x INDICATSS THE ASSEMBLY QUARTER WHERE YDH PEAR IS LOCATED

图 462-02-10-04　"华龙一号"首循环 BLX、R 棒插入时的功率分布

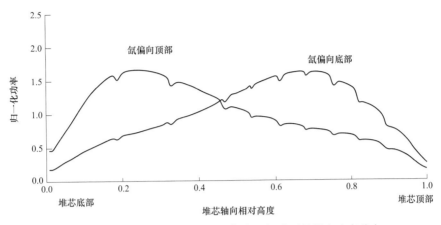

图 462-02-10-05 "华龙一号"寿期初典型的轴向功率分布

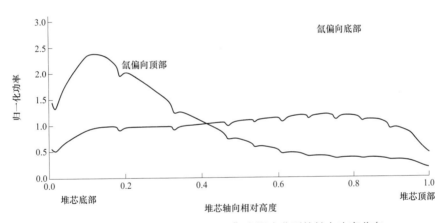

图 462-02-10-06 "华龙一号"寿期末典型的轴向功率分布

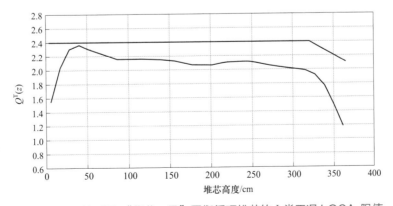

图 462-02-10-07 "华龙一号"平衡循环堆芯的Ⅰ类工况 LOCA 限值

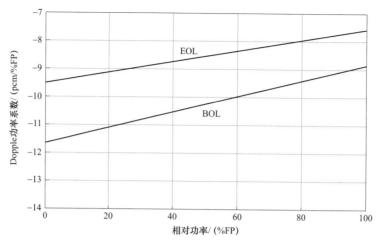

图 462-02-10-08 "华龙一号"首循环多普勒功率系数

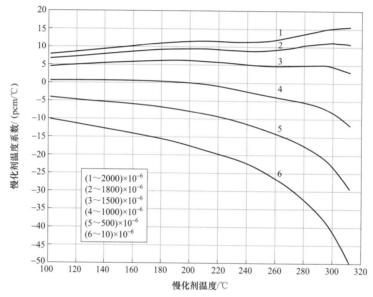

图 462-02-10-09 "华龙一号"首循环慢化剂温度系数（BOL、HZP、无棒）

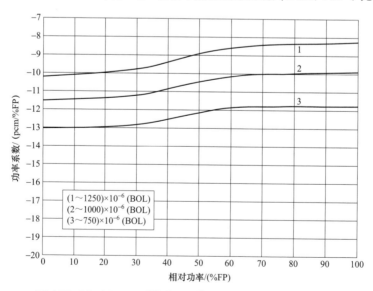

图 462-02-10-10 "华龙一号"首循环功率系数（BOL）

第三章　物理试验

1　概述

任何一个新建成的反应堆或换料后的堆芯，在投入正常运行之前都需要进行堆芯启动物理试验，而在反应堆正常运行过程中，也需要实施一系列物理试验，以监督和保障反应堆安全运行。核电厂反应堆的物理试验是一项大型试验，它涉及核电厂所有的重要系统，而且需要多个技术部门的通力合作。同时，反应堆物理试验是与安全相关的重要试验，是反应堆安全、稳定运行的重要保证，并对下一循环反应堆的换料和设计提供重要的物理参数。

反应堆物理试验的主要目的是：

——验证堆芯装载的正确性；

——检查堆芯物理参数与设计或安全值之间的一致性；

——堆外核测量仪表的系数检验或标定；

——确定棒控与棒位系统的功率补偿棒的校准曲线。

2　引用文件

下列文件对于本文件的应用是必不可少的。

《压水堆核电厂反应堆首次临界试验》（NB/T 20144—2012）

《压水堆核电厂反应堆首次装料试验》（NB/T 20434—2017）

《压水堆核电厂反应堆调试启动堆芯物理试验》（NB/T 20435—2017）

《福清 5、6 号机组物理试验监督要求》（CPX37EOP001N51103GN）

3　定义和术语

等效满功率天（EFPD）：燃耗单位，等效于额定反应堆热功率运行一天；

控制棒积分价值：指控制棒组从堆芯某一参考位置移到另一位置时引起的总反应性变化量。

4　缩略语

ARO：控制棒全提出堆芯；

PRC：功率量程通道；

mes：试验测量值；

cal：理论计算值。

5　物理试验

堆芯物理试验根据执行时机的不同分为堆芯启动物理试验和正常运行期间的定期试验。

5.1 堆芯启动物理试验

堆芯启动物理试验包括初始临界试验、零功率物理试验和升功率物理试验。反应堆的首循环启动物理试验和换料堆芯的启动物理试验有所不同。福清5、6号机组"华龙一号"首循环的启动物理试验内容和换料堆芯的启动物理试验内容如表462-03-05-01所示。

表462-03-05-01 福清5、6号机组启动物理试验项目表

序号	试验项目		首循环	换料堆芯
1	堆芯首次临界试验		√	√
2	零功率物理试验	临界硼浓度测量	ARO及各种棒组插入状态	ARO
		等温温度系数测量	ARO、R_{in}、$RG1_{in}$	ARO
		控制棒价值测量	单棒组、模拟弹棒棒束、模拟落棒棒束、落棒棒束、重叠棒组等	单棒组
3	升功率物理试验	热平衡测量	30、50、75、90、100	25、75、100
		功率分布测量	25、50、75、100	25、75、100
		功率量程系数刻度	25、50、75、100	25、75、100
		根据热平衡计算冷却剂流量	30、50、75、90、100	100
		功率控制棒刻度试验	100	100
		落棒试验	50	×
		模拟落棒试验	50（仅5号机组）	×
		模拟弹棒试验		×
		反应性系数测量	100	×

注："√"表示需要实施，"×"表示不实施，数字表示需要实施的功率台阶，Rin等表示控制棒插入。由于福清核电5、6号机组设计完全一致，对于调试期间需要在首先启动机组上实施的模拟弹棒试验、模拟落棒试验，6号机组就不再实施。

5.1.1 初始临界试验

（1）试验目的

在堆芯装换料完成后，引导反应堆安全、顺利地达到初始临界，并在临界后检验堆外探测器的重叠和线性关系、确定零功率物理试验范围和校验反应性仪。

（2）试验方法

初始临界实现的方法是，在确定的次临界状态下，采用提棒或者连续稀释的方式向堆芯引入正反应性，堆内的中子注量率水平逐渐增长，堆芯向临界状态逼近。最后通过提棒或稀释方式向超临界状态过渡。当出现正的、稳定的倍增周期时，说明反应堆已达到超临界状态，然后通过插棒使反应堆达到临界状态。在达临界过程中进行中子计数率的监测，并进行中子倒计数率的外推，判断临界参数。

机组达临界后，维持堆芯的临界状态，一次性提升控制棒引入约目标反应性（建议+20/+40/+60 pcm）的反应性；稳定约1～2 min，将控制棒插入至一个适当的位置，以控制中子注量率水平在零功率物理试验范围之内；利用反应性仪记录的数据，进行数据处理对反应性仪进行校验。

（3）验收准则

利用倍增周期计算得到的反应性与通过反应性仪测量得到的反应性的相对误差≤4%。

5.1.2 零功率物理试验

零功率物理试验的目的：

——验证堆芯装载与设计预计的一致性；

——验证堆芯物理参数的试验测量值与设计预计值的一致性；

——验证有关核参数的安全准则和运行准则，为实施提升功率试验创造良好的条件；

——为反应堆安全、稳定运行提供所需的物理参数。

零功率物理试验主要包括临界硼浓度测量、等温温度系数测量、控制棒价值测量等项目。

（1）临界硼浓度测量

——试验目的：

临界硼浓度测量主要有两个目的：1）从堆芯剩余反应性角度验证核设计的正确性；2）验证与估算本燃料循环的寿期。零功率物理试验中执行的临界硼浓度测量的目的是1）。

——试验方法：

堆芯零功率临界硼浓度的测量方法就是当反应堆达到零功率水平稳定临界、控制棒组在某一给定棒位时，用化学滴定法取样分析一回路可溶硼浓度，并对实际测量时的棒位、温度（压力等其他因素的影响较小暂忽略）作修正，得到参考状态临界点的硼浓度值。

——临界硼浓度测量的验收准则：

设计准则：

试验测得的 ARO 临界 硼浓度和理论计算所得到的 ARO 临界硼浓度的偏差小于 50×10^{-6}。

安全准则：

试验测得的 ARO 临界 硼浓度和理论计算所得到的 ARO 临界硼浓度的偏差小于 100×10^{-6}。

（2）等温温度系数测量

——试验目的：

在压水堆核电厂的堆芯启动物理试验中，要求对慢化剂温度系数这一重要参数进行测量和验证。但由于测量上的困难，慢化剂温度系数不是直接测量得到的，而通常都是在堆芯处于热态零功率物理试验状态下，通过对等温温度系数的测量而间接得到的。

——试验方法：

反应堆处于热态零功率物理试验状态下，一回路的热量主要由主泵提供。热量通过蒸汽发生器传热管传递至二回路，用来加热蒸汽发生器主给水，产生蒸汽。通过调节大气释 放阀开度来控制蒸汽的排放量，使蒸汽带走的热量等于一回路产生的热量，从而使一、二回路达到热力平衡状态，反应堆冷却剂温度保持恒定。为了测量等温温度系数，需要调整蒸汽排放量，打破一、二回路的热平衡状态，改变反应堆冷却剂温度即慢化剂温度。

在热态零功率物理试验状态下，通过调节阀门开度，使得慢化剂温度呈线性变化。反应性的变化通过反应性仪测量，并由此绘制反应性随慢化剂温度变化的曲线，曲线线性段的斜率（$\Delta p/\Delta T$）就是等温温度系数。在试验过程中，中子注量率水平控制在零功率物理试验范围内。当通量水平偏高或偏低要超出零功率物理试验范围时，可移动控制棒组以控制通量水平在测量量程要求的范围内。

——验收准则：

对应于某一特定棒位状态下，试验测量值与理论计算值之间的偏差不大于 3.6 pcm/℃。

慢化剂温度系数应不大于 0 pcm/℃。

（3）控制棒组积分价值测量

——试验目的：

控制棒价值取决于堆芯燃料装载等因素，在每个循环装料后，需要通过试验测量来验证控制棒价值。

——试验方法：

控制棒积分值的测量方法主要有调硼法、换棒法和动态刻棒法。

● 调硼法：

调硼法是在反应堆处于热态零功率试验范围内稳定运行时，以恒定的稀释（或硼化）速率来调节一回路冷却剂的硼浓度，向堆芯持续引入反应性变化，使堆芯的临界状态发生偏离，再通过间歇性的插入（或提升）待测控制棒组来补偿反应性的变化。在这个过程中，反应性仪通过计算得到堆芯反应性，直到待测棒组插入（或提升）至某一预计的位置。等待冷却剂硼浓度均匀（大约需要 30 min）后，调节待测棒组维持堆芯的临界状态。

● 换棒法：

换棒法是指利用已知微分价值且具有最大积分价值的控制棒组（每个循环不一样，首循环假设为棒组 R）和待测棒组（用棒组 X 表示）相互交换引入堆内的反应性，来测量 X 棒组积分价值。测量过程中必须保证测量的初末只有一组棒在堆内以消除不同棒组之间的空间干涉效应。

● 动态刻棒法：

动态刻棒法是在反应堆处于热态零功率试验范围内稳定运行时，一次性将所有控制棒组提出堆芯，待反应堆中子注量率水平上升至多普勒发热点附近时，一次性下插待测控制棒至堆底，通过探测器电流进行空间效应修正完成数据处理。

——验收准则：

控制棒积分价值测量值与理论值的相对偏差小于等于 10%。

5.1.3 热平衡测量和根据热平衡计算反应堆冷却剂流量

——试验目的：

热平衡测量主要用于准确测量反应堆的功率水平。当机组在某一功率水平下稳定运行时，机组一二回路系统处于热平衡状态，此时可以通过试验仪表系统（ITI）采集二回路热工参数，来确定反应堆热功率，以校核堆芯测量系统（RII）热功率、核仪表系统（RNI）核功率和计算反应堆冷却剂流量。

——试验方法：

● 进入试验仪表系统（ITI），确认试验参数设置正确，进行热平衡测量，打印试验报表；

● 在核电厂计算机信息和控制系统（IIC）或试验数据采集系统（IDA）中记录/打印堆芯状态参数；

● 计算热平衡测量结果与堆芯测量系统（RII）热功率、核仪表系统（RNI）核功率，必要时修改参数；

● 需要时，热平衡测量的堆芯热功率和 RCS 冷热端温度，计算一回路冷却剂流量。

——验收准则：

热平衡测量的验收准则：ITI 系统误差小于 1%（设计准则）。

根据热平衡计算反应堆冷却剂流量的验收准则：满功率时，环路流量大于热工设计流量且小于机械设计流量，压力容器流量大于 3 倍热工设计流量且小于 3 倍机械设计流量（安全准则）。

5.1.4 功率分布测量

——试验目的：

在压水堆堆芯里，任何一点处所产生的热量都是该点中子注量率的函数。如果堆芯热点功率超过限值就有可能导致燃料发生损坏。为确保反应堆的安全运行，需要监测堆芯功率的大小，掌握堆芯功率分布，通过堆芯测量系统（RII）监督堆芯核焓升通道因子、象限功率倾斜比、线功率密度、最小偏离泡核沸腾比、轴向功率偏差等参数。

——试验方法：

堆芯首次达到 25% FP 功率后，氙平衡建立前进行，将 R 棒组向堆芯内插入 10 步，引起堆芯轴向功率分布向底部偏移，确认 RII 的中子注量率测量系统（CNFM）测量的轴向功率偏差响应如预期。试验步骤如下：

● 确认堆芯达到氙平衡状态；

● 进行一次热平衡测量；

● 查看 RII 系统堆芯核功率显示、各环路冷热段冷却剂温度、堆芯燃耗分布显示、堆芯轴向功率偏差及象限倾斜显示、堆芯各组件功率的理论值与实测值的偏差显示、堆芯各组件 $F_{\Delta H}$ 分布显示、$F_Q（z）$ 沿轴向高度的变化曲线及最小 LOCA 裕量显示、最大线功率密度显示、堆芯 DNBR 分布。

——验收准则

● 运行准则：

25% FP 时，插 R 棒前轴向功率偏移 AO_{in-1} 与插 R 棒后 AO_{in-2} 满足 $AO_{in-1} > AO_{in-2}$。

测点组件的平均组件功率：

堆芯功率 50% FP 及以上，

组件相对功率≥0.9，测点组件的组件平均功率测量值和预计值的偏差$|（M\text{-}P）/P|\leqslant 5\%$；

组件相对功率<0.9，测点组件的组件平均功率测量值和预计值的偏差$|（M\text{-}P）/P|\leqslant 8\%$。

堆芯功率 50% FP 以下，

组件相对功率≥0.9，测点组件的组件平均功率测量值和预计值的偏差$|（M\text{-}P）/P|\leqslant 10\%$；

组件相对功率<0.9，测点组件的组件平均功率测量值和预计值的偏差$|（M\text{-}P）/P|\leqslant 15\%$。

● 安全准则：

总焓升因子 $（F_{\Delta H}^{T}）_M \times 1.05 < F_{\Delta H}^{L}$（50% FP 以上）。

总功率因子 $F_Q（z）^{MES} \times P_r \times 1.08 < F_Q^{L}$。

5.1.5 RNI 功率量程系数刻度

——试验目的：

压水堆核电厂在启动过程和功率运行过程中，反应堆的核功率和堆芯轴向功率分布都是通过核仪表系统（RNI）进行有效的、连续不断的测量和监视。RNI 系统有运行监督和核安全监督两种功能，运行功能是为反应堆的临界安全监督以及为反应堆功率监测提供有效的信息，核安全监督功能主要是提供高中子注量率报警和停堆控制。RNI 系统必须能够实时地正确反映反应堆实际功率水平和堆内轴向功率变化的情况。

由于核仪表系统（RNI）的探测器孔道有限，电离室轴向分节数不多，堆内中子经慢化、扩散等过程达到堆外探测器时其轴向分布很难与堆内完全一致，加上探测器本身灵敏度的离散性，所使用中子探测器物质（^{10}B）的燃耗以及系统本身的漂移等因素，核仪表系统（RNI）的精度相对堆芯测量系统（RII）而言要差一些。所以，需要周期性的利用反应堆热功率的测量和堆内中子注量率测量的结果，对核仪表系统（RNI）的功率量程通道进行刻度，确定核仪表系统（RNI）4 个功率量程通道刻度系数所需的参数，确保核仪表系统（RNI）核功率和轴向功率偏差显示值的准确性。

——试验方法：

RNI 功率量程系数刻度试验方法主要包括"多点法"和"一点法"。

● 多点法：

通过调硼将控制棒插入或提出堆芯得到 6～8 个不同堆芯状态，每次轴向功率偏差变化量为 1% FP～2% FP，从而开展多次部分功率分布测量（堆内径向、轴向功率分布）及热平衡测量（功率），根据得到的堆内轴向功率偏移、功率数据以及堆外电流数据（需要"多个点"实测数据），计算出新的 RNI 刻度系数（α、KU、KL 等）。

● 一点法：

"一点法"是一种理论计算与现场测量相结合的方法，首先通过数值模拟的方法得到不同棒位下或不同氙分布下的轴向功率偏移（AO）和堆内三维的功率分布，即利用核设计软件的数值模拟代替传统刻度方法的多次堆内功率分布测量。然后利用功率分布和探测器响应函数计算功率量程探测器的模拟电流。接着利用现场测量的一点通量图数据对探测器灵敏性进行刻度，并对探测器的模拟电流"信号"进行归一，计算出新的 RNI 刻度系数（α、KU、KL 等）。

——验收准则

运行准则：

热平衡测量得到的功率 W 和 PRC 读出的功率 RNI 的偏差 $|W-P_r(k)|<5\%$ FP。

堆芯测量系统测量的轴向功率偏差 ΔI_{in} 和 RNI 读出的 ΔI 的偏差 $|\Delta I_{in}-\Delta I(k)|<3\%$ FP。

5.1.6 功率补偿棒刻度

——试验目的：

该试验程序的目的是为了确定功率补偿棒 G1、G2、N1、N2 的刻度曲线，该曲线存储于 CCS 服务单元（SU）中，可将汽轮机功率信号转化为功率补偿棒刻度位置。

——试验方法：

功率控制棒刻度曲线的确定方法包括理论曲线过热修正法和降负荷试验法。

● 理论曲线过热修正法：

根据《G 棒组功率控制试验与校准》试验确定的电功率热功率转换系数，再进行过热修正确定功率控制棒刻度曲线，不需要堆上试验。

● 降负荷试验法：

堆芯在 100% FP 功率氙平衡状态下，试验前将控制棒棒速设置为 72 步/min，将控制棒组置于"自动"控制模式，在汽轮机控制系统上设定降负荷至 500 MW，降负荷需要连续进行。进行数据处理确定功率控制棒刻度曲线。

——验收准则：

无。

5.2 正常运行期间的定期试验

正常运行期间的定期试验，用于定期验证堆芯安全相关参数，保证堆芯运行安全。根据《物理试验监督要求》，需要实施热平衡测量、堆芯功率分布测量、功率量程系数刻度试验、功率控制棒刻度寿期末慢化剂温度系数测量等，试验内容和频率见表 462-03-05-02。

表 462-03-05-02　定期试验内容

序号	监督项目	监督频率	监督内容
1	热平衡测量	7 d	用 ITI 热平衡结果校正 RNI 功率值
2	堆芯功率分布测量	30EFPD 或 60 d	监督堆芯核焓升通道因子、象限功率倾斜比、线功率密度、最小偏离泡核沸腾比等参数，确定堆芯轴向功率偏差
3	功率量程系数刻度	90EFPD	RNI 核功率和轴向功率偏差校准
4	功率控制棒刻度	60EFPD	确定功率控制棒刻度曲线
5	寿期末慢化剂温度系数测量	1C	确定慢化剂温度系数在下限之内

5.2.1 热平衡测量和根据热平衡计算反应堆冷却剂流量

——试验目的：

热平衡测量主要用于准确测量反应堆的功率水平。当机组在某一功率水平下稳定运行时，核电厂一、二回路系统处于热平衡状态，此时可以通过试验仪表系统（ITI）采集二回路热工参数，来确定反应堆热功率，以校核堆芯测量系统（RII）热功率、核仪表系统（RNI）核功率和计算反应堆冷却剂流量。

——试验方法：

当反应堆正常运行期间每 7D，按照如下步序进行试验。

● 进入试验仪表系统（ITI），确认试验参数设置正确，进行热平衡测量，打印试验报表。

- 在核电厂计算机信息和控制系统（IIC）或试验数据采集系统（IDA）中记录/打印堆芯状态参数；
- 计算热平衡测量结果与堆芯测量系统（RII）热功率、核仪表系统（RNI）核功率，必要时修改参数；
- 需要时，热平衡测量的堆芯热功率和 RCS 冷热端温度，计算一回路冷却剂流量。

——验收准则：

热平衡测量的验收准则：ITI 系统误差小于 1%（设计准则）。

根据热平衡计算反应堆冷却剂流量的验收准则：满功率时，环路流量大于热工设计流量且小于机械设计流量，压力容器流量大于 3 倍热工设计流量且小于 3 倍机械设计流量（安全准则）。

5.2.2 功率分布测量

——试验目的：

在压水堆堆芯里，任何一点处所产生的热量都是该点中子注量率的函数。如果堆芯热点功率超过限值就有可能导致燃料发生损坏。为确保反应堆的安全运行，需要监测堆芯功率的大小，掌握堆芯功率分布，通过堆芯测量系统（RII）监督堆芯核焓升通道因子、象限功率倾斜比、线功率密度、最小偏离泡核沸腾比、轴向功率偏差等参数。

——试验方法：

- 确认堆芯达到氙平衡状态；
- 进行一次热平衡测量；
- 查看 RII 系统堆芯核功率显示、各环路冷热段冷却剂温度、堆芯燃耗分布显示、堆芯轴向功率偏差及象限倾斜显示、堆芯各组件功率的理论值与实测值的偏差显示、堆芯各组件 $F_{\Delta H}$ 分布显示、$F_Q(z)$ 沿轴向高度的变化曲线及最小 LOCA 裕量显示、最大线功率密度显示、堆芯 DNBR 分布。

——验收准则

- 运行准则：

测点组件的平均组件功率：

堆芯功率 50% FP 及以上；

组件相对功率 ≥0.9，测点组件的组件平均功率测量值和预计值的偏差 $|(M\text{-}P)/P|\leqslant5\%$；

组件相对功率 <0.9，测点组件的组件平均功率测量值和预计值的偏差 $|(M\text{-}P)/P|\leqslant8\%$。

堆芯功率 50% FP 以下，

组件相对功率 ≥0.9，测点组件的组件平均功率测量值和预计值的偏差 $|(M\text{-}P)/P|\leqslant10\%$；

组件相对功率 <0.9，测点组件的组件平均功率测量值和预计值的偏差 $|(M\text{-}P)/P|\leqslant15\%$。

- 安全准则：

总焓升因子 $(F_{\Delta H}{}^{T})_M\times1.05<F_{\Delta H}{}^{L}$（50% FP 以上）。

总功率因子 $F_Q(z)^{MES}\times P_r\times1.08<F_Q{}^{L}$。

5.2.3 RNI 功率量程系数刻度

——试验目的：

压水堆核电厂在启动过程和功率运行过程中，反应堆的核功率和堆芯轴向功率分布都是通过核仪表系统（RNI）进行有效的、连续不断的测量和监视。RNI 系统有运行监督和核安全监督两种功能，运行功能是为反应堆的临界安全监督以及为反应堆功率监测提供有效的信息，核安全监督功能主要是提供高中子注量率报警和停堆控制，RNI 系统必须能够实时地正确地反映反应堆的实际功率水平和堆内轴向功率变化的情况。

由于核仪表系统（RNI）的探测器孔道有限，电离室轴向分节数不多，堆内中子经慢化、扩散等过程达到堆外探测器时其轴向分布很难与堆内完全一致，加上探测器本身灵敏度的离散性，所使用中子探测器物质（^{10}B）的燃耗以及系统本身的漂移等因素，核仪表系统（RNI）的精度相对堆芯测量系统（RII）而言要差一些。所以，需要周期性的利用反应堆热功率的测量和堆内中子注量率测量的结果，对核仪表系统（RNI）的功率量程通道进行刻度，确定核仪表系统（RNI）4 个功率量程通道刻度系数所需的参数，确保核仪表系统（RNI）核功率和轴向功率偏差显示值的准确性。

——试验方法：

RNI 功率量程系数刻度试验方法主要包括"多点法"和"一点法"。

● 多点法：

通过调硼将控制棒插入或提出堆芯得到 6~8 个不同堆芯状态，每次轴向功率偏差变化量为 1% FP-2% FP，从而开展多次部分功率分布测量（堆内径向、轴向功率分布）及热平衡测量（功率），根据得到的堆内轴向功率偏移、功率数据以及堆外电流数据（需要"多个点"实测数据），计算出新的 RNI 刻度系数（α、KU、KL 等）。

● 一点法：

"一点法"是一种理论计算与现场测量相结合的方法，首先通过数值模拟的方法得到不同棒位下或不同氙分布下的轴向功率偏移（AO）和堆内三维的功率分布，即利用核设计软件的数值模拟代替传统刻度方法的多次堆内功率分布测量。然后利用功率分布和探测器响应函数计算功率量程探测器的模拟电流。接着利用现场测量的一点通量图数据对探测器灵敏性进行刻度，并对探测器的模拟电流"信号"进行归一，计算出新的 RNI 刻度系数（α、KU、KL 等）。

——验收准则：

运行准则：

热平衡测量得到的功率 W 和 PRC 读出的功率 RNI 的偏差 $|W\text{-}P_r(k)| < 5\%$ FP。

堆芯测量系统测量的轴向功率偏差 ΔI_{in} 和 RNI 读出的 ΔI 的偏差 $|\Delta I_{in}\text{-}\Delta I(k)| < 3\%$ FP。

5.2.4 功率补偿棒刻度

——试验目的：

该试验程序的目的是为了确定功率补偿棒 G1、G2、N1、N2 的刻度曲线，该曲线存储于 CCS 服务单元（SU）中，可将汽轮机功率信号转化为功率补偿棒刻度位置。

——试验方法：

正常运行期间的功率控制棒刻度一般采用理论曲线过热修正法。

——验收准则：

无。

第四章 热工水力设计

1 概述

热工水力设计分析计算确定冷却剂的热工水力学参数，这些参数保证燃料包壳和冷却剂之间提供充分的传热。热工设计考虑了结构尺寸、发热量、流量分布和搅混的局部变化，定位格架上的搅混翼使燃料组件各流道之间和相邻燃料组料之间引起附加的流动搅混。在堆芯内部和外部设置测量仪表，以监视反应堆的核、热工水力和机械特性，并为自动控制功能提供输入数据。

本章综述了反应堆热工水力的设计基础和假设以及相应设计计算方法。

2 引用文件

下列文件对于本文件的应用是必不可少的。

《压水堆核电厂燃料系统设计限值规定》（EJ/T 1029—1996）

《压水堆核电厂安全停堆设计准则》（EJ/T561—2000）

《压水堆核电厂工况分类》（NB/T 20035—2011）

《核反应堆稳态中子反应率分布和反应性的确定》（NB/T 20102—2012）

《压水堆核电厂未能紧急停堆的预期瞬态分析要求》（NB/T 20104—2012）

《反应堆热工水力设计报告》（CPX42102001N56144GN）

3 定义和术语

无。

4 缩略语

DNB：偏离泡核沸腾；

DNBR：偏离泡核沸腾比。

5 设计基准和设计限值

5.1 设计基准

5.1.1 偏离泡核沸腾

在正常运行、运行瞬态以及中等频率事故工况（即Ⅰ类工况和Ⅱ类工况）下，堆芯最热元件表面，在95%的置信水平上，至少有95%的概率不发生偏离泡核沸腾（DNB）现象。

这个DNB准则是通过保守地遵守下列热工设计基准得到满足的：在Ⅰ类工况和Ⅱ类工况时，极限燃料棒的MDNBR大于或等于所用的DNB关系式对应的DNBR限值。

对所建立的关系式，DNBR限值取决于关系式的分散度，当计算的DNBR等于DNBR限值时，不发生 DNB 的概率在 95% 置信度上为 95%。

5.1.2 燃料温度

在 I 类工况和 II 类工况下,堆芯具有峰值线功率密度的燃料棒,在 95% 的置信水平上,至少有 95% 的概率不发生燃料中心熔化。预防燃料熔化可消除熔化了的 UO_2 对棒包壳的不利影响,以保持棒的几何形状。

5.1.3 堆芯流量

设计必须保证正常运行时堆芯燃料组件和需要冷却的其他构件能得到充分的冷却,保证在事故工况下有足够多的冷却剂排出堆芯余热。

反应堆热工水力设计应采用热工设计流量(最小流量)。反应堆总旁通流量的设计限值为 6.5%。它包括堆芯控制棒导向管冷却流量、上封头冷却流量、围板与吊篮间泄漏、外围空隙旁流,以及压力容器出口管嘴泄漏等。

5.1.4 堆芯水力学稳定性

在 I 类工况和 II 类工况下,必须保证堆芯不发生水力学流动不稳定。

5.1.5 反应堆运行的物理限值

在 I、II 类工况下,利用超温 ΔT 保护通道来保证堆芯不发生 DNB。

超温 ΔT 保护系统是根据一定的保护函数进行在线保护。这个保护函数是通过对 DNB 事件敏感的堆芯轴向和径向功率分布研究分析确定的。而堆芯运行控制模式是堆芯功率分布的决定因素。

5.2 设计限值

5.2.1 DNBR 设计限值

设计采用 FC 关系式,采取确定论或统计法确定 DNBR 设计限值。对于确定论法,得到的 DNBR 限值为 1.15,把亏损加到 DNBR 关系式限值中来考虑燃料棒弯曲对堆芯的负面影响,得出确定论的 DNBR 设计限值;对于统计法,对核电厂运行参数(一回路冷却剂温度、反应堆功率、稳压器压力和反应堆冷却剂系统流量)的不确定性、关系式不确定性以及计算程序的不确定性进行了统计综合,得到的 DNBR 限值为 1.25,再考虑燃料棒弯曲带来的亏损,得出统计法的 DNBR 设计限值。因为统计法在确定 DNBR 设计限值时,考虑各参数的不确定性,所以,应用统计法的事故分析中将采用这些参数的名义值。

防止 DNB,就能保证燃料包壳和反应堆冷却剂之间的充分传热,因此也就防止了由于缺少冷却而发生包壳损坏。燃料棒表面最高温度不作为一个设计基准。因为在泡核沸腾区运行时,燃料棒表面最高温度与冷却剂温度只差几度。由核控制和保护系统所提供的整定值,使得与 II 类工况有关的包括超功率在内的瞬态都满足这个设计限值。

此外,"华龙一号"采用燃料棒线功率密(LPD)和偏离泡和沸腾比(DNBR)在线监测系统,以自给能中子探测器(SPND)的电流信号为输入,通过将电流信号转化为测点燃料组件功率,然后通过拓展计算得出全堆功率分布,再通过精细功率重构获得堆芯精细功率分布,进而可算出堆芯 LPD 分布和 DNBR 分布。最后通过与报警限值比较,实现监测、诊断、报警等功能。该系统能准确直观地描述堆芯的运行状况供操纵员使用,从而更有效地防止燃料棒线功率密度超限和发生偏离泡核沸腾,确保燃料的完整性。与传统的检测和保护系统相比,该系统直接监测与燃料芯块和包壳屏障相关的实际安全参数,而不是通过中间物理参数来间接监测,因而能更准确地描述检芯的运行状况,具有较小的不确定性,能提供更大的运行灵活性。

5.2.2 燃料温度设计限值

在 I 类工况和 II 类工况下,堆芯具有峰值线功率密度的燃料棒的中心温度,在 95% 的置信水平上,至少有 95% 的概率达不到规定燃耗下的燃料熔点。

未辐照的 UO_2 的熔点为 2804 ℃。UO_2 的实际熔点与多种因素有关，其中辐照影响最大。每燃耗 10 000 MW·d/t，UO_2 熔点下降 32 ℃。设计中使用的限值为 2590 ℃。

在额定功率、最大超功率和不同燃耗的瞬变期间，均要执行燃料棒的热工计算。

5.2.3 堆芯流量设计限值

堆芯热工水力设计应使用热工设计流量。根据经验，取热工设计流量的 6.5% 作为堆芯总旁流量的设计限值。该旁流量限值必须通过反应堆水力学设计加以保证。

热工设计总流量定为 68 520 m^3/h。

6 计算机程序和计算方法

6.1 热工分析程序

热工分析程序用于计算堆芯焓场、流场以及最小 DNBR。

程序所用的基本热工水力守恒方程包括：

——质量守恒方程；

——动量守恒方程（三坐标轴方向）；

——能量守恒方程。

描述物理模型和关系式的附加方程包括：

——液相能量平衡方程（确定两相计算的局部含汽量）；

——燃料棒和包壳的导热方程；

——子通道间热交换方程。

6.2 堆内压降和旁流计算程序

堆内压降和旁流计算程序可以计算正常运行工况下反应堆压力容器内的：

——压降；

——旁流：

- 出口接管间隙处的漏流；
- 喷嘴旁流量；
- 围板组件处旁流量；
- 围板和外围组件之间的旁流量；
- 水力载荷。

程序可以算出旁流和水力载荷的最佳估算值，也可考虑结构尺寸公差等不确定性以及它们不同组合情况下以上参数的最大值和最小值。堆芯内导向管内旁流计算通过求解由两个平行通道组成的流动系统的连续性方程、动量方程和能量方程，由此算出导向管和仪表管的旁流量。计算考虑阻力系数随雷诺数的变化关系。

6.3 堆芯功率能力分析程序

堆芯功率能力分析程序采用堆芯三维分析程序。

第五章　反应性控制

1　概述

反应堆由于温度、压力、功率及燃耗等参数的变化，使堆芯的反应性发生相应的变化。为了保证反应堆有一定的工作寿期，以满足启动、停堆和功率变化的要求，反应堆的初装量必须大于临界装量，以有一个适当的后备反应性。同时，必须提供控制和调节这个后备反应性的具体手段，以使反应堆的反应性保持在所需的各种数值上。这是反应性控制设计的基础。反应性控制的主要任务是：

——采用各种切实有效的控制方式，在确保堆芯安全的前提下，控制反应堆的剩余反应性，以满足反应堆长期运行的需要；

——通过控制毒物合理的空间布置和最佳的控制程序，使反应堆在整个堆芯寿期内保持较平坦的功率分布，使功率峰因子尽可能的小；

——在外界负荷发生变化时，能够迅速调节反应堆的功率，使它能够适应外界负荷的变化；

——在反应堆出现事故时，能够快速地、安全地将反应堆停闭，并保持一定的停堆深度。

堆芯剩余反应性的大小与反应堆的运行时间和运行工况有关。一般来说，一个新堆芯在冷态无中毒情况下，它的初始剩余反应性最大。在反应性控制的具体设计中，必须充分注意安全原则。例如反应性控制量中一般还须包括停堆裕度一项，以保证反应堆停堆时有效增值系数 k_{eff} 值足够小，使反应堆在足够安全的次临界深度上。这样，在发生某些事故（如硼稀释事故等）时，使操纵员有足够的时间来控制反应堆。

总的后备反应性必须等于水和铀的温度效应、毒物效应及燃耗效应引入的反应性和，才能保证反应堆有一定的工作寿期及其他要求。而总的反应性控制量应大于总的后备反应性加上停堆深度。压水堆核电厂在运行过程中，反应性的控制方式主要采用下述方式来实现的：

——控制棒控制；

——可溶硼控制；

——可燃毒物棒控制。

2　引用文件

下列文件对于本文件的应用是必不可少的。

《压水堆核电厂安全停堆设计准则》（EJ/T561—2000）

《压水堆核电厂工况分类》（NB/T 20035—2011）

《压水堆核电厂反应堆系统设计 堆芯 第1部分 核设计》（NB/T 20057.1—2012）

《压水堆核电厂反应堆系统设计 堆芯 第3部分：燃料组件》（NB/T 20057.3—2012）

《压水堆核电厂反应堆系统设计 堆芯 第4部分：燃料相关组件》（NB/T 20057.4—2012）

《核反应堆稳态中子反应率分布和反应性的确定》（NB/T 20102—2012）

《福建福清核电5、6号机组（华龙一号）最终安全分析报告》（CPX00620001CNPE02GN）

《福建福清核电5、6号机组核设计报告》（CPX82010200N51103GN）

3　定义和术语

后备反应性：冷态干净堆芯的剩余反应性。

控制毒物：反应堆中作为控制反应性用的所有物质，例如控制棒、可燃毒物和化学补偿毒物等。

剩余反应性：堆芯在没有控制毒物时的反应性。

停堆深量：反应堆停堆后的某特定时刻，由堆芯反应性平衡（燃料、硼、插入的控制棒、温度效应和毒物）求得的负反应性。

停堆裕量：某一特定时刻，即将全部停堆棒组、控制棒组（去掉一组当量最大的控制棒束，假定它卡在全提的位置）插入堆芯使反应堆达到次临界时计算的负反应性总量。

控制棒微分价值：控制棒移动单位距离所引起的反应性变化。

控制棒积分价值：控制棒从堆芯某一参考位置移动到另一高度时，所引入的反应性变化。

硼的微分价值：堆芯单位硼浓度变化引起的反应性变化。

4　缩略语

BP：可燃毒物；

HFP：热态满功率；

HZP：热态零功率；

BOL：寿期初；

BLX：寿期初、平衡氙；

EOL：寿期末。

5　控制棒

在大型压水堆中，控制棒所必须控制的反应性一般在7%～10%左右。控制棒是强吸收体，它的移动速度快、操作可靠、使用灵活、控制反应性的准确度高。当反应堆需要紧急停堆时，控制棒的控制系统能够快速地引入一个大的负反应性，实现紧急停堆，并达到一定的停堆深度。当外界负荷或堆芯温度发生变化时，控制棒的控制系统必须引入一个适当的反应性，以满足反应堆功率与堆芯温度调节的需要。所以，它是反应堆中紧急控制和功率调节所不可缺少的控制手段。其具体功能有：

——功率亏损补偿；

——负荷跟踪时的反应性控制；

——调节由于温度、硼浓度或空泡效应等引起的小反应性变化；

——轴向功率分布控制；

——调节慢化剂平均温度，使之与二回路功率匹配；

——紧急停堆时，能够保证提供即使最大效率的一束控制棒完全卡在堆顶时的停堆裕量；

——任何一束控制棒的反应性足够小，以防止该棒组从堆芯弹出发生瞬发临界事故。

5.1　控制棒的特性

对控制棒材料有下列要求：首先要求它具有很大的中子吸收截面（不但要求它具有很大的热中子吸收截面，而且还要具有较大的超热中子吸收截面，特别是对于中子能谱比较硬的反应堆更应如此）。例如，在压水堆中，一般采用银-铟-镉合金作为控制棒材料。这是因为镉的热中子吸收截面很大，银和铟对于能量在超热能区的中子又具有较大的共振吸收能力。另外，还要求控制棒材料具有较长的寿命，这就要求它在单位体积中含吸收体核数要多，而且要求它吸收中子后形成的子核也具有较大的吸收截面，这样它的吸收中子的能力才不会受自身的"燃耗"的影响。最后，要求控制棒的材料具有抗辐照、抗腐蚀、耐高温和良好的机械性能，同时价格要便宜等。

为了确保停堆能力，在满功率状态下限制允许的控制棒组的反应性引入。随着功率的下降，对控制棒的反应性要求也降低，因而允许插入较多的棒。棒组位置受到监测，一旦接近其极限位置时，就有报警信号通知操纵员。控制棒插入极限是用保守的氙分布和轴向功率分布确定的。此外，由这些分析所确定的棒束控制组件提棒方式用于确定功率分布因子和弹棒事故中一个已插入棒束控制组件被弹出的最大价值。

"华龙一号"堆芯布置61组控制棒组件（图462-05-05-01），控制棒组件被分为两类：控制棒组和停堆棒组。控制棒组由功率补偿棒和温度调节棒构成，功率补偿棒在功率运行时可插入堆芯以控制功率分布和负荷跟踪，温度调节棒用于补偿由于温度变化引入的反应性，停堆棒组则用于提供足够的停堆裕量。控制棒束的分组主要是基于下述两项准则要求：

——所提供的负反应性必须足以满足前述的控制要求；

——焓升因子 $F_{\Delta H}$ 必须足够低，允许在调节棒部分插入时反应堆在低功率下运行。因而这些调节棒组价值及其重叠步数必须满足补偿轴向功率分布效应及功率亏损的要求。

棒束型控制棒组件有如下优点：

——吸收材料均匀地分布在堆芯，从而使堆内热功率分布较为均匀；

——提高了单位重量和单位体积吸收材料吸收中子的效率，大大减少了控制棒的重量；

——由于控制棒的直径很细、分布又较均匀，因此它引起的功率畸变也比较小。

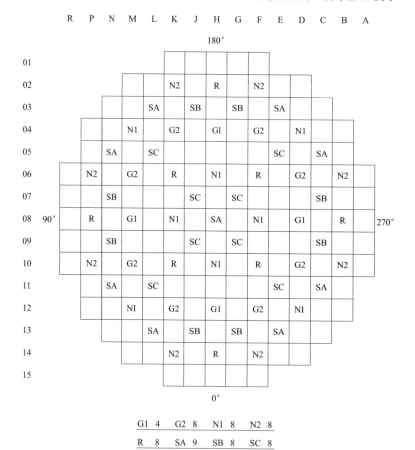

G1 4	G2 8	N1 8	N2 8
R 8	SA 9	SB 8	SC 8

图 462-05-05-01　堆芯控制棒束的布置图

5.2 影响控制棒价值的因素

影响控制棒价值的因素很多，如慢化剂温度、裂变产物的毒性、可溶硼浓度、反应堆功率水平以及控制棒组在堆芯的布置和状态等，但是慢化剂温度和燃耗是影响控制棒价值的重要因素。当慢化剂温度升高时，其密度降低了，中子在慢化剂中的穿行距离变大了。这样中子被控制棒吸收的概率变大了，也即控制棒的作用范围变大了。这就意味着慢化剂温度的升高，控制棒的价值变大。

对于给定的温度，堆芯燃耗的加深，使控制棒的价值增大。这主要是因为化学补偿浓度下降，热中子利用系数 f 增大，使控制棒的价值增大。另外，堆芯燃耗的加深使堆芯的中子注量率分布也发生变化，使控制棒价值发生变化。

当反应堆功率水平上升时，慢化剂温度升高，多普勒效应和裂变产物的积累导致堆芯宏观中子注量率分布的改变和中子能谱的硬化，从而使控制棒组的价值随着堆功率水平的上升略有增加。

另外，控制棒在堆内的布置和状态也影响着棒组的价值。一般情况下，反应堆内布置着较多的控制棒组，这些控制棒组同时插入堆芯时，控制棒的总价值并不等于单个控制棒插入堆芯时的价值之和。这是因为一根控制棒插入堆芯后将引起堆内中子注量率的畸变，这势必影响到其他控制棒的价值。这种现象称之为控制棒的阴影效应（或称"干涉效应"）。

5.3 控制棒组的重叠

在反应堆启动或停堆的过程中，为了保持相对恒定的反应性引入速率，要求控制棒组要有一定量的重叠。所谓控制棒重叠是指当一组控制棒组提到一定高度还尚未全提出堆芯时，后一组控制棒组开始从堆芯底部提起，然后两组控制棒组在保持一定的重叠量下继续上升，直至前一组控制棒组全提出堆芯，后一组控制棒组继续上升。同样，后续的控制棒组也在相同的重叠量下，与它前一组控制棒组一起继续上升直至规定的棒位。控制棒组的重叠步数是根据设计而定的，"华龙一号"功率补偿棒的重叠步数（图 462-05-05-02，按 G1、G2、N1、N2 插入次序）为 100、90、90。

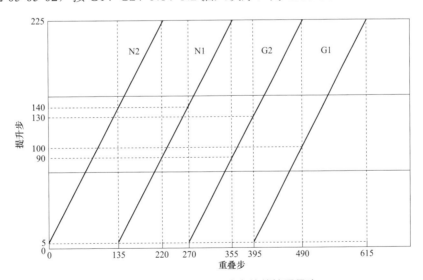

图 462-05-05-02 功率补偿棒重叠步

采用控制棒重叠可以得到比较均匀的棒微分价值，使控制棒移动时的轴向中子注量率分布更为均匀。非均匀的轴向中子注量率分布会引起堆芯非正常功率峰，可能使燃料组件烧毁。均匀的控制棒微分价值能够保证提棒时得到较均匀的反应性变化。如果微分价值很小或为零（在堆顶或堆底），控制棒移动时不引入反应性，这是不希望的。因为在发生事故或在瞬态过程中，希望控制棒组能够立即引入反应性。因此，在反应堆运行过程中，包括启动或停堆，控制棒以重叠棒组方式运行。

应当指出，停堆棒在正常运行情况下，都是提出堆芯的，所以运行过程对它没有重叠的要求。

6 可溶硼

反应堆的初始剩余反应性比较大，因而在堆芯寿期初，在堆芯中必须引入较多的控制毒物。但是这些毒物随着反应堆的运行，剩余反应性的不断减少，为了保持反应堆的临界，必须逐渐地从堆芯中移出多余的控制毒物。由于这些反应性的变化是很慢的，所以相应的控制毒物的变化也是很慢的。这部分的反应性通常是通过化学补偿毒物（可溶硼）和增加可燃毒物棒来控制的，化学补偿的作用是：

——保证停堆和换料期间合适的停堆深度；

——补偿燃耗引起的反应性变化；

——补偿氙和钐所引起的反应性变化；

——在功率缓慢变化时，补偿功率亏损，并使控制棒保持在插入限之上。

由于化学毒物溶解在一回路冷却剂内，在反应性控制方式中比其他两种方式有许多优点：

——化学毒物在堆芯中分布比较均匀，对整个堆芯的反应性效应比较均匀；

——化学补偿控制不会引起堆芯功率分布的畸变，而且在堆芯燃料分区装载的情况下，还能降低功率峰值因子，提高堆芯的平均功率密度；

——化学补偿控制中的化学毒物（硼）的浓度可以根据运行的需要来调节；

——另外，化学毒物不占堆芯栅格位置，也不需要设置驱动机构等，简化了堆芯的结构，减少了控制棒的数目，降低了投资，提高了堆的经济性。

但是化学补偿控制也有一些缺点，如它只能控制慢变化的反应性、它需要增加调硼系统设备等，其最主要缺点是溶于水中的硼浓度大小对慢化剂温度系数有显著影响。这是因为当水的温度升高时，水的密度减小使中子谱硬化，中子的泄漏率升高，使反应性减小，同时单位体积内含硼量也相应地减少，使反应性增加。因此，随着硼浓度的增加，慢化剂负温度系数的绝对值越来越小。当水中的硼浓度超过某一值时，有可能导致慢化剂温度系数出现正值。这是安全运行所不希望的。

硼酸中天然硼的 ^{10}B 丰度为 19.8%。

6.1 运行过程中的调硼

功率变化时由于功率亏损要引起反应性的变化，这时必须进行反应性的补偿操作。由于控制棒的移动会引起不可接受的功率分布偏移，但为了保证反应堆安全运行的要求，控制棒必须在堆内保持一定的插入量。因此，必须结合调硼方式来满足功率调节变化的要求，还有在功率变化时必须考虑毒物浓度的变化带来的慢效应。高功率下这种氙平衡引入的负反应性必须通过额外的硼稀释来进行补偿，这种反应性变化一般要比功率变化带来的反应性慢。

6.2 最小停堆硼浓度

冷、热停堆时所需的最小停堆次临界度是由控制棒组插入堆芯和最小可溶硼浓度一起提供的。为了保证在停堆后发生硼稀释事故时堆芯的安全性，要求必须提供额外的负反应性，这些负反应性在冷停堆和热停堆时由 SA、SB 和 SC 棒组提供。停堆时的次临界度由很多因素决定，主要有下列因素：

——未能测出的氙毒；

——被操纵员所控制的控制棒棒位及可溶硼浓度。

由于停堆时的反应性是不可测量的，因此必须建立控制棒棒位及硼浓度设定点，由于控制棒棒位是预先设定了的，因而必须计算硼浓度限值。

7 可燃毒物

在大型压水堆中，初始堆芯与长循环堆芯的初始剩余反应性都比较大。如果全部靠控制棒和化学补偿来控制，会出现如下结果：

——需要很多控制棒组件及其一套复杂的驱动机构。这样不但不经济，在实际工程上也很难实现，而且这样复杂的结构，设备机械结构强度也不许可，同时也给安全运行带来不利因素；

——大量增加化学毒物，可导致出现正的慢化剂温度系数。

"华龙一号"首炉堆芯使用硼硅酸盐玻璃可燃毒物棒，其中 B_2O_3 的重量百分比为 12.5%。后续长循环堆芯由于采用低泄漏装料方案，新燃料组件放在堆芯内区，使后备反应性增大，使用载轧燃料棒作为可燃毒物，保证功率运行时慢化剂温度系数必须为非负值。

8 停堆裕量

当发生主蒸汽管道断裂事故或硼稀释事故时，堆芯中将引入正的反应性。为了防止反应堆在停堆后重返临界，需要反应堆具有足够的停堆裕量。堆芯核设计计算应给出在满功率运行时，紧急停堆后所引入的各项正、负反应性，停堆后由满功率过渡到零功率时，正负反应性抵消之后，剩余的负反应性即为可利用的停堆裕量，它应大于设计准则所规定的停堆裕量的要求。

在紧急停堆时，控制棒组全部插入堆芯，出于保守考虑，假设反应性最大的一束控制棒被卡在堆芯顶部。此时要求堆芯必须处于次临界状态，且次临界度必须满足如下准则要求：在 HZP 时，BOL 和 EOL 停堆裕量分别不低于 1000 pcm 和 2300 pcm。

停堆裕量可以从下述反应性计算比较后得到：

——从 HFP 到 HZP 时各种反馈效应引入堆芯的正反应性；

——持制棒组插入后引入的负反应性。

正反应性引入主要包括从 HFP 至 HZP 时由于功率降低而引起的慢化剂温度效应、多普勒效应、通量再分布效应及空泡效应等。

（1）慢化剂温度效应

当反应堆由 HFP 过渡到 HZP 时，慢化剂平均温度下降，考虑到控制死区和测量误差，温差另增加 2.2 ℃。由于慢化剂温度系数为负，因此功率下降将引起反应性增加。随着燃料燃耗增加，临界硼浓度下降，慢化剂温度系数会变得更负，因而这个效应在堆芯循环末期更为重要。在计算慢化剂温度效应时，不考虑轴向通量再分布效应。

（2）多普勒效应

多普勒效应是由 ^{238}U、^{240}Pu 等同位素共振峰随燃料芯块温度增加展宽而引起的。由于从满功率到零功率，燃料芯块温度变化大，因此这个效应很重要。

（3）轴向注量率再分布效应

在反应堆功率运行时，堆芯慢化剂密度随堆芯高度上升而下降；而在零功率时，慢化剂密度沿堆芯高度则为常量。因此从 HFP 到 HZP 时轴向通量分布会有相应的改变，这会导致：

——轴向中子泄漏的变化；

——因为轴向燃耗不均匀的堆芯在中子平衡上沿轴向区的变化，从而引起反应性的改变。

注量率再分布效应一般引入正的反应性效应。对于首循环 BOL 时，堆芯中燃料组件都为新组件，通量再分布效应较小，注量率再分布效应保守地取为 300 pcm。对于首循环 EOL 时，注量率再分布效应取为 850 pcm，而对于以后各循环，注量率再分布效应保守地取为 950 pcm。

（4）空泡效应

空泡效应是由堆芯局部沸腾后产生少量体积的小气泡，在功率降低时，由于气泡消失引入正反应性。由于空泡体积小，其引入的正反应性也就很小，一般不超过 50 pcm。

（5）R 棒插入效应

反应堆在功率运行时，温度调节棒组有部分插入堆内。为了满足停堆裕量要求、弹棒事故安全准则及 $F_{\Delta H}$ 设计限值要求，规定温度调节棒组在反应堆有功率运行时插入限值对应的负反应性引入为 500 pcm，它应从紧急停堆后控制棒引入的负反应性中扣除。"华龙一号"R 棒插入限值见图 462-05-08-01。

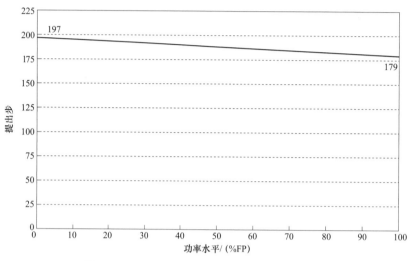

图 462-05-08-01 "华龙一号"R 棒插入限值

（6）功率补偿棒插入效应

在计算停堆裕量时，保守地认为功率补偿棒组的插入效应为 290 pcm，其相当的反应性应从紧急停堆后控制棒引入的负反应性中扣除。

（7）负反应性引入

堆芯紧急停堆后，所有控制棒全部插入堆芯引入负的反应性。计算控制棒价值时的计算状态为 HZP 和 EOL（和 BOL），保守起见，假设控制棒全部插入时反应性最大的一束棒被卡在堆外，考虑到计算不确定性，应从控制棒引入的负反应性中再扣除 10%。

表 462-05-08-01 第一循环停堆裕量示意表

	反应性引入/pcm	
	BOL	EOL
HZP 时棒束控制组件价值		
HZP 时 61 个棒束控制组件价值	10 860	10 962
卡最大价值棒反应性	3187	2120
净价值	7673	8842
10%裕量	767	884
R 棒和灰棒束插棒价值	790	790
灰棒束磨损	0	0
60 个控制棒束组件停堆负反应性（1）	6116	7168
正反应性引入		
多普勒效益	1160	946

续表

	反应性引入/pcm	
	BOL	EOL
慢化剂温度亏损	356	1146
空泡效应	50	50
通量再分布效应	300	850
总的正反应性引入（2）	1866	2992
停堆裕量（1）-（2）	4250	4176
要求的停堆裕量/pcm	1000	2300

第六章 燃料管理

1 概述

核燃料组件是核电厂堆芯的关键部件，涉及核电厂的安全、可靠运行。为了确保营运单位机组运行安全，不违反由于核燃料和营运单位整体的设计安全考虑所规定的限值；经济和高效地利用核燃料，优化反应堆堆芯运行，有效保证核材料管理工作的规范化、系统化，需要建立和健全一套与营运"华龙一号"相适应的国际先进的核燃料管理策略。

1.1 核燃料管理策略

对核燃料采购的质量、进度及成本进行有效的控制；换料堆芯设计的管理应确保对核燃料设计、换料堆芯设计和运行策略的变更是可接受的，与反应堆运行的安全性、经济性和可靠性是相符的；对反应堆堆芯设计或运行策略的重大变更须经过充分论证，审慎决策；对堆芯与核燃料的运行与操作制定有效的监督措施，确保核电厂现场运行管理与换料设计的一致性；制定恰当的燃料完整性监督措施，包括破损泄漏燃料的应对策略；对核材料进行有效的管制，以精确衡算所持有的全部核材料，防止核材料的丢失、被盗与非法转移，并满足相应的监管要求；制定长期的乏燃料贮存规划，优化乏燃料贮存与发运方案，保证核电厂运行与换料的正常进行。

1.2 核燃料管理目标

——确保核电厂第一道屏障（核燃料包壳）的完整性，确保堆芯运行满足技术规范的安全要求；

——核燃料采购的管理应确保营运单位运行所需核燃料按照合格质量与进度供应；

——制定合理的燃料管理策略，优化大修/发电计划，并提升核电厂燃料使用的经济性；

——实施安全和经济的乏燃料管理，确保机组正常的运行和换料能力；

——实施核材料管制，防止核材料被非法转移和使用，确保核电厂持有的核材料的安全。

2 引用文件

下列文件对于本文件的应用是必不可少的。

《核电厂设计安全规定》（HAF102）

《核电厂运行安全规定》（HAF103）

《核材料管制条例》（HAF501）

《核动力厂运行限值和条件及运行规程》（HAD103/01）

《核电厂堆芯和燃料管理》（HAD103/03）

《核电厂物项制造中的质量保证》（HAD003/08）

《核燃料组件采购、设计和制造中的质量保证》（HAD003/10）

《核电厂燃料装卸贮存系统》（HAD102/15）

《压水堆核电厂燃料系统设计限值规定》（EJ/T 1029—1996）

《压水堆核电厂安全停堆设计准则》（EJ/T 561—2000）

《压水堆燃料组件机械设计和评价》（EJ/T 629—2001）

《反应堆外易裂变材料的核临界安全 第 8 部分：堆外操作、贮存、运输轻水堆燃料的核临界安全准则》（GB/T 15146.8—2008）

《压水堆核电厂反应堆系统设计 堆芯 第 1 部分 核设计》（NB/T 20057.1—2012）

《压水堆核电厂反应堆系统设计 堆芯 第 3 部分：燃料组件》（NB/T 20057.3—2012）

《压水堆核电厂反应堆系统设计 堆芯 第 4 部分：燃料相关组件》（NB/T 20057.4—2012）

《压水堆核电厂新燃料组件包装、运输、装卸和贮存规定》（NB/T 20141—2012）

《福建福清核电 5、6 号机组（华龙一号）最终安全分析报告》（CPX00620001CNPE02GN）

3 定义和术语

核燃料：本章节指包含铀原料、燃料组件；

燃料元件（燃料棒）：以核燃料作为其主要成分的最独立的构件；

燃料组件：组装在一起并且在反应堆装料和卸料过程中不拆开的一组燃料元件；

乏燃料（或称乏燃料组件）：辐照达到计划卸料比燃耗后从堆内卸出，且不再在该堆中使用的核燃料组件；

相关组件：控制棒组件、中子源组件、可燃毒物组件和阻流塞组件的统称；

核材料：^{235}U，含 ^{235}U 的材料和制品；^{233}U，含 ^{233}U 的材料和制品；^{239}Pu，含 ^{239}Pu 的材料和制品；氚，含氚的材料和制品；^{6}Li，含 ^{6}Li 的材料和制品；其他需要管制的核材料；

堆芯监督：包括堆芯物理、热工监督及燃料组件破损监测。

4 燃料组件及相关组件技术规格

4.1 设计与安全基准

燃料组件属于安全级（SC）、质量保证级（QA1）及抗震一类安全重要物项。燃料组件的功能是在核反应堆中能安全可靠地发出热量并且热量能够被顺利带走，同时将裂变产物包容在燃料组件内。

反应堆堆芯与相关的冷却系统、控制系统、保护系统和安全系统一起应保证：

——在 Ⅰ、Ⅱ 类工况情况下，燃料组件保持完整性。根据反应堆冷却剂净化系统的能力和运行规定，在出现少量燃料棒破损的情况下，反应堆可保持正常运行；

——在 Ⅲ 类工况发生后，反应堆能进入安全状态并且仅有很小份额的燃料棒破损，尽管这些燃料破损可能妨碍反应堆立即恢复正常运行；

——在 Ⅳ 类工况发生后，反应堆要能够恢复到安全状态，并且堆芯保持次临界状态，同时堆芯保持可冷却的几何形状。

4.2 燃料组件结构描述

福清核电 5、6 号机组"华龙一号"机组反应堆初始堆芯共布置了 177 组经适应性修改的 AFA3 G17×17 型燃料组件。

燃料组件是由骨架及 264 根燃料棒组成，骨架由 24 根导向管、1 根仪表管、11 层格架（8 层定位格架及 3 层跨间搅混格架）、上管座、下管座和相应的连接件组成。仪表管位于组件中心用于容纳堆芯测量仪表的插入，导向管用于容纳控制棒及其他堆芯相关组件棒的插入。燃料棒被定位格架夹持，使其保持相互间的横向间隙以及与上、下管座间的轴向间隙。

（1）燃料棒

将 UO_2 芯块或 UO_2-Gd_2O_3 芯块及压紧弹簧装入 M5 合金包壳内，在包壳两端加端塞封焊从而形成燃料棒。芯块与包壳内壁间留有适当的径向间隙，棒上端留有气腔，用于容纳预充氮气和释放的裂变气体。预充氮气可减轻芯块与包壳间的相互作用（PCI），以及防止包壳发生蠕变坍塌。气腔内装有不锈钢压紧弹簧，以防止辐照前装卸及运输过程中芯块的窜动。燃料棒端塞上加工有环形槽，便于用专门的工具在燃料组件的组装和维修时抓取燃料棒。

对载钆燃料棒，除所装芯块为 UO_2-Gd_2O_3 芯块外，其结构上与二氧化铀燃料棒相同。

（2）芯块

芯块为实心圆柱体，由低富集度 UO_2 粉末经混料、压制、烧结、磨削等工序制成。为减小轴向膨胀和减缓 PCI，芯块两端做成浅碟形并倒角。芯块制造工艺必须稳定，以保证成品芯块的化学成分、密度、尺寸、热稳定性及显微组织等满足要求。

UO_2 芯块与 UO_2-Gd_2O_3 芯块的结构尺寸相同。

（3）上管座部件

上管座部件由上管座、压紧板弹簧及板弹簧压紧螺钉等组成。上管座是一个盒式结构件，它作为燃料组件的上部构件，除了为控制棒组件和固定式堆芯相关组件提供保护空腔外，还是冷却剂出口。它由顶板、连接板以及围板组成一个整体。

连接板上开有 24 个导向管连接孔、1 个仪表管连接孔和许多流水孔，冷却剂流经这些孔后进入上管座空腔经混合后流出上管座。所开流水孔与燃料棒位置错开以防止燃料棒向上窜出上管座。上管座连接板中心为安装仪表管的通孔，以便为从上部插入堆芯的探测器提供通道。

正方形顶板中间开有大方孔，用于插入控制棒组件、固定式堆芯相关组件及吊装工具。顶板一组对角上开有定位销孔，用于与上堆芯板的两个定位销相配合，使燃料组件顶端横向定位。在另一对角的一个棱台上还开有一个防错位孔，以识别组件的方位，并与吊装工具相容。在管座上，还有为吊装工具提供的抓取部位。

四组压紧板弹簧（每组四片）用压紧螺钉分别固定在上管座顶板顶部四边上，给燃料组件提供足够的压紧力，以轴向压紧燃料组件。每组板弹簧组件最上一片弹簧带有一钩杆，它将其余三片弹簧串连并钩在顶板钩槽内，确保即使板弹簧发生断裂也不会阻碍控制棒组件运动。

导向管与上管座采用可拆结构连接，即带裙边的套筒螺钉将导向管部件上端固定在上管座连接板上，然后使用专用工具将套筒螺钉的裙边胀到连接板的凹坑内以防套筒螺钉松动。需要时，用足够的反向力矩可以把套筒螺钉松开，取下上管座。复装时，只需更换新的套筒螺钉。套筒螺钉轴向开有通孔，用于接受堆芯相关组件的棒插入及冷却剂流动。

（4）下管座部件

下管座为正方形板凳式结构，它由一块正方形不锈钢材整体加工而成。作为燃料组件的底部结构件，下管座将燃料组件所受到的横向载荷及轴向载荷传递到下堆芯板上，并分配流入燃料组件的冷却剂流量。

下管座正方形板上开有大的流水孔及与导向管的连接圆孔，其上表面安装一块防异物板，防止异物进入燃料组件。防异物板通过销钉点焊固定在下管座上。下管座中心为上部直径较大下部直径较小的孔道，便于定位仪表管并限制仪表管内过大的旁流。在两个相对的支腿上开有定位销孔，通过与下堆芯板定位销配合使燃料组件在堆内横向定位。导向管与下管座采用可拆连接，即导向管下端焊一带内螺纹的端塞，再用一个带裙边的轴肩螺钉将它固定在下管座孔板（正方形板开孔后）上使其精确定位，然后用专用工具将轴肩螺钉的裙边胀到孔板的凹坑内，以防止螺钉松动。轴肩螺钉开有轴向通孔，冷却剂由此进入冷却控制棒或其他相关组件棒。

（5）导向管和仪表管

导向管和仪表管都采用再结晶 Zr-4 合金，24 根导向管与下管座用轴肩螺钉机械连接，1 根仪表管含在下管座中心的安装孔中，导向管和仪表管与 11 层格架点焊焊接，每个导向管上端胀接上一个螺纹套管。

导向管用作容纳堆芯相关组件棒，每根导向管外径相同，但有两个不同内径段：上段壁薄内径较大，便于控制棒快插，并在正常运行时使冷却剂流出：下段壁厚内径较小，当控制棒快速下插时在行程末端对控制棒产生水力缓冲作用，此段称为缓冲段，两段之间采用锥形过渡。在靠近缓冲段的上端开有 4 个流水孔，用于冷却相关组件棒和控制棒快插时使受压的冷却剂流出导向管。

仪表管用于容纳堆芯测量仪表，直径无变化。为保证堆芯探测器的冷却，在仪表管两端壁面上各开有两个小孔，仪表管与上、下管座间通过限位孔进行定位。

（6）格架

燃料组件中含有 8 层定位格架（也称结构格架）和 3 个跨间搅混格架，8 层定位格架又分为 6 层结构搅混格架和 2 层端部格架。结构搅混格架带有搅混翼，可加强冷却剂的搅混：端部格架位于组件骨架的两端，不带搅混翼。

所有格架都是由再结晶 Zr-4 合金条带相互镶嵌焊接而成，定位格架栅元内含有因科镍 718 合金弹簧条，它们镶嵌在再结晶 Zr-4 合金条带上通过焊接固定。跨间搅混格架栅元内无弹簧，不起夹持燃料棒的作用，仅起搅混冷却剂的作用，以改善燃料组件的热工性能。在 289（17×17）个正方形格架栅元中，有 25 个栅元被导向管及仪表管所占据，其余 264 个栅元被燃料棒占据，利用格架上的点焊舌与导向管及仪表管点焊连接。每个定位格架栅元内燃料棒靠六点支撑（4 个刚性支点和两个弹性支点），合理地设计弹簧夹持力，以保证整个寿期中夹持燃料棒的功能。

改进型定位格架是在标准 AFA3 G 定位格架基础上进行了如下改进：增加了上部导向翼宽度及数量，设置了上部导向翼的限位刚凸及在外条带上开孔等。燃料组件示意图如图 462-06-04-01 所示。

4.3　燃料相关组件结构描述

燃料相关组件包括控制棒组件及固定式相关组件，其中固定式相关组件包括可燃毒物组件、一次中子源组件、二次中子源组件和阻流塞组件。

（1）控制棒组件

福清核电 5、6 号机组"华龙一号"机组压水堆初始及后续循环堆芯布置 61 组控制棒组件，包括 49 组黑棒组件，12 组灰棒组件。黑棒组件由 24 根含 Ag-In-Cd 的控制棒组成，灰棒组件由 12 根含 Ag-In-Cd 的控制棒和 12 根含不锈钢的控制棒组成，黑体控制棒组件和灰体控制棒组件外形结构相同。控制棒组件示意图如图 462-06-04-02 所示。

控制棒组件的功能是实现反应堆启动、停堆、调节功率和保护反应堆，控制棒组件由星形架和 24 根控制棒连接而成，星形架由中心筒和翼板及圆柱形指状管组成。中心筒上部内孔加工成带环形齿槽以便与驱动机构的驱动杆相连，中心筒下部有一个弹性系统，其功能是避免控制棒组件下落至行程末端时中心筒与上管座连接板刚性接触。

16 个翼板各带一个或两个指状管，指状管中攻内螺纹用来连接控制棒。装配时将控制棒拧入指状管，然后从指状管外表面进行配钻，装销钉打入配钻孔，最后点焊防松。

控制棒是将 Ag-In-Cd 吸收体（或不锈钢棒）及压紧弹簧装入包壳管内充氮气后密封焊接而成，为改善控制棒耐磨性，对包壳外表面及下端塞进行渗氮处理。为减缓 Ag-In-Cd 合金辐照肿胀影响，吸收体下端 750 mm 这一段直径略小。

控制棒下端设计成弹头形，当控制棒插入导向管时起导向作用。上端塞上部带一缩径段，以增加控制棒的柔度，减少与导向管的摩擦。

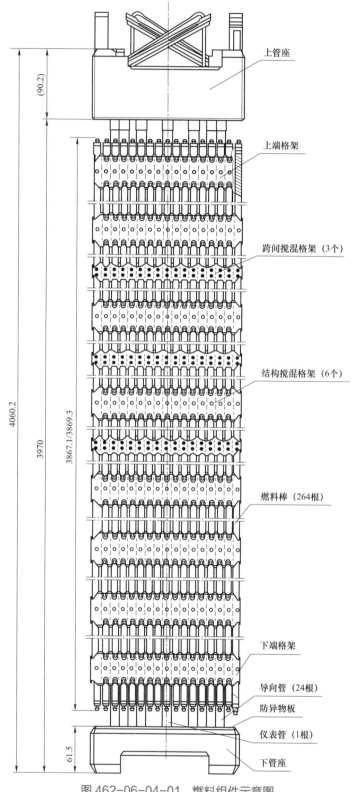

图 462-06-04-01　燃料组件示意图

（2）固定式相关组件

固定式相关组件都是由压紧部件悬挂相关的棒构成，如图 462-06-04-03 所示。压紧部件由一组弹簧（内、外螺旋弹簧）、圆筒、压紧杆和连接板等零件组成，连接板与圆筒下端焊接成一体，弹簧下端坐在连接板上，上端被压紧杆压住。压紧杆套在圆筒上，压紧杆上焊有销钉，销钉里端嵌在圆筒所开导向槽内，使压紧杆可上下运动。对压紧部件中心筒进行了渐缩设计，开有 12.45 mm 的孔，以便堆芯测量仪表通过。圆筒中心通孔上部内径较大，下部内径较小，中间采用圆锥面平滑过渡，以便为堆芯测量仪表从上部插入堆芯提供导向。

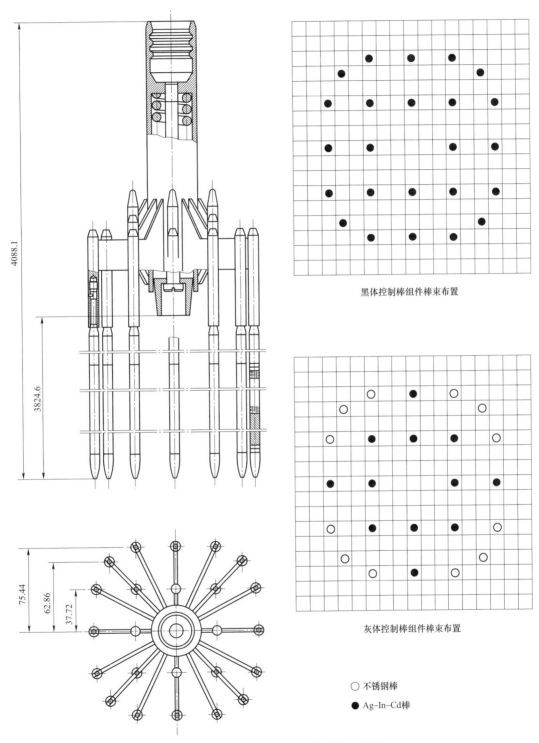

黑体控制棒组件棒束布置

灰体控制棒组件棒束布置

○ 不锈钢棒

● Ag-In-Cd棒

图 462-06-04-02　控制棒组件示意图

连接板上开有 24 个小孔，用来安装可燃毒物棒、中子源棒和阻流塞棒。另外还开有多个大的流水孔，以便冷却剂通过。

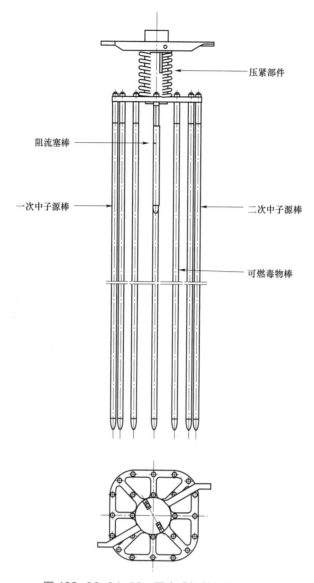

图 462-06-04-03　固定式相关组件示意图

1）可燃毒物组件

福清核电 5、6 号机组"华龙一号"机组压水堆初始堆芯中，含有可燃毒物组件有 78 组，后续循环堆芯中不含有可燃毒物组件。

可燃毒物组件的功能是对反应堆初始堆芯过剩反应性提供补充控制，同时随其燃耗逐渐释放堆芯反应性，部分补偿因燃耗等引起的反应性下降。另外，在堆内合理地布置可燃毒物可以改善中子注量率分布，进而改善堆芯功率分布。

可燃毒物组件由压紧部件和悬挂在其下的可燃毒物棒和阻流塞棒组成。根据所含可燃毒物棒和阻流塞棒的数目不同，福清核电 5、6 号机组"华龙一号"机组压水堆初始堆芯中可燃毒物组件可分为 4 种，每种可燃毒物组件中含可燃毒物棒的数量分别为 8 根、12 根、16 根和 20 根。根据所含可燃毒物棒数量所划分的这 4 种类型的可燃毒物组件，除可燃毒物棒和阻流塞棒的数目及分布不同外，其结构相同。另外，一次中子源组件中也含有可燃毒物棒。

可燃毒物棒是将硼硅玻璃管封装在不锈钢包壳内构成，硼硅玻璃管内设有一薄壁不锈钢衬管。

2）一次中子源组件

福清核电 5、6 号机组"华龙一号"机组压水堆初始堆芯中含两组一次中子源组件，后续循环中没有一次中子源组件。

一次中子源组件的功能是在反应堆首次启动时提高堆芯中子注量率至一定水平，使核测仪器能以较好的统计特性测出启动时中子注量率的迅速变化，以保证反应堆的安全启动。

含有一次中子源棒的相关组件称为一次中子源组件，它含有 1 根一次中子源棒、1 根二次中子源棒、16 根可燃毒物棒和 6 根阻流塞棒。将这些棒通过螺母连接到压紧部件上构成了一次中子源组件。

一次中子源棒内装有锎-252（^{252}Cf）中子源，位于堆芯约 1/4 高度处，其上、下端装有三氧化二铝垫块。每根中子源棒在反应堆启动时中子发射率应不小于 $4 \times 10^8 n/s$，^{252}Cf 中子源的半衰期为 2.64 年。

3）二次中子源组件

福清核电 5、6 号机组"华龙一号"机组压水堆初始堆芯中含两组二次中子源组件，后续循环中也为两组。

二次中子源组件的功能是在反应堆再次启动时提高堆芯中子注量率至一定水平，使核测仪器能以较好的统计特性测出启动时中子注量率的迅速变化，以保证反应堆的安全启动。

将锑-铍芯块装入不锈钢包壳充氮后用上、下端塞封焊构成二次中子源棒，只含有二次中子源棒和阻流塞棒的相关组件称为二次中子源组件，二次中子源组件中含有 4 根二次中子源棒和 20 根阻流塞棒。

4）阻流塞组件

福清核电 5、6 号机组"华龙一号"机组压水堆初始堆芯中含 34 组阻流塞组件，后续循环堆芯含 114 组阻流塞组件。

压紧部件上悬挂 24 根阻流塞棒组成的相关组件称之为阻流塞组件，阻流塞组件的功能是限制堆芯冷却剂旁流量。

5 燃料组件运输、贮存和吊装技术条件

5.1 燃料组件清洁度保持

（1）运输和贮存时的清洁度保持

燃料组件在燃料制造厂贮存期间和燃料组件装入运输容器内从制造厂运抵核电站现场运输期间均应罩上聚乙烯保护套，直到燃料组件放置于乏燃料水池位置燃料组件贮存格架为止。除在水中存放外，如果贮存格架不足以保护燃料组件免受沾污，应一直罩上聚乙烯保护套。

（2）吊装时的清洁度保持

在吊装场所，应采取一切必要措施以保持燃料组件的清洁度；

吊装操作时，操作人员必须戴上干净不起毛的脱脂棉纱手套。

5.2 燃料组件操作注意事项

5.2.1 燃料棒

贮存和吊装时，严禁操作人员推压燃料棒，以避免损坏燃料棒或使定位格架弹簧和刚性凸起产生过大的变形，导致格架弹簧的夹持力降低。

5.2.2 定位格架

吊装时，当燃料组件靠近支撑构件或其他燃料组件时，其定位格架可能与这些构件接触，此时吊装速度必须限制在规定的限值之内。

5.2.3　燃料组件

（1）轴向负荷

在核电厂反应堆内吊装时必须对燃料组件所受的轴向负荷进行连续监控，以便及时发现吊装故障。当燃料组件在临近构件处进行吊装时，起吊和落地时刻吊车必须最低速度运行。当吊装工具放入上管座时，吊车也须以最低速度运行。

由于上管座没有侧向支撑，较小的轴向力就会引起燃料组件弯曲，在这种情况下，作用在燃料组件的轴向压力不应超过 4500 N。

（2）侧向负荷

燃料组件上管座无支撑时，如果在其上部施以 150 N 的侧向力，就能使燃料组件倾倒，因此在堆外存放时，绝不能让其没有侧向支撑而自由站立。任何情况下，上管座的偏斜不能超过 12 mm。对上管座有侧向支撑情况时，如果在燃料组件轴向半高度施以 120 N 侧向负荷，则会引起燃料组件产生有害的永久性偏斜。为了防止损伤燃料组件，在燃料组件全长任一点的横向偏斜不应超过 6 mm。

（3）扭曲

燃料组件所受的扭矩不应超过 13 N · m。

（4）加速度

燃料组件在运输、吊装期间的轴向加速度不应超过 4 g，横向加速度不应超过 6 g。

5.3　吊运要求

5.3.1　竖直状态下吊运

可采用以下两种方式中的一种在竖直状态下吊运燃料组件：

——用固定在上管座的专用吊具吊运；

——把燃料组件放置在专用构件中进行竖直吊运。这种情况下，至少在中心定位格架处侧向支撑着组件。燃料组件除定位格架和管座以外的其他部位不得受力。

5.3.2　非竖直状态下吊运

——只有当组件放置在特殊的吊运架上，在每个格架和上、下管座处有固定夹具，并在适当的夹持力夹住情况下，才允许在非竖直状态下吊运燃料组件；

——吊运架须有足够的刚度，使固定在其上的燃料组件变形限制在 3 mm 之内；

——未装燃料组件时，与燃料组件接触的吊运架表面应平直且平面度不超过 0.8 mm；

——从水平状态旋转到竖直状态时（反之亦然），燃料组件应固定在吊运架上，而且只能吊运架受力。

5.4　运输要求

5.4.1　保护措施

——燃料组件应装入运输容器内运输；

——燃料组件在装入运输容器或卸出时，应遵守燃料组件吊装的限制和采取有关特殊保护措施；

——装卸燃料组件时，吊车应按规定的速度进行；

——装卸燃料组件时，吊车应有足够的提升力；

——竖直状态吊装时，燃料组件必须配有专用吊具；

——除格架和管座外其余部位不得施加载荷，燃料棒不应经受冲击或侧向载荷，当靠近相邻构件时，吊装速度应不超过 2 m/min；

——非竖直状态吊装时，燃料组件应固定在支架上，并应满足非竖直状态下吊运条件方可进行。

5.4.2　燃料运输容器的运输和吊运

——装了燃料组件的容器贮存时可叠摞放置，但最多叠摞三个容器；

——装了燃料组件的容器应始终水平方向操作、贮存和运输；

——燃料组件容器必须沿运输平台长度方向置于平台中心位置；

——如果平台平面位置有限则可堆摆放置；

——在容器和运输平台之间不允许有垂直和水平方向的相对移动。

5.4.3 燃料组件卸出容器

——容器外面的每个支撑架必须调整到与地面稳固地接触；

——应记录容器内外侧的所有缺陷；

——检查加速度计，如出现不符合要求的情况，保持关闭状态，待研究处理；

——打开容器时，盖子要保持水平位置；

——缓慢地升起支架，不发生震摇，吊车作垂直和水平方向移动中要保持吊具的垂直；

——当支架已确保处于垂直位置时，装卸吊具才能移开；

——燃料组件提升之前加载时，钢索不能突然绷紧。

5.5 贮存要求

在核电厂现场严格要求贮存栅格底部平面度和栅格侧面的垂直度和直线度，以保证贮存燃料组件的垂直度，防止它横向变形。贮存格架应设计成能限制在垂直燃料组件方向的负荷和弯曲，从而防止燃料组件承受过大的应力，并防止燃料组件在放入燃料栅格时或贮存期间的损伤。

5.6 吊装要求

5.6.1 吊装的一般要求

（1）文件及人员要求

——除前述的特殊保护措施外，还应遵守下述燃料组件吊装的一般要求，对某项具体操作需编制具体操作规程；

——吊装操作人员必须经过严格培训并具有丰富经验。

（2）连续监测提升力

在反应堆内提升或放下燃料组件时，或在吊装的燃料组件通过可能与其发生接触的表面时，需要连续监测提升力，以防止发生损伤燃料组件的事故。

减少燃料组件吊装负荷的措施

可采取如下措施，以使燃料组件所受负荷最小：

——应当通过负荷连续监测、定位系统、观察、操作人员经验等措施来保证燃料组件正确地处于栅格（贮存格架、转运装置承载口、堆芯等）入口上方，并保证只有燃料组件的管座和格架可能与贮存栅格壁、堆芯围板或已就位的燃料组件接触，通过对燃料组件吊装力的连续监控来保证燃料组件的正确就位；

——绝不能使燃料组件受到弯曲力矩。当燃料组件只有部分进入栅元（贮存格架、转运装置承载口、堆芯等）中时，燃料组件不能在水平方向移动；

——在燃料组件插入或抽出过程中，如果试图变更燃料组件的位置，不得采用人工挪动吊索的方法。因为重新就位时，吊索突然变松会使燃料组件内产生弯曲力矩；

——在燃料组件加载提起之前，拉紧吊索时不能太突然；

——吊装不能引起燃料组件的摆动，以免造成反复振荡；

——插入或抽出燃料组件时应避免颠震，颠震是燃料组件被挂住的典型现象。

5.6.2 燃料组件在堆外靠近障碍物处的吊装

（1）负荷限制

为确保燃料组件在吊装过程中，其负荷不超过以下规定的限值：

——在燃料组件的最初 250 mm 插入过程中，如果发现其负荷减少了 200 N 以上，应停止下插，之后吊车以最小速度反向运动，直到负荷恢复到正常值；

——在燃料组件其余部分插入过程中，如果发现负荷减少了 300 N 以上，这时要么燃料组件被挂住了，要么是定位不准，不管哪种情况，应停止下插，使吊车以最小速度反向运动，直到燃料组件提出为止。

（2）速度限制

垂直速度：当燃料组件装入栅元（除堆芯情况外）时，组件到达支撑构件上下端处在最初和最后的 250 mm 装入长度范围内，吊车速度不超过 2 m/min；当取出时，在最初的 250 mm 范围内，吊车速度不超过 2 m/min。在上述区域之外，吊车速度不超过 6 m/min；

水平速度：燃料组件接近支撑件时，其水平方向速度必须减小到 2 m/min。除此之外，一般的水平速度限为 6 m/min。

5.6.3 燃料组件在堆内吊装规定

（1）吊装基本条件

吊装前，要确保吊装系统运行正常，要确保吊车的控制系统（超载和欠载的安全装置）运行正常，保证定位非常准确，具有再现性；吊装应在良好能见度下（水清、合适的灯光、双筒望远镜……）以及足够数量的操作人员条件下进行；必须有详细的具体操作规程。

（2）负荷限制

堆内吊装燃料组件时所允许的最大负荷变化是：

——燃料组件刚插入时为 1500 N（即所吊装燃料组件的下管座插入已就位燃料组件的上管座之间时）；

——燃料组件其余部分插入及抽出时为 800 N。

燃料组件吊装时，在有 3 或 4 个接触面的特殊情况下，插入过程中允许有稍高的负荷变化量。

（3）速度限制

垂直速度：燃料组件在名义坐标位置上垂直吊装时，格架之间或格架与围板之间可能有摩擦，因此必须采用最小速度进行垂直吊装，其速度不超过 0.6 m/min。当采用加大间隙装料时，垂直吊装速度不超过 2 m/min。

水平速度：对已部分装入的燃料组件坐标位置要进行调整时，只能用微速（0.12 m/min），如果吊车无微速档，就用其低速档。在加大间隙装入燃料组件时，可以采用吊车低速档（0.6 m/min），但快要接触已安装好的燃料组件时，必须把速度降到 0.12 m/min。

（4）侧向支撑的限定

至少在相邻两边已有安置好的燃料组件（或堆芯围板）支撑着燃料组件，才允许让该燃料组件自由立在堆芯内。如果堆内起支撑作用的燃料组件也是新的，则新入堆燃料组件可临时一面支撑。

（5）倾斜和不垂直的纠正

每个燃料组件都存在一定的倾斜，新燃料组件的倾斜是由于燃料组件和吊具制造尺寸公差造成的。由于导向管在长期辐照下会变长，不均匀的变长可增大辐照后燃料组件的初始倾斜量。在燃料组件上、下管座及堆芯定位销上加工的导入倒角，对纠正这种缺陷是一种补救措施。

1）定位坐标点的更改

往堆芯装入燃料组件时，燃料组件的倾斜可能会超过上、下管座、定位销倒角的调整对中范围，这时需要对装卸料机套筒定位进行调整。一般情况下，装卸料机套筒定位调整量不应超过 25 mm，如果超过 25 mm，这就意味着相邻燃料组件要受到影响。如果吊车在上述调整量下，燃料组件能实现对中定位，就用这种方法继续装入燃料组件。

2）用装卸料机套筒位置调整使倾斜燃料组件就位

在燃料组件就位过程中，燃料组件所受外力逐渐从上管座（燃料组件悬挂状态）移到下管座（燃料组件就位状态）。由于燃料组件间接触面上产生摩擦力，常常使燃料组件产生偏移。最后，就位后的燃料组件往往是倾斜的，采用的位置调整量与倾斜量有关。经定位调整后就位的燃料组件最终应落在理论的坐标点上，但肯定会对后续燃料组件的装料产生干扰。对后续燃料组件的吊装会产生干扰的倾斜组件需要提出一定高度重新进行对中就位时，提起的高度以格架间无接触、挂住的危险最小为宜，即格架不达到与相邻的格架互相接触的高度。为此，燃料组件的提升高度尽可能接近堆芯下板，但必须脱开定位销。

3）旋转 180°

若倾斜并不影响燃料组件插入，而只是影响堆芯下板的定位销进入其销孔，这种情况下需要把燃料组件临时旋转 180°，如果倾斜过大，还需要调整。因为这时燃料组件之间接触力最大，所以需要对吊车负荷做更严密的监控，旋转 180° 的燃料组件必须复原，即：或是在装料结束时复原，或是在燃料组件所在栅元的四周已放上其他燃料组件，并且在栅元的每一边至少有两个组件作为支承的情况下重新复原。

4）燃料组件上管座的再定位

在某些情况下，就位后才发现燃料组件垂直度有问题，这些有缺陷的燃料组件侵占了另一待装燃料组件的位置，并引起该燃料组件插入困难，为此必须将上管座重新定位（用装卸料机套筒吊装定位）。

如果已定位燃料组件侵占相邻燃料组件位置大于 5 mm，按照以下操作：

将装卸料机套筒与燃料组件重新连接，在名义坐标点上将上管座重新定位（如果超差较大，装卸料机套筒可偏离名义坐标点）。

燃料组件不脱离定位销使燃料组件复原，即提升燃料组件的高度不超过 20 mm，如果这时装料机套筒已偏离名义坐标点，把它移动 5 mm 回到中心位置，然后再放下燃料组件。

重复这个操作步骤直到上管座正确定位，即距邻近燃料组件之距小于 5 mm。

6　核燃料采购

核燃料采购包括浓缩铀采购、燃料组件采购、相关组件采购。燃料组件及相关组件是核电厂机组换料所必需的耗材，其采购、制造工期较长，需按照一定周期提前进行采购。浓缩铀是生产燃料组件的必需原料，由核电厂业主自主采购并交付燃料组件制造厂用于 UO_2 芯块加工，根据燃料组件数量、富集度等计算采购量，并提前进行采购。

核燃料采购原则包括：

——核电厂必须对核燃料供货商进行资质、技术及质保审查，确保供货商合格；

——根据天然铀国际价格走势，可适时提前采购天然铀作为战略储备，以降低燃料成本并提高核燃料供应保障；

——应逐步采用成熟的、经过验证的先进燃料组件，以提高安全性与经济性；

——应制订核燃料采购计划，确保机组换料所需核燃料需求；

——应保持一定数量的备用核燃料，已确保燃料组件出现破损时的紧急更换需要。

6.1　核燃料采购流程

核燃料（包括浓缩铀、燃料组件及相关组件）采购项目一般跨度 2～3 年，流程包括如下几项。

——测算采购量：确定浓缩铀富集度及数量、燃料组件类型及数量、相关组件类型及数量；

——采购立项：费用测算、必要性及可行性分析、到货进度分析；

——编制采购技术规格书；

——供方选择及确定；

——采购询价；

——采购合同谈判与签订；

——浓缩铀、燃料组件及相关组件制造进度控制与质量监督；

——产品交付。

6.2 燃料组件及相关组件采购

（1）采购类型与数量

燃料组件及相关组件采购前，需根据相应机组堆芯燃料管理设计、换料燃料管理策略、机组发电计划等综合确定需要采购的燃料组件及相关组件类型、数量，这些信息包括：

——燃料组件类型，包括技术规格要求；

——燃料组件富集度；

——燃料组件是否含钆及所含钆棒的根数、钆棒中 ^{235}U 富集度；

——燃料组件各不同类型的数量；

——相关组件类型（包括控制棒组件黑棒、灰棒数量，可燃毒物组件可燃毒物棒数量等）；

——相关组件各类型数量。

（2）采购周期

燃料组件及相关组件采购周期根据机组换料大修周期确定，机组换料所需燃料组件及相关组件应在不少于机组换料大修开始前 2 个月运抵核电厂现场并交付。机组首炉燃料组件及相关组件应在机组首次装料前至少 2 个月运抵核电厂现场并完成交付。

机组首炉燃料组件及相关组件采购合同应在燃料组件及相关组件交付前至少 36 个月签订采购合同，机组换料所需燃料组件及相关组件应在燃料组件及相关组件交付前至少 18 个月签订采购合同。

6.3 浓缩铀采购

（1）采购富集度及数量

浓缩铀采购富集度及数量根据对应燃料组件 ^{235}U 富集度及数量、燃料组件所含钆棒 ^{235}U 及数量计算确定。

（2）采购周期

浓缩铀是燃料组件制造的原料，其采购周期与燃料组件采购周期保持一致。

浓缩铀交付燃料制造厂时间应不晚于燃料组件交付核电站时间前 9 个月，浓缩铀采购合同的签订应不晚于浓缩铀交付前 15 个月签订。

7 核燃料制造监督管理

为确保燃料组件制造质量，核电厂营运单位需派遣驻厂代表或委托外部单位执行核燃料的驻厂监造，确保燃料制造厂按照核燃料采购合同及技术规范提供合格的核燃料。核燃料制造质量监督总体要求包括：

——进行制造全过程质量监督，即从原材料及零部件入厂复验、制造过程直至核燃料装入运输容器和运输车辆为止；

——做好核电厂营运单位内部的协调管理，并处理好与核燃料供货商的合作关系，达到有效监督的目的；

——实施质量监督的主要方式是委托监造承包商派遣驻厂代表常驻核燃料供货商，并对核燃料供货商进行例行的技术评价和质保监查；

——应建立驻厂监造人员的管理要求，驻厂监造人员应以核电厂利益为重，以产品质量为本，认真负责地从事独立的监督活动，并做好供应方与购买方的日常联络。

7.1 核燃料制造质量监督活动

驻厂监造人员的日常监督活动应按《燃料组件及相关组件质量控制计划》执行。其内容包括：
——见证点和停工待检点见证；
——质检文件审查；
——零部件和产品放行；
——合格性鉴定和再鉴定见证；
——里程碑见证；
——制造工艺监督。

7.1.1 见证点和停工待检点见证

核燃料供货商质保部门根据《燃料组件及相关组件质量控制计划》及燃料制造进度，提前将 W 点（见证点）和 H 点（停工待检点）的见证时间和地点提前通知驻厂代表。驻厂代表安排驻厂监造人员实施现场见证，并在见证活动完成后填写见证单。

对于见证中发现的问题，应提出处理建议并跟踪处理结果。

7.1.2 质检文件审查

质检文件审查是了解产品质量的重要方式，也是进行质量趋势分析的重要依据，驻厂监造人员应对质检文件及相关记录进行审查，包括如下几项。
——外购材料或外购零部件质检文件：核燃料供货商在发放外购材料或外购零部件前，驻厂监造人员应完成质检文件审查并填写审查单，以防不合格的外购材料或外购零部件用于产品制造；
——车间质检文件：应查阅和抽查车间质检记录尤其是对产品质量和性能有重大影响的质检记录；
——制造完工报告：在签署合同产品出厂验收合格证书之前，驻厂监造人员必须仔细审查每组组件的制造完工报告，审查重点是其完整性、正确性、可读性和可跟踪性；审查后填写文件审查单，审查合格的制造完工报告是燃料组件及其相关组件质量放行的重要依据之一。

7.1.3 零部件和产品放行

驻厂监造人员对零部件或产品的最终报告审查和实物见证两项工作全部完成后，分别在最终报告审查单和实物见证单上签字认可，同意该批零部件或产品转入下一道工序。

7.1.4 合格性鉴定与再鉴定见证

——制造工艺、设备和人员资格只有通过合格性鉴定或再鉴定后，有关制造活动方可进行；
——对于要进行的鉴定项目，核燃料供货商应事先通知驻厂代表；
——驻厂代表应参加鉴定活动，见证鉴定过程，查阅试验和检验结果，并知晓鉴定结论，填写见证单；
——核燃料供货商应经常更新合格性鉴定项目清单并分发给驻厂代表；
——核燃料供货商应向核电厂运营单位提交合格性鉴定证书清单和合格证书。

7.1.5 里程碑见证

——达到每个里程碑时，核燃料供货商应通知驻厂代表，并出示相应证据以便驻厂代表对里程碑及支持文件进行见证；
——驻厂代表负责对合同款项支付的里程碑进行见证，驻厂代表代表核电厂运营单位在里程碑证书和支持文件上签字；
——核燃料供货商将双方代表签字认可的里程碑证书和支持文件提交核电厂运营单位商务部门，作为进度付款的依据。

7.1.6 制造工艺监督

驻厂监造人员要经常到生产现场进行工艺监督,工艺监督的主要内容如下:

——检查车间生产、检验人员是否按照有效的工艺规程、操作规程和质保要求进行操作和检验;

——生产场所的清洁度;

——腐蚀、爆破、无损检验等试验后样品的外观观察;

——工艺合格性鉴定是否在有效期内;

——生产场所检测使用的量器具是否在有效期内;

——车间班组在生产中适用的技术文件和质保文件是否有效;

——质保体系的完整性。

7.2 不符合项和事件处理

7.2.1 不符合项处理

不符合项是指在性能、文件或程序等方面的缺陷使得某一物项的质量变得不可接受或不能确定:

——对于不符合项,按经过核电厂运营单位审查的核燃料供货商不符合项管理程序进行处理;

——核燃料供货商对不符合项的产生进行原因分析和给出处理意见,由驻厂代表审查确认。对于重要不符合项处理,驻厂代表应通报核电站运营单位,由技术支持部门负责人审批;

——驻厂代表对不符合项的纠正行动执行情况进行跟踪监督,所有不符合项报告的处理结果,须经驻厂代表审查确认后方可继续进行有关制造活动;

——在制造中产生的所有不符合项应列出清单,在产品验收时随质量证明文件作为验收资料提交核电厂运营单位。

7.2.2 事件处理

事件是指一个未预料到的但又可能影响产品质量的客观事实。事件发生后,立即停止有关物项制造活动,并加以研究,以确定其起因、影响和后果。对于所有事件,按核燃料供货商质量事件处理程序进行处理。处理重大事件时,如有必要,核电厂运营单位可采取会议等方式进行沟通,以便最终形成一致性意见的确定,驻厂监造人员应参与事件处理,并及时向核电厂运营单位技术支持部门提出处理建议。

7.2.3 质量监督缺陷报告

驻厂代表在进行质量监督过程中发现一个缺陷,若核燃料供货商拒绝采取纠正措施时,或者对于核燃料供货商建议的纠正措施业主单位认为不满意时,驻厂代表应起草 QDSR 发回公司,并立即通知核燃料供货商。该报告由技术支持处处长审查并经主管领导批准后正式发给核燃料供货商。核燃料供货商收到报告后 4 周内必须做出答复,答复以前一切有关活动应暂停。

7.2.4 产品完工验收检查见证

对于完工的产品,由驻厂监造人员逐组进行实体见证和质量放行文件审查,合格后方可放行。见证项目详细地列在燃料组件及其相关组件最终检查见证单中,驻厂代表应当按规定检查项目逐项认真检查并如实记录检查结果。

实体检查见证和制造完工报告审查都合格后,驻厂监造人员在已经由核燃料供货商表签署的《燃料组件质量放行证书》上签字,至此,该组件即完成出厂验收。每个机组相应循环的全部组件出厂验收完毕,即认为该循环合同产品已经出厂验收。

7.3 产品包装见证

核燃料供货商负责组织实施燃料组件的包装和装箱,有关事宜的通知与联络按核燃料订货合同有关条款执行。核电厂运营单位技术支持部门应选择参与见证燃料组件的包装和装箱,驻厂代表应当连续监督组件包装全过程，这些活动包括：

——燃料组件装入新燃料组件运输容器；

——装有组件的运输容器装入集装箱；

——集装箱装入专用运输火车箱或车辆内。

监督的主要内同包括：

——有关操作规程是否完整、有效；

——是否严格按规程进行操作；

——操作事故或损伤；

——操作记录是否完整、准确。

8 核燃料接收与检查

8.1 新燃料接收准备

（1）成立新燃料接收组织机构

在不迟于新燃料接收前 15 d，核电厂运营单位成立新燃料接收专项组。新燃料接收专项组具体负责新燃料接收的准备与实施工作。新燃料接收专项组成立前，由技术支持部门牵头组织、协调新燃料接收准备工作，并及时编制新燃料接收专项计划、新燃料检查及贮存方案。

（2）新燃料接收前燃料厂房检查

在不迟于新燃料接收前 15 d，核电厂运营单位负责组织对燃料厂房进行内部综合检查，确认燃料厂房实物保护系统、通风系统、照明系统、燃料操作及贮存系统、厂房清洁度满足燃料接收及贮存要求。

（3）进场核材料数量核实

在燃料组件、相关组件于燃料制造厂发运前，核电厂运营单位驻厂代表、燃料管理人员应参与燃料出厂验收及装箱见证，对燃料组件、相关组件数量、标识号、配插关系进行核实。

（4）其他新燃料接收前提条件

——持有"中华人民共和国核材料许可证"；

——在新燃料临时贮存、交接区域建立辐射防护控制区；

——新燃料接收相关管理、技术文件可用；

——新燃料接收相关岗位人员完成岗位培训并取得授权；

——燃料操作及贮存系统、操作设备试验与检查合格。

8.2 新燃料接收实施

新燃料接收及检查划分为以下三个阶段，所有针对燃料组件及相关组件的操作应满足"燃料组件运输、贮存和吊装技术条件"的规定。

——第一阶段：燃料到厂，核燃料集装箱装载燃料组件及相关组件从燃料供应商所在地由铁路/公路运输至核电厂燃料组件运输中转贮存场地，并由 50 T 汽车吊将其卸到地面存放。

——第二阶段：厂内运输，通过汽车吊将核燃料集装箱吊到 20 T 平板车上，运输至燃料厂房装卸口 0 m，打开新燃料集装箱。

——第三阶段：开箱验收，将单个燃料组件运输容器吊运至燃料厂房新燃料开箱间，打开燃料组件运输容器，吊运燃料组件及相关组件并对其进行接收检查，然后将检查合格的燃料组件及相关组件贮存于新燃料贮存格架或乏燃料水池中规定的贮存位置，将空燃料组件运输容器放回原核燃料集装箱内。

8.3 新燃料接收检查

8.3.1 燃料集装箱检查

在新燃料接收第二阶段，当装有新燃料的集装箱通过平板车运至燃料厂房装卸口 0 m 区域，燃料检查人员需要对集装箱状态进行检查，并对新燃料运输容器进行不开箱测加速度计。燃料集装箱检查内容及要求如下，检查完成后由燃料检查人员记录检查结果并签字：

——集装箱编号记录；

——集装箱外部有无变形（应无变形）；

——集装箱的清洁度（应无机油、油污和泥土等）；

——吊装相关的防护措施是否良好（应良好）；

——装载情况与运输计划是否一致（应一致）；

——木脚与集装箱地板接触是否良好（应良好）；

——木棒与木脚接触是否良好（应良好）；

——塑料防护套的位置是否正确（应正确）；

——锁具张力是否符合要求（应符合）；

——螺栓是否紧固（应紧固）；

——标签及其位置是否正确（应正确）；

——防雨布是否完整有效（应完整有效）。

8.3.2 燃料运输容器检查

在新燃料接收第三阶段，由燃料吊运人员将单个燃料组件运输容器从 0 m 平板车上吊运至新燃料开箱间内，在打开燃料组件运输容器前后，需要对新燃料容器进行检查。新燃料容器检查内容及要求如下，检查完成后燃料检查人员记录检查结果并签字：

——集装箱编号记录；

——容器编号记录；

——容器标签是否完整、清楚（应完整、清楚）；

——容器铅封是否完好（应完好）；

——容器外观是否存在异常（应无异常）；

——加速度计电阻值测量并记录；

——加速度计是否跳离（应显示黑色标记）；

——密封垫圈是否完好（应完好）；

——容器内部是否清洁（应清洁，无异物、积水等）；

——干燥剂是否异常；

——支撑框架紧固情况（应紧固）；

——螺杆、螺母是否完整、紧固（应完整、紧固）；

——燃料组件轴向固定、横向固定是否有效、完好；

——燃料组件塑料保护套是否完整（应完整）；

——燃料组件方位是否正确（应正确）。

8.3.3 燃料组件及相关组件检查

在新燃料接收第三阶段，在燃料运输容器开箱后，燃料吊运操作人员实施以下操作步骤：

——将新燃料运输容器托架旋转至竖直位置；

——拆开部分燃料组件夹紧装置；

——将新燃料组件抓具挂于辅助吊车，抓取燃料组件；

——拆开剩余燃料组件夹紧装置；

——提升新燃料组件至燃料厂房+16.55 m 平台。

在燃料组件由开箱间提升至+16.55 m 平台过程中，燃料检查人员对燃料组件通过强光手电筒照射后目视检查。燃料组件提升至+16.55 m 层后，使燃料组件暂时静止，燃料检查人员目视检查燃料组件下管座与燃料棒之间的间距，如目视检查认为燃料棒与下管座间距异常，则使用通规、止规对燃料组件下管座与燃料棒下端塞之间的间距进行测量，要求通规过、止规不过。燃料组件外观检查内容及要求如下，检查完成后由燃料检查人员记录检查结果并签字：

（1）组件总体

——有无松动部件（无）；

——有无撞击痕迹（无）。

（2）上管座（检查比例：100%）

——清洁度（无纤维线、油痕、油脂、所有润滑剂、金属屑、锈斑、氧化痕、焊缝氧化色等）；

——表面划痕、撞击痕等（最大划痕深度不超过 0.4 mm 外观缺陷总面积不超过 30 mm² 缺陷不能突出表面）；

——板弹簧（无损坏）、定位销孔（完好）、上管座与燃料棒之间（无杂物污物）。

（3）下管座（检查比例：100%）

——清洁度（无纤维线、油痕、油脂、所有润滑剂、金属屑、锈斑、氧化痕、焊缝氧化色等）；

——下管座与燃料棒之间（无杂物污物）、定位销孔（无损坏）；

——下管座与燃料棒下端部间距（目视检查，如目视检查发现异常，则使用通规、止规检查，要求通规过、止规不过）。

（4）定位格架（检查比例：100%）：

——清洁度（无纤维线、油痕、油脂、所有润滑剂、金属屑、锈斑、氧化痕、焊缝氧化色等）；

——外观（无损坏、无变形、无裂纹）；

——标识号（方向与燃料组件 Y 标识符一致）。

（5）燃料棒（检查范围：外围）

——清洁度（无纤维线、油痕、油脂、所有润滑剂、金属屑、锈斑、氧化痕、焊缝氧化色等）；

——有无撞击痕迹（无）；

——外观（100%）要求：无损坏、无变形、表面无不正常划痕，栅格内无杂物。

（6）燃料组件各标识及相关组件配插方位（检查比例：100%）：

——燃料组件大标识号、小标识号、Y 标识符、定位销孔、方位孔（清晰，位置正确）；

——相关组件配插方位正确。

二次中子源组件、阻流塞组件和可燃毒物组件一般配插在燃料组件中运输，在新燃料接收过程中检查其露出于燃料组件外部的压紧部件，对其清洁度、有无损坏和变形、螺母是否锁紧等进行检查。未配插到燃料组件单独运输的相关组件需要进行抽样检查，检查内容同上，对于棒需进行目视检查。

控制棒组件在新燃料接收过程中检查其星型架，对标识号、配插方位、清洁度等进行检查，并按照不少于 10% 的比例对控制棒组件抽插力进行抽查（控制棒抽插力试验，若在燃料运输期间发生加速度计跳表等异常情况，则根据实际情况增加检查比例）。

8.4　新燃料接收后工作

8.4.1　产权转移

只有当燃料组件标识号和实物相符、核材料数量与质量证明文件一致、随运文件检查符合到货验收大纲规定以及燃料组件和相关组件经到货验收检查合格，新燃料接收的验收负责人才能在燃料组件、相关组件装卸运输和交货检查表的"所有权转移"栏代表核电厂运营单位签字接收。

核燃料供收双方签署燃料组件及其相关组件装卸运输和交货检查表，作为核燃料产权转移支持性文件。

8.4.2 核材料衡算

核电厂营运单位核材料管制办公室核材料衡算人员负责接收新燃料相关的核材料转移文件，并按照核材料账目与报告管理制度落实核材料衡算记录与报告编制工作。

8.4.3 新燃料接收记录

新燃料接收及检查是一项与核安全、质量高度相关的工作，新燃料接收期间燃料组件及相关组件移动记录表单、检查记录表、贮存图均要严格按照程序要求予以记录、签字，并交由核电厂营运单位技术支持部门燃料管理人员整理并归档保存。同时，相应的燃料管理、衡算信息系统应及时根据燃料接收、移动、贮存情况对系统数据进行更新。

9 核燃料贮存

为了确保核燃料贮存的安全，核燃料贮存必须遵循核安全法规、技术条件和程序的有关规定。核燃料贮存安全要求包括：

——防止冷却系统功能的丧失；

——防止意外临界；

——防止过量的照射；

——防止放射性物质不可接受的释放；

——避免造成影响核燃料完整性的任何损伤；

——防止核燃料被随意转移。

9.1 贮存安全要求

核燃料贮存必须遵循相关核安全导则、设计技术条件、核电厂管理程序和技术程序中规定的贮存安全要求：

——按照设计要求和安全分析，贮存在新燃料贮存格架、乏燃料贮存格架（包括硼乏燃料贮存格架、硼铝乏燃料贮存格架）内核燃料的 ^{235}U 最大富集度不得超过 4.5%。

——必须限制可燃物料不必要地堆放在核燃料贮存区域内，以避免发生火灾。

——为避免发生临界事故并确保核燃料的完整性，核燃料的吊装、贮存和检查等各项操作必须按照经过书面批准的规程执行，使用鉴定合格的设施、设备、装置或工具。

——在核燃料运抵现场前，应指定核燃料的现场管理负责人，并且确保仅限于获准的人员在规定的时段内被允许进入核燃料贮存区域。

——从初始堆芯核燃料在其相应的燃料厂房内交付之时起，核燃料贮存区域应作为辐射控制区进行有效监督管理。

——初始堆芯核燃料在其相应的燃料厂房内交付时，燃料贮存区域建立核清洁控制区，维护核燃料贮存区域的清洁度，禁止乱扔杂物，避免异物进入贮存格架甚至燃料组件内。

——为避免造成贮存区域内贮存的核燃料损伤，未经逐项批准，禁止非属起重的重物在贮存的核燃料上方移动，并应给出权威性警告。核燃料吊装开始之前，应对乏燃料水池人桥吊、辅助桥吊以及燃料吊装专用工具按相关规程进行试验，以确认其安全可用。

——在乏燃料贮存水池内保留的剩余乏燃料贮存格架应随时可容纳一个完整堆芯的核燃料。

——按照质量保证要求，应对吊装或贮存期间怀疑被损伤的任何核燃料进行检查，必要时应作为不合格核燃料看待。对怀疑被损伤的已辐照核燃料应采用专用设备或装置（比如啜吸试验及外观检查设备）进行检查。

9.2　燃料厂房的管理要求

——对燃料厂房燃料贮存区域应实行授权管理，只有经过授权的人员才能进入核燃料贮存区域；

——新燃料贮存格架盖板实行双人双锁管理，需要打开时由两名不同人员持两把钥匙共同打开；

——新燃料贮存间由运行部门负责进行上锁管理。

9.3　核燃料的干法贮存要求

——通风系统必须保证能除去放射性灰尘和挥发性裂变产物以防止不可接受的污染积累；

——在干法贮存区必须避免中子慢化剂（如水）侵入而造成任何意外临界风险；

——在干法贮存区必须限制可燃物料不必要地堆放在核燃料贮存区域内，以避免发生火灾时核燃料温度过高；

——在干法贮存区内严禁使用消防水灭火，应使用干式灭火设备；

——必须将每个贮存小室用聚氯乙烯塞子塞住，盖好干法贮存区的金属盖板并上锁，以防止因物件掉落而损坏燃料组件或新燃料贮存格架；

——必须及时锁住干法贮存区的门，以防止人员擅自进入；

——每年对存放于干法贮存区的核燃料进行开盖检查，了解其状况。

9.4　核燃料的湿法贮存要求

乏燃料水池池水质量应保持在规定的温度、pH、活性和其他合适的化学和物理特性范围内，相应要求如下：

——按机组乏燃料水池的水质控制规范的要求进行定期水质取样分析，以保持水质符合相关规定，补充水须符合乏燃料池的水质要求；

——保持适当的 pH 和其他化学条件（如氯含量等），以避免贮存水池中的燃料组件和相关组件发生过量的腐蚀；

——乏燃料水池内硼水的硼浓度应满足技术规范要求；

——保持正确的水位并防止溢流，以降低水池区域的污染和辐射量；

——保持水池清澈（及时除去影响能见度的悬浮颗粒和溶解杂质）以便于核燃料吊装操作；

——用于水下照明设备的材料必须与环境相容，特别是不得发生不可接受的腐蚀或者对池水造成不可接受的污染；

——当乏燃料水池贮存有已辐照燃料组件时，乏燃料水池冷却和净化系统需保证可用并满足相关要求，以确保将已辐照燃料组件的衰变热及时导出。

9.5　核燃料的贮存管理

为避免核燃料损伤，确保核燃料具有相对稳定的贮存区域和位置、不被任意转移和丢失，要求所有的核燃料吊装活动都必须满足相关技术要求并事先获得批准。

9.5.1　新燃料的贮存

——经接收检查验收合格的新燃料在装入反应堆压力容器之前应贮存在乏燃料水池燃料组件贮存格架或者新燃料贮存格架内；

——经接收检查认为不满足验收相关技术标准的新燃料，均以不符合项予以处理并记录在案，并暂时贮存在新燃料贮存格架内；

——备用的新燃料贮存在新燃料贮存格架内。

新燃料的贮存要求，新燃料一旦贮存，应得到以下保护：

——遮盖新燃料贮存格架的每一个贮存单元以防止物体或工具坠落损伤新燃料，未经批准不得打开；

——应核实新燃料标识并记录其在新燃料贮存格架或在乏燃料贮存格架上的位置；

——无论是干法贮存还是湿法贮存，新燃料的方位应保持与新燃料装入反应堆压力容器的方位一致；

——新燃料贮存间的门应及时上锁；

——防止意外临界风险要求：为了避免由于水或其他中子慢化剂的慢化作用造成任何意外临界，在干法贮存区内不得发生水淹或存在有任何中子慢化材料；

——防火要求：未经特别批准禁止在核燃料贮存区内存放可燃物料，贮存区域必须始终备有灭火须知和完备的干式灭火设备。

9.5.2 已辐照燃料的贮存

——为避免贮存在乏燃料水池内的核燃料受到损伤，非经逐项批准，禁止非属起重的重物在乏燃料水池上方移动；

——应采取措施限制放射性辐射：

● 乏燃料水池的水位应保持在规定的水位之间；

● 定期检查辐射监测仪器的工作性能并进行适当的调整，以确保辐射强度达到报警设定值时能发出报警；

● 应保持通风系统的正常运行。

——若乏燃料水池冷却和净化系统出现故障或其他原因导致乏燃料贮存水池冷却不能满足要求，需立即向核电厂运营单位分管运行主管领导进行汇报，并立即组织相关部门制定紧急处理方案并实施。

9.5.3 漏损燃料组件的贮存

——漏损燃料组件在送往后处理厂之前应贮存在乏燃料水池中的破损燃料贮存小室内以减少贮存污染；

——任何被怀疑为漏损的燃料组件在查明其为完好之前都应被作为漏损组件进行管理；

——泄漏燃料组件在乏燃料水池中的贮存，需要定期取样分析乏燃料水池比活度。如果比活度异常升高，需要增加核素分析项目并加大取样分析频度，并通过加强净化的措施来降低乏燃料水池比活度。

9.5.4 燃料组件运输中转贮存

燃料从制造厂运抵核电厂现场后，在燃料接收前需将装有燃料组件的集装箱存放于燃料组件运输中转贮存场地。厂区中转贮存要求如下：

——贮存场地必须地面平整、无障碍死角、不易积水且便于运输；

——贮存场地必须有良好的照明、实体屏障、监控设施和警卫岗亭；

——燃料中转贮存期间，贮存场地配置武警 24 h 站岗守卫，不间断进行场地监控，严格控制人员出入。

9.5.5 未辐照相关组件的贮存

未辐照相关组件贮存时应防止物理损伤，确保清洁度并防止放射性污染，并应进行适当的检查以查明可能存在的问题。

9.5.6 已辐照相关组件的贮存

——提供充分的冷却；

——对通道提供放射性保护的屏蔽及限制;

——相关组件的材料与存放介质应具有兼容性;

——相关组件要再次使用时应能接近。

9.5.7 燃料组件、相关组件的贮存方位规定

燃料组件和相关组件的贮存、在堆芯的布置以及装卸料、相关组件倒换等燃料移动过程的方位需符合燃料组件、相关组件贮存和装料方位规定,并在实物盘存和堆芯核查时予以确认。

——燃料内部转移管理:

核电厂因换料大修实施、燃料组件检查或修复、多机组燃料组件统筹管理等工作开展燃料组件内部转移时(包括装料、卸料、相关组件倒换、燃料组件检查等),必须制定相应的实施方案,实施前确认相关条件已齐备。核燃料的操作、检查与修复必须建立相应的规程,并严格按照规程操作应建立相应的应急措施,对辐照过的燃料的操作必须满足相应的辐射屏蔽要求。

换料大修前,核电厂营运单位技术支持部门应编制燃料管理换料方案,明确燃料组件卸料、相关组件倒换、燃料组件装料等工作中燃料操作步序、存放位置、移动位置等信息。换料大修燃料移动与贮存文件需经技术支持部门批准,其中机组堆芯装载图需经技术支持部门分管领导或其授权人批准。换料大修燃料转移实施过程中,维修支持部门严格按照经批准的燃料移动方案实施燃料组件移动操作,技术支持部门指派燃料监督人员对整个燃料操作过程进行独立监督。

10 装卸料管理

在装卸料开始前,核电厂运营单位应成立装卸料组织机构,负责装卸料工作的准备与组织实施,组织机构应包括燃料操作、燃料监督、设备维修、运行控制、辐射防护、实物保护、化学分析等部门,实施原则如下:

——装料工作实施前要对机组各个系统和各项参数需要到达的状态条件进行严格检查,核安全委员会和大修指挥部要召开专门安全专题分析评价会议,以确定正式开始装卸料的日期和时间;

——装卸料所有操作都必须按生效的燃料移动程序/移动方案执行;

——必要时,要求核燃料供货商派代表到场,了解及处理破损或过度变形的核燃料组件;

——在卸料前,如果一回路裂变产物活度超限,则所有燃料组件卸出反应堆压力容器时,应进行在线啜吸试验来确定哪组燃料组件出现破损,对确定的破损燃料组件还应在乏燃料水池进行离线啜吸试验来确定燃料组件破损程度;

——核燃料的吊运操作必须在核燃料监督人员的监督下进行;

——在正式装卸料前,必须利用模拟燃料组件分别在燃料厂房和反应堆厂房对燃料操作相关设备和工具进行实际操作演练,确认装卸料相关设备可靠运行;

——在装料开始前或装料过程中,根据堆芯装载计划和燃料组件变形情况,可以对装料步序作部分调整,步序调整计划由换料协调员、换料主管、燃料监督人员和临界监督人员共同拟定,审批后执行;

——在燃料操作期间,所有岗位燃料操作人员(含燃料监督人员)均可以对装卸料操作提出任何疑议,在确保组件或堆芯是处于安全状态后停止所有燃料操作活动,由换料主管或副主管组织当班人员(包括燃料监督组和临界安全监督组人员)检查和分析疑点,在确认无误后方可复工。如无法确认,应立即上报主管处长等待下一步指令。

10.1 装卸料操作

燃料组件及相关组件的操作需遵循 6.4.2 节"燃料组件运输、贮存和吊装技术条件"的规定,具体

操作要求还包括：

　　——核燃料吊装操作必须由经过培训和授权的人员执行，授权有效期为两年；

　　——装卸料开始前应对燃料操作及贮存系统进行预防性和纠正性维修活动；

　　——装卸料期间应确保反应堆厂房安全壳和燃料厂房的密封性、硼浓度、水净化、堆芯冷却、辐射监测系统正确投运并满足运行技术规范要求；

　　——出现不可控异常情况，换料主管或当班值长应立即下令停止所有的燃料吊装操作；

　　——燃料操作期间，反应堆厂房、燃料厂房和主控室三者之间的通信系统必须畅通可用；

　　——应规定燃料吊装区域的人员出入控制、清洁管理和松动物品控制，放置异物落入反应堆堆芯、换料水池或乏燃料水池。

10.2　装卸料监督

（1）燃料操作监督

燃料操作人员严格按照燃料监督人员发放的燃料移动单及燃料移动方案开展燃料组件操作（每一张移动单只能对应一组燃料组件操作），燃料监督人员对燃料操作全过程进行独立监督，并对燃料组件移动前、后的位置坐标、燃料组件及相关组件方向进行核对。一组燃料组件操作结束后，燃料操作人员及燃料监督人员均在燃料组件移动单上进行签字确认。如在燃料组件操作过程中发生异常，应及时进行核实并记录，这些异常包括燃料组件是否发生旋转及旋转角度、燃料提升、下降过程是否发生抓具超载或欠载、燃料组件脱扣是否异常等。

（2）临界安全监督

在装卸料过程中，为确保堆芯装卸料过程以及堆芯满装载后反应堆堆芯始终处于次临界状态，必须对装卸料过程实施堆芯临界安全监督。根据堆外核仪表系统中的两套源量程测量通道（首次装料还包括反应堆装（换）料探测系统）中子计数率进行已装入（卸出）堆芯燃料组件数为函数的外推倒计数率进行临界监督，同时对换料水池硼浓度、水温等参数进行监测。

从第一组燃料组件装入堆芯/卸出堆芯开始就必须对中子计数率进行有效的监测，计算倒计数率并做以燃料组件数目为函数的倒计数率趋势图，用于监测堆芯的次临界状态直到装料/卸料工作结束。只有在堆芯临界安全监督人员确认了堆芯在装料操作过程中处于次临界状态后，现场燃料装卸料操作人员才能开展下一组燃料组件的装料/卸料操作。

10.3　相关组件倒换

因机组前后两个循环堆芯装载方案（包含燃料组件与相关组件之间的配插关系）不同，在机组换料大修期间卸料结束后、装料开始前，需在乏燃料水池对相关组件进行倒换。

相关组件倒换工作为使用燃料操作及贮存系统相关吊车及抓具，将相关组件从原燃料组件中抓取并移动到其他燃料组件的过程，通过相关组件倒换操作，是待装入堆芯的燃料组件内所配插的相关组件与堆芯装载图保持一致。

相关组件的操作及监督要求与装卸料操作及监督要求一致。

10.4　燃料组件在不同机组间转移

（1）燃料组件在不同机组间转移前准备

燃料组件在核电厂不同机组间进行内部转移，由技术支持部门制定方案，并经主管公司领导批准后执行。

燃料组件在不同机组间转移具体工作由技术支持部门牵头组织实施，维修、维修支持、保健物理、运行、保卫等部门配合，职责分工参照新燃料接收各部门职责分工执行。

（2）燃料组件在不同机组间转移实施

燃料组件在不同机组间转移的具体实施由技术支持部门编制燃料组件内部转移实施方案，并由技术支持、维修支持等部门共同组织实施。

（3）燃料组件在不同机组间转移后工作

燃料组件及相关组件移动记录表单、贮存图按照程序要求予以记录、签字，并交由技术支持部门燃料管理人员整理并归档保存。同时，相应的燃料管理信息系统、衡算系统及时根据燃料转移情况对系统数据进行更新。

11 核燃料性能跟踪

11.1 运行期间的核燃料性能跟踪

（1）一回路冷却剂裂变产物活度的限值

反应堆一回路冷却剂中的当量瞬时比活度（$^{131}I_{eq}$）和惰性气体总瞬时比活度（Σg_{as}）限值见按照《化学与放射化学技术规范》要求执行，根据 $^{131}I_{eq}$ 和 Σg_{as} 的比活度变化选择合理的运行方式。

（2）一回路冷却剂裂变产物活度的跟踪

——按照《化学和放射化学技术规范》要求，定期进行一回路水中裂变产物活度的测量，以监视燃料棒包壳的完整性；

——一旦发现一回路裂变产物有异常增加或超限时，应根据《化学和放射化学技术规范》增加测量频率。

（3）运行期间燃料包壳完整性评价

——在反应堆运行的重大瞬态期间，^{133}Xe 的比活度小于 185 Bq/g 且没有碘峰值，则可以判定反应堆是"净堆"；

——如一回路水中裂变产物活度的测量结果出现以下异常增加，则判断燃料组件漏损：

● 机组在功率瞬态情况下出现碘峰；

● ^{133}Xe 的比活度大于 1000 Bq/g；

——以下方法为辅助判定燃料组件的漏损：

● 燃料可靠性指标 FRI 为监测因燃料缺陷而引起反应堆冷却剂活度增加的程度提供了一个通用手段。对于压水堆而言，如果一个反应堆堆芯中存在一个或数个燃料缺陷，就会使在稳态条件下的 FRI＞19 Bq/g。如果 FRI≤19 Bq/g，则基本可以确定在稳态下该堆芯没有燃料缺陷；

● 放射性同位素比值可以辅助确定是否漏损及用来预估燃料棒破口大小。

11.2 换料大修期间的燃料性能跟踪

（1）燃料组件在线啜吸检测

在运行期间如果判定堆芯为"净堆"，堆芯没有燃料缺陷，燃料组件在卸料过程中不进行在线啜吸检测；否则在卸料过程中须进行在线啜吸检测。在线啜吸用啜吸因子 f 来标识被检测的燃料组件的漏损情况。啜吸因子 f 定义为 ^{133}Xe 的 γ 微分计数率（81 keV 的峰值）与本底计数率。可通过啜吸因子及其他数学分析方法初步判定漏损燃料组件及疑似漏损燃料组件。

（2）燃料组件外观检查

燃料组件如发生燃料操作事件（包括碰撞、挤压、钩挂、刮擦等），或者在线啜吸检测发现燃料组件有异常的，应对可能受到影响的所有燃料组件进行外观检查，以查明漏损情况和可能存在的隐患。具体需要检查的燃料组件包括以下三项：

——可能受到吊装事件影响的燃料组件；

——已判定泄漏或怀疑泄漏的燃料组件；

——怀疑存在异物或受到异物磨损的燃料组件。

外观检查的重点是外层燃料棒端塞焊缝表面情况、燃料棒包壳表面、上管座吊装和定位部件、格架的结构完整性、燃料棒间是否有异物、下管座防屑板完整性和是否有异物、上管座流水孔是否有异物。

（3）燃料组件离线啜吸检测

对在线啜吸发现到有泄漏或被怀疑有泄漏的燃料组件，及外观检查时发现燃料棒有疑似有漏损的，都应进行离线啜漏，以进一步定性和定量确定燃料组件漏损程度。离线啜漏应在卸料后尽早进行，不能迟于卸料后一个月。有目视可见缺陷的燃料组件不得装入啜吸室。

12　相关组件管理

（1）控制棒 R 棒组的规定

控制棒组件在不同循环布置在堆芯不同的位置，特别是作为 R 棒的控制棒束不能一直是同一束，或控制棒束作为 R 棒的总循环数不超过一个定值，以延长控制棒的寿命，防止发生卡棒及控制棒破损。控制棒束作为 R 棒的总堆年数参考下面的半经验公式：

$$K = 15 \times 0.82 \div UCF$$

式中：

——15 是控制棒的设计寿命，单位：年；

——0.82 是设计能力因子，年换料制；

——UCF 是机组实际运行平均能力因子。

（2）控制棒在役检查

控制棒在役检查包括超声检查和涡流检查。超声检查用来检查棒的肿胀、变形、磨损、裂纹，涡流检查用来检查棒的裂纹、孔洞。核电厂根据国内同行的经验选择合适的检查周期，也可根据核电厂的实际运行情况，适当缩短或延长在役检查周期。

通过首次控制棒在役检查得到基准数据，后续在役检查结果在此基础上进行比较、分析，评测磨损及肿胀速度，以及检查是否出现裂纹等缺陷，从而为生产运行提供可靠的技术数据。

（3）相关组件倒换

每次大修相关组件倒换应编制技术方案，为有效缩短相关组件倒换的时间，编制相方案时必须遵循最优化三原则，按优先等级依次是：

——更换专用抓具的次数最少；

——操作步骤最少；

——移动总距离最短。

（4）破损相关组件的处理

在运行监督或相关组件检查过程中发现有破损控制棒组件或二次中子源组件时，开启状态报告，按照状态报告处理流程立即组织专业技术人员分析事故原因，制定破损相关组件处理方案。

破损相关组件处理原则：

——破损新相关组件存放在新燃料贮存间，可要求供应商提供修复服务；

——破损已辐照相关组件按计划贮存（其中破损控制棒组件必须存放在破损控制棒贮存小室），原则上不做修复。

（5）相关组件管理台账

技术支持部门负责对各机组相关组件在堆芯内的布置历史，建立管理台账。对各机组控制棒在役检查结果进行分析，根据在役检查结果建立控制棒在役检查管理台账。

13　乏燃料贮存及发运

核电站营运单位必须做好乏燃料组件贮存及发运规划，实时掌握各核电机组乏燃料组件贮存情况，根据乏燃料水池有效容量、已贮存量、换料计划合理地制订乏燃料发运计划。在日常工作中加强乏燃料在电厂现场的贮存管理，确保乏燃料的贮存安全；切实确保乏燃料内部转移及发运相关的计划、组织与协调工作顺利完成。

乏燃料组件在燃料厂房的乏燃料水池中贮存达到最大容量之前必须进行处置。核电厂营运单位主管技术支持部门的副总经理任命一名乏燃料发运项目负责人，负责组织实施乏燃料的发运工作，乏燃料的发运工作包括：

乏燃料发运准备，制定乏燃料发运方案；

——建立核材料发运控制区；

——乏燃料发运相关系统、设备的预防性维修和纠正性维修；

——乏燃料（包括燃料组件、运输容器等）的吊装操作；

——乏燃料装罐及发运的安全监督和辐射防护工作；

——核材料转移涉及的核材料衡算工作；

——办理核材料的交接。

（1）乏燃料发运前期准备工作

乏燃料发运前，需做好乏燃料发运组织、协调工作：

——向上级主管部门上报发运计划并获得批准文件；

——做好乏燃料发运工作的组织与协调，交接文件检查，核实接收方的核材料许可证和运输容器许可；

——办理核材料移交手续和容器交接手续；

——准备核材料衡算工作，提供乏燃料在容器内的装载图、补充或变更的乏燃料组件技术资料、无破损乏燃料组件证明文件、乏燃料水池无异常证明文件、乏燃料交接重金属量符合确认表及原始资料；

——乏燃料运输容器冲洗去污和辐射防护检查，做好人员辐射防护准备；

——做好乏燃料吊装及运输相关系统的可用性检查与维修；

——做好厂区实物保护系统的检查，确保实物保护系统运行正常。

（2）乏燃料发运工作实施

乏燃料发运工作划分为以下三个阶段。

第一阶段：载有空容器的专用运输车辆驶到KX设备装卸口，对容器进行辐射防护和外观检查后，将容器吊入KX的容器准备井，取下容器密封盖，拆下容器屏蔽盖的紧固螺栓，进行必要的准备工作；

第二阶段：将容器吊入容器装载井，将容器装载井充水至乏燃料贮存水池水位，打开容器装载井与乏燃料贮存水池之间的水闸门，拆下容器屏蔽盖，核对待发运燃料组件的标识号、位置，再将乏燃料贮存格架中的乏燃料组件吊入容器，完成装料；

第三阶段：关闭水闸门，装上容器屏蔽盖，容器装载井排水后将容器吊至容器准备井，重新装上容器屏蔽盖的密封螺栓和容器密封盖，对容器进行排水、表面清洗去污、干燥后将容器降至专用运输车辆上。

（3）发运后的工作

乏燃料发运结束后，还应完成以下工作：

——技术支持部门核材料衡算人员填报并上报核材料交接统计报表；

——技术支持部门核材料衡算人员根据本批乏燃料发运情况，及时准确地对核材料帐目和报告系统进行相应调整；

——技术支持部门核燃料管理人员在发运当天在乏燃料组件发运文件上填写并标明燃料组件的辐照史以及发送单位，并将所有有关发运的核材料资料向衡算人员报告、存档（所有记录、报告和账目表保存五年）。

第七章 核材料衡算与控制

1 概述

为了保证"华龙一号"营运单位对核材料的安全和合法利用，并且满足国家核材料管制的要求，需制定合理有效的核材料管理制度。建立核材料衡算管理制度、实物盘存制度、原始记录、账目系统与报告制度、核材料衡算测量系统，接受上级部门的核材料管制和监督管理。

2 引用文件

下列文件对于本文件的应用是必不可少的。

《中华人民共和国核材料管制条例》（HAF501）

《中华人民共和国核材料管制条例实施细则》（HAF501/01）

3 定义和术语

核材料：在本规程中的核材料主要指含有 ^{235}U、^{239}Pu 等材料的燃料组件或元件。

核材料衡算：确定在规定的区域内核材料存量以及在规定的周期内核材料数量变化的活动。

核材料平衡区（MBA）：设施内部或外部按照地域和管理职责划定的区域，进出该区域的核材料都可以被测定，并且在该区域中可按照规定的程序确定核材料的实物存量。

关键测量点（KMP）：核材料以可测量的形式出现，并通过测量可以确定材料流量或存量的部位。

盘存周期：两次实物盘存之间的时间间隔。

实物盘存（PIT）：某一盘存周期内，设施按规定程序确定核材料平衡区所有批量的核材料的测量值或导出的估算值的总和所进行的活动。

4 核材料衡算管理

4.1 目的

——保证核材料的安全和合法利用；

——满足国家核材料管制的要求。

4.2 核材料平衡区的划分及关键测量点的设置

平衡区：

设置核材料平衡区的目的是便于核材料的衡算与核查，一般按照机组进行划分，每个机组作为一个完全独立的平衡区。

关键测量点：

设置关键测量点是为了便于测定核材料流量或存量。

——按 HAD501/07 规定以"KMP-英文字母"表示实物盘存关键测量点，而以"KMP-阿拉伯数字"

表示物料流动关键测点；

——KMP-A 为新燃料贮存间盘存关键测量点、KMP-B 为反应堆堆芯盘存关键测量点、KMP-C 为乏燃料贮存水池盘存关键测量点；

——KMP-1 为燃料接收和流动关键测量点、KMP-2 为核消耗和核产生流动关键测量点、KMP-3 为乏燃料和其他燃料发运流动关键测量点；

"华龙一号" n 号机组平衡区和关键测量点划分图见图 462-07-04-01。

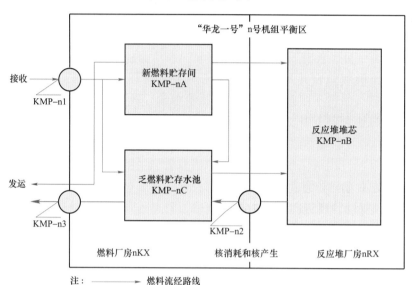

图 462-07-04-01　n 号机组平衡区和关键测量点划分图

5　核材料测量

5.1　测量系统

（1）新燃料测量（KMP-1）

新燃料组件进厂后，需经 KMP-1 接收，通常采用计件（点数）进行测量。新燃料组件中的铀含量和 ^{235}U 富集度以发方数据为准，福建福清核电厂审查组件制造厂家的测量数据，核实是否符合标准或合同书的要求。

（2）堆芯中核产生核消耗的测量（KMP-2）

堆内燃料组件测量需经 KMP-2，堆内燃料组件测量的目的是确定堆内燃料组件中可裂变燃料的消耗和产生量。反应堆在运行期间，堆内燃料组件的辐照情况是通过功率分布测量系统与热工测量进行监测和记录，然后通过计算机程序加以推算的。

（3）乏燃料的计算（KMP-3）

乏燃料组件需经 KMP-3，依据燃料组件的最初含量和在裂变过程中的最终燃耗来推算核材料消耗和产生量，并根据乏燃料贮存时间计算的 ^{241}Pu 衰变引起的钚总量变化，从而确定乏燃料组件发送时的含量。

5.2　测量的质量控制

对测量系统的质量控制从测量方法、组织管理和人员资质三方面来保证。福建福清核电厂建立估算核产生与核消耗的具体方法，编制测量程序手册，保证功率测量的准确性和可靠性，利用指定的工业标准对温度、压差以及流量测量装置进行标定。

6　核材料转移控制

6.1　调入管理

核材料的调入按核材料调入管理规程执行。核查发运文件，检查包装和封记，根据发货单核实燃料组件标识号和组件数量；燃料组件的核材料数量以发货方提供的数据为基准，并对发货方所采用核材料测量系统进行审查；相关人员在发货文件上签字予以确认，对于有出入的数据要立即加以调查，核实后给以纠正；核材料衡算员进行数据登记，并填写核材料接收记录和报告。

6.2　内部转移管理

核材料的内部转移按核材料内部转移管理规程执行。核材料衡算人员应对内部转移的核材料数量等情况进行记录，并在记录上签字。

6.3　调出管理

核材料的调出应按核材料调出管理规程执行。核对组件标识符号，计算 ^{241}Pu 衰变引起的钚总量变化，在发货文件上记录发运的燃料组件的辐照历史，并填写核材料发运记录和报告。

7　实物盘存

7.1　盘存前的准备

实物盘存由电站盘存负责人组织和实施，并严格按照实物盘存的规程进行，由盘存小组逐项核对燃料组件标识号等，并填写盘存表格。实物盘存根据换料周期在每次装料后进行。

7.2　盘存的实施

对平衡区按实际情况，一般在每次堆芯装料后同一时段对三个实物盘存关键测量点分别进行实物盘存。

7.3　盘存后续活动

编制实物盘存报告，所有的核材料管理记录都应与实物盘存的数据相一致，对二者之间的出入都应进行复查，并作出解释说明。

实物盘存结果应由盘存负责人书面报告核电厂核材料管制办公室。

7.4　计划外盘存

若需要计划外盘存，由核材料管制办公室衡算管理组根据情况相应实施。

8　核材料平衡结算和 MUF 评价

8.1　平衡区核材料衡算

福建福清核电厂在每次装料后盘存结束之后，进行本年度的核材料平衡结算。

8.2 MUF 评价

不平衡差（MUF）=期初存量+调入量-期末存量-调出量-已知损失量。

福建福清核电厂核材料以件料形式存在，采用计件方式，MUF 值为 0。

8.3 账目记录和报告系统

福建福清核电厂衡算账目记录和报告系统由衡算管理组管理，由两部分组成：账目记录和报告制度。其中，账目记录包括衡算记录和运行记录，制定报告制度定期或非定期向国家相关管理部门和集团核材料管制办公室报告。

8.4 账目记录总体结构

8.4.1 衡算记录

衡算记录由下列文件组成：

——总账—平衡周期内所有核材料存量变化记录的汇总，它代表核材料账面存量；

——辅助账—用于记录各盘存关键测量点存量的汇总；

——存量变化文件—核材料转移、核材料消耗或产生、内部转移文件等。

8.4.2 运行记录

运行记录由核材料测量系统、测量的质量控制和实物盘存过程中产生的数据文件组成，运行记录如下：

——燃料组件装箱单等（来自燃料组件供货商）；

——燃料组件交接记录；

——燃料组件内部转移记录；

——实物盘存记录（包括堆芯装载核查记录及录像、乏燃料贮存水池和新燃料贮存间的实物盘存记录）等；

——燃料组件历史卡（包括燃料组件移动历史卡和燃料组件辐照历史卡等）；

——运行数据及堆芯测量的有关数据（堆芯的运行记录等）。

8.5 报告制度

提交上级部门报告包括：

——核材料交接统计报表—核材统 01 表；

——核材料库存变化统计报表—核材统 03 表；

——核材料实际库存统计报表—核材统 04 表；

——核材料平衡统计报表—核材统 05 表；

——核材料注释统计报表—核材统 06 表；

——核材料事故损失统计报表—核材统 07 表；

——核材料库存变化综合统计报表—核材统 08 表；

——核材料平衡综合统计报表—核材统 09 表。

当现场核材料发生重大变化时（如设施设计资料有重大变化、核材料进料和发料等）必须事先向国家原子能机构核材料管制办公室报告。

9 核材料管制工作内部管理

9.1 核材料管制工作的监督检查

营运单位核材料管制办公室负责厂内核材料管制工作的监督检查，并接受上级部门的监督检查。

营运单位派专人负责核材料驻厂监造活动，驻厂监造人员对核材料衡算数据进行监督和检查。

营运单位安全质量部门负责对燃料组件不符合项的管理，并对燃料组件的运输、接收、到货验收检查、贮存、内部移动、堆芯装卸料、乏燃料组件发运前的检查和发运等活动实施质保监督，并可根据本规定对营运单位内的核材料管制活动进行质保监查，向本单位负责人提交监查报告。

9.2 核材料管制人员的培训与授权

营运单位核材料管制办公室负责组织营运单位核材料管制人员进行培训。

核材料管制人员必须定期的或不定期的接受公司内部人员的培训；学习和掌握国家核材料管制的有关法规、政策、条例及实施细则；了解国家核材料管制和国际核保障的文件；掌握有关核材料管制工作的专业术语和专业知识；熟悉与核材料管制工作相关的工作程序和接口关系。

核材料管制人员的工作授权按照营运单位相关岗位授权规定执行。

衡算办公室原则上只允许核材料衡算人员进入；凡确有需要进入核材料衡算办公室的其他人员，须由核材料衡算人员陪同并进行登记后方可进出。

第八章 性能试验

1 安全壳

1.1 概述

"华龙一号"机组反应堆厂房采用双层安全壳结构，内层安全壳为附有钢衬里的预应力混凝土结构，靠预应力混凝土（安全壳筒壁和穹顶）和钢筋混凝土（筏基）承受压力，而由钢衬里保证其密封性。外层安全壳为普通钢筋混凝土结构，用于抵抗飞机撞击、龙卷风飞射物及外部爆炸等外部事件。反应堆运行时安全壳内外层之间为负压，即使内壳有泄漏时，放射性物质也不至于向外泄漏。

1.2 引用文件

《压水堆核电厂安全壳密封性试验》（NB/T 20018—2010）
《核动力厂运行安全规定》（HAF103）

1.3 定义和术语

安全壳：包容反应堆压力容器以及部分安全系统（包括一回路主系统和设备、停堆冷却系统等），将其与外部环境完全隔离，期望能实现安全保护屏障功能的构筑物；

密封试验：在协议或规定的条件下，对安全壳加压，以便对其密封性进行检查；

泄漏：从破口，孔洞或裂缝溢出的可测的全部流量体；

泄漏量：在确定的压力及温度情况下，在指定的时间内溢出的流体的量；

泄漏率：通常表示为泄漏量与每个所考虑的安全壳内部自由空间内包容的流体质量的比，通常采用的日泄漏率为在相同的温度和压力下测得的 24 h 泄漏量与安全壳的全部流体的最初质量的比；

部分泄漏率：包括局部试验时分别测得的每一个贯穿件泄漏率；

CAM：安全壳大气监测系统。

1.4 内层安全壳 A 类试验

内层安全壳 A 类试验分为以下几部分内容：
内层安全壳整体泄漏率试验；
内层安全壳整体强度试验（在本章第 1.4 节内，内层安全壳简称安全壳）。
这些试验的验收准则如下。
进行 B 类试验的设备泄漏率不得超过下值：
——电气贯穿件：对所有电气贯穿件为安全壳总允许泄漏率的 1%，其能保守的转化为检查电气贯穿件承压筒体的压力不小于 0.05 MPa.g；
——人员气闸门的密封件：对每扇门的密封件为安全壳总允许泄漏的 1%；
——设备闸门的密封件：为安全壳总允许泄漏的 1%；
——进行 C 类试验的所有安全壳隔离阀的泄漏率之和必须小于安全壳总允许泄漏率的 50%。

1.4.1　试验原理

安全壳整体密封性试验的原理：通过空压系统向安全壳充入空气，当安全壳内空气压力达到试验压力时，停空压系统，安全壳进入保压状态，由于安全壳系统的泄漏，安全壳内干空气的质量将随着时间的推移而逐渐减少，根据理想气体状态方程计算安全壳内干空气质量的减少速率，即可得到安全壳整体泄漏率的估计值。

1.4.2　试验方法

用绝对压力法计算安全壳内干空气质量，用质量点法处理数据，计算安全壳整体泄漏率。

绝对压力法是利用理想气体定律和道尔顿气体分压定律确定试验期间每一测定时间点安全壳内干空气的质量。假设在试验期间由于温度和压力的变化引起的安全壳结构变化对安全壳自由空间容积的改变可以忽略不计。通过连续测定安全壳内空气的压力、温度和水蒸气分压，根据理想气体状态方程得到各个不同时刻安全壳内干空气质量，用质量点法分析处理获得的各个不同时刻的安全壳内的干空气质量，进而得到安全壳内空气的质量变化率，即对每组瞬时测定值，计算初始时刻和测试时刻之间有关质量变化值，泄漏率值用直线回归计算获得，即为用最小二乘法拟合得到质量变化数值随时间变化的直线的斜率。

安全壳整体试验时，使用 CAM 系统的相应系统管道，向安全壳内充入干燥清洁的压缩空气，以规定的升压速率，达到试验压力，并在此期间进行相应的试验项目。加压设备（压缩空气生产系统或临时空压机）通过一个可拆卸临时装置连接到充压贯穿件构成打压试验充压回路，以供应反应堆厂房内要求质量的压缩空气；连接卸压贯穿件及相应的泄压设备构成打压试验卸压回路，以便反应堆厂房卸压。

1.4.3　试验压力平台

整体试验包括将安全壳内空气压力加至设计压力，即 0.42 MPa.g，测量安全壳及其部件的总泄漏率。

安全壳内压力按照如下平台逐级提升和下降（单位 MPa.g）：

$$0.00 \rightarrow 0.10 \rightarrow 0.21 \rightarrow 0.42 \rightarrow 0.21 \rightarrow 0.00$$

在升压过程中的安全壳设计压力 P 下的 24 h 时段内测量安全壳泄漏率。

在压力提升到安全壳设计压力 P 前，用较短的时间完成下列附加试验：

——在 0.00 MPa.g 下，进行仪表试验；

——在 0.10 MPa.g 下，测量参考泄漏率，检验温度传感器的范围和代表性；

——在 0.21 MPa.g 下，测量参考泄漏率，对干扰的影响进行评估。

1.5　安全壳 B 类试验

1.5.1　试验对象

安全壳 B 类试验的试验对象包括：

——燃料转运通道的盲板法兰；

——电气贯穿件；

——人员闸门和应急人员闸门的密封系统，包括门操作用的贯穿件；

——设备闸门的密封件。

1.5.2　B 类试验试验方法

（1）电气贯穿件密封性试验

电气贯穿件长期处于加压状态，并装有压力表。其外套内充有 0.25 MPa.g 的氮气，可在任何时候通过检查电气贯穿件的外观是否完好，观测压力表的读数来检查其密封性。

（2）燃料转运通道、人员闸门和应急人员闸门、设备闸门的密封性试验

燃料转运通道、人员闸门和应急人员闸门、设备闸门密封性试验的试验方法可参考 C 类试验方法中的流量补充法。

燃料转运通道盲板法兰 O 形环密封性试验，通过加压 O 形双密封空间来测定其泄漏率。

人员闸门和应急人员闸门的密封性试验，依次将各密封件上的堵头更换为相匹配的试验接嘴，通过局部检漏仪对各密封件双道 O 形圈间（与相应的试验接嘴相通）加压，测量其泄漏率。

设备闸门密封性试验的方法与人员闸门和应急人员闸门的双密封圈试验方法相同，将局部检漏仪与设备闸门的供气铜管相连，通过对设备闸门的双密封圈之间加压来测量其泄漏率。现场试验时，可能存在设备闸门供气铜管尚未安装的情况，此时可通过设备闸门封头上预留的加压孔（与双道 O 形圈间相通）进行试验。

1.6 安全壳 C 类试验

1.6.1 试验对象

安全壳 C 类试验的试验对象包括安全壳机械贯穿件的隔离系统，但不包括在安全壳内部分为封闭系统以及那些仅能在安全壳整体密封性试验时才能检查其密封性的隔离系统。

贯穿安全壳，并且作为一回路的组成部分，或直接与安全壳内大气相通或不满足安全壳内封闭系统要求的管线，均应按照下列原则之一设置隔离阀：

——安全壳内一个锁闭隔离阀和安全壳外一个锁闭隔离阀；

——安全壳内一个自动隔离阀和安全壳外一个锁闭隔离阀；

——安全壳内一个锁闭隔离阀和安全壳外一个自动隔离阀；

——安全壳内一个自动隔离阀和安全壳外一个自动隔离阀；

——如果事故后要求系统隔离但不可能在安全壳内进行操作时，则在安全壳外设两个自动隔离阀；

——如果能证明只设一个隔离阀时系统的可靠性已经较高，并且下列条件均能满足，则可以只在安全壳外设一个隔离阀：

——该系统在安全壳外是封闭的；

——能适用能动部件单一故障；

——该系统属于专设安全设施；

——该系统从安全壳贯穿件直至并包括阀门在内的部分封闭在一个密封壳内。

贯穿安全壳，既不是一回路的组成部分，也不直接与安全壳内大气相通，且满足安全壳内封闭系统要求的管线，至少在安全壳外设一个隔离阀。该隔离阀或是自动的或是锁闭的，或是能远距离手动操作的。

1.6.2 试验方法

试验介质采用空气或除盐水，试验方法相同，采用不同的试验设备。

验收准则与试验所用介质有关，一般情况下用空气泄漏率值作为验收准则。

试验采用局部加压方式，施加压力的方向应与隔离阀在执行安全功能时受压方向相同，除非能证明反向加压能够取得相同或更保守的结果。试验压力等于安全壳设计压力。

现场通常采用直接测量泄漏率的方法，直接测量泄漏率又分为流量补充法和流量收集法。

1.6.3 流量收集法

如图 462-08-01-01 所示，本方法用于检验阀门 V1 和止回阀 C1 的密封性。

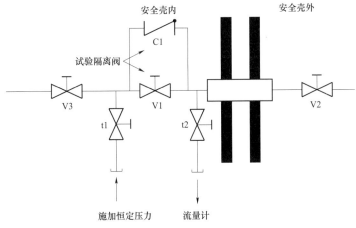

图 462-08-01-01　流量收集法试验示意图

初始条件：

——阀门 V1、V2、V3 关闭；

——阀门 t1、t2 开启；

——测量仪表及加压装置连接到阀门 t1；

——流量计连接到阀门 t2。

步骤：

——将阀门 V1 和 V3 之间的管线加压至 0.42 MPa.g，阀门 t1 必须保持开启状态，以保持阀门 V1 和 V3 之间的压力恒定；

——通过流量计测量阀门 V1 和 C1 的泄漏率。

1.6.4　流量补充法

如图 462-08-01-02 所示，本方法可用被试阀门 V1 来说明：

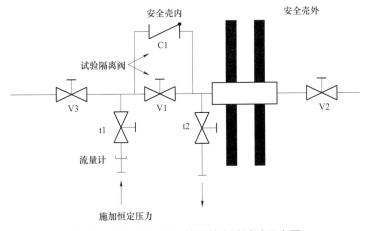

图 462-08-01-02　流量补充法试验示意图

初始条件：

——关闭阀门 V1、V2、V3；

——打开阀门 t1、t2；

——测量仪表、加压装置和流量计均连接到阀门 t1。

步骤

——加压 V1、V3 之间的管道至试验压力（0.42 MPa.g），并使之维持恒定，通过流量计测量阀门 V1 和 C1 的泄漏率。

方法 1 B 既可用于水法也可用于气法。

（注：本试验方法就是在被试阀门上游加压，下游接流量计）

1B 方法中的水法说明：

在贯穿件试验前要进行系统隔离，即把 V3、V2、t2 所代表的隔离边界中的阀门关闭。在试验人员用 1B 法对阀门进行试验以前，也要泄掉该阀门的压力。试验过程中，如果被试验阀门的泄漏率不大时，则在试验过程期间，泄漏到被试验阀门下游密封隔离空间的水较少，不足以使被试验阀门的背压上升。这种情况下得出试验结果是正确的。另外一种情况，被试验阀门泄漏很大，也就是该隔离阀丧失隔离功能，此时对该隔离阀做试验，其实也就是通过该阀对其下游的密封隔离边界做试验。试验结果也可能在该隔离阀的限值之内。如果把这个结果记作该隔离阀的泄漏率，显然是错误的。由于水的不可压缩性，上两种情况建立稳定试验压力和时间都很短，从充压时间上很难判断该阀处于何种情况，从试验结果也很难判断。

综上所述，用水法进行试验时要实施二次泄压，即通过二次泄压来判断阀门密封性试验结果的正确性。二次泄压方法如下：在用 1B 法做 V1 的密封性试验时，当流量稳定时，保持这种状态不变，同时打开 t2，再泄一次阀门 V1 的背压，如果流量计读数稳定，则试验结果正确；如果流量计读数快速上升，则试验结果不准确。此方法变通如下：在用 1B 法做 V1 的密封性试验时，当流量稳定时，保持这种状态不变，这时再打开阀门 V1，如果流量计读数稳定，则阀门 V1 的密封性不严，如果流量计读数快速上升，则试验结果正确。

1.6.5 贯穿件总泄漏率的计算

在下列每种情况下，必须包括位于隔离阀之间的试验支管阀门。

第 1 种情况：由安全壳隔离信号控制的阀门构成的双道隔离。

分别计算位于安全壳内、外的阀门总泄漏率，取两个数值中较大者作为贯穿件的总泄漏率。

第 2 种情况：由不同的阀门构成的双道隔离。

贯穿件安全壳外隔离通过一个可由安全壳隔离信号控制的隔离阀实现，贯穿件安全壳内隔离通过一个止回阀和/或一个手动阀隔离。在这种情况下，贯穿件的总泄漏率为位于安全壳内阀门的总泄漏率。

第 3 种情况：不由自动信号或安全壳隔离信号控制的阀门构成的双道隔离。

该情况也包括在电站运行期间常关的安全壳隔离阀。分别计算位于安全壳内、外阀门的总泄漏率。取两个数值中较小者作为贯穿件的总泄漏率。

1.7 安全壳环形空间密封型试验

1.7.1 试验原理

用绝对压力法计算环形空间内干空气质量，利用理想气体定律和道尔顿气体分压定律确定试验期间每一测定时间点环形空间内的干空气质量，进而确定环形空间内干空气质量、环形空间与大气的压差随时间的变化。

外层安全壳泄漏率按照实际试验工况进行计算：

——Q_{inj}：参照空气注入流量；

——Q：环形空间干空气质量变化率；

——ΔP：环形空间与大气的压差测量值；

——Q_{exp}：外层安全壳泄漏率测量值；

——i：第 i 个试验循环。

试验重复若干循环，每个循环测量过程中，对应试验差压ΔP 时，外层安全壳的泄漏率可表述如下：

$$Q_{exp}（i）（\Delta P）=Q-Q_{inj}$$

每次测得的泄漏率可允许将环形空间的泄漏率表示为 ΔP 的线性关系：

$$Q_{\exp}（\Delta P）=A \times \Delta P + B$$

取 $\Delta P = -300\ \text{Pa}$，即可得到外壳泄漏率的试验值。

（注：从环形空间中泄漏的流量用负值表示，进入环形空间的流量用正值表示）

1.7.2 验收准则

对于外层安全壳，最大泄漏率规定为：在 $-300\ \text{Pa}$ 的微负压下，24 h 内不超过环形空间包含的气体体积的 25%。

1.7.3 初始条件

外层安全壳泄漏率试验前，下列条件必须满足：

——外层安全壳建造完成，所有外层安全壳密封工作完成；

——外层安全壳贯穿件安装检查完成，且保证贯穿件密封性，包括补偿件的建造和固定检查、环形空间气闸门检查；

——环形空间通风系统可用，碘回路处于闭锁状态，正常通风可用；

——仪用压缩空气分配系统可用，参考气体流量注入管线已被隔离；

——外层安全壳泄漏率试验的测量系统调整完成，包括测量仪表校准、电缆连线、数据采集器和计算机系统的安装检查完成。

外层安全壳密封组件泄漏检查完成，包括设备闸门弹性连接件、人员闸门外筒节密封结构的泄漏试验。

2 高效空气粒子过滤器

2.1 概述

核电厂通风系统中的高效空气粒子过滤器的重要功能是去除放射性气溶胶及粉尘，保证核电厂各工艺房间良好的空气质量，给工作人员创造舒适的工作及生活环境，减少职业病，提高劳动效率，保证电厂安全稳定运行。在气态流出物排放到环境之前，需要经过高效空气粒子过滤器。

2.2 引用文件

《核空气净化系统高效粒子空气过滤器净化系数的测定 荧光素纳气溶胶法》（EJ T20027—2012）

2.3 术语和定义

高效粒子空气过滤器；

一种可处置的连续介质干式过滤器，由滤芯、边框、密封胶和密封垫组成；

净化系数（E）；

注入的粒子质量与透过的粒子质量的比值；

荧光素纳气溶胶发生器；

用于产生特定粒径荧光钠气溶胶的发生装置。

2.4 高效空气粒子过滤器设备

2.4.1 高效空气粒子过滤器组成

高效空气粒子过滤器主要部件包括框架、滤芯和密封垫。

框架：由进风壳板和出风壳板相互扣合而成，形成安装过滤芯体的刚性方箱框架结构，在框架的进风壳板一侧板的中间设有一个提手，便于人员安装和搬运过滤器。

滤芯：该型过滤器使用成型滤芯以"V"字形状装入对应的进、出风壳板槽内，滤芯与壳板间通过密封胶密封。

密封垫：采用榫槽形或Ω形接头形式，接头处用氯丁胶或硅胶黏接，整个密封垫紧密粘贴在框架上。密封垫材质为硅橡胶或闭孔海绵氯丁橡胶。

2.4.2 高效空气粒子过滤器运行细则

高效空气粒子过滤器的外形尺寸及重量见表462-08-02-01。

表462-08-02-01 高效空气粒子过滤器性能表

名称	流量/（m³/h）	钠焰法效率/%（出厂验收）	荧光素钠净化系数（出厂验收）	外形尺寸/mm	初差压/Pa	工作温度/℃	重量/kg	过滤面积/m²
高效空气粒子过滤器	3400	≥99.9%	>5000	610×610×292	325	120* 200**	25	41

注：* 连续运行时极限温度。

** 1h内的最大允许温度。

高效空气粒子过滤器安装时，密封垫与排架密封端面贴紧，过滤器标示气流方向与排架气流方向一致，过滤器进出风长条口竖直放置，然后操作压紧机构将过滤器压紧。安装完毕后，检查过滤器密封垫与排架是否贴合紧密无泄漏。

设备在正常运行时需要定期测量过滤器的阻力。随着运行时间越长，过滤器的阻力值不断升高，根据经验，高效空气粒子过滤器（VM系列）的额定初差压≤325 Pa，达到650 Pa左右时应更换。高效空气粒子过滤器性能试验。

2.5 高效空气粒子过滤器现场性能试验

2.5.1 目的

在现场系统额定工况下，通过测定净化系数的方法来测量高效粒子空气过滤器的效率。

2.5.2 试验方法

高效空气粒子过滤器现场试验使用荧光素钠气溶胶法，在高效空气粒子过滤器的上游注入一定粒径的固体荧光素钠气溶胶，用采样滤膜分别在过滤器的上游、下游采样，然后用氨水溶液浸泡采样滤膜，将这些滤膜上的荧光素钠收集到溶液中，并通过测量该溶液荧光的强度来确定上游、下游空气中荧光素钠的浓度，通过比较上游、下游空气中荧光素钠的浓度，计算高效空气粒子过滤器的净化系数。

2.5.3 验收准则

高效空气粒子过滤器净化系数$E > 1000$（相当于效率$\eta > 99.9\%$）。

3 碘吸附器

3.1 概述

核电机组在运行中不可避免地产生放射性废气。通常，放射性废气分为两类：放射性气体和放射性气溶胶。由于它们的来源、存在形式和性质不同，处理方法也不一样。

核裂变产生的放射性气体半衰期较长的主要有：^{85}Kr、^{133}Xe、^{129}I、^{131}I、^{3}H和^{14}C等，但对人类可能产生的危害主要是放射性碘。在通风系统中含有放射性碘的气流通过碘吸附器的碳床时，经过活性炭对其中放射性碘物质的物理和化学吸附作用，使气流得以净化。

3.2　引用文件

《核空气和气体处理规范通风、空调与空气净化第 13 部分：碘吸附器（Ⅲ型）》（NB/T 20039.13—2012）

3.3　术语和定义

吸附器：

由吸附床、挡板、支撑结构件和辅助设备组成的组件，用于去除流经它的气流中的污染物。

吸附床：

填充在两块特定间距的穿孔板间的吸附剂层，以及由穿孔板和无孔部件组成的装填吸附剂的腔室。

机械泄漏：

由于材料或制造方法存在缺陷而造成的穿过吸附器或其接头的金属部件的直接泄漏。

穿透率：

流经空气净化装置的气体的出口浓度与入口浓度的百分比。

3.4　碘吸附器设备

3.4.1　碘吸附器组成

现场安装的碘吸附器为Ⅲ型碘吸附器（与福清核电 1～4 号机组使用的Ⅰ型碘吸附器有所区别），属于深床碘吸附器，由多个单体炭床组成，用于吸附气体中的放射性碘。具有综合体积小，节约占地空间，自动补偿吸附剂消耗的优点；配套的活性炭装卸系统（多台设备共用）可实现机械化更换活性炭材料，大大降低劳动强度；在运行过程中几乎不产生金属废弃物，减少了放射性废物的产生量。

设备由箱体、吸附床、核级活性炭、料斗、底座、取样罐、核级活性炭装卸系统及附件（多台设备共用）、配对法兰及其密封垫、螺纹紧固件等组成。

箱体：Ⅲ型碘吸附器的箱体由不锈钢板焊接组成，其主要作用为容纳吸附床及核级活性炭。箱体由矩形外框和锥形进、出风风道组成，箱体的顶面及进出风风道的正面均设置有检查孔和维修口，以实现目视检查和/或样品提取的功能。锥形进、出风风道设置连接法兰，依靠螺纹紧固件与系统连接。

吸附床：Ⅲ型碘吸附器的吸附床为不锈钢材质，由多个活性炭炭床组成，其尺寸根据所处理的空气和气体给定的气流量来确定。碘吸附器炭床由穿孔板和结构件槽钢焊接组装而成，通过合理的布置，组成吸附剂炭床和进、出风风道，气流从吸附器床的迎风面风道进入，通过炭床中填充的吸附剂，再从出风面风道流出，达到去除核空气中放射性碘的目的。

料斗：Ⅲ型碘吸附器的料斗位于吸附床的下方，与箱体采用焊接结构连接。料斗与所有吸附剂炭床相通，料斗下方设置卸料组件，更换活性炭时，炭床里面的核级活性炭通过料斗汇集至卸料管，由核级活性炭装卸系统实现活性炭的取出。

底座：Ⅲ型碘吸附器的底座用于支撑整个设备，采用不锈钢槽钢制作。

取样罐：每台Ⅲ型碘吸附器均配置 6 个取样罐，用于专门的在役试验。取样在设备外部进行，取样罐设置在箱体的外操作面，取样罐中的吸附剂采用与Ⅲ型碘吸附器同批次的核级活性炭。

核级活性炭：核级活性炭作为吸附剂装填在Ⅲ型碘吸附器内，起到吸附放射性碘的作用。

核级活性炭装卸系统及附件：核级活性炭装卸系统及附件是实现Ⅲ型碘吸附器吸附床内核级活性炭装填或取出的系统，由净化小车、炭桶翻转小车、装炭桶盖管道附件等部分组成。

3.4.2　碘吸附器运行细则

首次启动及检修后启动前，需要按系统工艺图及设备图纸对其进行各项检查，一般应包括检查紧固件是否有松动，检查气流方向是否正确，测量仪表连接管路是否正确，是否满足气密性要求，检查取样箱、检查口、手孔处的密封门是否锁紧等工作。

定期检查设备上的密封垫的密封情况，是否有明显老化现象，以保证设备整体气密性。定期检测系统的运行参数，包括风量、差压和温湿度等，并定期对Ⅲ型碘吸附器进行现场性能试验。

3.5 碘吸附器现场性能试验

3.5.1 目的

通过现场试验，测量额定运行工况下碘吸附器的效率或碘吸附器排的泄漏率和碘吸附器吸附剂的效率。

3.5.2 试验方法

现场安装的Ⅲ型碘吸附器可使用两种方法进行现场性能试验，两种方法可以等效：取样罐检查试验法和放射性甲基碘试验法。

（1）取样罐检查试验法

氟利昂气体（或其他种类可等效的试验用气体）为试验用气体检测碘吸附器排架的泄漏率，将其注入吸附剂排上游的气流中，测出碘吸附器排架前后氟利昂浓度的变化。下游浓度与上游浓度的比值用百分率表示，即为该吸附器排的泄漏率（泄漏率<0.05%）。

在一定条件下，将取样罐中的吸附剂置于试验床，将含有 ^{131}I 示踪的甲基碘气流流过试验床，在试验床后设置装填可以完全捕集穿过甲基碘两级后备床。气流吹洗一段时间后，用 γ 计数器测量试验床和后备床中 ^{131}I 的 γ 计数率，确定穿过试验床的甲基碘占其总量的百分比，计算出吸附剂的除碘效率。

（2）放射性甲基碘试验法

将 ^{131}I 标记的一定量的甲基碘气体注入到碘吸附器上游通风系统中，同时用采样装置分别在上、下游采集样品。采样结束后，用 γ 谱仪分别测量样品的放射性活度，通过比较上、下游样品的总活度，以确定碘吸附器的净化系数。

3.5.3 验收准则

对于所有Ⅲ型碘吸附器取样罐检查试验法现场的验收准则一致，由于对于工作场所的要求不同，放射性甲基碘试验法现场的验收准则不一致，具体准则见表 462-08-03-01。

表 462-08-03-01　碘吸附器验收准则统计

方法		验收准则
取样罐检查试验法		泄漏率：$L \leq 0.05\%$ 效率：$R \geq 97\%$
放射性甲基碘试验法	主控室空调系统	净化系数：$E \geq 1000$（相当于效率 $\eta > 99.9\%$）
	其他系统	净化系数：$E \geq 100$（相当于效率 $\eta > 99\%$）

4　热力性能试验

4.1　概述

为确保机组的正常高效运行，需要对汽轮发电机组热力系统重要参数进行监测、对部分重要换热器、泵进行特性试验，确保其水力、热力性能符合验收准则。

4.2　引用文件

下列文件对于本文件的应用是必不可少的。凡是注日期的引用文件，仅所注日期的版本适用于本文件。凡是不注日期的引用文件，其最新版本（包括所有的修改单）适用于本文件。

《汽轮机热力性能验收试验规程（第 1 部分）》（GB/T 8117.1—2008）

《汽轮机热力性能验收试验规程（第 4 部分）》（GB/T 8117.4—2017）

4.3　缩略语

1C：一个换料循环；

1Y：一年；

FWD：核岛消防水分配系统；

WAP：压缩空气生产系统；

VCL：主控制室空调系统；

VEC：控制柜间通风系统。

4.4　设备试验

4.4.1　泵特性试验

泵是将原动机的机械能转换成液体的压力能和动能从而实现流体定向输运的动力设备。泵在现代核电厂的运行过程中，占有相当重要的位置，它是核电厂中应用较多的动力机械设备。

试验范围：为确保电厂安全稳定的运行，需要对安全厂用水泵、设备冷却水泵、消防水泵以及余热排出泵进行水力特性计算。

试验周期：通常为 1C。

泵水力特性分析以计算泵扬程为主，计算扬程偏离程度是否在该泵所属等级允许范围内。需要采集如下数据：试验泵的流量及电流、泵进出口压力、泵进出口管道截面积、泵入口水温及泵转速等。为了更精确的计算，采集数据增加泵进出口压力取样点的高度，以排除位能对扬程的影响。有效气蚀余量、发电机效率和泵流量可侧面辅助判断泵的工作和性能状态。

4.4.2　换热器试验

在工业生产中，完成流体之间热量交换过程的设备，统称为换热器。在核电厂中，反应堆回路、二回路系统及其辅助系统都有众多不同功能的换热设备。监测一些主要换热器的换热能力，对确保机组安全、稳定、高效运行有着重要的意义。

试验范围：主要监测的换热设备有安全厂用水及设备冷却水间的板式热交换器、常规岛回热系统相关换热器（高低加）、凝汽器、蒸汽发生器等。

试验周期：通常为 1C。对部分特殊且重要换热器周期应适当缩短，如安全厂用水及设备冷却水间的板式热交换器周期通常为 7 d。

需要采集数据：换热器冷热端进出口流量及进出口温度、换热器冷热端压力、换热器疏水流量及温度、换热器冷热端进出口差压等，以计算换热器换热系数，换热效率及端差等性能值。

4.4.3　汽轮机热力性能试验

汽轮机是一种利用蒸汽做功的高速旋转式机械，其功能是将蒸汽带来的反应堆热能转变为推动汽轮机转子高速旋转机械能，并带动发电机发电的一种动力设备。核电厂汽轮发电机组的效率高低直接影响电厂的效益。

汽轮机热力性能试验，主要目的是监测汽轮发电机组整体的效率是否满足设计要求，或是作为在汽轮发电机组出力出现问题时的一种诊断故障的方法。

试验周期：该试验通常在汽轮机验收或在需验证汽机性能时执行。

主要步骤：根据具体要求可以分为简化试验或全面试验，根据具体要求在汽轮发电机组上安装相关测点进行监测，测点主要包括压力测点、温度测点、流量测点以及电功率测点，部分不需要安装仪表用运行参数进行监测的有除氧器及凝汽器水位等参数。试验过程中要求根据热力系统图进行相应的隔离。

4.4.4 其他特性试验

热力性能试验专业还负责一些其他定期试验，主要包括：

（1）消防水压力流量试验

试验周期：5C；

试验目的：检测 FWD 消防管网管道是否存在由于管道堵塞、泄漏及其他问题而造成压力下降的现象。采集不同流量平台下压力值数据，其值需不小于理论最低值。

（2）反应堆冷却剂泵惰转

试验周期：3C；

试验目的：检测冷却剂泵失电后惰转的转速及时间是否满足设计要求，其转速下降曲线需满足设计下降曲线上下限值，确保主泵具备一定的惰转能力以维持堆芯安全。

（3）空气干燥器露点、压力损失测定

试验周期：1C；

试验目的：检测 WAP 应急压缩空气生产系统干燥器是否正常运行，通过空气干燥器露点及进出口压损是否小于设计值判定设备性能状态。

（4）冷却盘管换热性能试验

试验周期：3Y；

试验目的：检测 VCL/VEC 系统冷却盘管换热能力，通过计算冷端换热量与 95%额定值比较分析冷却盘管换热能力。

5 定期试验

5.1 概述

定期试验：核电厂按照技术规格书的要求和保持系统可靠性所需，在确定的时间间隔内，按照试验程序所规定的方法，对机组、系统、部件或构筑物所进行的测定性能参数或检查其可用性的工作。规范要求包括但不限于计划编制、等效与实施、报告与评价等。

5.2 术语和定义

QSR：质量安全相关。

C：一个换料循环。

5.3 引用文件

无。

5.4 定期试验计划

——责任部门在核电厂生产管理信息系统中维护定期试验数据库，由数据库触发全厂的定期试验计划项目；机组正常运行期间定期试验由责任部门纳入日常长周期计划管理，大修期间的定期试验由责任部门纳入大修计划中跟踪（除运行定期试验），运行定期试验由运行工程师安排。

——运行部门负责的定期试验项目，由机组运行工程师在运行部门定期试验管理系统中直接安排计划日期，并在核电厂生产管理信息系统中显示，并保证定期试验管理系统中定期试验安排计划与责任部门试验计划的一致性。

——试验执行日期的安排应以试验规程为依据、在对试验充分风险分析的基础上确定，试验实施过程中，应严格遵循规程中对试验先决条件尤其是试验窗口的规定。

——机组正常运行期间，电厂应建立定期试验裕度使用审批流程，以确保定期试验能按规定的周期执行。

——机组大修期间：

● 周期长度大于等于一个燃料循环的试验，一般利用机组预大修或大修执行，纳入大修计划进行管理，运行定期试验由运行工程师安排；在大修计划的制定过程中必须明确每一项定期试验的机组状态或执行窗口要求，以便在每个状态转换点核对相应的定期试验按要求完成情况；大修前由定期试验管理部门组织发布本次大修需要执行的定期试验清单（周期≥1C），确保需执行项目都已安排到生产计划中；试验责任部门每天跟踪生产计划安排情况，确保责任范围内定期试验在定期试验监督大纲要求的机组状态下完成；定期试验管理部门每天对大修定期试验执行情况进行跟踪和通报；安全相关定期试验项目的完成情况，由核安全监督工程师依据大修前制定的定期试验计划进行独立审查，审查结果满意后才能允许机组状态转换。

● 周期长度小于一个燃料循环的试验，具备试验条件的试验，由责任部门排入大修计划按周期执行；与机组状态有关（机组大修期间、机组启动阶段）、在25%裕度宽限期内仍然不具备试验条件的定期试验，核电厂应建立流程进行管控。

——在裕度范围内：

● 如果某项定期试验未能按生产计划安排的工期完成，试验负责人必须按核电厂相关管理文件要求进行工单延期。

● 如果在定期试验实施期间发现了问题需处理缺陷然后重做该试验、定期试验结果不合格需处理缺陷后重做试验，试验负责人应及时提出工作申请并反馈给本部门定期试验管理负责人。生产计划部门重新安排，试验责任部门必须确保试验能在裕度范围内完成实施；

● 一次不成功的QSR定期试验必须在裕度范围内重做合格，否则必须向核安全部门报告。

定期试验统计和反馈

——定期试验管理责任部门开展全厂定期试验项目实施情况的统计并完成定期试验月度报告及年度报告的编制；

——试验责任部门每天跟踪责任范围内定期试验执行情况；

——定期试验管理责任部门每天跟踪责任范围内定期试验执行情况，组织定期试验实施情况相关数据统计和经验反馈工作，统计项目主要包括以下几项。

● 到期项：在一定时间段内距最近一次完成时间刚好一个试验周期的定期试验；

● 完成项：定期试验的实际实施项数，包括等效的试验项目；

● 合格项：定期试验结果满足安全相关系统和设备定期试验监督大纲、非安全相关系统和设备定期试验大纲验收准则的试验项目；

● 不合格项：定期试验项目结果不满足安全相关系统和设备定期试验监督大纲、非安全相关系统和设备定期试验大纲验收准则的试验项目；

● 超期项：（到期时间+25%试验周期）内未完成的定期试验，对于周期小于一周的试验不做统计；

● 一次不成功项：定期试验实施过程中出现缺陷，未一次合格的项目；

● 一次成功率：一次成功项占实际实施的定期试验项数的百分比。

5.5　定期试验实施

定期试验可由等效及实施的方式完成。

5.5.1 定期试验等效

定期试验等效必须满足如下原则：

——试验内容必须完全涵盖相关定期试验的全部项目；

——试验条件及实施过程符合定期试验要求，且有完整试验记录；

——试验结果必须满足定期试验的验收标准；

——完成相应报告编制与批准。

5.5.2 定期试验实施

——运行部门按工单计划执行定期试验。非运行定期试验责任部门应根据生产计划部门计划安排情况完成相应试验工单准备、工作许可证申请；试验负责人领取工作许可证后方可实施试验。

——试验责任部门在试验前应当对验收准则进行复核，确认其合理性和正确性。对于验收表计位号与实际不符、验收单位与实际不符、验收参数范围与试验准则不符的，应当在试验前的工作准备阶段提出修改。试验准备责任人要负责组织试验准备阶段的文件正确性复核，负责组织修正发现的错误。

——定期试验实施遵守核电厂通用生产管理程序。

——定期试验工前工后会的组织按公司工前会工后会实施相关管理程序要求执行。

——定期试验必须严格按照试验规程执行，每一步操作完毕均应对可能受影响的参数进行检查，及时发现异常。

——定期试验实施时，试验负责人必须满足试验规程中的授权要求。

试验过程中，定期试验实施负责人要及时向当班值长汇报发现的缺陷；一旦发现重大缺陷，应立即终止试验，通知运行当班值；试验过程中，试验人员及时记录试验数据，详细记录试验中的异常/设备缺陷以及处理情况。

——如果在定期试验实施期间出现缺陷试验无法继续执行，试验负责人应立即提出工作申请要求进行缺陷处理并通报。

——试验执行过程中，对于未执行的试验步骤，标记为"NA"并签字说明原因。

5.5.3 定期试验报告与评价

——QSR 定期试验结果判定以安全相关系统和设备定期试验监督大纲的验收准则为依据，非 QSR 定期试验结果判定以规程验收准则为依据，满足相应验收准要求为合格；定期试验结果不满足验收准则，试验结果不合格；若满足验收准则，但存在其他缺陷，则判定为合格有缺陷。

——当 QSR 定期试验验收准则需澄清时，试验责任部门可发工作联系单给核安全部门，由核安全部门组织答复澄清。

——试验负责人应保证规程文件完整，规程记录符合核电厂记录管理的要求，试验数据记录完整，异常情况记录准确，并在试验报告上签字。

——试验结束后，各试验负责人必须按照规程中的验收标准（满足安全相关系统和设备定期试验监督大纲的验收准则）要求对试验进行客观评价，并给出该定期试验的初步判定结果。

——试验责任部门在对定期试验进行评价时，应对试验结果数据的趋势做出初步评估，若有劣化趋势，试验责任部门及相应的"一机一人责任部门"应加强关注，或发起工作申请要求处理；对于定期试验已发现及处理的缺陷，试验负责人必须在试验报告定期试验评价单中记录缺陷及处理情况，并记录核电厂生产管理信息系统中的工作申请编号。

——QSR 试验项目执行的全过程及试验报告由核安全监督工程师进行独立监督。

——试验结果评价工作必须尽可能快地完成，以便不合格的试验项目有充足的时间重新安排试验。

——对于定期试验不合格，试验责任部门应立即反馈主控室，并在试验执行当天正式邮件通报。

5.6 试验项目

电厂编制《安全相关系统各设备定期试验监督大纲》进行落实；非 QSR 定期试验项目根据厂内技术要求、设备手册、系统手册、经验反馈进行确认，电厂编制《非 QSR 定期试验大纲》。

6 管道支吊架

6.1 概述

管道支吊架是管道系统中的重要组成部分，主要功能是承受载荷、限制位移和控制振动。在机组正常运行下，管道振动何安装不到位等问题，都易导致支吊架松动，甚至导致支架损毁，致使核电厂汽水管道局部产生疲劳损耗，甚至造成机组设备的损害，影响核电厂安全运行。

6.2 引用文件

下列文件对于本文件的应用是必不可少的。凡是注日期的引用文件，仅所注日期的版本适用于本文件。凡是不注日期的引用文件，其最新版本（包括所有的修改单）适用于本文件。

《管道支吊架 第 1 部分：技术规范》（GB/T 17116.1—1997）

《核电厂汽水管道与支吊架维修调整导则》（DL/T 982—2005）

《核电厂在役检查》（HAD103/07）

6.3 定义和术语

6.3.1 导向支吊架（GL）

用以引导管道沿预定方向位移而限制其他方向位移的装置，水平管道的导向装置也可承受管道的垂直荷载。

6.3.2 限位支吊架（BT）

用以约束或部分限制管系在支吊点处某一或某几个方向位移的装置，它通常不承受管道的垂直荷载。

6.3.3 刚性支吊架（SF）

用以承受管道垂直载荷并约束管系在支吊点处垂直位移的吊架。

6.3.4 滑动支吊架（PL）

将管道支撑在滑动底板上，用以承受管道垂直载荷并约束管系在支吊点处垂直位移的支架。

6.3.5 固定支吊架（PF）

用以将管系在支吊点处完全约束而不产生任何线位移和角位移的刚性装置。

6.3.6 变力弹簧支吊架（SV）

用以承受管道垂直荷载，其承载力随着支吊点处管道垂直位移的变化而变化的弹性支吊架。

6.3.7 恒力支吊架（SC）

用以承受管道垂直荷载，且其承载力不随支吊点处管道垂直位移的变化而变化，即荷载保持基本恒定的支吊架。

6.4 管道支吊架组成

管道支吊架主要由管部件、连接件和根部件三部分组成，管部件主要有管夹、管卡等，连接件主要有吊杆、花兰螺丝、变力弹簧组件、恒力弹簧组件等，根部件主要有悬臂梁、Γ形梁等。通过焊接、膨胀螺栓等连接方法将根部件固定在建筑结构上形成支承。

6.5 管道支吊架定期检查

6.5.1 检查周期

对管道支吊架的检查范围及周期做如下规定：

——核岛及核辅助厂房内管道弹簧支吊架、管道恒力支吊架检查周期为一个换料周期；

——其他管道支吊架检查范围和周期根据运行情况动态制定。

6.5.2 检查内容

检查内容应至少包括以下主要部分：

——大载荷刚性支吊架结构状态是否正常；

——限位支架的冷态间隙检查；

——变力弹簧支吊架冷态和热态的位置，其弹簧是否过度压缩（拉伸）、偏斜或失载；

——承载结构和根部辅助结构是否有明显变形，焊缝是否有裂纹，混凝土是否开裂。

6.5.3 检查方法

管道支吊架检查方法和检查要点如表 462-08-06-01 所示：

表 462-08-06-01　管道支吊架检查方法及要点

类型	检查方法	检查要点
导向支吊架	外观检查	导向侧板，滑动面，管托之间的间隙、管夹、紧固螺栓
限位支吊架	外观检查	检查支吊架锈蚀、限位挡块、预留间隙
刚性支吊架	外观检查	连接件吊杆，吊杆和螺栓的锁紧螺母、支吊架管部抱箍或卡箍、紧固螺栓、支吊架根部钢结构
滑动支吊架	外观检查	支吊架锈蚀、滑动面及滑动功能
固定支吊架	外观检查	支吊架锈蚀、焊缝、紧固螺栓
变力弹簧支吊架	外观检查	弹簧冷热态刻度位置、弹簧锈蚀卡涩、负载情况、连接件吊杆、吊杆和螺栓的锁紧螺母、根部钢结构、管部抱箍或卡箍、紧固螺栓
恒力支吊架	外观检查	恒力吊架冷热态刻度位置、负载情况、根部钢结构、弹簧锈蚀卡涩、连接件吊杆、吊杆和螺栓的锁紧螺母、管部螺栓
类型	检查方法	检查要点
导向支吊架	外观检查	导向侧板，滑动面，管托之间的间隙、管夹、紧固螺栓
限位支吊架	外观检查	检查支吊架锈蚀、限位挡块、预留间隙
刚性支吊架	外观检查	连接件吊杆，吊杆和螺栓的锁紧螺母、支吊架管部抱箍或卡箍、紧固螺栓、支吊架根部钢结构
滑动支吊架	外观检查	支吊架锈蚀、滑动面及滑动功能
固定支吊架	外观检查	支吊架锈蚀、焊缝、紧固螺栓
弹簧支吊架	外观检查	弹簧冷热态刻度位置、弹簧锈蚀卡涩、负载情况、连接件吊杆、吊杆和螺栓的锁紧螺母、根部钢结构、管部抱箍或卡箍、紧固螺栓
恒力吊架	外观检查	恒力吊架冷热态刻度位置、负载情况、根部钢结构、弹簧锈蚀卡涩、连接件吊杆、吊杆和螺栓的锁紧螺母、管部螺栓

7　阻尼器

7.1　概述

阻尼器是一种对速度敏感的装置，它是核电站管道及设备的主要支承件之一，也是核电厂管道及设备抗震关键设备。阻尼器可分为机械阻尼器和液压阻尼器，核电厂主要应用的是液压阻尼器。

阻尼器的主要功能是保护管道或设备免受突发载荷冲击带来的破坏。在管道与设备处于正常工作状况下，它能适应管道或设备因热膨胀而引起的缓慢移动，对管道几乎没有限制作用；在突发载荷（系统式设备自身原因：如阀切换产生的压力震动，小锤、管道破裂等；外部原因：如地震、爆炸冲击等）情况下或设备受瞬间冲击时，阻尼器就成为一种刚性构件，把动态负载传到结构上，从而达到保护管道的作用。

7.2 引用文件

下列文件对于本文件的应用是必不可少的。凡是注日期的引用文件，仅所注日期的版本适用于本文件。凡是不注日期的引用文件，其最新版本（包括所有的修改单）适用于本文件。

《核电厂汽水管道与支吊架维修调整导则》（DL/T 982—2005）

7.3 定义和术语

7.3.1 A 功能阻尼器 Function A（A）

对阻尼器在 1～33 Hz 扰动范围内保证闭锁，受到恒定突加载荷作用时，阻尼器不应保持锁定。阻尼器端部的相对运动可以是一个具有恒定速度的位移。

7.3.2 B 功能阻尼器 Function B（B）

主要承受间歇式载荷几秒钟或超过一秒钟持续载荷，主要技术指标为漂移量。额定载荷加载 10 min，在压缩方向阻尼器闭锁后其端部漂移量不得超过 20 mm。

7.4 液压阻尼器常规检查

液压阻尼器的常规岛检查主要在每个换料周期进行，以外观和性能检查为主，不作解体维修，具体如下。

7.4.1 外观检查

（1）检查范围

每次换料大修期间，对核电厂所有的服役阻尼器进行外观检查。

（2）检查内容

——阻尼器安装姿态是否正常，机械连接处有无卡、阻现象；

——铭牌上冷态位置与热位移值是否与阻尼器实际情况一致；

——阻尼器热位移后活塞是否还有足够预留空间（至少 10 mm）；

——螺纹连接处是否有异常；

——阻尼器外观是否有机械损伤或锈蚀；

——阻尼器表面是否有液压油泄漏情况。

注：如阻尼器所处环境比较恶劣（如高温、高湿、高辐照），应作好记录，为重点抽查做好准备。

7.4.2 性能试验

液压阻尼器性能试验主要分为静态试验和动态试验。

（1）试验目的

确认液压阻尼器的额定载荷下是否泄漏；

阻尼器的静态性能指标：闭锁速度、闭锁后速度及低速摩擦阻力等关键性能是否合格。

（2）试验范围

根据目前我国已投入商运的核电机组在役阻尼器的检修经验，每次换料大修期间抽取核电厂服役阻尼器总数量的10%作为试验对象，如试验结果中不合格的数量超过抽查数量的10%，则可适当增加抽检比例。

（3）试验方法

静态试验：低速行走阻力、闭锁速度、闭锁后速度或释放率。

动态试验（选做）：测试产品的刚度是否发生变化。

（4）验收标准

液压阻尼器性能试验验收标准见表 462-08-07-01、表 462-08-07-02。

表 462-08-07-01　液压阻尼器静态试验和动态试验验收标准（除 B 功能外）

阻尼器型号	额定载荷/ kN		闭锁速度/ （mm/s）	闭锁后速度/ （mm/s）	动态刚度/ （kN/mm）
	a、b 型	c 型	a、b、c 型	a、b、c 型	a、b、c 型
DA1	8.75	7.5	2～6	$2 > v \geqslant 0.5$	$\geqslant 3.12$
DA2	17.5	15.0	2～6	$2 > v \geqslant 0.5$	$\geqslant 6.25$
DA3	35.0	30.0	2～6	$2 > v \geqslant 0.5$	$\geqslant 12.5$
DA4	70.0	60.0	2～6	$2 > v \geqslant 0.5$	$\geqslant 25.0$
DA5	140.0	120.0	2～6	$2 > v \geqslant 0.5$	$\geqslant 50.0$
DA6（除 B 功能）	280.0	240.0	2～6	$2 > v \geqslant 0.5$	$\geqslant 100.0$
DA7	480.0	480.0	2～6	$2 > v \geqslant 0.5$	$\geqslant 200.0$

表 462-08-07-02　DA6 液压阻尼器静态试验和动态试验验收标准（B 功能）

阻尼器型号	额定载荷/ kN		低速位移阻力/ kN		动态刚度/ kN/mm	闭锁速度/ （mm/s）	B 功能阻尼器指标
	a、b 型	c 型	a、b 型	c 型	a、b、c 型	a、b、c 型	
DA6 B 功能	280.0	240.0	$\leqslant 2.8$	$\leqslant 2.4$	$\geqslant 100.0$	2～6	额定载荷加载 10 min，压缩方向漂移量 $\leqslant 20$ mm

8　一回路瞬态管理

8.1　概述

在核电厂设计寿期内，为减少反应堆冷却剂系统主管道、压力容器等关键设备由于受高温、高压、高放射而产生的疲劳与应力次数，保证反应堆冷却剂系统承压边界的完整性，需要对核电厂发生瞬态进行判定和统计。

8.2　引用文件

下列文件对于本文件的应用是必不可少的。凡是注日期的引用文件，仅所注日期的版本适用于本文件。凡是不注日期的引用文件，其最新版本（包括所有的修改单）适用于本文件。

《核电厂瞬态统计》（NB/T 20314—2014）

8.3　定义和术语

瞬态：核电厂一回路管道和设备的温度、压力等运行参数突然的变化并超过一定阈值的过程；

设计瞬态：设计时参考设计运行工况而给出的瞬态，以及包括该瞬态下参数的演变过程；

瞬态统计：对一回路重要设备的温度、压力等瞬态变化过程进行分析、归类、统计；

瞬态阈值：用于判断某类瞬态发生而给出的参数变化的定值；

设计瞬态次数限值：设计时给出的各种设计瞬态允许发生的次数；

包络曲线：设计瞬态中参数演变曲线可以将实际参数演变曲线包络的情形；

瞬态消耗：某类瞬态已经发生的次数；

RCS：反应堆冷却剂系统。

8.4 设计瞬态

——根据设计热工水力负载工况，设计瞬态分为两大类。

一般瞬态：适用于 RCS 系统，直至包括第二道隔离阀在内的辅助系统管线；

特殊瞬态：适用于一些特殊区域，如稳压器波动管，安注接管等，这些区域由于结构原因其内部存在特殊的局部热工水力现象（如热分层现象、死管段现象等）。

——根据瞬态发生的概率和严重程度，设计瞬态分五类。

- 参考工况（不统计）；
- 2 类瞬态：包括正常运行及中等频度时间；
- 3 类瞬态：稀有事故；
- 4 类瞬态：极限事故；
- 试验工况：包括单台设备试验及水压试验等。

"华龙一号"机组详细的设计瞬态清单如表 462-08-08-01、表 462-08-08-02 所示。

表 462-08-08-01　设计瞬态清单

反应堆冷却剂系统设计工况	发生次数（60 年寿命）
Ⅱ类瞬态	
A）正常运行	
1 反应堆加热（冷停堆至热停堆）	
1.1 打开反应堆冷却剂系统之后	80
1.2 未打开反应堆冷却剂系统时	180
2 反应堆冷却（热停堆至冷停堆）	260
3 升负荷	
3.1 在 15%～100%堆功率之间正常升负荷（5% FP/min），正常 G 模式运行	14 700
3.2 15%～100%堆功率之间升负荷（5% FP/min），在 G 模式运行期间，假设控制棒标定误差造成反应堆冷却剂降温的情况下	3000
4 降负荷	
4.1 在 100%～15%堆功率之间降负荷（5% FP/min），正常 G 模式运行	14 880
4.2 100%～15%堆功率之间降负荷（5% FP/min），在 G 模式运行期间，假设控制棒标定误差造成反应堆冷却剂降温的情况下	3000
5 负荷突升（+10%额定负荷）	3000
6 负荷突降（−10%额定负荷）	3000
7 甩负荷到厂用电	
7.1 在正常运行期间甩负荷到厂用电	240
8 功率运行期间的波动	
8.1 负荷调节（频率控制）	450 000
8.2 稳态运行期间的波动	1 275 000
9 稳压器处于两相状态下的一回路系统波动	
9.1 热停堆期间的波动	150 000
9.2 稳压器有汽泡形成时一回路系统的加热和冷却	150

续表

反应堆冷却剂系统设计工况	发生次数（60年寿命）
10 保持蒸汽发生器内的水位	3000
11 一条反应堆冷却剂环路停运	120
12 一条停用环路启动	105
13 在0～15%堆功率之间升负荷	3300
14 在15%～0%堆功率之间降负荷	3300
15 在反应堆冷却剂系统单相（满水）状态下的加热和冷却	
15.1 中等幅值的瞬态	3000
15.2 大幅值的瞬态	300
16 换料（反应堆水池充水）	80
17 用主蒸汽流启动汽机	10
18 换料后一回路系统排气	320
19 一回路系统在低温下升压	15
20 蒸汽发生器壳侧加压（泄漏试验）	120
B）中等频率事件	
21 汽轮机跳闸，汽轮机旁路系统部分开启	120
22 厂外电源丧失	60
23 反应堆冷却剂流量部分丧失	120
24 反应堆从正常运行工况紧急停堆	
24.1 有正常的热排出	345
24.2 有过量的给水冷却，但无安全注入	240
24.3 有过量的给水冷却造成安全注入	15
25 反应堆冷却剂系统误卸压	15
26 一条停用反应堆环路误启动	15
27 应急硼注入系统（REB）误运行	20
28 反应堆冷却剂系统在单相（满水）状态下超压	15
29 二次侧非能动余热排出系统（PRS）误启动	15
30 安注信号误触发导致快速冷却	20
III类瞬态	
稀有事故工况	
31 单根蒸汽发生器传热管破裂	1
32 反应堆冷却剂系统管道小破口	5
33 蒸汽管道小破口	5
34 堆芯冷却剂流量全部丧失	5
35 主蒸汽流量全部丧失	5
IV类瞬态	
极限工况	
36 主系统满水且余热排出系统误隔离时的超压	1
37 反应堆冷却剂系统管道大破口	1
38 主蒸汽管道大破口	1
39 给水管道大破口	1
40 反应堆冷却剂泵转子卡死	1

反应堆冷却剂系统设计工况	发生次数（60年寿命）
41 任意一束控制棒弹出	1
水压试验工况	
A）一回路系统的水压试验	
42 单件（设备）水压试验	3
43 一回路系统安装后的水压试验	3
44 重复水压试验	15
B）二回路系统的水压试验	
45 全试验压力的水压试验	3
46 蒸汽发生器壳侧的重复水压试验（降低压力下）	15

表 462-08-08-02 反应堆部分辅助系统及接管瞬态

反应堆冷却剂系统设计工况	工况类别	发生次数（60年寿命）
47 波动管及管嘴（热段和稳压器）		所有 II 类瞬态工况
48 喷雾管		所有 II 类瞬态工况
49 稳压器阀门释放和安全功能		
引起阀门开启一个周期（开一关）的 II 类瞬态		180
引起阀门开启多个周期（开一关）的 II 类瞬态		15
引起阀门开启一个周期（开一关）的 III、IV 类瞬态		18
引起阀门开启多个周期（开一关）的 III、IV 类瞬态		2
定期试验		90
隔离阀关闭下的保护阀试验		40
特别试验		10
隔离阀长时间（约 6 h）关闭		5
50 化容系统上充管路接管		
● 上充流量变化		
上充流量增加 50%	2	18 000
上充流量减少 50%	2	18 000
最大增量	2	450
● 下泄流量变化		
下泄流量增加 100%（第二个下泄孔打开）	2	18 000
下泄流量减少 100%（第二个下泄孔关闭）		
平均幅值	2	16 800
最高幅值	2	1200
● 下泄管路停用和启动		
上充管路不停用，下泄管路停用和启动	2	330
上充管路和下泄管路同时停用	2	300
● 加热和冷却		
加热	2	300
冷却	2	300
51 安注系统冷段上的接管		
停堆工况下安注系统误启动（误动概率太低，目前保留）	2	6

续表

反应堆冷却剂系统设计工况	工况类别	发生次数（60 年寿命）
安注信号误触发导致快速冷却	2	20
应急硼注入系统（REB）误运行	2	20
稳压器喷淋误启动	2	15
反应堆从正常运行工况紧急停堆，有过多的给水冷却造成安全注入	2	15
反应堆冷却剂系统管道小破口	3	5
二回路系统管道小破口	3	5
第四类工况事件	4	1
52 安注系统在热段上的接管		
停堆工况下安注系统误启动（误动概率太低，目前保留）	2	6
反应堆冷却剂系统管道小破口	3	5
反应堆冷却剂系统管道双端破裂	4	1
53 安注箱注射管路的接管		
反应堆冷却期间误启动	2	6
反应堆冷却剂系统管道小破口	3	5
反应堆冷却剂系统管道双端破裂	4	1
54 余热排出系统返回管路的接管		
系统启动	2	300
系统运行	2	3300
事故后启动	3	15
55 排气和疏水系统		
过量下泄管路运行	2	600
化容系统主泵密封水注入管线		
负荷变动	2	36 000
容控箱低低水位	2	1125
余热排出系统启动（RHR）	2	300
设备冷却水中断（WCC）	2	30

8.5 阈值的应用

8.5.1 阈值的分类

对比实际参数变化是否超过阈值是判断是否发生瞬态的常用方法，也是最直接的方法，具体阈值可以分为温度阈值与压力阈值。

温度阈值：温度阈值与时间相关，材料热应力大小与温度变化速率有关，温度变化使材料产生疲劳。材料允许疲劳限值对应于温度阈值，它用于决定瞬态产生的初始时间和结束时间。

压力阈值与时间无关：压力应力（机械应力）仅决定于所关心时刻的压力值。

8.5.2 阈值的应用

在一个连续的记录曲线上，检查在Δt值时间段内，温度有没有超过阈值ΔT间。如图 462-08-08-01，在参数记录曲线上移动Δt-ΔT方框，第一个虚线框内温度变化未超过阈值ΔT，表明未发现有瞬态产生；粗实线框内温度变化已经超过阈值ΔT，表明开始发生瞬态；第二个虚线框内温度变化回到阈值以内，表明瞬态结束。

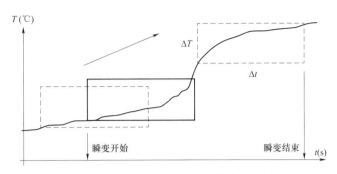

图 462-08-08-01　温度阈值应用示例

8.6　瞬态的判定与统计方法

通过阈值对瞬态进行判定和统计是常用的方法，本节给出几种典型的瞬态问题的判定实例。

8.6.1　瞬态发生的判定

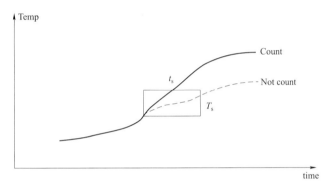

图 462-08-08-02　瞬态发生的判定

t_s-时间阈值（RCS 为 3 h，其他 1 h）；T_s-温度阈值

以 t_s 为横坐标，T_s 为纵坐标的阈值窗，实际曲线未超过阈值窗时不统计瞬态，超过则统计。

8.6.2　瞬态起点与终点的判定

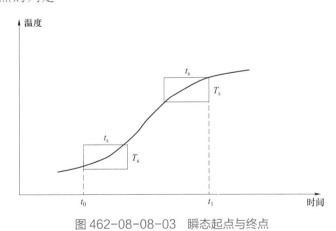

图 462-08-08-03　瞬态起点与终点

t_0-瞬态的起点；t_1-瞬态的终点

8.6.3　连续瞬态的区分

实际曲线变化趋势如图 462-08-08-04、图 462-08-08-05 所示时，1st 部分和 2nd 部分相差超过 t_s 时统计 2 个瞬态。

当 $t_2-t_1 < t_s$ 时统计 1 个瞬态。

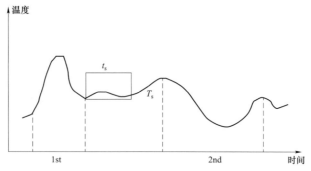

图 462-08-08-04 连续瞬态的区分 1

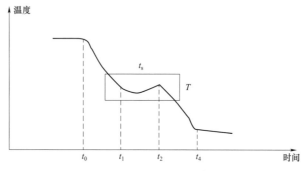

图 462-08-08-05 连续瞬态的区分 2

8.6.4 波动瞬态的区分

不论 Δt_1，Δt_2 是否大于 t_s，均按独立瞬态统计。

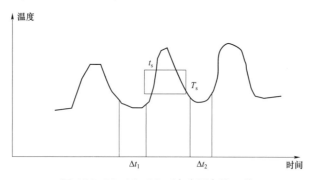

图 462-08-08-06 波动瞬态的区分

8.6.5 Sub-Cycle 的判定

$\Delta T > T_s$ 时统计 Sub-Cycle 为独立瞬态；

$\Delta T < T_s$ 时不统计 Sub-Cycle，参见 3 的情况。

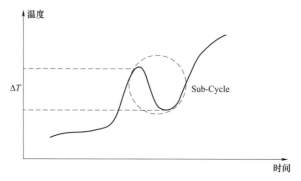

图 462-08-08-07 Sub-Cycle 瞬态的区分

8.6.6　瞬态次数统计规则

——如果两次连续波动之间的时间间隔至少有 3 h，则应认为是两次瞬态。3 h 是金属温度达到流体温度所需要的最长时间。

——对于 RCS 部件所承受的热应力，对瞬态的限制应该更加严格。对于两个连续的波动来说，应考虑两种不同的情况：

● 参数在相同方向上的连续变化：

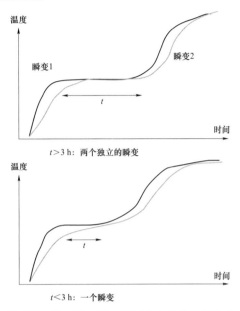

图 462-08-08-08　相同方向上的连续变化

如图 462-08-08-08 所示，当相同方向上的两个波动之间的时间间隔超过 3 h，则作为两个独立的瞬态，否则当作单一瞬态。

——参数在相反方向上的连续变化：

如图 462-08-08-09 所示，对于相反方向上的两个波动，不管时间间隔是否超过 3 h，都应作为两个独立的瞬态。

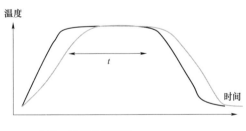

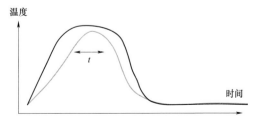

图 462-08-08-09　相反方向上的连续变化

子循环是迭加在主波动之上的二次波动，只要子循环参数变化幅度超过阈值，则应作为 DTF 设计瞬态进行统计，在设计瞬态中已经考虑了子循环的情况除外。子循环参数变化幅度的规定应参照主波动中的参数变化趋势。

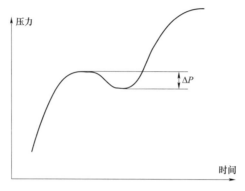

图 462-08-08-10　子循环的参数变化

如图 462-08-08-10 所示，如果 ΔP ＞阈值，则统计子循环，否则不统计。

第九章　腐蚀与防护

1　概述

本章针对核电厂的主要腐蚀问题，从设备防腐大纲、腐蚀检查与评价、失效分析、防腐措施及现场防腐施工等方面对核电厂腐蚀防护工作提出相应的技术规范及操作要求，用以指导核电厂腐蚀防护工作的开展。

表 462-09-01-01　腐蚀与防护技术要素表

次级技术要素	包含内容
防腐大纲	防腐大纲技术要素、专项防腐大纲以及防腐大纲清单
腐蚀检查与评价	腐蚀检查内容及方法、腐蚀检查人员、腐蚀检查物资、腐蚀检查频度
腐蚀失效分析	失效分析范围、失效分析技术要求
防腐措施	防腐工艺、防腐施工规范等内容

2　引用文件

《核动力厂设计安全规定》（HAF 102）

《核动力厂运行安全规定》（HAF 103）

《民用核承压设备安全监督管理规定实施细则》（HAF 601/01）

《核电厂调试和运行期间的质量保证》（HAD 003/09）

《磁性基体上非磁性覆盖层　覆盖层厚度测量　磁性法》（GB/T 4956—2003）

《涂料涂覆标记》（GB/T 4054—2008）

《色漆和清漆　漆膜的划格试验》（GB/T 9286—1998）

《工业设备、管道防腐蚀工程施工及验收规范》（HGJ 229—1991）

《压水堆核电厂用涂料漆膜受 γ 射线辐照影响的试验方法》（EJ/T 1111—2000）

《压水堆核电厂用涂料漆膜可去污性的测定》（ET/T 1112—2000）

《压水堆核电厂用涂料漆膜在模拟设计基准事故条件下的评价试验方法》（EJT 1086—1998）

《涂覆涂料前钢材表面处理表面清洁度的目视评定》（GB/T 8923）

《色漆和清漆　漆膜的划格试验》（GB/T 9286—1998）

3　术语及定义

3.1　腐蚀检查

对机组系统设备腐蚀状况或设备防护措施有效性进行检查、测量、记录和分析，并将分析结果作为后续处理的依据。

3.2 防腐施工

针对机组系统设备材料腐蚀、设备防护措施有效性下降等情况进行设备防腐蚀功能恢复的活动，处理后设备在防腐蚀功能上应保证在规定周期内的运行安全。本大纲导则中防腐施工既包括对现有涂层、衬胶、玻璃钢、水泥砂浆等的局部修复，也包括设备的整体防腐和材料部件更换等措施。

3.3 预防性防腐大纲

以单个系统为单元，通过系统、设备腐蚀风险分析，确定系统设备腐蚀敏感筛选清单，确定系统预防性防腐项目，并制定腐蚀检查、防腐施工工作计划。

3.4 腐蚀失效分析

根据腐蚀失效模式和现象，通过分析和验证，模拟重现失效的现象，找出失效的原因，挖掘出失效机理的工作。

3.5 防腐技术要求

根据机组相关防腐设计要求，结合国内外防腐相关技术标准，用于指导机组系统设备进行腐蚀检查、防腐施工的技术规范。用于描述机组 SSCS 的腐蚀与防护技术属性，指导人员开展腐蚀与防护相关技术活动的文件统称为防腐技术文件。

4 防腐大纲

4.1 预防性防腐大纲

机组系统设备预防性防腐大纲是在机组系统腐蚀风险分析和筛选，以及各系统内的设备腐蚀风险分析和筛选的基础上建立起来的预防性防腐技术文件。预防性防腐大纲应满足以下要求：
——大纲应覆盖核电厂可能存在腐蚀风险的系统和设备；
——大纲应具有良好的可操作性；
——大纲应与核电厂相关程序和预防性维修大纲兼容；
——大纲应根据运行经验反馈进行改进和完善。
系统设备预防性防腐大纲主要包括适用范围、编写依据、系统腐蚀风险、腐蚀检查及防腐处理的原则要求、预防性防腐项目五部分内容。

4.1.1 适用范围

系统设备预防性防腐大纲的适用范围主要针对该系统下所有设备的预防性防腐工作。

4.1.2 编写依据

系统设备预防性防腐大纲通常参考该系统的系统手册，系统流程图，系统设计手册，重要设备及部件的技术规格书及防腐设计说明，设备、部件、管线的施工方案等文件编制而成。根据核电厂机组系统的工作环境、结构材料、材料和环境的相容性、系统防腐措施等进行风险分析，基于腐蚀敏感性和腐蚀失效后果，对系统的腐蚀风险划分等级，并根据系统腐蚀风险分析得结果，筛选出需要编制预防性防腐大纲的系统。

4.1.3 系统腐蚀风险

系统腐蚀风险除系统分析过程中收集到的文件外，还需要收集设备相关资料，包括完整的设备清单、设备名称及编码、设备技术规格书、供货商提供的出厂文件、图纸和运行维护手册。设备防腐措施、施工工艺、完工报告、系统设备预防性维修大纲、设备培训资料、现场信息等。

根据环境腐蚀性和材料耐蚀性等确定设备面临潜在腐蚀问题，基于腐蚀敏感性和腐蚀失效后果，对设备进行腐蚀风险划分等级。设备腐蚀风险分析应覆盖系统内的所有设备，其中主要设备如容器、换热器、泵、阀、管道、风机、过滤器、发电机、变压器等应进行单独分析。对比较复杂的设备，要分解到部件，如海水循环泵的叶轮、泵轴、泵壳、泵管等。设备的支撑作为设备的部件进行分析，管道的支吊架、阻尼器、穿墙封堵等设备作为管道的部件进行分析。

根据设备风险分析得结果，筛选出系统内要进行防腐管理的设备，并确定具体的防腐项目。

结合考虑环境腐蚀性及材料耐蚀性，将核电厂系统设备腐蚀的概率分为大、中、小三种情况，综合考虑核电厂系统设备失效的风险、对机组运行、人员安全、经济效益等带来的影响奖腐蚀后果严重性分为高、中、低三种情况，形成腐蚀风险分析矩阵，划分系统设备腐蚀风险等级。高腐蚀风险系统应根据设备腐蚀、防护情况及腐蚀经验反馈确定其防腐周期；中腐蚀风险系统设备防腐周期应与预维大纲工作周期协调一致或取其倍数；低腐蚀风险系统防腐周期可与预维大纲工作周期协调一致或取其倍数，或根据设备腐蚀、防护情况确定其周期；设备外部防腐应根据环境特征确定其周期，一般不超过 5 年；腐蚀环境、状态相同的同类型设备的防腐活动，可采取抽样方式安排其周期。

4.1.4　腐蚀检查及防腐处理的原则要求

腐蚀检查应按照相应技术规程执行，有涂层的部位关注涂层的减薄情况、涂层完整性以及涂层出现破损后基体的腐蚀情况，无涂层的部位关注金属基体的腐蚀情况。

系统设备中与海水接触的涂层，防腐处理时应依照设备/部件原有涂层系统进行修复，尽量采用相同的涂料种类；若有材料更换需能适应相应介质及环境工况，性能应相当于或优于原有涂层；局部修复时若有材料替换需与原材料相容。

系统中涉及衬胶部位，衬胶修复时需按照原有衬胶种类和厚度进行敷装；若有材料替换，需能适应相应介质及环境工况，性能应相当于或优于原有衬胶；局部修复时若有材料替换需与原材料相容。

系统中采用的牺牲阳极的部件。牺牲阳极剩余量已不足保护下次检修间隔期所需用量时，必须予以更换，尽量采用与原有阳极种类相同的牺牲阳极，若有材料替换应进行评估，必要时进行计算。

4.1.5　预防性防腐项目

通过系统设备腐蚀风险分析，确定设备面临的潜在腐蚀问题，并制定相应防腐项目，进行有针对性的预防性防腐管理。

预防性防腐项目分为两个大类：腐蚀检查和防腐处理。

腐蚀检查：以目视检查为主，一般用肉眼检查设备腐蚀部位、严重程度、腐蚀模式。测量并记录腐蚀损伤的位置、面积、深度等。一些涂层、衬胶层的检查需要测厚仪、电火花检测仪、邵氏硬度计等相关工具来完成。

防腐处理：一般指表面处理后的局部或整体防腐层施工。此外，还可能涉及电化学保护措施的清理和更换等防腐工作。

4.1.6　大纲规程

大纲规定了相关系统设备的腐蚀检查和防腐处理要求，为落实和实施这些检查和防腐项目，需编制相应的检查规程和防护处理方案或规程。可以有通用的规程或方案，也可以根据具体的检查和防腐处理对象编制具有针对性且可操作的专用规程或方案。通用的规程或方案清单包括但不限于表 462-09-04-01 所示。

表 462-09-04-01　防腐通用规程

序号	文件名
1	防腐管理
2	防腐作业管理

续表

序号	文件名
3	腐蚀检查技术要求
4	涂层修复技术要求
5	常规岛和 BOP 厂房内机械设备表面防腐涂装程序
6	露天钢结构（非核区域）表面防腐涂装程序
7	露天钢结构（核区域）表面防腐涂装程序
8	露天机械设备（非核区域）表面防腐涂装程序
9	海水系统不锈钢设备内壁防腐涂装程序
10	现场腐蚀检查规程
11	烟囱及其附属钢结构防腐涂装程序
12	反应堆厂房内机械设备表面防腐涂装程序
13	核辅助厂房内机械设备表面防腐涂装程序

4.2 专项防腐大纲

4.2.1 硼酸腐蚀监督大纲

硼酸腐蚀涉及多个涉硼系统，宜建立专门的硼酸腐蚀监督大纲进行预防性腐蚀监督检查处理。

硼酸腐蚀监督大纲包括硼酸腐蚀的监督检查、筛选、核实、评估、纠正行动和趋势分析等内容，在对机组含硼水系统潜在硼酸泄漏部位进行识别的基础上建立机组硼酸腐蚀监督大纲。识别潜在硼酸泄漏部位的依据是基于部件的材料，系统设计因素以及同行业运行经验。

（1）硼酸腐蚀的检查与监督

硼酸腐蚀监督检查范围应包含所有潜在硼酸泄漏部件，并且在实施硼酸腐蚀检查时应重点关注硼酸泄漏路径上的碳钢及低合金钢部件。

对于硼酸腐蚀监督检查范围内的部件或者部位，其硼酸腐蚀监督和检查的频度由部件或部位的硼酸腐蚀风险等级决定，硼酸腐蚀风险等级取决于硼酸腐蚀发生概率和硼酸腐蚀危害程度两个因素。基于无硼酸泄漏即无硼酸腐蚀的认知，依据部件的潜在泄漏等级，将硼酸腐蚀发生概率划分为两档（高和低）：

规定潜在泄漏等级为高和中，且该部件邻近有热的（大于 60 ℃）碳钢或低合金钢部件，则定义为硼酸腐蚀发生的概率高；否则，将硼酸腐蚀发生的概率定义为低。决定硼酸腐蚀风险等级的另外一个因素是硼酸腐蚀的危害程度，其取决于潜在硼酸泄漏部件的安全重要性。

（2）硼酸泄漏事件的报告

所有现场工作人员无论从事何种工作，一旦发现有硼酸异常泄漏（包括跑冒滴漏、硼酸结晶或者泄漏导致保温变色等）或硼酸腐蚀，应在清理残留物之前，尽可能拍照记录泄漏的原始状态，并填写状态报告。

对于泄漏率较大、对现场工作人员可能有即时工业安全风险和沾污风险的泄漏，应立即通知主控和辐射防护人员以控制污染扩散。

如果有可能，拍摄硼酸泄漏/硼酸结晶被发现时的原始照片，用以记录硼酸泄漏/硼酸结晶的原始形态以及泄漏的流动路径，并将照片作为腐蚀检查报告单的附件。

填写腐蚀检查报告时，应该尽可能将如下信息描述清楚：

——发生硼酸泄漏/硼酸腐蚀的部位及其所在地理位置；

——泄漏源（应重点关注设备表面上的条纹状痕迹、保温层连接处硼酸结晶、保温层的鼓胀等现象，导致泄漏部件通常包括垫片、盘根、机械密封、以及焊缝）；

——泄漏路径及其影响的设备和部件（最好现场拍照记录）；

——硼酸泄漏的程度（残留物数量（kg 或 L）或泄漏率（滴/min））；

——硼酸残留物的状态（湿的还是干的）；

——硼酸残留物的颜色（可能颜色包括白色、黑色、棕色、红色、黄色、粉红色等，特别要区分白色与其他颜色）；

——发现时系统是否处于在线状态；

——根据状态报告及现场情况确定是否需要采取进一步行动，如取样分析，以获得如下信息：

● 受硼酸泄漏影响部件的温度；

● 硼酸残留物的化学成分；

● 对残留物的放射化学分析以确定泄漏开始时间；

● 清理残留物以观察硼酸腐蚀程度（腐蚀形貌、腐蚀范围和腐蚀深度）。

当在安全壳内的通风或空气冷却系统冷却器或风机表面发现硼酸结晶，也应该填写状态报告，这些部位上的硼酸结晶表明安全壳内某处发生硼酸泄漏。

（3）硼酸腐蚀的纠正行动

根据硼酸泄漏原因进行分析并结合对硼酸腐蚀状况的评估，对硼酸泄漏采取纠正行动。纠正行动包括阻止运行期间的硼酸泄漏、防止泄漏发生后的硼酸腐蚀、扩大检查范围、预防硼酸泄漏等。采取纠正行动之前必须清理硼酸残留物。

1）硼酸残留物的清理

为了避免硼酸对泄漏部位以及泄漏路径上的设备、构筑物造成硼酸腐蚀，在识别泄漏源和评估硼酸残留物之下的腐蚀状况后，无论是否需要采取纠正行动，原则上对硼酸残留物都必须进行清理。

在对硼酸泄漏残留物进行清理前应对原始状态进行检查记录（拍照），硼酸泄漏残留物被清理后，无论是否采取纠正行动，都应该将该泄漏部位作为监视对象，并在下次检查计划执行时，进行检查以确定泄漏和腐蚀变化情况。

2）阻止运行期间的硼酸泄漏

在机组运行期间发生可识别的硼酸泄漏，应采取措施以阻止泄漏的扩大。

在机组运行期间对于非压力边界上的泄漏，经评估后，可考虑不解体设备以阻止泄漏，手段包括紧固，注入密封剂、安装机械密封。

3）防止泄漏发生后的硼酸腐蚀

当确定部件已发生或未来可能发生硼酸腐蚀，应根据硼酸腐蚀评估结果（应考虑设备的安全等级、腐蚀发展速率、以及经济成本），采取防止硼酸腐蚀的纠正措施。

防止硼酸腐蚀的方法包括将碳钢或低合金钢部件（螺栓和其他部件）更换为耐蚀合金，采用覆盖物保护，以及使用法兰密封绑带（隔离氧进入泄漏部位）等。

4）扩大检查范围

当受检部位产生了重大硼酸泄漏或者硼酸腐蚀，应对类似部位进行一定比例的扩大检查。如果扩大检查仍然发现有共模硼酸泄漏和硼酸腐蚀，则检查范围应该进一步扩大。

4.2.2 FAC 监督大纲

FAC 是核电厂碳钢、低合金钢管道、设备其主要的降级、失效机理，由 FAC 造成的管道破口严重威胁核电运维人员安全和核电厂安全稳定可靠运行。流动加速腐蚀监督大纲内容包括敏感管线筛选分类、检查与监测、适用性评价等环节，这些环节有机结合为一个整体，通过各环节的分析、响应、实施、完善以实现对流动加速腐蚀的有效监督。

（1）敏感管线分类与部位筛选

碳钢或名义 Cr 含量小于 1%的低合金钢管线按照流动加速腐蚀敏感性由高到低依次可分为流动加速腐蚀 1 类管线、流动加速腐蚀 2 类管线、流动加速腐蚀 3 类管线。

结合工程判断、工业经验和核电厂经验保守地选取检查部件，应对所有的敏感管线进行检测，并重点关注减薄率高的管道部件，这些部件主要包括：

——弯头（含弯管）及其连接直管；

——大小头、变径管及其连接直管；

——三通管及其连接直管；

——阀门、节流孔板或泵等设备后直管；

——管道入口；

——异种金属焊接接头；

——偏离运行条件或设计条件运行的设备的下游管部件。

（2）检查计划的制定与优化

三类管线的具体检查计划按如下原则制定。

1 类管线检查周期为 6 年，在一个检查周期内，对纳入检查范围的所有管线抽取敏感部位进行检查；如系统中有运行参数相同的并列管线，则选取 1 条管线的敏感部位进行 100%检查，其余管线的敏感部位进行 20%抽查；2 类管线检查周期为 10 年，在一个检查周期内，对纳入检查范围的所有管线抽取敏感部位进行检查；如系统中有运行参数相同的并列管线，则选取 1 条管线的敏感部位进行 100%检查，其余管线的敏感部位进行 20%抽查；3 类管线检查周期为 10 年；在一个检查周期内，对纳入检查范围的所有管线抽取敏感部位进行一次抽查；一个检查周期内对每条管线上的部件进行 30%抽查，并建议每次抽查保证 50%的重复率。

在选取抽查部件时应考虑如下原则。

尽量抽取不同的部位，保证抽取的全面性，如抽取管线中有弯头、三通、变径、异种钢焊缝、设备后管段，则尽量保证这几种部件都包含；由于难以准确确定两相流中的水蒸气含量，在每个两相流管线中尽量应可能选择相同部位进行检查；优先选择失效后果严重的部位进行检查，包括与工作人员靠近的位置或与安全相关设备靠近的位置；优先选择最小设计壁厚大于 70%名义壁厚的管线或者部件进行检查；对主蒸汽管道、主给水管道等的检查，考虑现场实施条件，周期建议与安全壳泄漏试验一致，直到检测的数据足以证明不需要检测为止；对过热抽汽管道进行抽检，考虑内部目视检查结合壁厚测量的方法，以确认其运行状况处于过热状态。

按照以上原则制定的检查计划必须按照如下要求进行定期审查与升版。

每次大修后，需根据二回路管道壁厚检查、分析与评价结果对检查周期、检查部件等进行针对性的调整；内外部经验反馈的分析完成后，需根据分析结果对检查周期、抽查比例等进行针对性的调整。

（3）检查与监督

根据检查计划，明确检查对象、方法、部位、范围，依照检查规范实施现场检查。现场检查发现测量异常，应实施补充检查或扩大检查。

1）超声测厚检查区域与测点布置

在选择检查区域和测点布置时应考虑如下原则：

——弯头、三通、大小头、变径等管件需整体布点测厚；

——对于直管，长度小于两倍管径时，只检查该管件；直管件长度大于等于两倍管外径时，则只需要检查两倍管外径长度；

——测点的网格线应该垂直或者平行于流体方向，建议用字母代表周向位置，用数字代表轴向位置；

——测点的网格尺寸应不大于 $\pi D/12$（D 为管道外径）或 150 mm；

——网格的起点在部件的上游，当沿着流体方向看时，网格按顺时针方向划分；

——被检管件焊缝的两侧区域也应被检查，焊缝两侧均应布置测点，测点应尽可能地靠近焊趾；

——利用对壁厚无损伤的永久标记确定测点位置或在多次检查中采用相同定位规则确定测点位置。

2）补充检查要求

检查如发现如下情况，应及时进行按如下原则安排补充检查：

——如被检管件下游直接连接直管，且壁厚有减薄趋势或发现剩余壁厚小于 87.5%名义壁厚，则补充检查区应延伸至壁厚恢复至87.5%名义壁厚的区域；

——如发现剩余壁厚小于 87.5%的名义壁厚，应缩小网格尺寸充分检查减薄区，以便于确定减薄区大小；

——超声测厚时发现壁厚异常，可采用射线等其他检查方法进行补充检查。

3）扩大检查要求

补充检查结果确认后，应对以下部件进行扩大检查：

——在明显减薄管件下游两倍管径范围内的任何部件；

——对于直接位于管道部件上游的直管，如发现管道部件壁厚减薄时，对其上游的直管段两倍的管径长度范围内进行检查；

——检查同一管线中，最接近该减薄管件的至少两个部件；

在多列管系中，每一列布局类似的情况下，如管线中某一部件减薄明显，则需检查该列其他管线中对应的部件。

4）适用性评价

适用性评价过程包括检测数据评价、局部减薄评价、剩余寿命评价。在检测数据分析整理和减薄区域确定的基础上，评估管道最小设计壁厚、最小许用壁厚，以此确定管道的使用状况（继续使用、跟踪监督、修复或更换）。在测量壁厚大于最小许用壁厚的情况下需预测剩余使用寿命，判断到下个检查周期时管道是否可用，并以此决定检测周期是否变更。

5 预防性防腐大纲清单

常见预防性防腐大纲清单如附表 1 所示。

6 腐蚀检查与评价

6.1 腐蚀检查内容及方法

腐蚀检查原则上以目视检查为主，一般用肉眼检查设备腐蚀部位、严重程度、腐蚀模式，测量并记录腐蚀损伤的位置、面积、深度等。一些涂层、衬胶层的检查需要测厚仪、电火花检测仪、邵氏硬度计等相关工具来完成，主要包括目视检查、尺寸测量、金相检测、电镜检测、电火花检测、细菌分析等。如表 462-09-06-01 所示：

表 462-09-06-01　腐蚀检查方法

方法	内容
目视检查	包括借助望远镜和放大镜对设备腐蚀特征和程度进行观察和记录
尺寸测量	借助直尺及标准样板等对腐蚀区域的大小，蚀坑深度进行测量
金相检测	对不锈钢设备表面的点蚀源及裂纹进行观测
电镜检测	对不清晰的金相结果，进行电子显微镜的细度检测

续表

方法	内容
电火花检测	对衬里设备破损可疑处进行高压放电，对火花生成进行记录
细菌分析	对于特殊介质，有怀疑情况时，进行微生物生存分析

腐蚀检查过程中应客观反映实际情况，消除主观因素的影响；对重要缺陷应进行仔细的检查、测量，并认真记录；重点部位的记录应具有可追溯性；记录应完整、准确。具体记录表格可参照 7.0 附表的格式进行编辑（应包含但不限于表格内容），并在相关腐蚀检查规程或工艺卡中加以明确。

6.1.1 金属基体的腐蚀检查

设备金属基体腐蚀检查以目视检查为主，并按以下方法测量设备金属基体腐蚀区域、蚀坑深度：在无特殊要求的情况下一般采取目视检查方式进行检查；以直接目视检查为主，可借助望远镜、放大镜、内窥镜等对设备某一部件或部位进行腐蚀特征和腐蚀程度的观察。借助直尺、游标卡尺及标准样板等量具对腐蚀区域的大小，蚀坑深度进行测量。具体缺陷部位应精确定位并详细记录。

6.1.2 涂层的腐蚀检查

涂层检查内容如下：

——检查涂层表面是否光滑、平整，色泽是否光亮。

——检查涂层表面是否完整，有无渗色、开裂、起泡、剥落、龟裂、粉化等缺陷。

——涂层检查以目视检查为主，其他检查方法为辅，在无特殊要求的情况下一般采取目视检查的方式进行涂层检查。用肉眼或借助放大镜等设备观察涂层表面有无变色、失光、起泡、开裂、粉化等缺陷，必要时用游标卡尺、刻度尺等量具对缺陷尺寸进行测量。目视检查的结果，应采用照相、简图等方法尽可能详细地定量记录。

——对涂层减薄程度有要求的涂层须进行涂层厚度检查，用漆膜测厚仪、磁性测厚仪、涡流测厚仪等测定涂层厚度，确保其厚度在质量要求范围内。涂层或漆膜的厚度检查，可根据设备不同部位随机抽样测量（同一检查面一般测量 5～10 点）。

——对于目视检查发现涂层有针孔或龟裂现象时，可进行针孔检查，用电火花检测仪检测涂层针孔或龟裂纹等类似缺陷。检测电压依据产品说明书相关要求，检测前应保持涂层表面的清洁、干燥。

——敲诊检查一般配合目视检查进行，对于有鼓起、脱落现象的涂层表面可进行敲诊检查。用手指轻轻敲打涂层表面，根据异常声响来检查涂层与基体的粘合情况。

6.1.3 水泥砂浆衬里的腐蚀检查

水泥砂浆衬里检查内容：

——检查水泥砂浆衬里表面是否有涂层。

——若有涂层时，涂层有无起泡、开裂、破损、剥落等缺陷。

——若无涂层时，检查水泥砂浆衬里表面是否平整，有无裂缝、脱层、空鼓、疏松浅坑或孔洞等缺陷，检查砂浆层表面锈迹和锈斑的数量、分布情况。

——水泥砂浆衬里检查以目视检查为主，配合以敲诊检查；目视检查发现水泥砂浆衬里厚度明显减薄时可进行厚度检查。

——在无特殊要求的情况下一般采取目视检查的方式进行水泥砂浆衬里检查。用肉眼或借助放大镜等设备观察水泥砂浆衬里表面裂缝、脱层、孔洞等缺陷，并用游标卡尺、刻度尺等量具对缺陷尺寸进行测量。目视检查发现异常时，应采用照相、绘制简图等方法尽可能详细地记录异常情况和部位。

——敲诊检查一般配合目视检查进行，对于有鼓起、脱落、开裂现象的水泥砂浆衬里表面可进行敲诊检查。用手锤轻击水泥砂浆衬里表面，用音响的差异来判断空鼓的存在。

——对水泥砂浆衬里减薄程度有要求的防腐项目，在条件允许的情况下根据需要进行厚度检查。对于金属基层上的水泥砂浆衬里，用测厚仪测定砂浆层厚度，记录测量部位及测量值，并与砂浆层设计厚度或以前的测量数据进行比较。

6.1.4　橡胶衬里的腐蚀检查

橡胶衬里腐蚀检查内容：

——检查橡胶衬里表面是否平整，有无起泡、伤痕、龟裂、锈迹等缺陷。

——检查橡胶衬里是否有搭接缝脱开、橡胶衬里与基体脱层等缺陷。

——检查橡胶衬里与基体的粘合状况。

——检查橡胶衬里是否有针孔、裂隙等缺陷。

——测量橡胶衬里厚度、硬度。

——橡胶衬里检查以目视检查为主，配合以敲诊检查。对目视检查及敲诊检查不能确认处进行电火花检测，在进行老化趋势分析时可进行厚度检查及硬度检查。

——在无特殊要求的情况下一般采取目视检查的方式进行橡胶衬里检查。用肉眼或借助放大镜等设备检查橡胶衬里表面起泡、伤痕、翘边、脱开、龟裂、锈迹等缺陷，必要时用游标卡尺、刻度尺等量具对缺陷尺寸进行测量。目视检查发现异常时，应采用照相、绘制简图等方法，尽可能详细地记录异常情况和部位，并通过敲诊检查、电火花检查等方法对称胶层进行全面检查确认。

——敲诊检查一般配合目视检查进行，对于有鼓起、脱落、翘边现象的橡胶衬里表面可进行敲诊检查。用手指轻轻敲打硬橡胶衬里表面，根据异常声响来检查橡胶衬里与基体的粘合情况；对于软橡胶衬里可用手指按压法进行检查判断。

——对于目视检查发现有针孔，龟裂或返锈迹象的金属基橡胶衬里在条件允许的情况下根据需要进行针孔检查。用电火花检测仪检测针孔、裂缝或其他类似缺陷，检测电压一般为每毫米橡胶衬里 3～4 kV，可根据橡胶衬里老化状况适当降低。检测前橡胶衬里应保持清洁、干燥，电火花检测探头扫查速度应不大于 100 mm/s，也不能在同一位置停留时间过长。

——对于厚度减薄有要求的橡胶衬里在条件允许的情况下根据需要进行厚度检查，用磁性测厚仪测量橡胶衬里厚度，重点检查易发生冲刷的部位。根据设备不同部位随机抽样测量（同一部位一般测量 5～10 点），记录测量部位与测量值，与其原始数据或前次测量数据进行比较，分析其劣化趋势。

——对于使用时间较长，老化程度较严重的橡胶衬里在条件允许的情况下根据需要进行硬度检查。根据设备不同部位随机抽样测量（同一部位一般测量 5～10 点），记录测量部位与测量值，与其原始数据或前次测量数据进行比较，分析其劣化趋势。

6.1.5　玻璃钢的腐蚀检查

玻璃钢腐蚀检查内容：

——检查玻璃钢表面是否色泽均匀，平整光滑。

——检查玻璃钢表面是否有起鼓、裂纹、破损、脱层、发白和玻璃纤维外露等现象。

——玻璃钢检查以目视检查为主，配合以其他检查方法。在无特殊要求的情况下一般采取目视检查的方式进行玻璃钢检查，用肉眼或借助放大镜等设备观察玻璃钢表面有无起鼓、裂纹、破损、脱层、发白和玻璃纤维外露等缺陷，并用游标卡尺、刻度尺等量具对缺陷尺寸进行测量。目视检查的结果，应采用照相、绘制简图等方法尽可能详细地记录。

——对于目视检查发现有针孔或裂纹缺陷的金属基玻璃钢在条件允许的情况下根据需要进行针孔检查。用电火花检测仪检测针孔或其他类似缺陷，检测电压一般为 3000 V/mm 或根据现场玻璃钢老化情况选择合适的检测电压，检测前应保持玻璃钢表面的清洁、干燥。

——敲诊检查一般配合目视检查进行，对于有鼓起、脱落、翘边现象的玻璃钢表面可进行敲诊检查。用手指轻轻地敲打玻璃钢表面，根据异常声响来判断玻璃钢与基体的粘合情况。

6.2 腐蚀检查人员

腐蚀检查应该根据日常及大修期间开展的腐蚀检查项目情况配备数量充足的工作人员，以满足现场各工作面和进度的需要，并预留一部分应急机动人员以备突发紧急项目，不得因人员配置不足造成项目工期延误。腐蚀检查人员还应包括 QC 人员、安全员和文件处理人员。

腐蚀检查现场的工作人员应具有与其工作岗位相适应的资质和经验，年龄在 25～45 周岁之间（含），并具有大专及以上学历。

腐蚀检查项目负责人和技术负责人应具备本科以上学历，具有在核电厂从事 4 次或以上大修腐蚀检查的经历和经验，熟悉核电厂管理要求及工作流程，并具备核电厂系统设备腐蚀与防护方面的专业知识，具有良好的组织管理和沟通协调能力。

负责具体腐蚀检查工作的基层工作人员须 70%或以上具备在核电厂从事 2 次或以上大修腐蚀检查工作的经历和经验，熟悉核电厂管理要求和工作流程，熟悉核电厂机组现场系统设备布置、内部构造和工况以及原始防腐蚀措施，熟悉腐蚀检查常用工器具和仪器的使用和操作，具备一定的腐蚀与防护专业知识。

所有腐蚀检查人员必须参加核电厂培训处室组织的人员授权培训，经考试合格并取得与自己工作性质相匹配的相应等级的授权资格后方可进厂开展工作。必要时还需在核电厂组织的培训的基础上，积极开展更加细化和全面的内部培训，以不断提升管理水平和人员工作技能。

6.3 腐蚀检查工器具

腐蚀检查应积极准备好腐蚀检查过程中可能用到的各种设备和工器具，以免影响工作进度，具体包括但不限于：腐蚀检查用的相机、自拍杆、遥控快门、针孔检测仪、涂镀层测厚仪、橡胶硬度计、温湿度计、防爆灯、手电筒、游标卡尺、直尺、卷尺、放大镜、反光镜、内窥镜、铲刀、钢丝刷等；现场安全防护用的安全带、防坠器、测氧仪等安全工器具；其他现场防腐工作需要准备的必要工器具。

6.4 腐蚀检查频度

周期是指执行同一防腐项目的时间间隔。一般情况下，防腐项目的周期应与预防性维修大纲的周期相适应，避免对设备进行频繁解体。但对于腐蚀风险较高的设备，或腐蚀是设备失效的主要因素时，应结合设备实际情况，如设备/部件的材质、工况环境、腐蚀模式、防腐措施设计寿命等，制定腐蚀检查和防腐处理的周期。

7 腐蚀失效分析

7.1 失效分析范围

失效分析的主要工作为根据核电厂的要求开展机组设备部件材料失效分析工作，工作范围主要包括（不限于）：

——现场勘查及取样；

——设计、制造、安装、运行、维修历史等相关信息调查；

——失效分析方案编制；

——完成相关试验及分析工作；

——失效分析报告的编制和修订；

——项目验收。

7.2　失效分析技术要求

7.2.1　资质要求

——失效分析过程中涉及的人员资质、仪器设备均需满足适用的国家或行业的相关要求；

——失效分析过程中取样方法及部位、试样加工以及后续的试验方法均应满足相应的国家或行业的相关要求；

——失效分析项目负责人及主要分析人员应熟悉核电厂的基本情况，最好能具有从事过核电厂材料失效分析的经历。

7.2.2　项目执行过程中乙方须遵守的文件

——甲方相关管理制度/程序等；

经甲方签字认可的乙方编写的程序文件等，如失效分析方案等。

7.2.3　失效分析技术要求

材料失效分析包括裂纹分析、断口分析、机械力学性能评估、腐蚀性能评估、老化寿命评估等综合性分析工作，可根据实际分析要求组合多个单项试验检验直至最终找到设备部件失效的原因。

分析方案及具体试验项目内容均须提前得到核电厂的认可，方可开展具体分析工作。

试验中如有特殊情形需对项目内容或分析方案加以调整，须及时与核电厂说明、协商，得到核电厂的认可后方可实施相关调整。

检验分析一般情况下应遵循先非破坏性试验后破坏性试验的原则。

所有试验过程中产生的数据、图表、照片等原始资料应记录完整真实可靠。

失效分析所得出的结论应有足够的理论和试验数据的支持，并给出切实可行的纠正建议。如认为现有的数据不足以支持结论，应补做相关试验，给出充实论据，直至核电厂认可为止。对于核电厂提出的关于失效分析的过程、结论或深度等方面的异议失效分析机构应给出合理充分的解释直至核电厂认可。

7.2.4　失效分析技术方案

确定一个材料失效分析技术方案，首先要有一个清晰的材料失效分析思路，正确的分析思路是正确分析方案的基础，可以减少失效分析工作中出现的片面性和主观随意性。不同材料的失效原因可能差别很大，但也有规律可循，一般应按以下步骤制定失效分析方案：

失效件背景资料调查→失效件现场调查→失效样品的选择→失效件的初步检查→失效分析实验→失效综合分析→改进措施。

8　防腐措施

防腐工艺

金属的腐蚀是金属在环境的作用下所引起的破坏或变质。腐蚀的类型按腐蚀过程可分化学腐蚀和电化学腐蚀；按金属腐蚀破坏的形态和腐蚀区域的分布，可分为均匀腐蚀和局部腐蚀。根据腐蚀机理，腐蚀防护的方法一般分为以下三类：

目前核电厂采取的腐蚀防护技术主要有：表面涂层保护技术、表面涂覆耐蚀金属保护技术、衬里技术、缓蚀技术、电化学保护技术等。

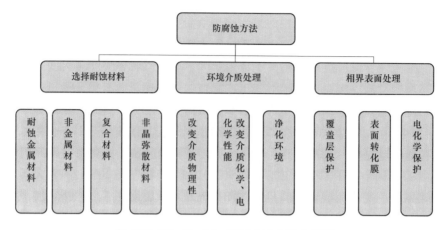

图 462-09-08-01　腐蚀防护方法分类图

8.1　表面涂层保护技术

涂料广泛应用于核电厂核岛、常规岛的钢结构、混凝土、设备管道等部位，是核电厂腐蚀防护的重要手段之一。压水堆核电厂设备可分为核岛、常规岛和辅助系统三部分，核电厂涂层防护可分为抗大气腐蚀涂层和抗液体、埋地环境涂层等。

（1）核岛涂层选择

核岛涂层环境：核电厂运行时，核岛环境温度较高，且存在中子、α粒子、β粒子、粒子辐射；正常条件下，核岛内空气中腐蚀性离子较少，温度保持恒定，涂层劣化的主要途径是人为损伤和辐照作用；异常条件下，核岛内管道发生破口事件，管道内充满的高温高压蒸汽瞬间能使核岛局部达到约 300 ℃、16 MPa。

核岛涂层性能分析：核岛内适用涂层必须具有一定的耐温性、抗辐照老化性；去污性能要求，即易于清除涂层表面的放射性污染物，以免检修时对工作人员造成放射性损伤；LOCA 条件附着力要求，即核岛内管道破口时，涂层不剥落；根据 ALARA 原则（所有辐射剂量应保持在合理可能尽量低水平），核岛选用涂层还应具备较低表面处理条件下的可维修性。

核岛涂层选择满足以下要求：

——耐 120 ℃、400 ℃温度试验，200 h 以上；

——达到 EJT 1086—1998 中规定的涂层在模拟设计基准条件下的附着力要求；

——达到 EJT 1111—2000、ET/T 1112—2000 中 1，γ射线辐照、去污性的要求；

——涂料中的各种成分应尽可能降低卤族元素、硫元素的含量；

——为避免对金属材料析氢过程的影响，涂膜应不含铝粉，尽量不使用含金属锌的涂料。

（2）常规岛涂层选择

常规岛环境：核电厂常规岛设备通常温度较高，一般来说当温度达到 60 ℃；表面覆盖有绝热层，绝热材料中总存在一定的 Cl^-、SO_4^{2-} 类腐蚀性离子，可能在局部会形成微酸性溶液；与常规电厂不同，核电厂去离子水更为"纯净"，渗透性更强。

常规岛涂层性能分析：核电厂常规岛涂层主要用于要设备外表面的抗大气腐蚀防护和去离子水储存罐的内部腐蚀防护，常规岛设备外表面涂层必须具有足够的耐温性和一定的耐酸性，通常选用的含锌涂料，在高于 60 ℃时，会发生锌与铁构成电偶对的极性转换，造成涂层与水对金属的腐蚀，必须禁止使用；常规岛去离子水储罐基体、去离子水及涂层半透膜三者之间由于渗透压的不同，促使去离子水通过涂层向钢基体渗透，从而使涂层出现鼓泡或脱落，最终影响二回路水质，涂料中的卤素、硫等离子通过涂料向去离子水扩散，从而使二回路水中腐蚀性离子含量超标。

常规岛涂层选用应满足以下要求：

——保温层下管道涂层除具有一定的耐温性外还应有一定的耐酸性；

——对于去离子水环境下的涂层，涂料中各种成分应尽可能降低卤族元素、硫元素的含量。

（3）辅助系统涂层选择

辅助系统环境：核电厂辅助系统涂层主要包括酸碱盐飞溅条件下的涂层、结露设备及钢结构表面的涂层、电器设备表面涂层、燃料储存箱内表面涂层、海洋大气和海水环境下的涂层等，故其涂层环境主要有：海水环境、海洋大气环境、结露环境。

辅助系统涂层性能分析：核电厂辅助系统涂层主要包括酸碱盐飞溅条件下的涂层、结露设备及钢结构表面的涂层、电器设备表面涂层、燃料储存箱内表面涂层、海洋大气和海水环境下的涂层等；结露设备及钢结构表面涂层、海水环境下涂层与其他工业领域有着不同的使用要求；冷冻水系统设备及流速较大的冷却水管道外表面，普遍在结露现象，设备外表面涂层的修复施工、固化条件往往很难满足要求；海水环境下涂层与其他工业领域有着某种相似性；但含泥沙海水对涂层的冲刷破坏、海水管道内焊缝处涂层补口、含盐高湿度环境中涂层涂装等需要关注；核电厂海水环境下涂层选择还要考虑涂层脱落后堵下游设备造成其功能下降和潜在腐蚀风险增加所造成的不利影响。

辅助系统涂层选用应满足以下要求：辅助系统适用涂层的选择除满足涂层所处环境的耐蚀条件以外，还应重点考虑满足要求施工条件下的全面防护。这部分涂层量大面广，根据涂料的特性和管理方便，要求户外设备禁止使用环氧面漆。

（4）核电厂涂层施工要求

——核电厂涂层的施工单位应具有核电或同类型施工的业绩；

——新建核电厂设备要求表面处理达 Sa2.5（近白级）、选择配套的底、中、面漆涂装方案；

——运行中的核电厂，多为 St2 级条件下的涂装；

——设立独立的质量 QC，负责施工过程的质量检查和记录。

（5）防腐涂层性能的基本要求

附着力：料的附着力特别是湿附着力，可取代界面上的水和氧，能提高涂层的防护性能。涂料湿附着力提高取决于聚合物链柔韧性和表面张力。

减少水和氧的渗透：漆膜的水和氧的渗透率低，可使水和氧对聚合物基团的取代作用减少，有利于保护。可采用措施：提高涂膜交联密度减少"空穴"；烘干涂膜；颜料的使用，尤其是片状晶体颜料等。

对腐蚀介质的稳定性：涂层对腐蚀介质的稳定性是指化学上既不被介质分解、也不与介质发生有害的反应；物理上也不被介质溶解或溶胀。

（6）核电厂常见的涂层系列

表 462-09-08-01 核电厂常见的涂层系列

系列代号	适用的厂房和环境	需满足的要求
PIA 系列	PIA 系列涂层系统用于非核区域内正常大气环境下的设备、设施和土建结构，无放射性沾污，不含腐蚀性气氛	1）涂料便于施工和修补 2）涂膜应在正常运行条件下保持稳定 3）具有高的附着力和足够的防腐蚀能力，涂膜至少在 6 年内锈蚀面积不超过总面积的 0.5%，出现外观缺陷（如：起泡、裂纹、粉化等）的面积不超过 5%
PIB 系列	PIB 系列涂层系统用于非核区域内腐蚀性气氛环境下的设备、设施和土建结构，无放射性沾污	1）涂料便于施工和修补 2）涂膜应在正常运行条件下保持稳定 3）具有高的附着力和足够的防腐蚀能力，涂膜至少在 6 年内锈蚀面积不超过总面积的 0.5%，出现外观缺陷（如：起泡、裂纹、粉化等）的面积不超过 5%

续表

系列代号	适用的厂房和环境	需满足的要求
PIC 系列	PIC 系列涂层系统用于反应堆厂房内设备、设施和土建结构	1）涂膜在正常运行条件下保持稳定（反应堆厂房的运行条件见相关文件的规定）要求：涂膜至少在 10 年内不出现起泡、裂纹、粉化等外观缺陷，且具有高的附着力和足够的防腐蚀能力，锈蚀面积不超过总面积的 0.5% 2）可修补 3）光滑且易于清洗 4）涂层配套应通过试验证明涂膜在设计基准事故条件下保持稳定 5）涂膜具有良好的去除放射性沾污的性能和耐辐照性能 6）涂膜应不含铝粉，尽可能不含锌粉
PID 系列	PID 系列涂层系统用于除反应堆厂房外核区其他厂房内的设备、设施和土建结构	1）涂膜在正常运行条件下保持稳定（反应堆厂房的运行条件见相关文件的规定）要求：涂膜至少在 10 年内不出现起泡、裂纹、粉化等外观缺陷，且具有高的附着力和足够的防腐蚀能力，锈蚀面积不超过总面积的 0.5% 2）可修补 3）光滑且易于清洗 4）涂膜具有良好的去除放射性沾污的性能和耐辐照性能
PIT 系列	PIT 系列涂层系统用于厂房内温度大于 120℃且包保温材料的设备、管道	1）在设备运行温度下保持稳定 2）在设备包保温材料前的运输、存放、安装阶段对基材起防腐保护，不出现起泡、裂纹、粉化等外观缺陷，且具有高的附着力和足够的防腐蚀能力，锈蚀面积不超过总面积的 0.5%（至少为 3 年，有特殊要求时应按设备规格书中的说明） 3）用于反应堆厂房内的设备时，漆膜应不含金属铝基颜料
PEC 系列	PEC 系列涂层系统用于海洋性露天环境下的设备、设施和土建结构	涂层系统应在正常运行条件下保持稳定，具有足够的防腐蚀能力。涂膜至少在 8 年内锈蚀面积不超过总面积的 0.5%，出现外观缺陷（如起泡、裂纹、粉化等）的面积不超过 5%

8.2 表面涂覆耐蚀金属保护技术

向金属表面镀覆金属镀层常用的方法有 3 种：电镀、热浸镀和热喷涂。电镀和热浸镀由于受设备容量、生产效率和成本的限制，只能用于机器零件或小型构件的镀覆。热喷涂则不受结构尺寸的限制，可应用于大型工程结构，但热喷涂镀层有微孔，需要合适涂料对微孔进行封闭处理。常见的金属覆盖层保护技术分类及其适用范围如表 462-09-08-02 所示。

表 462-09-08-02　金属覆盖层分类

	热喷涂金属覆盖层	大面积钢件防腐蚀和尺寸修复
金属覆盖层分类	电镀金属覆盖层	多用于大数量中小尺寸零件防腐蚀，耐磨等
	化学镀金属覆盖层	适合大小各种零件防腐蚀
	热浸镀金属覆盖层	适合低熔点金属及合金覆盖层对各种复杂零件防腐蚀用
	熔结金属覆盖层	主要用于修复或特种防腐蚀
	堆焊金属覆盖层	
	热压粘接金属箔层	主要用于管、板、棒等半成品件
	爆炸复合金属板层	
	热压烧结金属覆盖层	
	热压扩散金属覆盖层	使用精密螺纹件的特种防护

8.3 衬里技术

（1）橡胶衬里

橡胶衬里是选用一定厚度的片状耐蚀橡胶，复合在基体的给定表面，经过特殊的工艺处理，形成连续完整的保护覆盖层，借以隔离腐蚀介质对基体的作用，达到防腐蚀的目的。它是腐蚀控制领域中的一项经济实用的传统防腐蚀技术。橡胶衬里主要分为以下几类（见表 462-09-08-03）。

表 462-09-08-03　橡胶衬里种类

种类名称		主要特征
天然橡胶（NR）		耐酸碱性良，耐磨性优，与金属附着力和工艺性好
合成橡胶	氯丁胶（CR）	耐酸破优，耐磨性优，耐候性优，与金属附着力优
	丁氰胶（NBR）	耐酸碱优，耐磨性优，与金属附着力好
	顺丁胶（BR）	耐酸碱良，耐磨性优，与金属附着力良

橡胶衬里具有防护金属或其他基体免受各种介质侵蚀的能力：各种橡胶衬里不仅能耐受酸、碱、无机盐及多种有机物的腐蚀，而且具有良好的综合性能，如弹性、耐磨性、抗冲击性几金属和其他基体的粘合性能。橡胶衬里的耐腐蚀性能主要取决于橡胶的硫化、衬胶层的抗渗性和胶层与基体的粘合性等因素。

橡胶衬里覆层分选用原则如下：

——在强腐蚀液态介质中，温度变化不大，震动不强，可衬 1～2 层硬胶板或半硬胶板；

——腐蚀性强的气态介质中，为避免气体渗透，必须选用两层以工的硬胶板，总厚度＞4～6 mm；

——腐蚀性弱的介质中，可选用一层软胶板；

——介质中有固态悬浮物，考虑耐磨时，应采用两层衬里，以硬胶板为底软胶板作面层；

——橡胶衬里层一般为 1～3 层，每层厚度 2～3 mm，总厚度为 2～8 mm；

——衬橡胶设备一般使用压力≤0.6 MPa，否则容易脱层。

橡胶衬里层的施工和注意事项有以下几个要求：

——施工前应确认工作对象及工作范围；

——材料使用前应确认材料是否在有效期内；

——配制胶浆用胶片应全部溶于溶剂中，不得出现结块、沉淀或翻花现象；

——配制好的胶浆应呈黏稠状液体，存放时不应呈凝胶状态；

——橡胶衬里层一般为 1～2 层，每层厚度为 2～3 mm，总厚度为 2～6 mm。特殊要求情况下可贴 3 层，但总厚度不宜超过 8 mm；

——胶浆在使用前应搅匀，胶浆应涂刷均匀，防止胶浆堆积、流淌或起泡，前后两遍胶浆的涂刷方向应顺次交错操作；

——配制好的胶浆一般涂刷 2～3 道。在上一道胶浆不黏手时便可涂刷下一道胶浆，最后一道胶浆应在贴胶板前 1.5～6 h 内进行，一般以胶黏膜略微粘手但不呈黏丝状为宜；

——胶浆每一道涂刷完后需仔细检查是否有涂刷不均匀、漏刷、流挂等现象，表面检查合格后，方可进入下道工序；

——胶浆涂刷完后，应防止灰尘、油、水或其他杂物的落入；

——橡胶板在下料前应进行外观、厚度、针孔检查，如有缺陷，应做好标记，在下料时剔除；

——下料要求准确、合理、大小合适，接缝尽量少，过渡区削边应平直，坡口宽窄一致，坡口宽度一般为 3～3.5 倍的胶板厚度。若是局部修补，橡胶板边上的坡口应与缺陷处老橡胶的坡口相切合；

——下好料的胶板，所有胶黏面要打毛，不得刺伤胶板，打毛好的胶板表面应清洗干净干燥并保持；

——贴胶板时以小滚轮从胶板中部往两侧压实贴合，排出胶板下的气体，压滚移动的幅度以 100～200 mm 为宜，每次滚压部位应有 1/3 左右相重合；

——拐角处应先辊压无气孔后再进行拐角边辊压，严禁先压边后辊压拐角造成气孔；

——胶板间的接缝宽度需大于等于 25 mm，多层衬胶上下两层间的接缝应错开，距离应不小于

100 mm；

——多层衬胶施工，每层衬胶施工完后应进行外观及电火花检查；

——胶板贴补完毕，经外观及电火花检查合格后方可封口；

——需要硫化的橡胶板应严格按照所选橡胶板的硫化工艺进行，硫化完后应进行硬度检查并满足要求。

橡胶衬里的工艺流程：

1）表面处理

钢和铸铁设备衬胶前，须进行表面除油、除锈处理，处理后的表面应符合《涂装前钢材表面锈蚀等级和除锈等级》（GB 8923—1988）的 sa2 级要求。因铁锈、污物会降低胶板的黏结强度，所以除锈好坏是影响衬里质量的一个重要因素，钢制或铸铁设备，应使用喷砂法或喷丸法除锈。

2）胶装配制和胶板的剪裁

天然橡胶衬里需自行配制胶浆，将购买的配胶浆用的胶板切割成小片溶解在溶剂中，即制成胶浆，配好的胶浆呈料稠状液体。配制胶浆所用胶浆板的牌号一定要与衬里用胶板的牌号相适应，应为同一厂家的产品。胶板在下料前应进行外观检查和厚度检查，如有缺陷，应标明，以便下料时剔除，气泡或针孔可以进行修补。衬里用胶板表面不允许有油污染物，若是已超过使用期的胶板，应进行抽样检查，合格后方可使用。

3）涂刷胶浆与缺陷处理

设备与橡胶板一般要涂刷三次和两次胶浆，设备涂刷胶浆可采用手工涂刷法与注入法涂刷。设备各节点连接处、转角界面处往往是衬里设备的薄弱环节，在进行衬胶操作时，要求胶板在这些棱角处与器壁紧贴，排除胶板与器壁之间的空气，这是保证衬胶质量的关键，可采用胺条填补法、接线排气法、真空抽吸法和金属腻子预处理法来保证衬胶质量。

4）天然橡胶板的硫化

硫化是橡胶与硫化剂（硫磺）反应的过程，需要在一定温度下进行，硫化后橡胶从可塑状态变成固定的不可塑状态。衬胶设备硫化后，衬层具有良好的物理机械强度和稳定性。硫化也是橡胶衬里施工的最后一道工序。

5）质量标准和缺陷修补

橡胶衬里设备、管道和管件均应进行质量检验主要有以下几点要求。

——衬胶层不应有漏电现象（用火花检测仪全面检验）。检测时，一般可采用 10～20kV 电压分别对 2 mm 厚和 3 mm 厚胶板进行检查，或根据生产胶板的厂家要求进行，含碳黑的胶板击穿强度较低。HGJ 229—1991 标准对检测要求有明确规定；

——受压设备、管件和需切削加工的橡胶制品，胶板与金属结合处不允许有脱层现象；

——不受压的一般设备局部胶板与金属脱开（起泡）的面积不得大于 20 cm²，凸起高度不超过 2 mm，数量要求如下：

- 衬里面积大于 4 m² 的不超过 3 处；
- 衬里面积大于 2～4 m² 的不超过 2 处；
- 衬里面积小于 2 m² 的不超过 1 处。

——衬层表面不允许有深度超过 0.5 mm 以上的外伤或夹杂物；

——不受压的管件、管道，允许有不破的公起气泡，每处面积不大于 1 cm²，凸起高度不大于 2 mm；每个管件不多于 2 处。气泡总面积不大于管件、管道总面积的 1%；

——转动设备如离心机、鼓风机等设备的工作部位不允许有起泡，其余部位起泡不超过 3 处，每处起泡面积小于 20 mm²，凸起高度小于 2 mm；

——槽车、贮槽等设备起泡总数要少于 3 处，每处起泡面积小于 10 cm²；

——法兰边缘纳橡胶与金属脱开允许在 2 处以下，总面积不大于衬胶总面积的 2%；

——衬胶后胶层各部分尺寸应符合设计图纸的要求。转动部件应按设计要求进行静平衡和动平衡试验；

——用磁性测厚仪测量胶层厚度，其误差应在放板规定的允许误差内；

——各检测点应尽可能相距远一些，检测点的数目视工件的形状大小而定（一般检测 5～10 点）。有关硫化胶硬度检测方法及要求参见 HGJ229—91 标准。

（2）塑料衬里

塑料与金属比较，具有质量轻、耐腐蚀性能好、力学强度范围广、耐磨等特点。作为衬里，可赋予设备抗渗透、抗腐蚀、耐磨等性能。由于近些年来优良性能的塑料品种不断开发，加工技术不断进步，塑料衬里技术在防腐蚀领域中得到广泛的发展与应用。一般塑料能否满足设备生产条件需要，主要决定于塑料的耐腐蚀性能、抗渗透性能与耐热性能，而衬里施工也是决定衬里质量的关键。常见的衬塑塑料种类如表 462-09-08-04 所示。

表 462-09-08-04　衬塑塑料种类

名称	品种实例
通用塑料	聚氯乙烯（PVC）、聚乙烯（PE）、聚丙烯（PP）聚苯乙烯（PS）、酚醛塑料（PF）
工程塑料	聚甲醛（POM）、丙烯腈-丁二烯-苯乙烯共聚体塑料（ABS）、聚酰胺（PA）、环氧树脂塑料（EP）、聚碳酸酯（PC）
耐高温塑料	聚苯塑料、聚酰亚胺（PI）、聚苯硫醚（PPS）
特种塑料	聚三氟氯乙烯（PCTFE）、聚四氟乙烯（PTFE）、聚全氟乙丙烯（FEP）

（3）玻璃钢衬里

玻璃纤维增强的树脂复合材料，在国内俗称玻璃钢。由于纤维的增强，衬里不易受热应力或固化收缩应力而开裂，或受外力而破坏。正像采用钢筋增强水泥混凝土的原理一样，玻璃钢是以合成树脂为黏结剂，玻璃纤维及其制品作增强材料而制成的复合材料。在防腐蚀工程上使用的玻璃钢，主要考虑其耐腐蚀性能，而玻璃钢的耐腐蚀性能主要决定于所用的合成树脂。

玻璃钢衬里主要起屏蔽作用，设备衬玻璃钢层使介质与基层隔离起防护作用。一般玻璃钢衬里由四部分构成，包括底层、腻子层、玻璃钢增强层及面层。

底层：设备处理后涂环氧底漆，环氧底漆附着力强，热膨胀系数与碳钢相近。

腻子层：用与底漆相同的树脂加填料配成胶泥，主要是填补基体表面不平的地方，通过腻子整平。

玻璃钢增强层：主要起增强作用，使衬里层构成一个整体。

面层：主要是富树脂层。由于直接与腐蚀介质接触，要求有良好的耐腐蚀性能和耐磨能力，致密性抗渗能力高。

（4）水泥砂浆衬里

水泥砂浆衬里技术主要应用于管道防腐，至今该技术的应用已有近百年历史。水泥砂浆衬里管道内防腐是采用各种成型工艺，将搅拌好的水泥砂浆，在清理过的管道内壁上按照设计厚度要求，分一次或多次滚衬，经过一定时间养护后，形成一个与管道内壁紧密结合的高强度圆壳体内衬层。利用水泥砂浆特有的碱性，使管道内表面形成钝化膜而得到保护的技术，已被国内外水管道的内防腐广泛采用，普遍认为，它是一种无公害、无毒、易施工、造价低、有前途的管道防腐技术。

水泥砂浆防腐机理：

碱性钝化作用，衬里砂浆中的水泥水化后，由于生成一定量的 $Ca(OH)_2$，使管道金属表面生成一层钝化膜，钝化膜在高碱性（$pH \geq 11.5$）环境下非常稳定，有效地抑制了腐蚀。

抗渗隔离作用，高密实水泥砂浆衬里使管道金属与输送介质相互隔离，限制了介质中腐蚀成分向管道内表面的扩散速度，使阳极区的金属不易变成离子而进入介质中。从动力学上讲，腐蚀过程受到阻抑，致使腐蚀不能进行或只能在较低的速度下进行。

回路电阻作用，由于水泥砂浆衬里的存在，相当于在此回路中又串联了个电阻，从而降低了腐蚀电池回路中的电流强度，减弱腐蚀速度。

水泥砂浆衬里施工注意事项：

——钢管在装卸、运输、敷设的过程中，应平稳轻缓，避免由于震动使水泥砂浆衬里松动甚至脱落；

——由于钢制管件和焊接接口处的是水泥砂浆衬里在安装施工现场采用手工涂敷，因此焊接接口应保证圆度，焊缝内表面应光滑平整，否则影响手工涂敷的水泥砂浆衬里质量；

——输水钢管是分段施工，应及时将已施工完毕的管段两端封口，特别是在地下水位高或污染严重的地段和雨季施工时，以防止杂物和污染物进入钢管内，减小竣工时清管的难度；

——输水钢管试压、覆土回填均在满足水泥砂浆衬里养护时间后依次进行。

（5）耐蚀金属衬里

生产中为了防止设备腐蚀，除采用全金属制的设备外，为了节省金属材料及满足某些结构由单一金属难于满足的技术要求（如要求较高的强度和刚度、较高的传热效率），可采用在碳钢和低合金钢上衬耐蚀金属。常用于衬里的耐蚀金属有铅、搪铅、不锈钢及钛等。

衬铅施工方法简单，生产周期短，成本也比较低。衬铅适用于常压或内压不高的设备，也适用于静载荷作用下的设备。使用温度应不大于 140 ℃，实际应用温度 100～120 ℃，温度再高，强度、耐腐蚀性能将下降。衬铅不适用于真空设备，不适用于受到振动冲击和介质含有颗粒的摩擦设备中使用，因衬铅高温下受冲击，会出生裂纹和鼓起。

搪铅是铅衬的另一种方法，能使铅与被衬金属面牢固结合，适用于真空传热设备及受回转振动的场合。

不锈钢耐蚀性能好，衬不锈钢，满足某些结构由单一金属难于满足的技术要求，而且节省了金属材料。不锈钢衬里要求外壳（碳钢和低合金钢板）厚度大于等于 6 mm，衬层材料最好采用超低碳钢，厚度取决于材料的种类及耐蚀性能的要求，一般为 1.6～4.8 mm。填充金属一般要求合金含量比衬层高，且含碳量尽可能低。衬里方法有：塞焊法、条焊法、熔透法、爆炸法。

钛及其合金的密度小，比强度大，耐腐蚀性能优异，几乎耐各种类型氯化物、含氯介质、有机酸，以及含重金属离子的盐酸或硫酯腐蚀。钛是氯碱工业所不可缺少的一种耐腐蚀金属材料。设备如压力较高，在需要用钛材作为耐蚀材料时，计算壁厚要求在 8～10 mm 以上，以采用钛衬里。衬钛设备使用温度应在 300 ℃ 以下。

8.4 缓蚀技术

缓蚀剂是一种化学物质，当该物质以很小浓度添加到环境中时，它能有效地减小腐蚀速率，从而达到腐蚀最小化或防止腐蚀。因此缓蚀剂也可以称为腐蚀抑制剂，其用量很小（0.1%～1%），但效果显著。这种技术称为缓蚀技术，这种保护金属的方法称为缓蚀剂保护。

缓蚀剂用于保护金属免受腐蚀，包括储运过程中的暂时保护，也包括所需的局部保护。有效的缓蚀剂与环境有好的相容性，实用、经济，在低浓度下就能产生所期望的效果。

防止腐蚀的方法很多，主要有投加缓蚀剂、电化学保护、涂料覆盖等，最普遍采用的仍为投加缓蚀剂。它可以大大降低腐蚀反应速率，因而延长水系统设备和管线的使用寿命，并可减少设备检修次数和时间。优良缓蚀剂应符合下列条件：

——经配制后必须能保护所有水系统的金属；

——在水系统可能波动的水质状态、pH、水温及热流量下都能发挥良好缓蚀作用；

——不能在金属表面造成影响热传导的沉积现象；

——当排放水或蒸发时，不会对环境造成污染。

在核电厂二回路系统使用 ETA（乙醇胺，一种常见的缓蚀剂）作为 pH 控制剂具有以下几方面的优点：

减缓对碳钢的流量加速腐蚀，由于其挥发性比氨和吗啉低，即 pH 较高，碳钢的流量加速腐蚀现象得到了抑制。

减少腐蚀产物的堆积。

减少 IGA/SCC 腐蚀，采用 ETA 作为 pH 控制剂时，二回路系统内设备和管路的缝隙处的 pH 提高。腐蚀产物迁移量明显减少，抑制或缓解了晶间腐蚀 IGA/SCC 应力腐蚀的发生。

缓蚀剂使用时应注意：注意相容性验证、注意影响缓蚀效果的因子、多种缓蚀剂、助剂间的协同使用、多用于封闭循环或半封闭循环、使用时注意环保、主要用于腐蚀程度较轻或中等的工况环境系统保护。缓蚀剂在核电厂中的应用主要是在循环冷却水中的应用以及酸洗、除垢与清洗中的应用。

8.5　电化学保护技术

利用外部电流使被保护金属（或合金）的腐蚀电位发生改变以降低其腐蚀速率的防腐蚀技术，电化学保护分为阴极保护和阳极保护两类，核电厂电化学保护主要方法为阴极保护，主要包括外加电流保护和牺牲阳极保护两种手段。

（1）牺牲阳极保护

将还原性较强的金属作为保护极，与被保护金属相连构成原电池，还原性较强的金属将作为负极发生氧化反应而消耗，被保护的金属作为正极就可以避免腐蚀。因这种方法牺牲了阳极（原电池的负极）保护了阴极（原电池的正极），因而叫做牺牲阳极（原电池的负极）保护法。

牺牲阳极

具有足够负的开路电位（自腐蚀电位），即要有足够的驱动电位（牺牲阳极开路电位与被保护体保护电位之差），一般驱动电位为 0.25 V。

在阳极工作电流密度范围内极化小，即要有足够负的工作电位（牺牲阳极与被保护体耦接后的电位）。

——工作电位应接近于开路电位，以保证有足够的驱动电压；

——工作电位随时间变化率要小，以保证电位长期稳定。

● 具有足够大的电容量，而且本身自腐蚀要小，有较高的电流效率：

——金属原子量越小、价数越高，则理论电容量越大；

——实际电容量与理论电容量的比值为电流效率。

牺牲阳极要溶解均匀、不产生局部腐蚀，腐蚀产物硫松易脱落；

原材料来源丰富，价格低。

常用的牺牲阳极有镁及其合金、锌及其合金、铝合金三大类，某些场合下可以用碳钢或铁来保护海水中的不锈钢、铜及其合金由于纯镁、锌、铝的某些固有缺陷，通常采用合金化来改善它们的性能。

——负移阳极的电位（包括开路电位、工作电位）；

——抵消杂质的影响，降低自身腐蚀量；

——促使表面活化，改善溶解性能。

（2）外加电流保护法

将被保护体与直流电源的负极相连，利用外部电流使被保护体阴极极化，以达到腐蚀防护的目的。这种强制外加电流的阴极保护系统是由整流电源、阳极地床、参比电极、连接电缆组成的，主要用在大型设备的阴极保护或者土壤电阻率比较高的环境中设备的阴极保护。

对运行的外加电流式阴极保护系统应每周巡检一次，重点检查恒电位仪、跟踪仪器状态；相关设备切换期间，应及时检查恒电位仪的阴极保护参数是否正常。检查要点有：检查恒电位仪是否已启动；检查控制方式开关是否在自动挡位置，若不是则需调整到自动挡位置；在检查记录表上记录每台恒电位仪输出电压、输出电流、测量电位值；一般来讲，先测量 C1 的数值，再测量 C2 的数值；检查测量电位，即阴极保护电位是否在给定值（−0.75～−1.15 V）之间，若测量电位不在此范围内则须调整调节旋钮，使之回到上述范围内；仪器需重新启动时，需按以下顺序启动：停止—复位—启动。

维护与保养：恒电位仪的其他部件已调试好，一般情况下不得随意碰动；仪器周围如有腐蚀介质存在，应关闭恒电位仪并及时清除；大修期间仪器除尘一次，除尘时 CPA 停止运行；遇有检查人员无法处理的疑难问题，应及时与厂家和设计单位联系，以便提供技术支持。

9 防腐施工规范

9.1 防腐施工方法

9.1.1 表面准备

涂覆操作前，必须进行表面处理与准备。其目的旨在清洗所有对涂层寿命有害的表面杂质，以及对设备表面产生良好的附着力。设备表面除锈质量采用目视检查和样本对比法，等级与技术要求符合国家标准《涂覆涂料前钢材表面处理表面清洁度的目视评定》4 个部分的相关规定，除锈等级基本要求见表 462-09-09-01。

表 462-09-09-01　涂装前金属表面处理等级和验收

等级	除锈后的表面要求
St2	钢材表面应无可见的油脂和污垢、并且没有附着不牢的氧化皮、铁锈和油漆涂层等附着物
St3	钢材表面应无可见的油脂和污垢、并且没有附着不牢的氧化皮、铁锈和油漆涂层等附着物，除锈应比 St2 级更为彻底，表面应有金属光泽
Sa2.5	无可见的油脂、污垢、氧化皮、铁锈和油漆附着物，任何残留的痕迹应仅是点状或条纹状的轻微色斑

表面处理与准备的方法主要有：
——化学清洗方法；
——机械清洗方法；
——除去预先涂层方法。
表面处理后，应无任何脏物、油、脂或其他表面附着物如：矿物质、锈或划痕、刻痕。
Ⅰ级和Ⅱ级涂层要求非常仔细的完成表面处理与准备工作，Ⅲ级涂层的表面处理与准备可以简化。
（1）化学清洗
——除油方法适用于清洗表面的油或脂；
——除油方法取决于污染表面的性质和等级，应使用碱性反应的清洗剂或冷溶剂除油；
——在核大气中使用的设备，除油后必须按相关规定要求用水（特定情况时用热水）漂洗；
——酸洗适用于薄片类基材表面的清洗；
——严禁使用盐酸清洗，使用硫酸时，其浓度不得超过 10%；
——酸洗后必须进行充分的漂洗（必要时，用热水）、中和和钝化，以防止任何导致涂层损坏的酸迹。
（2）机械清洗
1）烧除
——烧除方法仅适用于厚度大于 2 mm 的钢板；
——烧除时，钢板表面温度不超过环境温度 90 ℃，且应确保无局部膨胀及变形。

2）喷砂

——喷砂方法最适于涂漆前表面准备，此方法应在下述条件下实施：

- 相对湿度小于 85%；
- 温度大于 5 ℃。

——磨料要求：

- 游离硅含量小于 3%，粒度 0.5～0.15 mm；
- 含有的金属晶粒在 1.15～0.6 mm 之间。

——喷砂操作结束时，所有磨料及其他由喷砂导致的痕迹和尘埃均应仔细清除，最佳的平度应是所涂涂层厚度的 1/3；

——必须采取各种措施，以防基材变形或焊缝损坏；

——禁用湿喷砂；

——支架的喷砂；

——支架的粗糙度应适合于表漆的特性及表面膜的厚度；

——根据有关的磨料喷砂规范的精度等级进行操作。

3）刷、铲、刮

——进行刷的操作时可用不锈钢或马鬃制的刷子，但最好使用纤维或马鬃制的软刷。在使用铲时，应避免在基材上产生底层金属的冷作硬化；

——刷和铲操作后必须用无油干燥压缩空气除尘；

——对脆性材料设计使用擦或刮的方法时，必须用软刷，并在刷后用有压力的软化水冲洗，必要时可用钝化溶液冲洗。

（3）除尘

除尘时，可使用干蒸汽和无油的洁净空气或真空等方法完成。

9.1.2　涂覆

（1）材料

防腐材料需提供材料合格证明，如材料检验合格证明、材料有效使用期限、材料使用说明等。防腐材料由电厂检验人员检验合格并张贴二次标签后，方可在现场使用。防腐施工完成后施工单位需要在工作包中记录防腐材料的二次标签编号、实际用量、用途、涂装面积、出厂编号等。材料开封后，必须在使用说明书规定的时间内进行使用，超过开封使用期限的材料视为不合格材料。

（2）颜色

——涂漆的颜色必须符合核电厂关于"设备及管道常规颜色"的规定；

——除了铝或锌类颜料外，每一层颜色必须不同于前一层颜色。

（3）油漆方案

核电厂应针对设备的运行环境及工况编制油漆方案，具体可参照附表 2 的表格形式，应在油漆方案中明确不同处理方案所对应的使用范围，除锈等级，底、中、面漆的材料及干膜厚度等内容，用以指导核电厂涂覆工作的开展。金属表面涂层的底漆应在基材的表面准备完成后 4 h 内涂覆，当涂覆操作延迟时，必须报告并予记录而且应按所要求的清洁度条件将表面予以保护。底漆的厚度在可能腐蚀处应予加强（如边缘、铆接区、肋、筋、焊缝等）。

（4）厚度和质量

选择的每一层涂漆厚度应符合相应数据表、油漆方案或技术规范中要求的厚度。油漆漆膜厚度采用湿膜涂层测厚仪、干膜涂层测厚仪进行检查，必要时提取干膜采用千分尺进行检查。油漆表面外观质量不得低于《油漆外观质量等级和特征》中的二级要求。外观质量特征见表 462-09-09-02。

表462-09-09-02 油漆外观质量等级和特征

等级	特征
一级	1. 漆膜表面丰满、光亮（无光、半光面漆除外）、平整、色泽一致（补漆除外）、美观、几何形状修饰精细 2. 基本无机械杂质，无修整痕迹及其他缺陷 3. 无颗粒、气泡、针孔、麻点、斑点、开裂、划伤等防护性能的缺陷
二级	1. 漆膜基本平整、光滑，色泽基本一致，几何形状修饰较好 2. 机械杂质少，无明显的修整痕迹及其他缺陷 3. 无颗粒、气泡、针孔、麻点、斑点、开裂、划伤等防护性能的缺陷
三级	1. 漆膜完整、色泽无显著的差异 2. 表面允许有少量细少的机械杂质、修整痕迹及其他缺陷 3. 有少量的颗粒、气泡、针孔、麻点、斑点、开裂、划伤等防护性能的缺陷
四级	1. 漆膜完整 2. 有较多的颗粒、气泡、针孔、麻点、斑点、开裂、划伤等防护性能的缺陷

漆膜黏结质量进行随机划格抽查，抽查结果不得低于《漆膜划格评级标准》中的一级要求。检查方法和质量评定按《色漆和清漆 漆膜的划格试验》（GB/T 9286—1998）执行，具体要求见表462-09-09-03，随机抽查的评价结果作为抽查日前30日内所有工作的质量等级。

表462-09-09-03 漆膜划格评级标准

分级	说明
0	切割边缘完全平滑，无一格脱落
1	在切口交叉处有少许涂层脱落，但交叉切割面积受影响不能明显大于5%
2	在切口交叉处和/或沿切口边缘有涂层脱落，受影响的交叉切割面积明显大于5%，但不能明显大于15%
3	涂层沿切割边缘部分或全部以大碎片脱落，和/或在格子不同部位上部分或全部剥落，受影响的交叉切割面积明显大于15%，但不能明显大于35%
4	涂层沿切割边缘大碎片剥落，和/或一些方格部分或全部出现脱落，受影响的交叉切割面积明显大于35%，但不能明显大于65%
5	剥落的程度超过4级

（5）修整

——在每涂新的一层涂层前，必须对已涂漆的一层进行必要的修整。修整应采用与涂复时完全相同的步骤与方法，该操作应在涂层完全干燥后进行。

——损坏的涂层的修复一般包括损蚀区域喷砂及各个涂层的涂覆，以获得所要求的厚度。若损坏涂层表面积超过整个涂覆面积的20%，则全部涂层应重新涂覆。

（6）禁止打磨、涂装的设备、部件

——转轴等转动部件；

——阀杆等运动部件；

——各类反馈连杆接头，铰链、指针等活动部件；

——铭牌、标牌、铸造文字等信息载体；

——轴承加油嘴；

——系统排空管口、排污口；

——视窗镜；

——各类液位计、刻度尺；

——橡胶膨胀节；

——电机位置调整顶丝等各类调整顶丝；

——换热片；

——调速器；

——安全阀、卸压阀等设备的压力调整螺钉。

9.2 质量控制

——涂料化学成分应符合电站有关有害元素的控制规定防污染要求，必要时进行有关试验予以确证；

——针对不同产品特性的涂层施工时应有相应的施工操作程序，严格按程序控制湿度、温度、晾干时间等要求，以保证涂层质量；

——防腐工程师应对防腐施工项目进行质量控制，防腐承包商应为核电厂认可的合格承包商；

——改造性防腐施工完工后，必须进行品质再鉴定，并在设计寿期内检查设备的腐蚀情况；

——涂装施工结束后，工作负责人必须请相关人员去现场进行质量确认。应定期检查涂层色泽变化和其他腐蚀情况，即有无起皮、脱落等现象。

表 462-09-09-04　机组防腐大纲清单

序号	大纲文件
1	500 kV 超高压系统设备预防性防腐大纲
2	常规岛闭路冷却水系统设备预防性防腐大纲
3	常规岛除盐水分配系统设备预防性防腐大纲
4	常规岛废液排放系统设备预防性防腐大纲
5	常规岛废液收集系统设备预防性防腐大纲
6	常规岛气压供水系统设备预防性防腐大纲
7	厂区消防水分配系统设备预防性防腐大纲
8	厂用气体贮存和分配系统设备预防性防腐大纲
9	除盐水生产系统设备预防性防腐大纲
10	电气厂房冷冻水系统设备预防性防腐大纲
11	电站污水系统设备预防性防腐大纲
12	反应堆外围厂房起重设备预防性防腐大纲
13	放射性废水回收系统设备预防性防腐大纲
14	辅助冷却水系统设备预防性防腐大纲
15	核岛废液排放系统设备预防性防腐大纲
16	核岛冷冻水系统设备预防性防腐大纲
17	联合泵房起重设备预防性防腐大纲
18	凝结水精处理系统设备预防性防腐大纲
19	热洗衣房通风系统设备预防性防腐大纲
20	设备冷却水系统设备预防性防腐大纲
21	生水系统设备预防性防腐大纲
22	消防水分配系统设备预防性防腐大纲
23	消防水生产系统设备预防性防腐大纲
24	循环水泵润滑系统设备预防性防腐大纲
25	循环水泵站通风系统设备预防性防腐大纲
26	循环水处理系统设备预防性防腐大纲
27	循环水系统设备预防性防腐大纲
28	压缩空气生产系统设备预防性防腐大纲
29	仪用压缩空气分配系统设备预防性防腐大纲

序号	大纲文件
30	重要厂用水泵房通风系统设备预防性防腐大纲
31	重要厂用水系统设备预防性防腐大纲
32	主变压器和高压厂用变压器系统设备预防性防腐大纲
33	主凝结水抽出系统设备预防性防腐大纲

表 462-09-09-05 油漆方案

序号	方案名称	适用范围	除锈等级	底漆		中间漆		面漆	
				材料	膜厚μm	材料	膜厚μm	材料	膜厚μm
1	基本除锈	各类设备							
2	标识刷涂方案	各类设备							
3	耐大气腐蚀环境油漆方案	各类有装饰要求设备							
		各类无装饰要求设备							
4	海水、冷冻水、埋地管道和设备油漆方案	介质为海水、冷冻水、土壤的设备							
5	生活水、除盐水储罐内部油漆方案	生活水、除盐水储罐内部							
6	碱液、燃油储罐内部油漆方案	碱溶、燃油储罐内部							
7	高温设备(120 ℃以上)油漆方案	温度不高于 400 ℃ (120 ℃<T≤400 ℃) 的设备							
		温度高于(T>400 ℃)400 ℃的设备							
8	不锈钢、铜管油漆方案	材质为不锈钢和铜							
9	辐照区域设备油漆方案	核岛辐射区域设备外部							
10	螺栓防腐方案	不适宜进行油漆防腐的螺栓							

第十章 老化管理

1 概述

老化管理作为核电厂核安全及核安全相关设备的重要管理手段，经过这么多年的发展，已经形成了一套成熟、系统的管理方法。核电厂通过科学的老化管理，可确保安全重要构筑物、系统和部件（SSC）的完整性和执行预定功能的能力，保证核电厂持续安全可靠运行。

核电厂老化管理主要包括以下几部分工作：老化管理对象筛选、老化管理审查、老化管理大纲和时限老化分析等，这些老化管理活动与运行许可证延续（OLE）老化管理活动要求相一致。

表 462-10-01-01　次级技术要素

次级技术要素	包含内容
老化管理审查及时限老化分析对象筛选	核电厂老化管理对象筛选方法
机械设备老化管理审查	核电厂机械设备老化管理审查方法
电仪设备老化管理审查	核电厂电仪设备老化管理审查方法
构筑物及构筑物部件老化管理审查	核电厂构筑物及构筑物部件老化管理审查方法
压力容器时限老化分析	核电厂压力容器时限老化分析方法
蒸汽发生器时限老化分析	核电厂蒸汽发生器时限老化分析方法
金属疲劳分析评价	核电厂金属疲劳分析评价方法
电仪设备环境鉴定审查	核电厂电仪设备环境鉴定审查方法
预应力混凝土安全壳时限老化分析	核电厂混凝土安全壳时限老化分析方法

2 依据及参考文件

《核动力厂设计安全规定》（HAF 102）

《核动力厂运行安全规定》（HAF 103）

《核动力厂定期安全审查》（HAD103/11）

《核动力厂老化管理》（HAD 103/12）

《核电厂运行许可证有效期限延续的技术政策（试行）》

《轻水冷却反应堆压力容器辐照监督》（NB/T 20220—2013）

《核电厂运行许可证延续　第 6 部分：反应堆压力容器时限老化分析》（NB/T 20476.6）

《核电厂运行许可证延续　第 8 部分：金属疲劳分析》（NB/T 20476.8）

《含缺陷核承压设备完整性评价》（NB/T20013）

3 定义、术语和缩略语

3.1 定义和术语

非能动：指执行预期功能时不含转动部件或结构/属性不发生变化；

长寿命：指不根据鉴定寿命或特定期限进行更换；

抗震/等效锚固件：指确保将力和力矩限制在 3 个正交方向的装置或构筑物；

累积疲劳损伤系数（CUF）：针对结构某点的应力强度循环幅 $S_{a,i}$，从不同材料给出的低周疲劳设计曲线中查找允许循环次数 N_i，计算该运行循环产生的低周疲劳损伤系数：$U_i=n_i/N_i$。所有运行循环产生的低周疲劳损伤系数之和 $\sum U_i$ 称之为累计疲劳损伤系数，只要累计疲劳损伤系数不大于 1.0 则可预计不会发生低周疲劳破损；

疲劳监测：利用设备测量的热工数据，实时计算出结构部件累积疲劳损伤系数的方法称为疲劳监测；

环境促进疲劳：结构部件所处环境因素对其疲劳裂纹萌生及裂纹扩展产生的恶化作用称为环境促进疲劳。

3.2　缩略语

SSC：构筑物、系统和设备；

SC：安全级；

NSR：安全相关；

FP：消防；

EQ：安全重要电气设备的环境鉴定；

PTS：缓解承压热冲击事件的断裂韧性要求；

ATWS：未能紧急停堆的预期瞬态的风险降低要求；

SBO：全厂断电；

HELB：高能管线破裂；

OLE：运行许可证延续；

EOL：寿期末；

NDT：无延性转变温度；

P-T：压力–温度；

PTS：承压热冲击；

RPV：反应堆压力容器；

TLAA：时限老化分析；

USE：上平台能量；

SG：蒸汽发生器；

EAF：环境促进疲劳；

CUF：累积疲劳损伤因子。

4　老化管理审查及时限老化分析对象筛选

4.1　老化管理审查范围和对象筛选

4.1.1　一般要求

老化管理审查对象的筛选工作，分为范围筛选和对象筛选两步，其中范围筛选包括系统（或构筑物）筛选和设备筛选，对象筛选即部件筛选。老化管理审查范围和对象筛选工作流程如图 462-10-04-01 所示。

4.1.2　工作输入

——为开展筛选工作，可参考下列信息源：

——数据库；
——系统和主设备清单；
——最终安全分析报告；

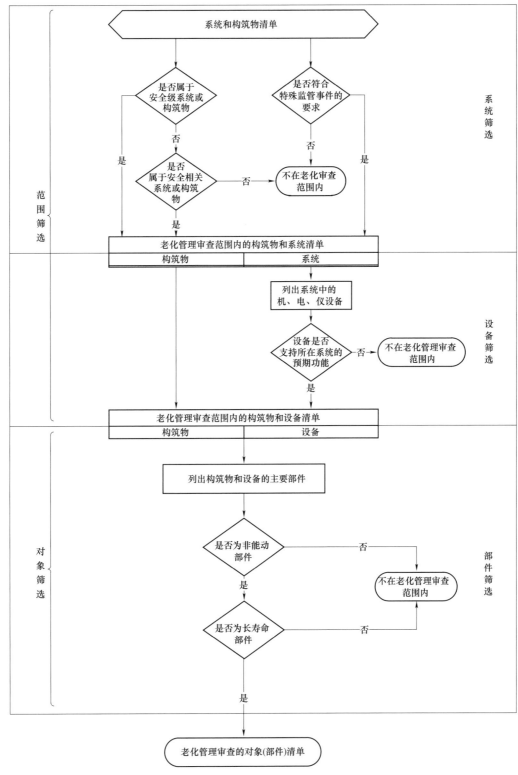

图 462-10-04-01 老化管理审查范围和对象筛选工作流程

——运行培训手册；

——概率安全分析报告；

——机械和电气设备合格鉴定文件；

——图纸，包括系统流程图、电气接线图、仪控逻辑图等；

——设计文件，包括系统设计手册、技术规格书、设计任务书等；

——运行规程，包括应急运行规程、通用运行规程、非正常运行规程、正常运行规程等。

4.1.3 范围筛选的实施方法

（1）范围筛选的原则

老化管理审查范围的 SSC 是指：

1）安全级（SC）SSC

在设计基准事件过程中或事件后能够保持下述功能：

——保持反应堆冷却剂压力边界的完整性；

——能够停堆，并维持安全停堆状态；

——能够防止或缓解可能造成厂外照射的事故后果等。

2）安全相关（NSR）SSC

非核安全级但发生故障会影响安全级 SSC 要求功能的顺利执行。

3）符合特殊监管事件要求的 SSC

在核电厂安全分析或评估中符合下列特殊监管事件［如消防（FP）、环境鉴定（EQ）、承压热冲击（PTS）、未能紧急停堆的预期瞬态（ATWS）以及全厂断电（SBO）］的要求。

（2）系统筛选

系统筛选以核电厂系统清单作为筛选的输入，进行三项重要的判定：是否属于安全级系统或构筑物；是否属于安全相关系统或构筑物；是否符合特殊监管事件的要求，满足任何条件之一的系统或构筑物即纳入老化管理审查范围内构筑物和系统清单。

1）安全级系统或构筑物

核电厂设计时已按照 HAF103 的规定，对所有 SSC，根据其安全功能和安全重要性进行了分级。构筑物分为安全1级、安全2级、安全3级和非核安全级，机械系统或设备分为安全1级、安全2级、安全3级和非核安全级，电气及仪控系统或设备分为 1E 和非 1E 级。

系统筛选时可参考《最终安全分析报告》、核电厂设备分级清册等资料，将安全级的构筑物、工艺系统和电仪系统纳入老化管理的范围。

2）安全相关系统或构筑物

安全相关 SSC 通常可分为三类：

——核电厂现行安全基准中符合要求（非核安全级但发生故障会影响安全级 SSC 要求功能的顺利执行）的一些具体问题。

——直接连接到安全级 SCC 的非安全 SCC（通常是管道系统）：从安全级 SSC 开始，经过安全/非安全交界面直到第一道抗震或等效锚固件，都属于老化管理范围。

——未直接连接到安全级 SCC 的非安全 SCC。在这种情况下，提供了两种方案：缓解方案和预防方案。

满足上述要求的系统或构筑物，或安全相关设备所在的系统，属于安全相关系统或构筑物，需纳入老化管理审查范围内构筑物和系统清单。下文按照这三类原则分别阐述了筛选安全相关 SSC 的具体实施方法。

——在 CLB（当前执照申请基准）中识别典型安全相关 SSC：

在 CLB 中可能发生的典型情况包括但不限于以下方面。

● 飞射物:

保护安全级设备以免受飞射物影响的固有安全相关设施,属于老化管理的范围。飞射物屏障通常属于建筑的一部分,因此可在构筑物审查中予以评估。

● 吊车:

核电厂利用吊车来支持运行和维修,如搬运重物到安全级设备、搬运乏燃料或堆芯燃料。乏燃料损坏释放出的放射性物质可能导致厂外剂量超过法规限制,重物坠落可能损坏与安全停堆相关的设备。

核电厂中的高空装卸系统,如反应堆厂房内环形吊车、燃料厂房内桥式起重机,其负载坠落可能会影响系统安全功能的实现,属于老化管理的范围。

● 洪水:

可以为安全级 SSC 提供防洪屏障的所有设施,如海堤、海水取水口都属于老化管理的范围。通常属于建筑的一部分,可以在构筑物审查中予以评估。

● HELB:

核电厂定义的高能流体系统是指运行条件是大于 100 ℃和 2 MPa,或是大于 100 ℃或是大于 2 MPa。核电厂设计时在高能管线破裂(HELB)分析中评估了所有安全壳外的高能管道。为防护 HELB 影响安全级设备,核电厂设计和安装了管道甩动约束件、冲射流屏蔽墙等,这些均属于老化管理的范围。这些保护设施通常与构筑物连接,将在构筑物审查中予以评估。

——与安全级 SSC 直接相连的非安全 SSC:

对于与安全级 SSC 直接相连的非安全 SSC(通常是管道系统),从安全级 SSC 开始,经过安全/非安全交界面直到第一道抗震或等效锚固件的非安全管道系统和支撑,都属于老化管理的范围,识别第一道抗震或等效锚固件的方法如下:

● 抗震锚固件是指确保将力和力矩限制在三个正交方向的装置或构筑物;

● 等效锚固也可能包括大型设备(如热交换器)或一系列的支撑,这些支撑作为核电厂管道系统设计分析的一部分,以确保力和力矩限制在三个正交方向。

对于这一类安全相关 SSC 的筛选,可通过管道和仪表流程图查找来筛选,并辅以必要的现场勘查来确定。

——与安全级 SSC 不直接相连非安全 SSC:

对于不直接连接到与安全级 SSC 或第一道等效锚固件外的非安全 SSC,如果它们的故障会阻碍安全级 SSC 功能的实现,那么就属于老化管理的范围。为了确定哪些非安全 SSC 属于老化管理范围,有两种方法——缓解方案或预防方案。

若电厂已设置了缓解设施(如管道防甩击装置、射流屏蔽墙、喷淋屏蔽墙、抗震支撑、防洪屏障等),可以保护安全级 SSC 免受 NSR 管道段故障的影响。如果可以证明这种级别的保护,那么只有缓解设施应包含在老化管理的范围内,管道段不需要包含在内。

对于这些 NSR 的管道系统,请确定以下方面:

● 可信的缓解设施;

● 缓解设施提供何种保护(如失效机理和假设的故障位置);

● 缓解措施能够保护安全级 SSC 简要论述(包括参考文献,如报告、分析、计算等)。

如果不能证明可以保护安全级 SSC 免受 NSR 管道段故障的后果的影响,那么应使用预防方案。此方案要求将整个 NSR 管道系统纳入老化管理范围内,并且对管道系统内的部件进行 AMR。

3)符合特殊监管事件要求的系统或构筑物

运行许可证申请者可以根据核电厂的现行许可证基准、核电厂实际运行经验、行业经验以及现行工程评估来确定符合特殊监管事件要求的 SSC。由于系统依存关系导致的不属于现行执照基准范围的假想故障，以及其他以前没有发生过的假想故障不作要求。对于现行执照基准范围内的假想故障，需要考虑第二、第三或第四级支持系统。

符合特殊监管事件要求的系统或构筑物的筛选方法如下。

——消防（FP）：

根据系统或构筑物预期功能的分析，筛选用于预防、探测和缓解火灾的所有系统或构筑物。

——环境鉴定（EQ）：

环境鉴定，即核电厂安全重要电气设备的环境鉴定，核电厂设计时已按照 HAF103 的规定进行了设备合格鉴定，从中筛选出具有环境鉴定要求的电气设备，这些设备所在的系统都属于老化管理范围。

——承压热冲击（PTS）：

根据系统或设备预期功能的分析，筛选出用于缓解承压热冲击涉及的 SSC，如反应堆压力容器，因此反应堆冷却剂系统属于老化管理范围。

——未能紧急停堆的预期瞬态（ATWS）：

预期瞬态是指那些在核电厂整个寿期内的可能发生的瞬态。未能紧急停堆的预期瞬态（ATWS）是指这样的低概率事件，即在发生预期瞬态过程中需要反应堆紧急停堆时而不能实现反应堆紧急停堆。由于不能实现反应堆紧急停堆，堆芯的核反应不能像预期瞬态那样马上被终止，因此堆芯中产生的能量要比预期瞬态过程中的多许多。

根据预期功能的分析，筛选出用于降低上述 ATWS 风险的系统。

——全厂断电（SBO）

全厂断电，即丧失全部交流电源，是指反应堆在正常运行时，突然失去厂外电源，造成反应堆冷却剂泵、冷凝器泵、主给水泵、循环水泵等系统设备失去动力，导致反应堆偏离正常的运行状态。

根据预期功能的分析，筛选出在全厂断电事件中"应对"和"恢复"阶段涉及的所有 SSC（如应急柴油发电机、备用蓄电池组），以及用于将核电厂与厂外电源连接的厂外电力系统，这些系统或设备所在系统需纳入老化管理范围。

（3）设备筛选

通过系统筛选，已确定了机组老化管理审查范围内的系统和构筑物清单。为进一步明确系统中哪些设备属于许可证延续审查的范围，需要对筛选结果系统中的机械、电气和仪控设备开展设备筛选。构筑物由于不存在设备的概念，所以没有设备筛选环节。

设备筛选的筛选原则与系统筛选是一致的，当系统满足 SC、NSR、FP、EQ、PTS、ATWS、SBO 中某一些或几项的要求（称为系统的预期功能）时，用于支撑这些系统预期功能的设备属于许可证延续审查的设备。

4.1.4 对象筛选的实施方法

（1）对象筛选的原则

对象筛选，即以老化管理审查范围内构筑物和设备清单为输入，确定其中"非能动""长寿命"的构筑物构件和部件。对象筛选中"非能动"和"长寿命"的判断方式如下。

1）"非能动"

"非能动"部件是指执行预期功能时，不含转动部件，或结构/属性不发生变化的部件，如阀体、泵壳都属于此类，而阀杆、泵轴则不属于"非能动"部件。

2）"长寿命"

"长寿命"部件是指不根据鉴定寿命或特定期限进行更换的部件，这些"非能动"且"长寿命"的构筑物和部件包括（但不限于）：反应堆压力容器、反应堆冷却剂系统压力边界、蒸汽发生器、稳压器、管道、泵壳、阀体、堆芯屏蔽、支撑部件、承压边界、热交换器、通风管、安全壳、安全壳衬里、电气和机械贯穿件、设备闸门、地震鉴定 I 级构筑物、电缆和接头、电缆桥架和电气柜等。

在对象筛选过程中，还需考虑易损件，易损件通常包括以下四类：a）填料、垫片、密封垫圈、O形环；b）结构密封件；c）油、润滑剂、过滤器组件；d）系统过滤器组件、灭火器、消防水龙带、空气包。表 462-10-04-01 为这些易损件的筛选提供了应对方法。

表 462-10-04-01　老化管理对象筛选过程中易损件的处置方案

易损件	处置方法
填料、垫片、密封垫圈、O 形环	参考 ASME 第三卷中针对非压力边界设备的规定，将非压力边界的此类易损件排除掉
结构密封件	结构密封件与其所属的设备一起执行预期功能，通常情况下，这些设备没有能动部件、属性也不会发生改变且不属于典型的定期更换设备，因此需要将其纳入对象筛选范围
油、润滑剂和过滤器组件	由于这类物项具有短寿命的特点，因此在筛选过程中就可以将其排除
系统过滤器组件，灭火器，消防水龙带，空气包	这些设备属于定期更换设备

（2）识别部件的预期功能

所有"非能动"和"长寿命"构筑物构件和部件均需进行 AMR。对于这些构筑物构件和部件，应用文件表述其预期功能，以在 AMR 中使用。构筑物构件和部件的预期功能是指支持系统执行其预期功能的构筑物构件和部件的具体功能，表 462-10-04-02 列举了典型非能动构筑物构件和部件的预期功能。

表 462-10-04-02　典型非能动构筑物构件和部件的预期功能

预期功能	说明
吸收中子	吸收中子
电的连续性	电气接线，传输电压、电流或信号
绝缘（电气）	导体绝缘和支撑
过滤器	提供过滤功能
换热器	提供换热功能
泄漏边界（空间）	保持安全相关设备的结构完整性，防止因非安全设备失效导致的安全级设备失效
压力边界	提供承压边界，以保障输出足够的压力和足够大的流量，提供裂变物的屏蔽边界，包容隔离裂变产物
喷淋	将流体转为喷雾
结构完整性（附件）	保持安全相关设备机械和结构完整性，为无结构约束的安全级设备和管道提供支撑功能
结构支撑	为安全级设备或安全相关设备提供结构或功能支撑
限流器	提供流量限制
直通流	提供喷淋防护或防止直通流（如通往安全壳地坑的安注流）
膨胀/隔离	提供热膨胀伸缩/地震隔离
防火屏障	控制火势，或防止火势蔓延到电厂的临近区域
防洪屏障	提供防洪屏障（内外部洪水事件）
气体释放路径	对过滤气体或非过滤气提供排放路径
热阱	在全厂断电或设计基准事故工况中，提供热阱
高能管道屏蔽	高能管道破裂的屏蔽
飞射物屏障	提供飞射物屏障（内部或外部飞射物）
管道防甩	提供管道防甩
泄压	提供超压保护
屏蔽/保护	为安全级设备提供屏蔽/保护
屏蔽	提供放射性屏蔽
停堆冷却水	为停堆提供冷却水源
构筑物压力屏障	在设计基准事故工况中，为保护公众健康和安全，作为压力边界或泄漏屏障

4.2 时限老化分析对象筛选

4.2.1 时限老化分析对象筛选准则

时限老化分析是指如下所述的核电厂计算和分析：

——老化管理审查范围内的构筑物、系统和设备的相关计算和分析；

——考虑老化效应的相关计算和分析；

——根据当前运行年限（如40年）确定的与时限假设相关的计算和分析；

——核电厂确定的与安全决策相关的计算和分析；

——为执行预期功能，与构筑物、系统和设备的性能相关所包含的结论，或提供与结论依据相关的计算和分析；

——现行执照基准所包含或引用的计算和分析。

4.2.2 时限老化分析对象筛选的实施方法

（1）时限老化分析对象筛选和制定豁免条件的工作流程

时限老化分析是指基于核电厂当前的运行状况，对核电厂某些特定问题进行老化分析。此外需制定以时限老化分析为基础的豁免条件，来分析并证明现有的时限老化分析可以延伸至运行许可证更新期内。图462-10-04-02描述了时限老化分析对象筛选和制定豁免条件的工作流程。

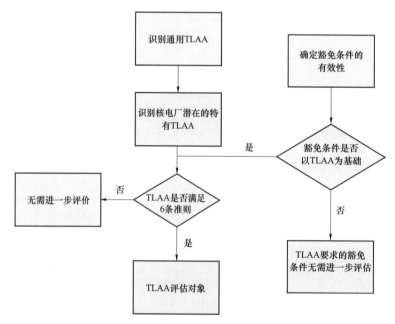

图 462-10-04-02　时限老化分析对象筛选和制定豁免条件的工作流程

（2）时限老化分析对象筛选准则的详细描述

时限老化分析对象必须按照6条准则来确认核电厂特定的时限老化分析的内容，6条准则的详细描述如下。

——老化管理审查范围内的构筑物、系统和设备。在核电厂总体评估（第3章）中，构筑物、系统和设备范围的确定应在识别TLAA对象之前或与其同时进行。

——应考虑老化效应。这些老化效应包括但不限于：材料损失、韧性降低、预应力损失、沉降、开裂、介电能力降低。

——涉及的时限假设是根据当前的运行期限进行定义的，例如40年，应在分析中明确定义运行期限。直观地利用某设备的使用寿命或核电厂寿命确定时限假设缺乏依据，而应通过详细的分析计算来论证。

——应确定该分析与安全决策是否有关？应在分析中明确说明所确定的运行年限，仅仅声明设备的服役寿命或核电厂寿命是不充分的，还应提供包括时限的计算或分析。

——为执行预期功能，与构筑物、系统和设备的性能相关所包含的结论，或提供与结论依据相关的计算和分析。构筑物构件的预期功能必须在确定 TLAA 之前或与其同时确定，不影响构筑物、系统和设备预期功能的分析不列入 TLAA 的范围。

——现行执照基准所包含或引用的计算和分析，以下分析不纳入 TLAA：

- 人口预测；
- 核电厂改造的成本效益分析；
- 时限假设少于核电厂当前的运行期限的分析。

TLAA 必须满足所有的 6 条准则（缺一不可），表 462-10-04-03 作为参考，提供了如何应用这 6 个准则来进行时限老化分析的实例；表 462-10-04-04 列出了潜在的 TLAA，这些潜在的 TLAA 是从核电厂特定的 CLB 文件、各种规范、标准和法规文件的行业审查中确定下来的。

表 462-10-04-03　潜在的 TLAA 实例及说明

实例	说明
电厂需证明控制棒在设计寿命期间未发生不可接受的累积磨损	不属于 TLAA，因为控制棒的设计寿命小于 40 年，因此不满足 5.1 节所述 TLAA 定义的准则（3）
100 mph 的最大风速预计每 50 年发生一次	不属于 TLAA，因为其不涉及老化效应
安全壳底板上的防泄漏薄膜，经供应商鉴定可持续使用 40 年	不满足 5.1 节所述 TLAA 定义的准则（4），因此其不属于 TLAA，任何安全性评估都不考虑防泄漏薄膜的影响
稳压器波动管的累积疲劳损伤因子在当前许可证期间满足要求	属于 TLAA，因为满足 5.1 节所述 TLAA 定义的所有 6 个准则，电厂的疲劳设计依赖于与该设备 40 年运行寿命相关的假设。由于受到热分层的影响，对电厂实际数据进行分析的难度较大
安全壳钢筋的预应力是根据电厂 40 年的运行寿命进行计算的。在技术规范监督期间用来和测量数据进行对比来预测此预应力在运行许可证更新期间的状态	属于 TLAA，满足 5.1 节所述 TLAA 定义的所有 6 个准则。目前该力曲线限制于 40 年的值，如果考虑运行许可证更新期内的状况，则需要进行必要的技术检查

表 462-10-04-04　潜在的 TLAA

时限老化分析	需考虑的 TLAA
反应堆压力容器中子脆化	上平台能量 承压热冲击（PWR） 压力-温度（P-T）限值
金属疲劳	基于累计疲劳损伤因子方法的其他评估
电气设备的环境鉴定	国内外相关运行经验
混凝土安全壳钢筋预应力	混凝土安全壳钢筋预应力分析
安全壳钢衬里，金属安全壳和贯穿件疲劳分析	基于累计疲劳损伤因子方法的其他评估
其他电厂特定的 TLAA	见注释

注：其他电厂特定的 TLAA 的一些实例包括以下方面：
1. 缺陷的裂纹扩展分析，来证明缺陷在 40 年内不发生失稳扩展；
2. 安全壳贯穿件加压密封循环分析；
3. 环吊的疲劳分析（吊车循环载荷限制）；
4. 反应堆冷却泵飞轮疲劳分析；
5. 破前泄漏分析；
6. 厂用水取水构筑物沉降分析；
7. CE-半接管和机械管嘴密封组件分析。

4.2.3　制定豁免条件

核电厂应确定豁免条件的范围、豁免条件基本原则的分析、受影响的构筑物构件或部件的时限老化分析，豁免条件基本原则的分析可在 TLAA 评价期间确定。

5 机械设备老化管理审查

5.1 老化管理审查的总体方法和流程

机械部件老化管理审查采用将核电厂的老化效应与老化管理大纲与先进老化管理技术标准对比的方法，审查的总体流程如图 462-10-05-01 所示。

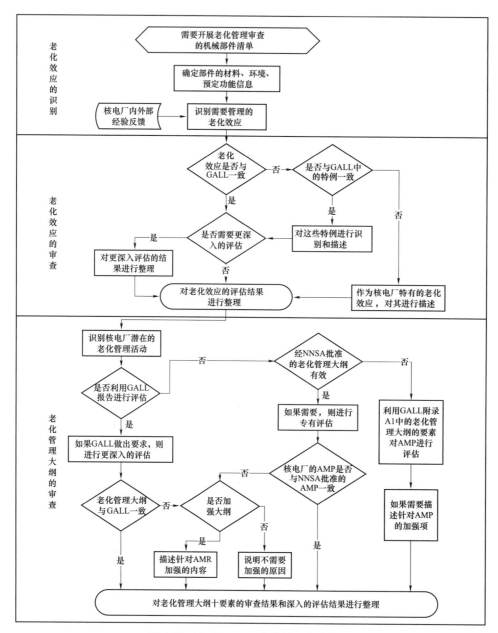

图 462-10-05-01 老化管理审查流程

5.2 老化效应的识别

5.2.1 材料-环境-影响因素分析法

——一般要求：

采用该方法确定部件的老化效应时，应首先确定与部件相关的材料、环境和敏感源。多数情况下，如果针对运行环境选择的材料适当，老化降质就几乎不会发生，即使仍然有轻微的老化降质发生，需要管理老化效应也很少。比如，侵蚀/腐蚀对原水环境中碳钢管道会产生很大影响，但对不锈钢管道却几乎没有影响。在完成对机组的具体材料和环境的识别之后，可采用以下方法对需要管理的老化效应进行识别：

——处理水环境中部件老化效应的识别：

参考国内外运行经验，给出处理水环境中部件老化效应的识别方法。

——原水环境中部件老化效应的识别：

参考国内外运行经验，给出原水环境中部件老化效应的识别方法。

——润滑油与燃油环境中部件老化效应的识别：

参考国内外运行经验，给出润滑油和燃油环境中部件老化效应的识别方法。

——空气/气体环境中部件老化效应的识别：

参考国内外运行经验，给出空气/气体环境中部件老化效应的识别方法。

——外表面环境中部件老化效应的识别：

参考国内外运行经验，给出部件外表面老化效应的识别方法。

——螺栓密封老化效应的识别：

参考国内外运行经验，给出螺栓老化效应的识别方法。

5.2.2　区域分析法

将环境参数相近或相同的空间分成若干区域来进行分析，区域的大小可以根据实际情况而定，可以是某一房间内的特定大小的区域、整个房间、某个建筑物的一层或建筑物的整个空间。在某一特定区域内，对象设备周围的环境参数，如温度，必须是最高平均值。

当对特定环境下的设备进行老化效应审查时，审查按照以下步骤进行：

——对在特定环境下存在潜在老化效应的设备组进行老化效应审查时，必须对这些设备及设备的制造材料进行识别；

——确定设备所处的环境的具体参数值；

——将被识别材料的老化行为特性与各块区域的环境参数进行比较分析，进而判断设备在许可证延续运行期间是否能执行预期功能。

5.2.3　基于预期功能丧失的分析方法

通过分析，有些部件可能能证明在设计工况条件下，某项老化效应不会导致构筑物或部件预期功能的丧失，并得出最终结论：在许可证延续运行期间，CLB 仍然有效，设备能满足当前安全基准的运行要求，因此不需要对这些老化效应进行管理。采用该方法时，必须对设备进行检查以核实设计预期，证明老化效应是按预想的情况发展的，或者是老化效应并不明显。国内外的经验反馈，例如其他核电厂在运行许可证更新申请阶段的检查结果，也可对上述证明过程起到帮助作用。

5.2.4　经验反馈的应用

对核电厂及工业界相同类型设备的审查经验资料文献也应该进行审查，作为参考材料，国内外已经获批许可证延续的审查文件可以为审查提供帮助。

在选定的参考材料中，必须对影响分析结论的因素进行识别，包括参考材料所针对的范围、假设和限制条件。对其他一些影响设备服役寿命的特征条件也必须进行分析识别，具体包括设备的构型、材料、功能、服役条件、原始设计参数（腐蚀裕量、载荷工况等）、保护性措施（覆盖层、阴极保护等）。

审查过程中，必须将参考材料中已识别的设备特征条件与核电厂的设备特征条件进行比较。最终目标是证明核电厂的设备特征条件与参考材料中的设备一致，或者与参考材料中的设备相似，并由此得出结论：参考材料中的结论可以作为核电厂老化管理审查的基本依据。同时，也必须明确申请执照更新的核电厂中所有与参考材料中条件不同的地方，并证明这些条件对审查结果和结论无明显影响。另外，还必须将特殊设备的不同条件参数列出。

5.3 老化效应的审查

5.3.1 一般要求

在核电厂中，某些设备的设计裕量、材料特性已知，且具备审查条件，对于这样的设备，可通过分析验证其老化效应是否得到有效的管理。对于设备性能和维修记录齐全，且可进行审查的设备，则可充分利用这些信息对老化效应是否得到有效管理进行审查。选择何种方式对老化效应进行识别，主要取决于对构筑物、设备与常规物项组及核电厂具体情况的审查深度。

5.3.2 审查方法

对于每一种需要管理的老化效应，均需要将其对应的设备类型、材料、环境信息与参考国内外运行经验进行对比，以判断其一致性。如果参考的国内外运行经验中找不到对应的信息，则该组信息为核电厂特有的老化评估条件。

5.4 核电厂现有管理大纲的识别

老化管理大纲包括四种类型：预防性大纲、缓解性大纲、状态监测大纲以及性能监测大纲。预防性大纲旨在阻止老化效应的发生，如制定涂饰（涂层）大纲旨在预防容器设备的外部腐蚀。而缓解大纲旨在尽可能减小老化降质速率，如化学控制管理大纲便可以起到缓解控制管道内部腐蚀的作用。状态监测大纲则用于对已出现的老化降质及降质程度进行检查和监测，如针对侵蚀腐蚀导致的管道壁厚减薄制定的超声检查大纲。最后，性能监测大纲则用于监测构筑物和设备执行预期功能的能力，如对换热器换热管进行热平衡计算，以验证换热器是否保持预期的换热能力。

在某些情况下，为确保在许可证延续运行期间设备执行预期功能的能力得到良好的保持，核电厂往往需要通过制定并执行一种以上的大纲以确保老化效应得以有效地管理，如针对管道腐蚀老化效应的管理，不仅需要通过缓解大纲（水化学）来降低腐蚀的敏感性，还需通过状态监测大纲来验证腐蚀降质对管道的影响并不显著。

实际上，上述证明过程并不是为了对结构部件设计基准参数进行重新验证，但是在某些情况下，如果结构部件的老化效应会对这些参数造成影响，并最终导致设备执行预期功能的能力丧失，则有必要对特定的设计基准参数进行验证。验证过程主要包括对敏感位置的物理测量，或者根据合理性判断来对某些位置进行抽样测量，也可以通过相应的评估来证明老化降质速率可以降到足够低的水平，并且可以保障预期功能在运行许可证更新运行期间内得到有效的保持。

5.5 老化管理大纲有效性审查

5.5.1 一般要求

核电厂应证明老化效应得到充分有效的管理，并且足以保障核电厂的预期功能在运行许可证延续运行期间内满足当前安全基准的要求。在证明有效性的过程中，应考虑对象设备的所有大纲和管理活动，且必须对应用于设备的大纲和管理活动进行审查，并最终确认这些大纲或活动是否对有效管理老化效应做出规定。

5.5.2 通用老化管理大纲的审查

HAD103/12 规定老化管理大纲应包含 9 项要素，详见表 462-10-05-01。在 AMP 审查过程中，应确认 AMP 与大纲十要素的一致性。对于被审查核电厂，其 AMP 在不做任何改变的情况下是否足以对各种老化效应进行管理，或者是需要新增大纲才能实现老化效应进行管理，审查人员在此方面必须进行分析判断并给出结论，HAD103/2 则为这一分析判断过程提供了依据。如果 HAD103/12 中 9 要素的每一条都是适用的、且与待审查的 AMP 一致，则审查人员利用 HAD103/12 作为参考进行审查即可，不需进行更深入的审查。

表 462-10-05-01　老化管理大纲的 9 要素

要素	内容描述
老化管理的范围	老化管理大纲/活动的范围必须包括执照更新中 AMR 审查范围内的所有构筑物和设备
预防性措施	必须包括对老化降质起到缓解或预防作用的措施
检查、监测参数	是指与特定构筑物或设备预期功能损失有关的参数的监测和检查
老化效应的检查	必须在构筑物和设备的预期功能损失之前对老化效应进行检查。此要素必须包括老化效应的检查方法和技术（如目视、超声、表面检查）、检查频率、检查范围、数据收集、以及为保证老化效应得到及时检查的新增检查或一次性检查的时机和频率
趋势监测	此要素要求必须对老化降质的趋势进行监测，提供趋势预测结果并给出纠正和缓解措施
验收准则	电厂将参照验收准则，对是否需要采取纠正性措施进行评估。验收准则必须确保在运行许可证更新运行期内的各种设计工况条件下，电厂能维持各设备的预期功能并满足当前安全基准的要求
纠正性措施	要求及时分析确认老化效应发生的根本原因，防止这种老化效应再次发生
运行经验	老化管理的运行经验，包括在历史运行过程中对老化管理大纲进行优化完善的各种实践活动、运行过程中新增的各种老化管理大纲或者其他的老化管理实践，而这些运行经验将为证明老化效应是否得到有效的控制以保障电厂在运行许可证更新期内其预期功能得到维持这一结论提供足够的证据
质量管理	对老化管理大纲实施及所采取行动的文档化管理；有助于对老化管理大纲进行评价和改进的指标；确保预防性行动充分、适当以及所有纠正行动已经完成且有效的确认（验证）过程；应遵循的记录保存方法

如果申请核电厂使用了 HAD103/12 的大纲来管理老化效应，则必须证明特定核电厂的 AMP 10 要素与 HAD103/12 的 AMP 9 要素是一致的，在对"一致性"进行确认中，可能用到一些工程判断结果。此外，在审查过程中会出现特殊情况，即对于大纲的同一要素，不同的审查人员给出的审查结论可能不同，这种情况下，必须对审查结论的不同之处进行记录标识并整理存档。同时，核电厂的 AMP 与 HAD103/12 AMP 9 要素的所有不同之处，均需详细描述，并进行判断，判断可通过这些方法来开展，即通过详细的分析来判断，或者提出有别于 HAD103/12 中大纲 9 要素的替代方法、或其他能证明老化效应可以得到有效管理的分析方法。

HAD103/12 机械章节的某些列举项中，对需要更深入的评估以增加特定大纲的项目进行了标识。必要时，需开展 HAD103/12 所提及更进一步评估项目，并与 HAD103/12 的 AMP 的一般评估结论结合起来，给出最终的评估结论，以便美国国家核军工管理局（NNSA）审查。

在审查过程中，有时待审查核电厂无法满足 HAD103/12 的 AMP 中所提出的建议，此时，必须对核电厂的 AMP 进行加强，必要时还需新增相关的 AMP。AMP 的加强是指对现有老化管理大纲的修订或增补，并确保这些大纲在核电厂运行许可证更新运行前能得到执行。AMP 的加强可以扩大 AMP 的范围，但不能缩小其范围。老化管理大纲的增强包括但不限于：通过检查来验证特定的设计值、在 AMP 中新增一些管理老化效应的措施、改变规定事项的频率、新增老化效应缓解程序，以及改变对记录保存的规定等。

为 AMP 选择合理的加强项时，必须考虑以下因素：

——设备的主要安全风险；

——老化效应的特性（老化效应是否易表现出来？是否易检测？）；

——受影响设备的可维修或可更换的可能性；

——现有大纲对检测和管理老化效应的有效性；

——现有的检测和管理老化效应的技术；

——为执行增强项，评估需要付出的代价、人员所受剂量率及对大修周期的影响。

在审查中会发现，某些 AMP 如果不予以增强就无法满足对老化效应进行有效的管理，在这种情况下，必须开发新的大纲或新增老化效应的管理措施。此外，核电厂可以/对设备进行一次性检查来对老化效应进行管理。可能存在这样的情况，核电厂已经进行了一次相应的检查或已经通过检查为执照更新获取了一些数据，此时，还可以考虑设备的维修或替换活动，以满足安全基准的要求。

5.5.3 电厂特定老化管理大纲的审查

对特定大纲进行审查时，必须考虑以下内容。

——参数的检查或监测：这些参数包括各种可观察或观测到的参数指标，具体是指为管理各种老化效应需要检查或监测的参数，这些参数必须与设备在运行许可证更新运行期间内其预期功能的损失联系起来。

——特定老化管理大纲的审查包括两方面的内容，一是对检测老化效应的管理大纲进行审查，这种大纲要求在设备的预期功能损失前对各种老化效应进行检测；另一方面是对设备执行预期功能的能力的证明，要求设备在运行许可证更新运行期间不新增老化管理大纲的情况下，其执行预期功能的能力得到维持。

——必要时，应该对设备进行抽样检查，以便于对某一设备和部件组进行评估。如果进行抽样检查，则需要对抽取样本所采用的方法和抽样数的确定方法进行判断和描述。一个样本可能包括审查范围内的一台或更多台设备，为了确保在运行许可证更新运行期间老化效应对设备执行预期功能不造成影响，核电厂必须确定合理的样本大小，以保障抽样检查工作充分且合理。确定样本大小时，必须考虑老化效应的行为特性、老化效应的发生位置、当前的技术信息、材料、运行环境、历史失效记录等。抽取的样本必须侧重对老化效应敏感程度高的位置进行考虑，抽样检查后，必须对检查结果进行评估，并评价样本大小是否足够充分，或者是否需要对样本大小进行扩充。

——执照申请报告提交前，必须完成各种针对执照更新的检查工作，而在运行许可证更新运行阶段开始之前，执照申请报告应该对设备的检查做出规定。至于运行许可证更新运行期间，也应该对设备的检查计划适时做出判断。

5.5.4 已获 NNSA 审批的报告的应用

为了证明老化效应得到了有效的管理，可以利用 NNSA 已审核通过的报告（如电厂专题报告）作为参考材料。这些材料将用于识别需进行老化管理的相关老化效应，并用于证明确定这些老化效应时所采用的假设和基准对特定核电厂是适用的。为此，核电厂必须对运行和维修历史记录进行审查，以确认报告中所指的老化效应对申请核电厂是适用的。然而，由于特定核电厂的运行环境可能与其有所差别，必要时，需要对参考的老化效应进行调整。同时，在审查结论中，必须对各种老化效应进行详细的阐述。

参考材料用于确定待审查大纲和大纲特性，在审查过程中，须将相同或类似的大纲及大纲特性与参考材料中的大纲进行比较。对二者不同之处应予以标识，并且通过分析判断证明参考材料仍然适用。而分析判断过程必须基于核电厂的特征、核电厂的维修和运行历史等因素，同时，核电厂也应开展参考材料中所要求的各项评估活动。

核电厂也应分析确认参考材料中所引用的现有大纲的加强项，在审查结论中，必须对核电厂设备即将执行的各种需要增强的老化管理活动进行描述。

5.6 经验反馈的使用

5.6.1 一般要求

审查行业或核电厂特定的运行经验，来确定需要管理的老化效应，以及证明老化管理大纲的有效性。

5.6.2 运行经验——需管理的老化效应

一个核电厂特定的运行经验审查应包括运行和维修历史的评估。审查电厂前 5~10 年的运行和维修历史对核电厂运行经验的审查已经足够，而审查的结果应证实与记录的行业运行经验是一致的。然而，对于与记录的行业经验之间的不同之处（如新的老化效应或缺少老化效应），则允许电厂根据自身的老化管理需求进行调整。

5.6.3 老化管理大纲的运行经验

老化管理大纲的运行经验应重点考虑核电厂使用现有大纲时的运行经验，老化管理大纲的运行经验随引起大纲增强的过去整改措施或附加的大纲一并考虑，且审查应提供客观证据使老化效应得到有效管理，并维持其在运行许可证更新期间的预期功能。

5.6.4 行业运行经验

评估行业运行经验和其适用性来确定其是否影响到核电厂相关决策。

5.7 核电厂老化管理审查的记录

5.7.1 一般要求

核电厂对所有的信息和记录应保留可审查和可检索的格式。

每一个部件的老化管理审查宜采用表单的格式进行，老化管理审查的记录应以纸质版或电子版的格式保存，该表单可保存在核电厂现有的数据库中。

5.7.2 记录需进行老化管理审查的部件

核电厂需记录和保留的信息包括：

——确定和列表需进行老化管理审查的部件以及其预期的功能；

——对需进行老化管理审查的部件的筛选方法进行说明，并证明其合理性；

——提供并列出第一条和第二条工作所依据的信息来源，以及证明其有效使用的相关信息。

核电厂记录和保存的信息将形成申请书中所包括的信息基础。

5.7.3 记录老化管理审查结果

核电厂记录的信息应包括：

——确定需管理老化效应的相关信息；

——针对每组部件，确定管理老化效应的具体大纲或活动的相关信息；

——大纲或活动如何管理老化效应的描述信息；

——如何做出老化管理审查决定的讨论信息；

——可依据的参考文献和源文件列表；

——用来应用和解释源文件假设条件的讨论信息；

——执照更新中在役检查大纲的描述信息。

核电厂记录和保留的信息将形成执照更新申请书中所包含的信息基础。

5.7.4 老化管理审查报告

核电厂应根据老化管理审查的记录编制老化管理审查报告。

6 电仪设备老化管理审查

6.1 电仪设备老化管理策略

核电厂运行许可证延续电仪设备老化管理审查的总体策略是识别在许可证延续申请中，需要执行老化管理审查的电仪设备及部件，识别这些设备的材料、服役环境以及对应的老化效应，结合核电厂内外运行经验，并通过老化管理大纲及活动的审查，确保这些电气设备的老化效应在许可证延续期间将得到有效地管理，以维持其执行预期功能的能力。

6.2 范围筛选及设备筛选

本部分引用标准《核电厂运行许可证延续第 3 部分：老化管理审查及时限老化分析对象筛选》的信息，执行运行许可证延续—电气设备老化管理审查对象的筛选工作。

6.2.1 范围筛选

以电厂电气系统清单为输入，按照许可证延续功能的要求，结合核电厂的设计信息，分析系统执行的功能，筛选出许可证延续审查范围内的电气系统（含动力和仪控）。

将本部分筛选出的电气系统清单与工艺系统筛选结果清单合并，即范围筛选的结果，作为设备级筛选的输入文件，执行进一步的筛选操作。

6.2.2 设备筛选

列举范围筛选结果中包含的电气设备清单，筛选出执行许可证延续相关预期功能的"非能动""长寿命"设备，作为许可证延续老化管理审查的对象。

为简化筛选流程，"非能动""长寿命"以及许可证延续预期功能的筛选工作可交叉进行，无先后顺序要求。按照设备类型进行的分组也会为筛选工作提供帮助。

在分析设备是否具备非能动特征时，可将范围筛选结果中包含的电气设备按照类别进行分组，针对设备组执行非能动筛选，从而简化筛选流程。设备组同样可用于许可证延续相关预期功能的筛选中，如可根据某些电气设备类别的固有属性，将明显不具备执照更新预期功能的设备类别从执照更新审查范围内筛出，如非绝缘接地导体、电缆束带等。

在"非能动""长寿命"电气设备的筛选中，可随时穿插基于预期功能的筛选，以将这一范围内不执行执照更新预期功能的电气设备刨除在外。但是为简化电气设备的筛选流程，并保证筛选过程不发生遗漏，在总体操作层面上，可保守的认同执照更新范围内电气/工艺系统中的满足"非能动""长寿命"筛选判据的电气设备均需要被纳入 AMR 审查范围。

6.2.3 老化管理审查对象清单确定

基于筛选结果，列出电厂电气设备许可证延续的 IPA 清单。对于范围筛选结果内电气/工艺系统中的电气设备，只要其在各筛选判据中未被筛除出去，均应列入老化管理审查范围之列。

在清单中应至少列出相应的电气设备类别，并予以适当描述，以便于识别对应的各个设备。

核电厂典型的"非能动""长寿命"电气设备类别如下，各电厂在实际筛选中，可根据其具体情况以及设备预期功能予以修改。

——非 EQ 电力、仪表和控制电缆及连接件；

——非 EQ 电气和仪控贯穿件的电气部分（端子和连接件）；

——金属封闭母线和连接件（包括离相封闭母线、不隔相共箱封闭母线、隔相共箱封闭母线等）；

——开关站母线和连接件；

——架空输电线路和连接件；

——高压绝缘子；

——非绝缘接地导体。

6.3 电仪设备审查边界

6.3.1 一般要求

在审查前，应描述清单中待审查的电气设备的组成以及与其他设备的接口关系，以确定审查边界和审查对象。在本标准中，主要审查对象为在其执行预期功能时有电流流过的设备以及所含部件；相关的部件支撑、保护或约束装置为构筑物审查范畴；其他的则为机械审查范畴。

6.3.2 电缆及其连接件审查边界

电缆是单根导线和绝缘、护套的组合或者互相绝缘的导体与围绕它们的绝缘、护套的组合，连接件用来连接电缆导体和其他电缆或电气设备。在老化管理审查中，电缆及连接件 AMR 的审查边界不包括能动设备部件内部的电缆，如电动机抽头和引出端、继电器内部连接件、开关柜、变压器或电源模块内部的绝缘电缆和连接件。该部分电缆及连接件随壳体内其他子部件一起检修和维护，不在审查范围之内。

6.3.3 非 EQ 电气和仪控贯穿件电气部分审查边界

电气贯穿件由一个以上电导体和封闭贯穿件内部和外部之间的承压边界组成，用来保持边界内外的电气连续。电气部分包括电缆引出线和连接件（连接套管、连接器等），与压力边界（如安全壳密封边界）相关的电气贯穿件的机械密封部件属于内部/构筑物审查范围。

6.3.4 金属封闭母线审查边界

金属封闭母线通常作为大通流导体连接电力回路中两个或两个以上的电气设备，主要由母线、绝缘件等部件组成。其审查边界起于母线进入金属壳体点，终于母线与上游设备连接点。

以离相封闭母线为例，其外部相连的支撑结构属于结构部件 AMR 范围，但以外部壳体为界，外部壳体以内的部分属于金属封闭母线审查范畴。

6.3.5 开关站母线和连接件审查边界

开关站母线是开关站和变电站的非绝缘非封闭硬导体，在电力系统中与两个以上元件相连，如能动的隔离（成套）开关和非能动架空输电线路。开关站母线审查包括开关站母线、开关站母线连接件以及高压绝缘子母线的保护设施。与能动部件（隔离开关、变压器等）相连的开关站母线连接件与能动部件一起检查和维修，不属于许可证延续电气设备老化管理审查范围。架空输电线路（以及紧固件）在架空输电线路 AMR 中审查。开关站母线由非能动的高压电厂柱形绝缘子支撑，该绝缘子在高压绝缘子 AMR 中审查。

6.3.6 架空输电线路和连接件审查边界

架空输电线路指开关站、输电线路线路的非绝缘绞合导线，在电力线路中与两个以上元件相连，比如能动的隔离（成套）开关、断路器、变压器和非能动开关站母线。架空输电线路审查包括输电导线、连接件以及与高压绝缘子或开关站母线相连的导线的保护设施，与能动部件（隔离开关、断路器、变压器等）相连的架空输电线路连接件与部件一起检查和维修，不属于本次审查范围。架空输电线路由非能动的高压耐张绝缘子或悬挂式绝缘子支撑，该绝缘子在高压绝缘子 AMR 中审查。开关站母线在开关站母线 AMR 中审查。

6.3.7 高压绝缘子审查边界

绝缘子用于为导线提供物理支撑，以及将导线与其他导线或物体予以电气隔离。高压绝缘子审查对象只包括绝缘子，开关站母线及紧固设施在开关站母线 AMR 中审查，架空输电线路及紧固设施在输电线路 AMR 中审查。高压绝缘子是支撑结构（比如输电杆塔或基座）与开关站母线或输电线路之间的绝缘支撑部分，输电杆塔或基座在构筑物部件 AMR 中审查。

6.3.8 非绝缘接地导体审查边界

非绝缘接地导体是电气设备接地用的非绝缘导体，接在电气装置外壳、导电壳体以及金属构筑物（如电缆槽系统和建筑物钢架）上，非绝缘接地导体审查对象包括非绝缘接地导体及其与连接装置之间的压合或焊接连接部分。

6.4 设备材料识别

6.4.1 一般要求

电气部件由有机材料和无机材料构成，在评估某些设备时，不需要识别其金属和其他无机材料。

如电缆导体、屏蔽、填充物和铠装部分的无机材料没有显著的老化效应，不需要予以识别。针对电气设备的材料识别工作将为老化效应识别和评估提供依据。

6.4.2 电缆及其连接件材料

电缆绝缘护套材料可通过查阅设计文件、完工报告、技术规格书等资料获取。对于某些材料信息获取难度较大的仪控电缆及其连接件，可将老化性能最差的材料（如 PVC）作为其材料假设，以该材料在包括运行许可证更新期间在内全寿期的运行极限环境参数（如温度）作为其老化效应识别的参考。当该电缆所处环境参数高于此极限值时，才需要进一步调查其实际材料类别。

6.4.3 非 EQ 电气和仪控贯穿件电气部分材料

电气和仪控贯穿件电气部分的材料识别要求与绝缘电缆和连接件相同。

6.4.4 金属封闭母线材料

不同类型金属封闭母线的材料通常相似度较高，因此可将运行许可证延续范围内所有金属封闭母线材料一起综合讨论。

金属封闭母线通常至少由三个主要部分或部件组成：母线、母线支撑（绝缘子）和母线壳体或槽。材料识别应针对金属封闭母线审查边界内的各部件分别进行。

6.4.5 开关站母线和连接件材料

开关站母线通常由铝或铜构成，并由柱形绝缘子支撑，绝缘子紧固件通常由铝、不锈钢或铜制成。材料识别需针对母线及绝缘子紧固件分别进行。

6.4.6 架空输电线路和连接件材料

架空输电线路通常由钢芯铝线（如钢芯铝绞线）组成。

6.4.7 高压绝缘子材料

绝缘子材料通常包括陶瓷、金属和水泥。金属部分主要指覆盖绝缘子端部或引脚用以固定的部件，通常由可锻铸铁、球墨铸铁和落锻钢构成，水泥则作为陶瓷与金属部分的填充物。材料识别应针对高压绝缘子审查边界内的各部件分别进行。

6.4.8 非绝缘接地导体材料

非绝缘接地导体通常由铝、铜绞线或铜棒构成。

6.5 设备的服役环境识别

6.5.1 一般要求

针对电气装置所处的典型环境、物理状态或影响因素，对设备的环境温度、湿度（或湿气）和辐射剂量及其他因素进行识别分析，如适用，应分析欧姆热可能造成的设备温度升高。

6.5.2 热和辐照环境识别

热和辐照环境信息主要来自电厂的设计文件和实际环境监测记录，如最终安全分析报告，辐射防护部门的记录报告等，从而为后续的老化效应识别和评估提供依据。

为保守起见，通常基于设计信息进行后续评估，但需要提供环境实际参数均低于设计信息的依据。必要时，如电缆的耐受值高于设计信息，可依照实际环境数据进行进一步的评估。

6.5.3 欧姆热分析

一般来说，高压绝缘子、架空输电线路、开关站母线和非绝缘接地导体的老化效应与温度的关联性较低，欧姆热分析应主要针对电缆和连接件、电气贯穿件的电气部分以及金属封闭母线进行。

欧姆热分析主要基于计算或现场实际测量来获取。根据工业手册或其他设计文件的欧姆热计算通常偏保守，在实际分析中，往往只有欧姆热分析结果显示设备超出极限环境参数时，才需要针对欧姆热进行实际测量。

6.5.4　其他环境因素识别

对于可能影响电气设备老化的其他环境因素如潮湿、化学沾污等因素应予以分析，信息来源主要包括相关的电厂内部经验反馈、状态报告、工艺系统厂房分布图以及现场踏勘等。

6.6　运行经验审查

运行经验审查是基于审查对象的类别、材料、所处环境等信息，对电厂内外部经验反馈进行检查。适用的运行经验可用于：

——为后续的老化效应识别和评估提供支撑信息，以进一步确定老化效应对于本电厂的适用性；

——评估审查对象的老化效应，以证明老化效应在电厂日常的老化管理活动中得到了充分管理。

6.7　设备的老化效应

6.7.1　一般要求

根据电气部件的材料、所处环境以及适用的老化机理，对其老化效应进行识别和评估。该部分工作主要参考工业领域的运行经验、适用的标准规范，并综合考虑电气设备材料、运行环境、老化机理、状态监测记录以及内部和外部经验反馈等信息。

老化效应的识别和评估可以基于审查对象的类型及所处典型环境等特征予以分组进行。

6.7.2　电缆及连接件的老化效应

针对许可证延续审查范围内的电缆及连接件的老化效应分析至少应包括热和辐照以及湿气等被识别出的典型老化效应，电厂可根据自身实际情况补充其他老化效应的识别和评估工作。

（1）热和辐照老化

将需要 AMR 的电缆绝缘材料的 60 年运行极限温度和 60 年运行极限辐照剂量与其所处区域的运行环境进行比较，结合状态监测结果，识别出超过或接近极限温度或辐照剂量的电缆及连接件进行老化评估。

对于识别出的电厂局部恶劣环境（热点区域），应通过状态监测、环境数据分析等手段对处于对应环境中的电缆及连接件老化状态进行评估。

（2）湿气和电应力老化

符合以下运行状态和运行环境的电缆，其因潮湿而导致绝缘降质的风险较高：1）电缆电压等级（一般高于 2 kV）；2）通电时间（大于 25%）；3）位于显著潮湿环境；4）电缆不具备特殊的防潮设计。可通过环境分析、状态监测、经验反馈等手段，获取关于这些电缆进一步的评估信息。

6.7.3　金属封闭母线的老化效应

通过分析电厂许可证延续审查范围内的金属封闭母线的材料、运行环境，结合状态监测手段，识别并分析审查对象的各老化效应。针对金属封闭母线的老化效应识别和评估通常包括以下要素，电厂可根据自身实际情况补充其他老化效应的识别和评估工作。

——金属封闭母线的连接表面氧化；

——金属封闭母线有机填充硅的热和辐照老化；

——金属封闭母线刚性连接部分的振动；

——金属封闭母线螺栓连接的热循环；

——金属封闭母线的沾污。

6.7.4　开关站母线的老化效应

通过分析许可证延续审查范围内开关站母线的材料、运行环境、状态监测结果等信息，识别并分析审查对象的各老化效应。针对开关站母线的老化效应识别和评估通常包括以下要素，电厂可根据自身实际情况补充其他老化效应的识别和评估工作。

——铝制开关站母线的连接表面氧化；

——开关站母线的振动。

6.7.5 架空输电线路的老化效应

通过分析核电厂许可证延续审查范围内开关站母线的材料、运行环境、状态监测结果等信息，识别并分析审查对象的各老化效应。针对开关站母线的老化状态评估通常包括以下要素，核电厂可根据自身实际情况补充其他老化效应的评估工作。

——架空输电线路的导体强度损失；

——架空输电线路的振动。

6.7.6 高压绝缘子的老化效应

通过分析核电厂许可证延续审查范围内高压绝缘子的材料、运行环境、状态监测结果等信息，识别并分析审查对象的各老化效应。针对开关站母线的老化效应评估通常包括以下要素，核电厂可根据自身实际情况补充其他老化效应的评估工作。

——表面沾污；

——开裂；

——磨损引起的材料损失。

6.7.7 非绝缘接地导体的老化效应

通过分析核电厂许可证延续审查范围内非绝缘接地导体的材料、运行环境、状态监测结果等信息，识别并分析审查对象的各老化效应。

6.8 老化管理大纲及老化管理活动审查

6.8.1 一般要求

针对运行许可证延续范围内各设备，其被识别出需要进行管理的老化效应，核电厂均应制定相应的老化管理大纲或其他具有同等效用的大纲程序，以保证这些设备部件在许可证延续期间能维持其执行预期功能的能力。

6.8.2 老化管理大纲审查

该部分工作的第一步是应识别并整理出所有运行许可证延续范围内各设备相关的管理大纲和管理活动，除专用的老化管理大纲外，与被审查设备相关的预防性维修大纲、状态监测大纲以及性能监测大纲等大纲程序均应予以考虑。

在实际审查工作中，可借助国内外先进经验和标准规范，对老化管理大纲各个要素的充分性进行审查。审查内容包括现有大纲描述、与国内外先进经验或标准规范的一致性、需要进一步评估的行动项、大纲的执行活动（内外部经验）等。

6.8.3 老化管理活动审查

为了证明老化效应得到了有效的管理，可以利用安全当局审核已通过的报告（如核电厂专题报告等）作为参考材料。这些材料将用于识别需进行老化管理的相关老化效应，并用于证明确定这些老化效应时所采用的假设和基准对特定核电厂是适用的。为此，可对设备的运行和维修历史记录进行审查，以确认报告中所指的老化效应适用于核电厂，并为老化管理大纲的有效性审查提供依据。

6.9 审查结论

审查结论可由表格和相应支撑文本组成。以支撑文本记录审查分析过程，表格则记录各项审查工作的结论。基于支撑文本和结论表格，对审查结论予以描述（如"对于筛选出的老化管理范围之内的各个部件，核电厂针对各个老化效应均已采取相应的管理策略，以保证这些结构部件在许可证延续运行期间能维持现行执照基准所规定的相应功能"）。

7　构筑物设备老化管理审查

7.1　构筑物及构件支撑分类

7.1.1　安全壳及安全壳构件

包括安全壳本体和安全壳构件（贯穿件套管和波纹管、异种金属焊缝、人员闸门、设备舱口、密封、垫圈和防潮层等）。

7.1.2　安全相关构筑物和其他构筑物

——第 1 组构筑物（沸水堆反应堆厂房、压水堆屏蔽厂房、控制室/厂房）；

——第 2 组构筑物（带有上部钢结构的沸水堆反应堆厂房）；

——第 3 组构筑物（辅助厂房、柴油发电机厂房、放射性废物（处理）厂房、汽轮机厂房、配电室、厂区构筑物（如辅助给水泵房、公用/管道管廊、安全照明柱、人孔、管排）、全厂断电构筑物（如输电塔、启动变压器开关基础、电气外壳）；

——第 4 组构筑物（安全壳内部构筑物，不包含换料通道）；

——第 5 组构筑物（燃料贮存设施、换料通道）；

——第 6 组构筑物（水工构筑物）；

——第 7 组构筑物（混凝土罐和飞射物屏障）；

——第 8 组构筑物（钢制储罐和飞射物屏障）；

——第 9 组构筑物（沸水堆机组排气烟囱）。

7.1.3　构件支撑

——抗震要求的管道及构件支撑；

——电缆桥架、暖通空调管道、TubeTrack、仪表管道及构件支撑；

——电气设备和仪表的搁架、面板、机柜、围栏的支撑和锚固；

——应急柴油发电机组、暖通空调系统构件、其他机械设备的支撑；

——平台、管道防甩动装置、射流冲击屏障、填充墙、其他构筑物的支撑。

7.2　构筑物构件分类

7.2.1　钢结构和钢构件

钢结构和钢构件包括附加到或位于构筑物内部的钢构件包括机械和电气支撑以及其他构筑物构件，如连接件、铺板、栅栏、螺栓、垫圈和螺母、焊材、壁骨、薄垫片、乏燃料隔架等。

7.2.2　螺栓紧固件

螺纹紧固件包括用在构筑物的结构钢与钢制构件的连接件以及机械或电气支撑件和其他构件中的螺栓接头及螺纹连接件，统称为"螺纹紧固件"，如螺栓、螺母、垫圈、螺钉和混凝土锚固件等。

需要说明的是：

——压力边界的螺栓不归属本部分；

——混凝土中的预埋钢构件（包括地脚螺栓、底板、各种型材）和就地浇铸的其他构件或者灌浆结构在"混凝土构筑物和构件"，不归属本部分。

7.2.3　混凝土构筑物构件

典型的混凝土构筑物构件包括：

——地基、基座；

——外部混凝土构筑物—在地平面上的墙体；

——外部混凝土构筑物—在地平面下的墙体；

——内部混凝土构筑物—墙体和支柱；

——内部混凝土板（包括混凝土梁）；

——砌墙；

——混凝土中预埋钢构件。

7.2.4 防火构筑物构件

防火构筑物构件主要指的是防火屏障，包括墙、地板、天花板、防火门、墙内防火屏障框架、防火包和挡火层。

防火包泛指所有的防火设施，但不包括防火电缆绝缘层。

挡火层是指用于封堵相邻防火区贯穿处（如管道、缝隙）的防火设施。

需要说明的是：

——防火屏障墙、地板和天花板一般是由钢筋混凝土或砌石构成，归属到"混凝土构筑物构件"；

——防火门以及墙内防火屏障框架，一般由碳钢制成，归属到"构筑物钢和钢构件"。

7.2.5 合成橡胶构件

合成橡胶在核设施中到处都有使用，典型的应用如隔振器、建筑物和膨胀接头的密封胶、防潮层、构筑物的密封剂等。

7.2.6 土石构筑物构件

土石构筑物对核电厂设施起着众多与安全相关的作用，典型的应用如应急发电蓄水池、电厂的终极热阱以及用于防洪和消波的护堤。土建结构的材料由土壤和岩石组成。

7.2.7 含氟聚合物和 Lubrite 滑面构件

含氟聚合物和 Lubrite 滑面多用于需要产生相对运动的地方，用作构件的支撑，如 RCS 管道、环形鞍和蒸汽发生器支撑构件。

7.3 老化效应审查

7.3.1 通用要求

描述了构筑物及构筑物构件老化效应识别和评估的通用流程和原则。

7.3.2 老化效应识别

（1）钢结构和钢构件老化效应的识别

描述钢结构和钢构件在各种环境下的老化效应的识别方法。

（2）螺纹紧固件老化效应的识别

描述螺纹紧固件在各种环境下的老化效应的识别方法。

（3）混凝土构筑物和构件老化效应的识别

描述混凝土构筑物和构件在各种环境下的老化效应的识别方法。

（4）防火屏障构件老化效应的识别

描述防火屏障构件在各种环境下的老化效应的识别方法。

（5）合成橡胶构件老化效应的识别

描述合成橡胶构件在各种环境下的老化效应的识别方法。

（6）土建构筑物构件老化效应的识别

描述土建构筑物构件在各种环境下的老化效应的识别方法。

（7）含氟聚合物和 Lubrite 滑动面构件老化效应的识别

描述氟聚合物和 Lubrite 滑动面构件在各种环境下的老化效应的识别方法。

（8）识别出需要老化管理审查的老化效应/老化机理

在识别出构筑物老化效应/老化机理之后，根据老化效应是否会对设备执行预期功能造成影响，并最终导致预期功能在运行许可证延续期间无法满足现行执照基准要求的准则，识别出需要进行老化管理的老化效应/老化机理。

7.3.3　老化效应审查

对每一种需要老化管理审查的构筑物构件的老化效应，应将其对应的构件类型、材料信息、环境信息与国内外运行经验进行比对，以判断老化效应/老化机理识别的其一致性，评估结果以表的形式给出，如表 462-10-07-01 所示。

表 462-10-07-01　安全壳、安全相关构筑物构件支撑老化效应/老化机理汇总表

编号	构件类别	老化效应	老化管理大纲	是否需进一步评估	讨论
……	……	……	……	……	……

7.3.4　需要进一步评估的老化效应/老化机理

（1）安全壳及安全壳构件

——沉降增加的应力水平引起的开裂和变形；

——多孔混凝土基础不均匀沉降和侵蚀引起的地基强度下降和开裂；

——高温引起的强度及模量下降；

——均匀腐蚀、点蚀和缝隙腐蚀引起的材料损失；

——松弛、收缩、蠕变和高温引起的预应力损失；

——累积疲劳损伤；

——应力腐蚀开裂引起的开裂；

——冻融引起的材料损失（散裂、剥落）及开裂；

——骨料膨胀反应引起的开裂；

——氢氧化钙浸出和碳化引起的孔隙率和渗透性增加。

（2）安全相关的构筑物和构件支撑以及其他构筑物和构件支撑

——不可达区域的老化管理；

——高温引起的强度及模量下降；

——高温引起的强度及模量下降；

——应力腐蚀开裂引起的开裂以及点蚀和缝隙腐蚀引起的材料损失；

——疲劳引起的累积疲劳损伤。

7.4　老化管理大纲审查

7.4.1　通用要求

描述了构筑物及构筑物构件老化管理审查的通用流程和原则。

7.4.2　识别电厂现有老化管理大纲

开展构筑物及构件老化管理审查，首先应识别出所有与构筑物相关的管理大纲和管理活动，应识别的老化管理大纲主要包括预防性大纲、缓解性大纲、状态监测大纲以及性能监测大纲。在审查老化管理大纲有效性，可将电厂老化管理大纲和/或老化管理活动均视作老化管理大纲。

7.4.3　老化管理大纲审查

构筑物及构筑物构件老化管理审查应将识别的核电厂构筑物相关的老化管理大纲与标准老化管理大纲进行对比分析，分析其与标准老化管理大纲各要素的一致性。

7.4.4　老化管理大纲有效性审查

为了证明老化效应得到了有效的管理，可以利用安全当局审核已通过的报告（如核电厂专题报告

等）作为参考材料。这些材料将用于识别需进行老化管理的相关老化效应，并用于证明确定这些老化效应时所采用的假设和基准对特定核电厂是适用的。为此，审查必应对运行和维修历史记录进行审查，以确认报告中所指的老化效应对申请电厂是适用的。

7.5 最终安全分析报告增补

用于管理运行许可证延续期内老化效应的大纲和采取的行动应全面汇总在最终安全分析报告（FSAR）增补中，以使得后期改动能满足安全监管的要求。在 FSAR 增补中描述能够保证老化效应在运行许可证延续期内得到管理的信息以及在运行许可证延续运行前要执行的老化管理活动（包括改进和承诺）。

8 压力容器时限老化分析

8.1 分析范围

提交反应堆压力容器时限老化分析申请报告时，RPV 时限老化分析应包括以下部位。
——顶盖：螺栓组件；
——接管：进出口、安注；
——压力容器支撑裙板和连接焊缝；
——反应堆压力容器部件：法兰、贯穿件、安全端、热套管、容器的筒体和封头以及焊缝；
——容器筒体：上筒体、中间筒体、下筒体（包含环带焊缝）。

8.2 RPV 中子脆化分析

8.2.1 审查内容
在核电厂运行期间，中子辐照会导致反应堆压力容器环带区铁素体钢的断裂韧性降低。为确保反应堆压力容器具有足够的断裂韧性，以防止正常或非正常运行条件下发生脆性破坏，应从以下 3 个方面进行审查：
——上平台能量；
——压力容器的承压热冲击；
——升降温（压力—温度限值）曲线。

8.2.2 验收准则
在进行 TLAA 审查时，应确定电厂的 TLAA 分析结果是否满足下列要求之一：
——在运行许可证延续后的运行期内，原有的分析仍然有效；
——原有的分析可以覆盖到运行许可证延续后运行末期；
——在运行许可证延续后的运行期内能够充分的管理老化对其预期功能的影响。

8.2.3 上平台能量
（1）一般要求
除非经监管机构批准，否则反应堆压力容器环带区材料的夏比上平台能量在反应堆压力容器使用年限内应始终维持在 68 J（50 ft-lb）或以上。
（2）EOL 中子注量计算
由于至运行评估末期中子注量率受现有分析中假定的中子注量率的限制，需重新评计算 EOL 的中子注量。
EOL 中子注量率的计算，可采用 NB/T 20220—2013 进行计算。
（3）上平台能量计算
由于至运行评估末期中子注量率受现有分析中假定的中子注量率的限制，需重新评估反应堆压力容器部件（这些部件在已有的上平台能量分析或监管机构批准的等效裕度分析（EMA）中有所评估），以证明现有分析在评估期内仍有效。

上平台能量计算，可采用 NB/T 20476.6 进行计算。

（4）结果评定

根据上平台能量计算结果，评估其是否满足验收准则要求。

8.2.4 压力容器的承压热冲击

（1）一般要求

对于压水堆，EOL 注量评估出的反应堆压力容器环带区材料的"参考温度"（RT_{PTS}），应小于运行执照有效期的"承压热冲击筛选标准"。板材、锻件和轴向焊缝材料的"承压热冲击筛选标准"为 132 ℃（270 ℉），环焊缝材料的"承压热冲击筛选标准"为 149 ℃（300 ℉）。按照各项规定要求，若要在设施运行执照有效期改变材料的预期中子注量或更换反应堆压力容器环带区材料，应更新对承压热冲击的评估，因此必须计算整个寿期的 RT_{PTS} 值。

（2）EOL 中子注量率计算

由于至运行末期中子注量率受现有分析中假定的中子注量率的限制，需重新评计算 EOL 的中子注量率。

EOL 中子注量率的计算，可采用 NB/T 20220—2013 进行计算。

（3）RT_{NDT} 计算

RT_{NDT} 为参考温度（NDT 为无延性转变温度），用于确定材料的断裂韧性及脆化量的指数参数。RT_{PTS} 与设施运行执照末期的 RT_{NDT} 相关，为承压热冲击分析的参考温度。

RT_{NDT} 采用 NB/T 20476.6 进行计算。

（4）分析方法

根据 NB/T 20476.6 对反应堆压力容器在结构完整性（PTS）方面进行分析。

（5）结果评定

根据 NB/T 20476.6 对反应堆压力容器在结构完整性（PTS）方面进行评估。

8.2.5 压力—温度限值曲线

（1）一般要求

P-T 限值列举了在反应堆冷却温度的作用下的最大允许压力。由于反应堆压力容器的脆化作用，其断裂韧性将会降低，允许压力（给定的最低温度）也将降低。应按照预计脆化情况和材料监督计划中的数据对 P-T 限值进行定期修正。P-T 限值修正时将运行期考虑在内。

（2）分析方法

运行期内依据 NB/T 20476.6 要求重新评估 P-T 限值。

（3）结果评定

根据压力-温度结果，评估其是否满足验收准则要求。

8.3 RPV 的金属疲劳分析

8.3.1 审查范围

为保证运行期内的金属疲劳和缺陷扩展/容限评估有效，审查范围应包括以下内容：

——累积损伤系数的计算；

——环境疲劳的计算；

——基于疲劳的潜在缺陷扩展分析。

8.3.2 验收准则

核电厂应能证明自身满足下列要求之一：

——在运行许可证延续后的运行期内，原有的分析仍然有效；

——原有的分析可以覆盖到运行许可证延续后运行末期；

——在运行许可证延续后的运行期内能够充分的管理老化对其预期功能的影响。

8.3.3 累积损伤系数的计算

（1）一般要求

按照核电厂设计标准要求进行疲劳累计损伤因子的计算。

（2）工况筛选

根据 RPV 运行许可证更新申请时的实际运行瞬态和后续预计运行瞬态进行运行工况的筛选。

（3）分析部位筛选

SG 疲劳分析的部位包括 PRV 的承压边界、管板等部位。

（4）分析方法

针对结构某点的应力强度循环幅 $S_{a,i}$，从不同材料给出的低周疲劳设计曲线中查找允许循环次数 N_i，计算该运行循环产生的低周疲劳损伤系数：$U_i=n_i/N_i$。所有运行循环产生的低周疲劳损伤系数之和 $\sum U_i$。

（5）累计疲劳损伤系数

对各个分析部位的损伤因子进行累积，只要累计疲劳损伤系数不大于 1.0，则可预计不会发生低周疲劳破损。

8.3.4 环境疲劳的计算

（1）一般要求

对于设计寿期内累积疲劳损伤系数超过规定值（0.3），或基于实际运行瞬态计算得到的 CUF 超过规定值（0.3）时，应进行环境促进疲劳评价。

（2）分析方法

环境促进疲劳因子 F_{en} 计算可按照 NB/T 20476.8 的规定进行，对于超出 NB/T 20476.8 限值条件的部位，可根据具体材料及所处环境开展的专项研究成果来进行计算。

（3）环境影响因子计算

疲劳寿命分析时，应考虑以下环境因素：

——环境温度；

——溶解氧；

——应变速率；

——材料中 S 含量；

——其他。

（4）分析部位筛选

累积疲劳损伤系数超过规定值（0.3），或基于实际运行瞬态计算得到的 CUF 超过规定值（0.3）的部位，应进行疲劳 TLAA 分析。

（5）考虑环境影响累积疲劳损伤系数

以环境促进疲劳因子 F_{en} 和累积疲劳损伤因子 CUF 综合考虑计算考虑环境影响的累积疲劳损伤系数。

金属疲劳分析应考虑冷却剂环境对疲劳的促进作用，为此采用国际上通用的做法——引入环境影响系数 F_{en}。环境影响系数 F_{en} 的计算应尽可能地考虑冷却剂中各环境因素，如温度 T、溶解氧 O、应变率 ε、硫含量 S 等。

表 462-10-08-01 到表 462-10-08-04 给出了碳钢、低合金钢、不锈钢或镍基合金钢的 F_{en} 计算公式。

表 462-10-08-01 低碳钢的 F_{en} 计算公式

标准	F_{en} 计算公式	参数	使用条件
NB/T 20476.8 2018	F_{en}=exp (0.585−0.001 24T− 0.101S*T*O*ε'*) (eq.1)	S*=S	$0<S\leq0.015$ wt.%
		S*=0.015	$S>0.015$ wt.%
		T*=0	$T<150$ ℃
		T*=T−150	$T=150$–350 ℃
		O*=0	$DO<0.05\times10^{-6}$
		O*=ln (DO/0.04)	$0.05\times10^{-6}\leq DO\leq0.5\times10^{-6}$
		O*=ln (12.5)	$DO>0.5\times10^{-6}$
		ε'*=0	$\varepsilon'>1\%/s$
		ε'*=ln (ε')	$0.001\leq\varepsilon'\leq1\%/s$
		ε'*=ln (0.001)	$\varepsilon'<0.001\%/s$
NB/T 20476.8 2018	F_{en}=exp (0.632−0.101 S*T*O*ε'*) (eq.2)	S*=0.001	$S\leq0.001$ wt.%)
		S*=S	$0.001<S\leq0.015$ wt.%
		S*=0.015	$S>0.015$ wt.%
		T*=0	$T<150$ ℃
		T*=T−150	150 ℃$<T\leq350$ ℃
		O*=0	$DO\leq0.04\times10^{-6}$
		O*=ln (DO/0.04)	$0.04\times10^{-6}<DO\leq0.5\times10^{-6}$
		O*=ln (12.5)	$DO>0.5\times10^{-6}$
		ε'*=0	$\varepsilon'>1\%/s$
		ε'*=ln (ε')	$0.001\leq\varepsilon'\leq1\%/s$
		ε'*=ln (0.001)	$\varepsilon'<0.001\%/s$
		F_{en}=1	$\varepsilon a\leq0.07\%$

表 462-10-08-02 奥氏体不锈钢的 F_{en} 计算公式

标准	F_{en} 计算公式	参数	使用条件
NB/T 20476.8 2018	F_{en}=exp (0.935−T*O*ε''*) (eq.3)	T*=0	$T<200$ ℃
		T*=1	$T\geq200$ ℃
		O*=0.260	$DO<0.05\times10^{-6}$
		O*=0.172	$DO\geq0.05\times10^{-6}$
		ε'*=0	$\varepsilon'>0.4\%/s$
		ε'*=ln (ε'/0.4)	$0.000\ 4\leq\varepsilon'\leq0.4\%/s$
		ε'*=ln (0.000 4/0.4)	$\varepsilon'<0.000\ 4\%/s$
NB/T 20476.8 2018	F_{en}=exp (0.734−T*O*ε'*) (eq.4)	T*=0	$T<150$ ℃
		T*=(T−150)/175	$150\leq T<325$ ℃
		T*=1	$T\geq325$ ℃
		ε'*=0	$\varepsilon'>0.4\%/s$
		ε'*=ln (ε'/0.4)	$0.000\ 4\leq\varepsilon'\leq0.4\%/s$
		ε'*=ln (0.000 4/0.4)	$\varepsilon'<0.000\ 4\%/s$
		O*=0.281	all DO levels
		F_{en}=1	$\varepsilon a\leq0.10\%$

表 462-10-08-03 低合金钢的 F_{en} 计算公式

标准	F_{en} 计算公式	参数	使用条件
NB/T 20476.8 2018	F_{en}=exp (0.929− 0.001 24T−0.101S*T*O*ε'*) (eq.5)	S*=S	$0<S\leq0.015$ wt.%
		S*=0.015	$S>0.015$ wt.%
		T*=0	$T<150$ ℃
		T*=T−150	$T=150\sim350$ ℃
		O*=0	$DO<0.05\times10^{-6}$
		O*=ln (DO/0.04)	$0.05\times10^{-6}\leq DO\leq0.5\times10^{-6}$
		O*=ln (12.5)	$DO>0.5\times10^{-6}$
		ε'*=0	$\varepsilon'>1\%/s$
		ε'*=ln (ε')	$0.001\leq\varepsilon'\leq1\%/s$
		ε'*=ln (0.001)	$\varepsilon'<0.001\%/s$

续表

标准	F_{en} 计算公式	参数	使用条件
NB/T 20476.8 2018	$F_{en}=\exp$ $(0.702-0.101S^*T^*O^*\varepsilon'^*)$ (eq.6)	$S^*=S$	$0<S\leq0.015$ wt.%
		$S^*=0.015$	$S>0.015$ wt.%
		$T^*=0$	$T<150$ ℃
		$T^*=T-150$	$T=150\sim350$ ℃
		$O^*=0$	$DO<0.05\times10^{-6}$
		$O^*=\ln(DO/0.04)$	$0.05\times10^{-6}\leq DO\leq0.5\times10^{-6}$
		$O^*=\ln(12.5)$	$DO>0.5\times10^{-6}$
		$\varepsilon'^*=0$	$\varepsilon'>1$%/s
		$\varepsilon'^*=\ln(\varepsilon')$	$0.001\leq\varepsilon'\leq1$%/s
		$\varepsilon'^*=\ln(0.001)$	$\varepsilon'<0.001$%/s

表 462-10-08-04　镍基合金的 F_{en} 计算公式

标准	F_{en} 计算公式	参数	使用条件
NB/T 20476.8 2018	$F_{en}=\exp(-T^*O^*\varepsilon'^*)$	$T^*=T/325$	$T<325$ ℃
		$T^*=1$	$T\geq325$ ℃
		$\varepsilon'^*=0$	$\varepsilon'>5.0$%/s
		$\varepsilon'^*=\ln(\varepsilon'/5.0)$	$0.0004\leq\varepsilon'\leq5.0$%/s
		$\varepsilon'^*=\ln(0.0004/5.0)$	$\varepsilon'<0.0004$%/s
		$O^*=0.09$	NWC 沸水堆
		$O^*=0.16$	压水堆或 HWC 沸水堆
		$F_{en}=1$	$\varepsilon\alpha\leq0.10$%

8.3.5　基于疲劳的潜在缺陷扩展分析

（1）一般要求

适用于采用 SA-508 第 2 或 3 级锻件制造的 RPV，在进行 TLAA 分析时，应假设 RPV 堆焊层下存在假想缺陷，并开展执照延续期间的缺陷扩展分析。

（2）缺陷扩展分析

缺陷扩展分析按照 NB/T 20013 等标准的规定进行。

8.4　评估结果

若监管机构的审查人员确认核电厂提供的信息满足本部分要求，基于核电厂选择的标准不同，在安全评估报告中应给出以下结论：

核电厂已以有效方式证实：对于反应堆压力容器中子脆化时限老化分析，（根据情况选择）1）在运行期内，各项分析仍有效；2）各项分析已预测至运行末期；3）老化效应将在运行期内得到有效管理，确保执行预期功能。

审查人员还得出：FSAR 增补中对运行期内反应堆压力容器中子脆化时限老化分析的概述是恰当的，满足许可证的条件。

8.5　其他

本导则规定了压水堆核电厂在运行期内反应堆压力容器时限老化分析的通用要求，RPV 的 TLAA 执行及审查机构的工作内容必须包括但不限于本导则规定的要求。如果有未按照本导则要求进行的部分，需要提供证明通过其他方式已完成的分析能高于或至少等于本导则规定的内容。

9 蒸汽发生器时限老化分析

9.1 分析范围

本章定义了 SG 在运行期内进行 TLAA 的部位，SG 的 TLAA 应包括以下范围：

——法兰、贯穿件、接管、安全端、下封头和焊缝；

——上封头、蒸汽接管和安全端、上部和下部筒体、给水和辅助给水接管以及安全端、导流挡板和支撑；

——传热管。

9.2 SG 的金属疲劳分析

9.2.1 审查范围

为保证运行许可证更新运行期内的金属疲劳评估有效，审查范围应包括以下内容：

——累积疲劳损伤系数的计算；

——环境疲劳的计算。

9.2.2 验收准则

在进行 TLAA 审查时，应确定电厂的 TLAA 分析结果是否满足下列要求之一：

——在执照更新后的运行期内，原有的分析仍然有效；

——原有的分析可以覆盖到执照更新后运行末期；

——在执照更新后的运行期内能够充分的管理老化对其预期功能的影响。

9.2.3 累积损伤系数的计算

（1）一般要求

按照 NB/T 20013 等标准要求进行疲劳累计损伤因子的计算。

（2）工况筛选

根据 SG 运行许可证更新申请时的实际运行瞬态和后续预计运行瞬态进行运行工况的筛选。

（3）分析部位筛选

SG 疲劳分析的部位包括 SG 一次侧和二次侧的承压边界、管板等部位。

（4）分析方法

针对结构某点的应力强度循环幅 $S_{a,i}$，从不同材料给出的低周疲劳设计曲线中查找允许循环次数 N_i，计算该运行循环产生的低周疲劳损伤系数：$U_i=n_i/N_i$，所有运行循环产生的低周疲劳损伤系数之和 $\sum U_i$。

（5）疲劳损伤结果评定

对各个分析部位的损伤因子进行累积，只要累计疲劳损伤系数不大于 1.0，则可预计不会发生低周疲劳破损。

9.2.4 环境疲劳的计算

（1）一般要求

对于设计寿期内累积疲劳损伤系数超过规定值（0.3），或基于实际运行瞬态计算得到的 CUF 超过规定值（0.3）时，应进行环境促进疲劳评价。

（2）分析方法

环境促进疲劳因子 F_{en} 计算可按照 NB/T 20013 的规定进行，对于超出 NB/T 20013 限值条件的部位，可根据具体材料及所处环境开展的专项研究成果来进行计算。

（3）环境影响因子计算

疲劳寿命分析时，应考虑以下环境因素：

——环境温度；

——溶解氧；

——应变速率；

——材料中硫含量；

——其他。

（4）分析部位筛选

累积疲劳损伤系数超过规定值（0.3），或基于实际运行瞬态计算得到的 CUF 超过规定值（0.3）的部位，应进行疲劳 TLAA 分析。

（5）考虑环境影响累积疲劳损伤系数

以环境促进疲劳因子 F_{en} 和累积疲劳损伤因子 CUF 综合考虑计算考虑环境影响的累积疲劳损伤系数。

SG 金属疲劳分析应考虑冷却剂环境对疲劳的促进作用，为此采用国际上通用的做法——引入环境影响系数 F_{en}。环境影响系数 F_{en} 的计算应尽可能地考虑冷却剂中各环境因素，如温度 T、溶解氧 O、应变率 ε、硫含量 S 等。

表 462-10-09-01 到表 462-10-09-04 给出了碳钢、低合金钢、不锈钢或镍基合金钢的 F_{en} 计算公式。

表 462-10-09-01 低碳钢的 F_{en} 计算公式

标准	F_{en} 计算公式	疲劳曲线	参数	使用条件
相关研究成果	$F_{en}=\exp$ $(0.585-0.001\,24T-$ $0.101S^*T^*O^*\varepsilon^*)$ (eq.1)	相关研究成果	$S^*=S$	$0<S\leq0.015$ wt.%
			$S^*=0.015$	$S>0.015$ wt.%
			$T^*=0$	$T<150$ ℃
			$T^*=T-150$	$T=150\text{--}350$ ℃
			$O^*=0$	$DO<0.05\times10^{-6}$
			$O^*=\ln(DO/0.04)$	$0.05\times10^{-6}\leq DO\leq0.5\times10^{-6}$
			$O^*=\ln(12.5)$	$DO>0.5\times10^{-6}$
			$\varepsilon'^*=0$	$\varepsilon'>1\%/s$
			$\varepsilon'^*=\ln(\varepsilon')$	$0.001\leq\varepsilon'\leq1\%/s$
			$\varepsilon'^*=\ln(0.001)$	$\varepsilon'<0.001\%/s$
相关研究成果	$F_{en}=\exp$ $(0.632-0.101\,S^*T^*O^*\varepsilon'^*)$ (eq.2)	相关研究成果	$S^*=0.001$	$S\leq0.001$ wt.%
			$S^*=S$	$0.001<S\leq0.015$ wt.%
			$S^*=0.015$	$S>0.015$ wt.%
			$T^*=0$	$T<150$ ℃
			$T^*=T-150$	150 ℃$\leq T\leq350$ ℃
			$O^*=0$	$DO\leq0.04\times10^{-6}$
			$O^*=\ln(DO/0.04)$	$0.04\times10^{-6}<DO\leq0.5\times10^{-6}$
			$O^*=\ln(12.5)$	$DO>0.5\times10^{-6}$
			$\varepsilon'^*=0$	$\varepsilon'>1\%/s$
			$\varepsilon'^*=\ln(\varepsilon')$	$0.001\leq\varepsilon'\leq1\%/s$
			$\varepsilon'^*=\ln(0.001)$	$\varepsilon'<0.001\%/s$
			$F_{en}=1$	$\varepsilon a\leq0.07\%$

表 462-10-09-02 奥氏体不锈钢的 F_{en} 计算公式

标准	F_{en} 计算公式	疲劳曲线	参数	使用条件
相关研究成果	$F_{en}=\exp$ $(0.935-T^*O^*\varepsilon'^*)$ (eq.3)	相关研究成果	$T^*=0$ $T^*=1$ $O^*=0.260$ $O^*=0.172$ $\varepsilon'^*=0$ $\varepsilon'^*=\ln(\varepsilon'/0.4)$ $\varepsilon'^*=\ln(0.000\,4/0.4)$	$T<200\ ℃$ $T\geqslant200\ ℃$ $DO<0.05\times10^{-6}$ $DO\geqslant0.05\times10^{-6}$ $\varepsilon'>0.4\%/s$ $0.000\,4\leqslant\varepsilon'\leqslant0.4\%/s$ $\varepsilon'<0.000\,4\%/s$
相关研究成果	$F_{en}=\exp$ $(0.734-T^*O^*\varepsilon'^*)$ (eq.4)	相关研究成果	$T^*=0$ $T^*=(T-150)/175$ $T^*=1$ $\varepsilon'^*=0$ $\varepsilon'^*=\ln(\varepsilon'/0.4)$ $\varepsilon'^*=\ln(0.000\,4/0.4)$ $O^*=0.281$ $F_{en}=1$	$T<150\ ℃$ $150\leqslant T<325\ ℃$ $T\geqslant325\ ℃$ $\varepsilon'>0.4\%/s$ $0.000\,4\leqslant\varepsilon'\leqslant0.4\%/s$ $\varepsilon'<0.000\,4\%/s$ all DO levels $\varepsilon\alpha\leqslant0.10\%$

表 462-10-09-03 低合金钢的 F_{en} 计算公式

标准	F_{en} 计算公式	疲劳曲线	参数	使用条件
相关研究成果	$F_{en}=\exp(0.929-$ $0.001\,24T-0.101S^*T^*O^*\varepsilon'^*)$ (eq.5)	相关研究成果	$S^*=S$ $S^*=0.015$ $T^*=0$ $T^*=T-150$ $O^*=0$ $O^*=\ln(DO/0.04)$ $O^*=\ln(12.5)$ $\varepsilon'^*=0$ $\varepsilon'^*=\ln(\varepsilon')$ $\varepsilon'^*=\ln(0.001)$	$0<S\leqslant0.015$ wt.% $S>0.015$ wt.% $T<150\ ℃$ $T=150\sim350\ ℃$ $DO<0.05\times10^{-6}$ $0.05\times10^{-6}\leqslant DO\leqslant0.5\times10^{-6}$ $DO>0.5\times10^{-6}$ $\varepsilon'>1\%/s$ $0.001\leqslant\varepsilon'\leqslant1\%/s$ $\varepsilon'<0.001\%/s$
相关研究成果	$F_{en}=\exp$ $(0.702-0.101S^*T^*O^*\varepsilon'^*)$ (eq.6)	相关研究成果	$S^*=S$ $S^*=0.015$ $T^*=0$ $T^*=T-150$ $O^*=0$ $O^*=\ln(DO/0.04)$ $O^*=\ln(12.5)$ $\varepsilon'^*=0$ $\varepsilon'^*=\ln(\varepsilon')$ $\varepsilon'^*=\ln(0.001)$	$0<S\leqslant0.015$ wt.% $S>0.015$ wt.% $T<150\ ℃$ $T=150\sim350\ ℃$ $DO<0.05\times10^{-6}$ $0.05\times10^{-6}\leqslant DO\leqslant0.5\times10^{-6}$ $DO>0.5\times10^{-6}$ $\varepsilon'>1\%/s$ $0.001\leqslant\varepsilon'\leqslant1\%/s$ $\varepsilon'<0.001\%/s$

表 462-10-09-04 镍基合金的 F_{en} 计算公式

标准	F_{en} 计算公式	疲劳曲线	参数	使用条件
相关研究成果	$F_{en}=\exp(-T^*O^*\varepsilon'^*)$	相关研究成果	$T^*=T/325$ $T^*=1$ $\varepsilon'^*=0$ $\varepsilon'^*=\ln(\varepsilon'/5.0)$ $\varepsilon'^*=\ln(0.000\,4/5.0)$ $O^*=0.09$ $O^*=0.16$ $F_{en}=1$	$T<325\ ℃$ $T\geqslant325\ ℃$ $\varepsilon'>5.0\%/s$ $0.0004\leqslant\varepsilon'\leqslant5.0\%/s$ $\varepsilon'<0.000\,4\%/s$ NWC 沸水堆 压水堆或 HWC 沸水堆 $\varepsilon\alpha\leqslant0.10\%$

9.3 SG 热性能分析

9.3.1 审查范围

在电厂运行期间，必须保证 SG 能满足热性能要求，提供的蒸汽应满足设计规定的蒸汽产量和蒸汽湿度指标。SG 的热性能的 TLAA 用于分析评定运行期末 SG 的热性能是否满足要求，主要工作包括：

——传热管堵管数量的发展趋势；

——传热管污垢热阻的发展；

——SG 传热及热性能分析。

9.3.2 验收准则

电厂应能证明自身满足下列要求之一：

——在执照更新后的运行期内，原有的分析仍然有效；

——原有的分析可以覆盖到执照更新后运行末期；

——在执照更新后的运行期内能够充分的管理老化对其预期功能的影响。

9.3.3 传热管堵管数量的发展趋势分析

堵管数量的增加直接导致蒸汽发生器传热面积的不足和传热能力的降质，最终导致蒸汽产量不足。

应根据传热管缺陷发展的预测、传热管腐蚀环境的分析预测和传热管缺陷及堵管数的统计分析，预测传热管的剩余堵管裕量。

9.3.4 传热管污垢热阻的分析

传热管表面结垢一方面增加了传热热阻，从而降低 SG 的换热效率，导致二次侧蒸汽压力降低，恶化 SG 的传热性能。另一方面还会因为污垢层增厚而减小流通截面积，引起流动阻力增大，流动不稳定和水位波动。

应根据污垢热阻增长趋势预测寿期末污垢热阻的大小。

9.3.5 SG 传热及热性能分析内容

蒸汽发生器热工性能分析与评定的主要内容包括：

（1）热功率

根据运行历史，分析蒸汽发生器热功率状况，与设计条件比较，分析当前热功率水平及其裕量。

（2）蒸汽压力

蒸汽压力是反映蒸汽发生器性能的主要指标，通过对当前状况下蒸汽发生器在设计条件和实际运行条件下蒸汽压力的分析计算，对蒸汽发生器当前的传热能力及其裕量做出评价。

（3）传热能力

传热系数是表征蒸汽发生器传热能力的主要参数，而污垢热阻则是其中随时间变化而变化并导致蒸汽发生器传热能力下降的主要因素。另外，堵管数的增加也是导致传热能力下降的因素。

9.3.6 热性能结果评定

对于传热能力的评价包括：

根据蒸汽发生器运行历史数据，计算出各个阶段蒸汽发生器平均传热系数及污垢热阻，描述其发展变化的过程，并与设计要求对比，对蒸汽发生器当前传热能力进行评价；

根据计算结果，预测传热系数和污垢热阻的发展趋势；

根据传热系数和污垢热阻的发展趋势，结合堵管数量的变化趋势，预测蒸汽发生器热工性能（热功率和蒸汽压力）的发展趋势，评定寿期末 SG 热性能是否满足运行要求。

9.4 其他

本导则规定了压水堆核电厂在运行期内 SG 时限老化分析的通用要求，SG 的 TLAA 执行及审查机构的工作内容必须包括但不限于本导则规定的要求。如果有未按照本导则的要求进行的部分，需要提供证明通过其他方式已完成的分析能高于或至少等于本导则规定的内容。

10 金属疲劳分析评价

10.1 总则

核电厂运行执照延续时金属疲劳评价除了依据本导则外，还应遵守国家有关法令、法规和规章。超出本导则适用范围的内容，本导则不做要求。

10.2 金属疲劳时限老化分析对象确定

金属疲劳时限老化分析对象确定的基本原则包括（不限于）：

——基于规范/标准设计的核一级结构部件，包括一回路主要压力边界、堆芯支撑结构以及堆内构件等；

——基于最大允许应力循环设计的结构部件，主要包括部分 2 级和 3 级设备及管道；

——已出现降质或者含缺陷的设备；

——潜在对象：在后期运行过程中可能会产生潜在缺陷，或者对疲劳损伤较为敏感的设备。

10.3 核一级管道及设备疲劳时限老化分析

10.3.1 对于核一级管道及部件，应评价其在执照延续期末，关键部位疲劳寿命是否满足规范要求

10.3.2 疲劳评价方法

（1）基于瞬态统计的疲劳评价

通过设计瞬态与实际瞬态统计结果之间的对比来论证设计评价结果是否可以包络实际疲劳寿命。对于预测瞬态次数超过设计规定的次数时，应采用系数线性放大的方式将其考虑到执照延续疲劳寿命中。

（2）设计结果分析评价

根据核一级管道及设备的设计疲劳分析结果，根据瞬态次数统计结果，将设计结果外推至执照延续期末。

10.3.3 环境促进疲劳分析方法

（1）环境促进疲劳的范围

在金属疲劳时限老化分析时，应考虑环境因素的影响，环境促进疲劳分析一般只针对核一级关键承压部件及管道。可按以下步骤来实施环境促进疲劳分析评价。

（2）环境促进疲劳评价对象确定

对于设计寿期内累积疲劳损伤系数超过 0.3，或基于实际运行瞬态计算得到的 CUF 超过 0.3 时，应进行环境促进疲劳评价。同时，对于热疲劳敏感的管道，应纳入环境促进疲劳评价的范围，包括（不限于）：

——稳压器波动管；

——稳压器喷淋管线；

——上充下泄管线；

——预热排出管线等；

——10-02 环境影响因素；

——一级管道及设备的疲劳寿命分析时，应考虑以下环境因素：

——环境温度（具体说明）；

——溶解氧；

——应变速率；

——材料中 S 含量；

——其他。

（3）环境促进疲劳因子 F_{en} 计算方法

环境促进疲劳因子 F_{en} 计算可按照 NB/T 20013 的规定进行，对于超出 NB/T 20013 限值条件的部位，可根据具体材料及所处环境开展的专项研究成果来进行计算。

10.3.4 分析评价结果

综合考虑瞬态统计结果、设计疲劳评价结果、以及环境促进疲劳因子 F_{en}，对一级管道及部件的疲劳寿命做出评价，评估其在执照延续期末是否满足规范要求，对于不符合设计规范规范要求的部位，应开展进一步分析评价。

10.4 核 2 级、3 级管道及设备金属疲劳时限老化分析

针对 2 级、3 级部件，可按以下要求完成金属疲劳时限老化分析。

10.4.1 一般要求

金属疲劳时限老化分析时遵循的主要原则为通过瞬态分析，证明寿期内（运行许可证更新期）已计算的最大允许应力范围是否满足要求；根据最大允许应力范围确定的瞬态循环次数，并考虑应力减弱系数之后确定次数与设计次数对比，判断其是否超过设计瞬态次数限值。

10.4.2 评价范围

2 级、3 级管道包括蒸汽管线等；

2 级、3 级设备包括承压容器、热交换器、泵以及重要的阀门等。

10.4.3 核 2 级、3 级管道及设备金属疲劳评价方法

根据最大允许应力范围确定的瞬态循环次数，并考虑应力减弱系数之后确定次数与设计次数对比，判断其是否超过设计瞬态次数限值。

10.4.4 核 2 级、3 级管道及设备金属疲劳时限老化评价结果

汇编核 2 级、3 级管道及设备金属疲劳时限老化评价结果，判断其是否满足执照延续要求，并给出结论。

11 电仪设备环境鉴定审查

11.1 电仪设备环境鉴定的审查范围

11.1.1 电仪设备环境鉴定的范围

核电厂中所有与安全相关的电仪设备均应满足环境鉴定（EQ）要求，这些设备包括以下几种。

——安全相关重要设备：

在设计基准事故过程中及事故后对保持以下功能有重要作用的电仪设备。

● 保持反应堆压力边界的完整性；

● 使反应堆停堆及保持在安全停堆状态的能力；

● 防止或缓解潜在的厂外辐射事故的能力。

——非安全相关设备，但其失效会影响上述安全相关重要设备实施其安全功能；

——事故后监测设备。

11.1.2 电仪设备环境鉴定审查范围

各运行核电厂都应参照电仪设备环境鉴定的范围编制电仪设备环境鉴定清单并制定环境鉴定大纲。电仪设备环境鉴定的审查评估范围是鉴定寿命等于或大于当前运行许可证期限的电仪设备。

11.2 时限老化分析电仪设备的筛选

11.2.1 时限老化分析的定义

时限老化（TLAA）分析是对以下内容的分析和计算：

——满足《核电厂运行许可证延续期 第3部分：老化管理审查及时限老化分析对象筛选》第4.3.1要求的相关系统、构筑物和设备；

——涉及老化效应；

——由当前运行时限确定的时限假设（如40年）；

——由执照持有者确定的与制定安全决策相关；

——与确定系统、构筑物或设备执行预期功能的能力结论有关的，或提供结论依据的；

——当前执照基准（CLB）所包含或引用的。

11.2.2 TLAA电仪设备的筛选

TLAA电仪设备的筛选必须同时满足上述的6个准则：

——运行许可证延续期范围内的SSC的范围筛选应先于或者与识别TLAA同时进行。

——需考虑的老化效应包括但不限于：材料损失、韧性降低、预应力丧失、沉降、开裂、丧失绝缘性能。

——分析中应明确运行期限，简单断言一个设备是以服务寿命或者电厂寿命设计的是不够的，应通过明确包含时限的分析计算来提供支持。

——通过相关信息的审查来确定与安全决策的相关性，如果可以证明分析与电厂采取的行动有直接关系，或者为持照持有者的安全决策提供基础，则认为该分析与安全决策有关。若不进行此项分析，执照持照持有者可能会得到一个不同的安全结论。

——预期功能应先于或者与TLAA的辨识同时实施，不影响系统、构筑物或设备预期功能的不列入TLAA的范围。

——当前执照基准（CLB）中不包含的计算和分析不属于TLAA，同时，计算和分析的结果不以参考文件的形式包含在CLB中的也不属于TLAA。

11.3 电仪设备TLAA的验收准则及证明方法

11.3.1 电仪设备TLAA的验收准则

电仪设备的TLAA结果满足以下任意一条准则，则是可接受的：

——运行许可证延续期内，原有的分析仍然有效；

——分析可以覆盖到运行许可证延续期末期；

——影响预期功能的老化效应在运行许可证延续期内得到足够的管理。

11.3.2 电仪设备TLAA验收准则的证明方法

（1）证明在许可证延续运行期内，原有的分析结果仍然有效

当电仪EQ设备已有的TLAA分析结果能证明在许可证延续期间该设备的预期功能可得到保证时，可以选用该证明方法。

（2）证明鉴定分析可以覆盖许可证延续运行的末期

电仪EQ设备的已有鉴定分析无法证明在运行许可证更新运行期间该设备的预期功能可以得到保证，但通过合理降低原鉴定分析中的保守因素进行再分析鉴定，且再分析鉴定结果能证明在许可证延

续运行期间设备的预期功能够得到保证时，可以选用该证明方法。

再分析鉴定应当包括分析方法、数据采集和降低保守因素方法、基本假设、验收准则、纠正行动等内容。

分析方法：热老化评估模型采用 Arrhenius 法，辐照老化评估的分析要对累积剂量（预期寿命下的正常辐照剂量加上事故辐照剂量）进行鉴定。对于复合老化模型，可以使用相似的分析方法，其他模型根据具体情况而定；

数据采集和降低保守因素方法：采集电厂实际运行环境数据，确定可降低的保守因素；

基本假设：再分析评估的基本假设条件应当是充分保守的，需考虑设计更改、运行、维护等活动可能带来的环境改变；

验收准则与纠正行动：通过再分析评估可以延长电仪设备的鉴定寿命，满足运行许可证更新要求，但若在分析评估的结果仍然不能满足要求，则需在现有鉴定寿命期满之前对该设备进行维修、更换或再鉴定。

证明对预期功能有影响的老化效应在运行许可证更新期内能够得到足够的管理：

——该证明方法是通过对包含所有需进行 TLAA 电仪设备的符合法规要求的 EQ 大纲的有效审查和评估，来确保影响预期功能的老化效应在运行许可证延续期内能够得到足够的有效管理；

——在进行 TLAA 的电仪设备审查工作过程中，可以参考利用国内外先进经验和标准规范，对电仪设备的环境鉴定大纲（EQ 大纲）的各个要素进行审查，通过审查证明电厂的环境鉴定大纲在运行许可证延续期内影响设备预期功能的老化效应可得到足够的有效管理。

12 预应力混凝土安全壳时限老化分析

12.1 分析评价对象

预应力混凝土安全壳时限老化分析的典型对象包括：
——预应力损失分析；
——灌油钢束预应力损失分析；
——灌浆钢束预应力损失分析；
——钢衬里疲劳分析；
——贯穿件疲劳分析。

12.2 预应力损失分析

12.2.1 老化机理

引起混凝土安全壳预应力损失的因素包括如下几个方面：
（1）初始损失（瞬时损失）
——锚具回弹；
——钢筋与孔道壁之间的摩擦；
——弹性压缩以及钢束张拉顺序的影响。
（2）基于时间的损失（长期损失）
——混凝土的收缩；
——混凝土的徐变；
——预应力钢束的松弛。

（3）其他损失

——由于腐蚀或材料缺陷引起的钢筋失效；

——温度变化的影响。

预应力损失时限老化分析主要考虑预应力的长期损失，即由混凝土收缩和徐变、预应力钢束的松弛引起的损失。

12.2.2　灌油钢束预应力损失分析

（1）分析对象

对于设置灌油监测钢束的预应力混凝土安全壳，典型的时限老化分析对象包括：

——理论预测的预应力损失分析；

——实测监测数据的回归分析。

（2）分析方法

——理论预测的预应力损失分析：

按照安全壳预应力损失模型计算预应力损失，绘制预测的预应力损失曲线。

——实测监测数据的回归分析：

对实际测定的单根钢束的预应力值（而不是每组钢束的平均值）进行回归分析，绘制预应力损失的趋势线。

（3）验收准则

时限老化分析的结果满足以下任意一条准则，则是可接受的。

原始的预应力损失分析在延续运行期间仍然有效，因为：

——根据近期监测数据绘制的趋势线表明，预应力的实际损失小于预测值。

——原始的分析范围覆盖到了延续运行期末。

——根据实测值绘制的预应力趋势线在延续运行期间保持在各组预应力钢束锚固端的最小设计允许值之上。

——原始的预应力损失分析可延伸至延续运行期末。

——更新原始的分析模型，使其分析范围覆盖到延续运行期末。更新后的分析结果表明，根据实测值绘制的预应力趋势线在延续运行期间保持在各组预应力钢束的最小设计允许值之上。

——如果趋势线与设计最小允许值相交，则应制定一个系统化的方案，重新对不合格钢束进行张拉，以使趋势线在延续运行期间保持在每组预应力钢束锚固端的最小设计允许值之上；或者重新对安全壳进行分析，以证明设计的充分性。

——在延续运行期间，老化管理大纲能充分管理老化效应对预期功能的影响。

——核电厂应在延续运行期间制定并实施一个有效的老化管理大纲来监测预应力损失，以确保根据实测值绘制的趋势线可以表明在下一个检查周期之前，现有的预应力不会低于设计允许的最小值。该大纲的目的是使实测趋势线高于理论预测的预应力损失曲线，如果实测趋势线与预测的损失曲线相交，则钢束的实际预应力可能会很快低于设计允许的最小值。

——在获得新的监测数据后，应对趋势线进行更新（回归分析）。

——如果实测趋势线与预测的损失曲线相交，则应尽快采取纠正行动，包括修理或更换部件、设计变更、程序升版以及进一步的回归分析等，以证明在延续运行期间实际预应力不低于最小设计允许值。

12.2.3　灌浆钢束的预应力损失分析

（1）分析对象

对于未设置灌油监测钢束的灌浆预应力混凝土安全壳，典型的时限老化分析对象为理论预测的预应力损失分析。

（2）分析方法

按照安全壳预应力损失模型计算预应力损失，绘制预测的预应力损失曲线。

（3）验收准则

参照上述验收准则执行。

12.3 钢衬里疲劳分析

12.3.1 老化机理

引起钢衬里疲劳的因素包括：

——安全壳混凝土收缩和徐变；

——壳内压力和温度载荷：

- 反应堆升、降温；
- 安全壳整体密封性试验；
- 室内外温差变化；
- 高能贯穿管线（如蒸汽管线等）；
- 地震载荷；
- LOCA。

12.3.2 分析对象

混凝土安全壳钢衬里的疲劳分析。

12.3.3 分析方法

按照有关规范的要求，计算在延续运行期末钢衬里的累积疲劳损伤因子（CUF）或预期的循环次数。

12.3.4 验收准则

时限老化分析的结果满足以下任意一条准则，则是可接受的。

——原始的疲劳分析在延续运行期间仍然有效：

- 原始疲劳分析已覆盖到延续运行期末；
- 在延续运行期末，运行瞬态不会超过假定的循环次数。

——原始的疲劳分析可延伸至延续运行期末：

- 审查运行瞬态和在延续运行期内假设的循环荷载，确保循环载荷假设的充分性；
- 更新原始的疲劳分析，使其范围覆盖到延续运行期末，重新计算的 CUF 值不大于 1；
- 在延续运行期间，老化管理大纲能充分地管理老化效应对预期功能的影响；
- 如是检查大纲，则该大纲应满足 10 要素的要求；
- 如是更换大纲，则应在 CUF 大于 1 之前进行更换，并确认更换后部件的 CUF 不大于 1。

12.4 贯穿件疲劳分析

12.4.1 老化机理

引起贯穿件疲劳的因素包括：

——安全壳混凝土收缩和徐变；

——壳内压力和温度载荷：

- 反应堆升、降温；
- 安全壳整体密封性试验；
- 室内外温差变化；
- 高能贯穿管线（如蒸汽管线等）；

- 地震载荷；
- LOCA。

12.4.2　分析对象

高能管线贯穿套管（包括异种金属焊缝）和燃料运输通道贯穿波纹管的疲劳分析。

12.4.3　分析方法

按照 ASME 规范第 3 卷或有关规范的要求，计算在延续运行期末贯穿件的累积疲劳损伤因子（CUF）或预期的循环次数。

12.4.4　验收准则

时限老化分析的结果满足以下任意一条准则，则是可接受的：

——原始的疲劳分析在延续运行期间仍然有效；

——原始疲劳分析已覆盖到延续运行期末；

——在延续运行期末，运行瞬态不会超过假定的循环次数；

——原始的疲劳分析可延伸至延续运行期末；

——审查运行瞬态和在延续运行期内假设的循环荷载，确保循环载荷假设的充分性；

——更新原始的疲劳分析，使其范围覆盖到延续运行期末，重新计算的 CUF 值不大于 1；

——在延续运行期间，老化管理大纲能充分管理老化效应对预期功能的影响；

——如是检查大纲，则该大纲应满足 10 要素的要求；

——如是更换大纲，则应在 CUF 大于 1 之前进行更换，并确认更换后部件的 CUF 不大于 1。

第十一章　在役检查

1　概述

在役检查是核电厂运行的一个重要组成部分，是确保核电站安全、经济可靠运行的重要活动之一，是预防性维修活动的一种方式，通常使用无损检测的方法，有计划、系统地对一些机械承压设备进行检查，跟踪已经存在的缺陷，探测新产生的缺陷，并对其分析与评价。

在役检查活动遵循国家核安全法规的要求严格进行，并参照 IAEA 导则以及部分国家标准的要求。同时结合核电厂实际运行情况，从而保证电站设备的安全运行。

"华龙一号"核电机组在役检查工作主要包括在役检查文件体系、检验技术要求、资质管理、设备管理、计划执行与调整、结果评价与处理、记录与报告等，如表 462-11-01-01 所示。

表 462-11-01-01　在役检查技术要素

次级技术要素	包含内容
文件体系	在役检查大纲、机组大纲（十年计划）、检验规程、质量计划
检验技术要求	检验方法、特殊要求、验收标准
资质管理	单位资质、人员资质、能力验证
设备管理	在役检查设备、试块
计划的执行与调整	计划执行、计划调整
结果评价与处理	结果评价、流程、缺陷处理原则
记录与报告	记录要求、报告要求

2　术语与定义

下列术语和定义适用于本文件。

在役检查：在核电厂运行寿期内，对核安全 1、2、3 级系统、部件及其支承所进行的有计划的定期检验，以便及时发现新产生的缺陷和（或）跟踪已知缺陷的扩展，并判断它们对核电厂运行是否可以接受，或是否有必要采取补救措施；

役前检查：核电厂运行开始前，必须进行役前检查，以提供初始状态下的数据，作为以后检查结果的比较依据（或称为"零点"）；

无损检测：以不损害预期实用性和可用性的方式来检查材料和零部件的技术手段；

能力验证：核电厂役前及在役检查无损检验技术能力验证是为了保证应用于核电厂役前及在役检查的无损检验的有效性和可靠性，对无损检验的检验设备、程序和人员进行综合评价；

显示：在无损检验过程中收集到的所有原始数据，如信号、测量结果、图像、影像等；

缺陷：指设备存在内部或表面的非结构不连续性、异物、材质缺失、不符合验收标准测量值、异常表现或材料性能恶化；

评定：对原材料或零部件的相关显示进行分析，根据验收标准做出接收或拒收决定的过程。

3　文件体系

"华龙一号"核电机组应建立在役检查活动有关的文件体系，在役检查的文件体系包括法律法规、指导性文件、大纲体系、检查程序、检查记录等。

法律法规中规定了核安全监督管理制度，提出了核安全的基本要求以及建议采用的方法和程序，但在实际执行中还需要有具体的技术上的指导。

指导性文件包括核电厂安全分析报告、建造规范、设备监督检查意见、制造完工报告、系统设计手册、应力/疲劳计算报告、设备图/等轴图以及其他核安全局文件等，是编制在役检查大纲的依据。

大纲体系中包括在役检查大纲、自主检查大纲、机组十年计划、年度检查计划等。在役检查大纲应涵盖法规和规范对检查对象和检查周期有严格要求的项目，是核安全监管部门的重点监内容；自主在役检查大纲主要针对规范要求以外，以及经验反馈要求的检查项目；在役检查十年计划，是对在役检查项目的精细化管理，结合每台机组的实际情况对每个待检部位的实施时间进行了安排，同时集成了检查项目实施所需的图纸、程序和专用工具等信息。

在役检查规程对检查对象、人员资格、检查设备、检查实施步骤、记录验收标准、报告格式等方面作了详细规定，用以规范检查工作，保证在役检查活动的质量。

在役检查报告是在役检查工作的执行记录和结果记录，对评估机械承压设备的结构完整性具有重要作用，同时它还是后续在役检查工作的分析和比较参考。

3.1　在役检查大纲

在役检查大纲是管理在役检查活动的纲领性文件，对核电厂在役检查的范围、检查的计划、检查所用的装备、技术和方法、合格标准、检验结果的评价、组织管理等作了指导性说明，并包括一份含有所有需要进行在役检查的物项的完整的清单。

在役检查大纲的编写应遵循 HAD 103/07 的规定，至少包含下列内容：

——在役检查的目的和范围；

——依据的法规、标准；

——在役检查的基本要求；

——在役检查方法；

——在役检查的实施；

——在役检查的显示处理；

——在役检查与其他相关工作的接口管理；

——核电厂在役检查质量保证要求等。

3.2　自主检查大纲

自主在役检查大纲依据规范限定以外设备和管道的设计文件、检查要求以及国内外核电厂经验反馈项目进行编制。在满足安全可靠要求的前提下，自主在役检查大纲的检查范围、检查方法和检查间隔，可根据运行经验自主安排。

编制自主在役检查大纲，至少应包含下列内容：

——自主在役检查范围和内容；

——编制所依据的法规、标准；

——取样原则；

——检验计划；

——检验方法；

——检验实施，包括检验资质、检验设备、检验程序以及检验记录和报告等；

——结果评价和处理等。

3.3 在役检查十年计划

除了在役检查大纲以外，还应分别为每个机组编制专门的机组在役检查十年计划。机组在役检查十年计划的检查范围和检查方法依据在役检查大纲的要求确定，检查计划间隔在满足在役检查大纲要求的前提下，依据机组换料大修安排确定。

机组在役检查十年计划至少包括以下内容：

——系统名称；

——系统代码；

——检查对象；

——受检部件名称；

——检查范围；

——规格；

——参考图；

——编号；

——检查方法；

——安全等级；

——检查时机；

——备注；

——在役检查不可达清单等。

3.4 检验规程

检验程序是保证检验的可靠性和重复性，是在役检查的重要组成部分。

检验程序应当明确所有检验时需要使用的设备、探头、消耗品、电缆和仪器以及检验时使用的判断方法。

对于通用性较强的检验活动可以编制统一的检验程序；对于特殊部位的特殊检验方法，应编制单独的检验程序，如反应堆压力容器自动超声检验、蒸汽发生器传热管涡流检验等。

在役检查程序的格式和内容应满足核电厂质量保证体系的要求，检验程序应至少包括下列内容：

——目的；

——适用范围；

——引用的法规、标准和文件；

——检验人员资格；

——检验设备及器材；

——检验条件；

——检验设备的标定；

——检验操作步骤；

——记录和验收标准；

——检验报告的形式和内容。

3.5 质量计划

在实施在役检查前，应按质保大纲要求有针对性的编制相应的质量计划。质量计划应涵盖在役检查程序中的各个环节，内容至少包括：

  ——检验对象；

  ——检验方法；

  ——工作流程；

  ——符合质保大纲要求的监督见证点；

  ——工作负责人及质量监督人员签名；

  ——实施日期。

4 检验技术要求

4.1 检验方法

在制定在役检查大纲时，应给出所使用检验方法的概要描述，以及各种检验方法在实施过程中的主要要求。所有在役检查中使用检验方法的具体要求均应规定在相应的工作程序或指导文件中，且应满足适用规范标准的要求。

4.2 目视检验

4.2.1 检验目的

  ——查明零件、部件或表面是否存在裂纹、腐蚀、侵蚀、磨损、机械损伤或实体损伤；

  ——查明部件、系统等是否有泄漏；

  ——查明部件及其支承的机械和结构方面的大体情况，如变形、移位、零件失落、腐蚀、磨损、侵蚀、螺栓连接或焊接连接处的结构损坏。这种检查包括对阻尼器以及恒定载荷支承件或弹簧式支承件的状态进行评估性的检验。

4.2.2 目视检验技术

目视检验的方法取决于检验的可达性，可分为以下两种：

  ——直接目视检验，如用裸眼、反光镜、放大镜；

  ——远距离目视检验，如用望远镜、内窥镜、光纤、照相机或其他的仪器。

一般来说，直接目视检验方法比较好，结果容易判断；远距离目视检验，由于图形质量，精度、颜色质量、照明条件、照片部位，以及空间的相对位置，使得结果判断比较困难。

4.2.3 目视检验要求

应该使用书面程序进行检验，程序包括：

  ——检验范围；

  ——要求的分辨能力、检验距离、检验角度；

  ——表面状况；

  ——可达性；

  ——直接的或远距离的目视检验；

  ——照明要求；

  ——专门的仪器或设备；

  ——验收标准。

4.2.4 结果评价

一般来说，所有相对先前检验的变化，均应报告。

对于裂纹或裂纹型缺陷，应采用更为细致的检验方法，如表面检验方法或金相方法。

应对腐蚀、磨损、泄漏、凹陷、冲蚀、变形和移位等逐一进行评价，考虑是否采取纠正措施或缩短检查期。

4.3 表面检验

4.3.1 检验目的

发现检验表面或近表面的裂纹或裂纹型缺陷，其他类型的缺陷，如搭接、接缝、气孔、折叠，也能发现，但它们对设备的安全性而言，重要性不高。

4.3.2 表面检验技术

表面检验技术的选择，依赖于被检验的材料和缺陷类型。

当部件是铁素体材料构成，并且几何外形比较规整时，采用磁粉检验方法比较好。因为在一般的表面状况下，磁粉检验方法针对裂纹或裂纹型缺陷，有比液体渗透检验方法更高的灵敏度。液体渗透检验方法通常用于奥氏体材料，以及当铁素体材料的可达性受到限制时，或需要将缺陷相似显示被检材料的磁性变化相区别时。

除此之外，还可以使用特殊的表面检验方法，如涡流检验方法，或带特殊探头的超声波检验方法。

4.3.3 表面检验的要求

表面检验程序应包括：

——应用范围（如被检验部件、材料和区域）；

——表面制备；

——液体渗透检验：

● 所使用的检验系统的类型（渗透剂、清洗剂、乳化剂、显像剂等）；

● 操作细节，包括检验前清洗、施加渗透剂、去除多余的渗透剂、施加显像剂和检验后的清洗；

——检验系统的控制；

——磁粉检验：

● 磁化技术；

● 磁化设备；

● 检验介质的类型（干磁粉、湿磁粉、荧光、颜色等）；

● 电流的类型；

● 去磁和检验后的清洗；

● 设备的标定；

● 合适磁场的验证。

——验收标准。

4.3.4 结果评价

任何显示被分为线性和圆形两种显示：

线性显示：长度大于 3 倍宽度；

圆形显示：长度小于 3 倍宽度。

记录标准：

——长度大于 3 mm 的线性显示；

——直径大于 3 mm（磁粉检验）（渗透检验为 5 mm）的圆形显示；

——在一条长度为 30 mm 的线上或直径为 30 mm 的区域上，存在 4 个或 4 个以上长度大于 1.5 mm 或直径大于 1.5 mm（磁粉检验）（渗透检验为 3 mm）缺陷。

当存在下列缺陷时，则是超过评价标准：

——裂纹；

——与先前的检验比较有变化。

4.4 体积检验

4.4.1 检验目的

发现可接近表面下的、材料内部的缺陷，甚至在不可接近的表面上发现缺陷。

4.4.2 体积检验技术

体积检验技术包括：

——超声检验；

——射线检验；

——涡流检验。

超声检验方法是检测运行载荷所形成的平面缺陷（如裂纹或裂纹型缺陷）首选方法，检验时应针对这些缺陷优选检测的角度。

对于具有体积型特征的缺陷（如腐蚀、局部冲蚀、点蚀），可选择射线检验方法。

涡流检验方法通常用于薄壁的非铁磁性材料，如热交换器的管子，检验其壁厚减薄情况、凹陷等。

4.4.3 体积检验的要求

检验程序应包括：

——适用范围；

——表面制备；

——检验技术；

——设备标定；

——标定试块；

——验收标准。

4.4.4 结果评价

对于超声检验，有必要确定显示是来自缺陷，还是来自几何形状。如果显示确定不是来自几何形状，则应当使用接受标准进行评定。

超声检验记录阈值如下。

——反应堆压力容器的超声检验（自动检验）：任何反射波幅大于或等于25%参考反射波幅值（−12 dB）的显示信号都应记录。其中参考反射波是利用ϕ2 mm的横孔获得。

——焊缝的手工超声检验与参考回波幅值相比，安全1级设备应记录大于等于25%DAC（−12 dB）的所有显示；安全2、3级设备应记录大于等于50% DAC（−6 dB）的所有显示。

射线检验的记录标准如下：

——直径大于等于4 mm的单个气孔；

——长度大于等于5 mm的单个夹渣；

——受检区域中除气孔和夹渣以外的所有显示。

对于传热管的涡流检验，记录标准通常定在壁厚的20%；当大量管子减薄超过壁厚20%时，检查的间隔应适当缩短。

4.5 特殊要求

4.5.1 反应堆压力容器超声检验

反应堆压力容器超声检查的主要针对铁素体钢焊缝、奥氏体不锈钢堆焊层下的母材、铁素体钢与奥氏体不锈钢之间的异种金属焊缝以及奥氏体不锈钢焊缝。

超声检验应在压力容器内侧水下进行。

可使用接触式或非接触式探头，检验装置应放置在反应堆压力容器法兰或其他固定结构上。安装有超声波探头的检验装置通过"扫查"和"步进"两种运动的结合扫查受检区域。

反应堆压力容器超声检查的区域如下。

——反应堆压力容器筒体焊缝：应在容器内侧沿垂直焊缝中心线和平行焊缝中心线两个方向检验筒体环焊缝，检验范围为焊缝及焊缝两侧邻近各 50 mm 的母材；

——容器下封头环焊缝：应在容器内侧沿垂直焊缝中心线和平行焊缝中心线两个方向检验下封头环焊缝，检验范围为焊缝及焊缝两侧邻近各 50 mm 的母材；

——接管与筒体连接焊缝：应在接管内侧沿垂直焊缝中心线的方向检验接管与筒体的连接焊缝，检验范围为焊缝及焊缝两侧邻近各 50 mm 的母材；

——堆芯强辐照区域的容器筒体：应在容器内侧检验堆芯强辐照区域的容器筒体，其检验方向与筒体环焊缝的检验方向相同。

反应堆压力容器超声检查记录阈值如下。

——筒体环焊缝、接管与筒体焊缝、法兰联系带和堆芯强辐照区域：记录阈值为基准灵敏度–12 dB。

——接管与安全端焊缝及安全端与主管道焊缝：需记录超过噪声信号的所有显示，或以基准灵敏度–12 dB 作为记录参考。

4.5.2 反应堆压力容器主螺栓超声检验

反应堆压力容器主螺栓超声检验，检测主螺栓螺纹的明显金属损伤（由侵蚀、撕裂等所致）、螺纹根部附近金属的裂纹以及光杆区外表面或光杆与螺纹连接区母材中的裂纹。

检验前应将主螺栓从反应堆压力容器的法兰上拆下，将主螺栓内、外表面上所有干涉超声声束传播的物质擦除，确保主螺栓内、外表面干净，并满足超声检验要求。

标定试块应与受检主螺栓的材料、形状、尺寸和制造工艺相同，标定试块上（包括螺纹和光杆）至少加工 3 种槽深的垂直于主螺栓轴线的人工刻槽，槽深范围是 0.5～2 mm。

反应堆压力容器主螺栓超声检验记录阈值如下：

应记录大于等于深 0.5 mm 人工刻槽的超声标定信号的任何超声显示。

任何超过记录阈值的显示均应附加目视检验或渗透检验，用以对记录的显示进行定性和定量。

4.5.3 蒸汽发生器传热管涡流检验

蒸汽发生器传热管涡流检验应能检出危及传热管强度裕度和导致传热管密封性破坏的任何缺陷，能判别缺陷显示在服役过程中发生的显著变化，用以评定其危害性。

蒸汽发生器传热管涡流检验应在蒸汽发生器一次侧排完水、充分干燥并冷却后实施。

应在现场及时对采集的数据进行分析，识别并记录下列显示：

——过胀；

——自由段或弯管区的碰伤；

——支撑板处的变形和凹痕；

——尺寸变化；

——胀管的不均匀性；

——磨损；

——腐蚀性缺陷；

——轴向裂纹；

——传热管外壁导电或磁性沉积物。

4.5.4 反应堆压力容器主螺栓和主螺母涡流检验

主螺栓和主螺母涡流检验目的是检测螺纹的明显金属损伤（由侵蚀、撕裂等所致）及螺纹根部的任何潜在裂纹。

主螺栓和主螺母涡流检验前，应将被检主螺栓和被检主螺母从反应堆压力容器上拆下，并清除其表面可能妨碍涡流检验的表面附着物，如粉末、油脂、氧化皮、污点等。确保主螺栓和主螺母受检部位表面干净，并满足涡流检验要求。

主螺栓标定试块的螺纹根部应至少加工 3 种槽深的垂直于主螺栓轴线的人工刻槽，槽深范围是 0.5～2 mm，槽宽为 0.1 mm。

应记录大于等于深 0.5 mm 人工刻槽的涡流标定信号的任何涡流显示。

5 资质管理

在役检查应由符合 HAF 601 和 HAF 604 规定资格的无损检验单位实施，从事在役检查无损检验的人员应符合 HAF602 的要求，在役检查所采用的检验技术应通过能力验证。

5.1 无损检验单位资质

从事在役检查的无损检验单位应依照《民用核安全设备监督管理条例》（国务院令第 500 号）和《民用核安全设备设计制造安装和无损检验监督管理规定》（HAF 601）规定取得无损检验许可证。

无损检验单位应当根据其质量保证大纲和营运单位的要求，在无损检验活动开始前编制项目质量保证分大纲，并经营运单位审查同意。

无损检验单位应聘用取得民用核安全设备无损检验人员资格证书的人员进行无损检验活动。

5.2 无损检验人员资质

凡从事在役检查的无损检验人员应遵照《民用核安全设备无损检验人员资格管理规定》（HAF602）的规定取得民用核安全设备无损检验人员资格证书并经过授权：

——无损检验人员均应经过专门培训并考试合格，取得授权机关的资格证书，且需在资格证书的有效期，方可进行许可范围内的检验活动；

——从事自动化、机械化检验装置检验的检验员应持有相应的资格证明；

——检验人员进入现场前，应通过核电厂规定的授权培训；

——检验人员的资格认可，在相应的检验程序中应做出规定。

5.3 能力验证

在役检查无损检测技术能力验证是由独立的验证机构对在役检查所使用的无损检测设备、程序和人员进行综合能力验证，来判定在役检查技术是否能对缺陷进行有效的检测和精确的定量。验证项目、方法和标准需满足国家核安全局相关要求。

根据被检部件对安全的影响程度及核电厂的运行经验反馈情况，在役检查无损检验能力验证分为特殊验证项目、综合验证项目、常规验证项目、不需验证项目、专家评判项目等类型。

受检部件的役前及在役检查工作需在该项目能力验证工作完成并获得国家核安全监管部门批准后方可进行。

6 设备要求

6.1 设备

为了保证检验的可重复性和可靠性，役前检查和在役检查应尽可能使用相同的设备。

对由于放射性环境对人体的危害而不可达的用于反应堆冷却剂系统的检验设备，应为其设计制造相应的专用设备或工具。

用于检验或试验的所有设备，其质量、量程和精确度应符合其相应的产品标准规定，其性能应满足相应的检验标准中规定的要求并提供证明文件。

属于计量的设备在使用前必须按照计量器具的管理要求进行检定，并建立详细、准确记录。所有设备都应有关于检定记录的适当标识，按质量保证大纲定期核实其有效性。

6.2 试块

在役检查是对设备和部件检查数据的跟踪和对比，所以检查用试块是检查数据具备有效性的关键环节。

6.2.1 标准试块

标准试块是指规定用于设备标定和校验的试块，由专门机构负责制定，试块的材质、形状、尺寸及表面状态都统一规定。标定试块应经计量部门检定合格。

6.2.2 参考试块

参考试块是由检验部门按照具体的检测对象制定的试块。

参考试块材料可采用受检工件的延长部分、或材料和热处理状态均与被检件相同的边角料。超声检验参考试块的外形尺寸应能代表被检验的特征，试块厚度应与被检件相对应参考试块的扫查面应经过机加工，表面粗糙度不应超过 6.3 μm。涡流检验参考试块的直径、标称壁厚、冶金和表面状态应与被检件相一致。

鉴于电厂获得重要设备或部件同类同一批次材料存在很大困难，所以在同设备或部件供货商签订合同时应明确要求其提供满足相关在役检查标准要求的参考试块或制造材料。

6.2.3 能力验证试块

能力验证试块包括明测试块和盲测试块。

在能力验证方案审查完成后，验证机构负责组织盲测试块的设计。

用于制作盲测试块的原材料的材质、规格尺寸、热处理状态、焊缝结构形式、焊接材料及表面状态等与被检对象相同或类似，且试块体积应保证设计的缺陷数量满足在役检查规范的要求。

7 检验计划执行与调整

7.1 计划执行

在役检查必须在一定的检查间隔期内完成，检查间隔期的长短必须按保守的假定来选择，以确保受影响最严重的部件即使有极少损伤也能在导致失效前被检测出来。对于某些压力边界的全面在役检查计划可能分散安排在多次设备计划停运之间进行（如阀门和泵）。

部分在役检查计划应考虑下列情况：

——在顺序两次全面在役检查之间进行一次部分在役检查，这次部分在役检查实施的时间在两次全面在役检查的正中间，其提前和推迟应不超过 2 年；

——在顺序两次全面在役检查之间进行两次部分在役检查，即部分在役检查在第一次全面在役检查后 3～7 年，其提前和推迟不超过 1 年；

——在役检查大纲确定的 3 年或 5 年后的检查提前或推迟应不超过 1 年。

接近核电厂寿期末尾时，随着设备的劣化和缺陷的扩展，检查间隔期可做相应的调整。

7.2 计划调整

在一个检查间隔期内进行的部件检验的顺序，必须尽可能在以后的检查间隔期内予以保持。

当一个部件的检验在缺陷指标上的评价结果超出了合格标准，但是如果采取纠正措施后该部件可以继续使用时，则在后续的三个检查期中的每一期内，都必须重复检验该部件含有这种缺陷的相同部位，并把它作为最初的大纲进度中的一项附加要求。另外，当与先前的检验相比较确认需要报告的可接受缺陷发生扩展，则应对这些缺陷进行重复检验，以便及时地检测这些缺陷在达到合格标准前的可能扩展情况。

如果后续的三次检查结果表明缺陷基本上保持不变，则该部件检验进度可恢复到最初的检查进度。

针对有不可接受的缺陷的设备进行过修理或更换后，或修改而新增的设备，必须在设备首次投入运行之前进行役前检查，以便建立新的零点，后续检查计划按照要求进行调整。

8 结果评价与处理

在役检查的结果显示应按规定的流程进行评价和处理。

8.1 结果评价与处理流程图

在役检查过程中发现显示信号或缺陷信号时，应按照预先规定好的流程进行分析和处理。制定在役检查大纲时，应根据有关核安全法规和导则，结合适用规范标准的要求描述在役检查发现显示信号的处理流程图，并辅以相应的文字说明。图 462-11-08-01 规定了在役检查与结果评价显示处理应遵循的一般步骤。

8.2 结果评价

在役检查结果评价与显示处理一般按下列 4 个步骤进行：
——显示的确认；
——显示的分析；
——缺陷的规则化；
——缺陷的处理。

8.2.1 显示的确认

如果显示信号没有超过记录阈值，不必再分析，不采取纠正措施。

达到或超过无损检测记录阈值的显示都应进行确认。

显示的确认就是核实和确定显示客观存在，可使用同一检验方法的不同检验技术或其他检验方法对显示进行核实。

超过记录阈值的显示定义为缺陷显示，检查人员采集到缺陷显示后，要按检验程序要求对其进行分析，首先获得缺陷显示的物理表征如位置、尺寸、当量、取向等，并与先前的在役检查结果及役前检查结果相比较，把缺陷显示分类为：
——未再现的缺陷显示；
——无显著变化的再现缺陷显示；
——有显著变化的再现缺陷显示；
——新的缺陷显示；
——不能解释的缺陷显示。
确定达到或超过记录阈值的客观存在的显示，都应记录并报告。

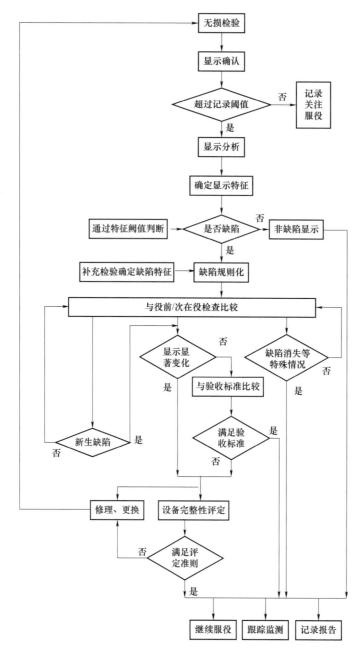

图 462-11-08-01　在役检查结果评价与缺陷处理流程图

8.2.2　显示分析

所有记录的显示应分析，分析内容包括以下几项。

——确定显示物理特性：确定显示的位置、尺寸或幅值以及检验程序要求记录的其他参数；

——与前次检验结果比较：确定显示是否为新萌生的、是否与先前的显示相同，或显示是否发生显著变化；

——与特征阈值比较。

8.2.3　缺陷规则化

缺陷规则化就是根据缺陷的性质、位置、尺寸和取向等特征，把原始缺陷转化为规则化缺陷的过程。为了对超过特征阈值的显示按验收标准进行验收，或按完整性评定规则进行评定，应对显示所对应的缺陷进行规则化。

超过特征阈值的显示应用经过鉴定的精度更高的同种方法或其他方法进行补充检验，以便确定缺陷的几何特征。

役前和在役检查发现的缺陷进行规则化处理。

8.2.4 缺陷的处理

对超过验收标准的缺陷进行有害性评价,如果得出有利的结论,采取特别措施的情况下可以继续使用该设备,则有条件的放行。

特别措施包括:

——增加在役检查频度;

——扩大检查范围如增加对相似部件的检查;

——采用更好的特殊检查方法(验证);

——强化在役检查;

——限制或改变运行条件,避免缺陷发展及由此带来的后果;

——缺陷的长期监测;

——安装辅助装置。

否则,进行修理或更换。修理或更换后,进行役前检查,满足制造标准,则关闭不符合项。修理或更换后重新进行役前检查的目的是为该设备(部件)建立新的初始状态即"零点"。

9 记录与报告

在役检查记录方式包括检验记录单、检验结果单等,在役检查结果报告包括检查综合报告和在役检查总报告。

9.1 检验记录

9.1.1 检验记录单

检验记录单用于记录无损检测工作过程条件,如检验设备、被检部件的标识号、焊缝类型、管径和壁厚、检查日期等。

检验记录单应至少包括下列内容:

——所有相关资料,如部件标识、受检区域的位置和尺寸、检验技术、检验装备型号、传感器型号、标定设备、灵敏度标准等;

——超过记录阈值的全部显示以及与这些显示有关的资料;

——所有原始记录(如射线胶片、照片、磁带、图表)都列入记录(因未获得任何显示而不需保存且在记录中注明者除外);

——与以前的检验结果和评价所作的比较;

——评价。

检验记录应在被检设备寿期内完好保存。

9.1.2 检验结果单

检验结果单包括以下内容:

——检验区域的位置及尺寸、检验设备型号、传感器型号、标定设备、灵敏度标准等;

——超过记录阈值的显示以及这些现实的相关资料(如部位、大小和长度等);

——所有原始记录(如射线底片、磁带、图表等),除了那些因未获得任何显示而无需保存且在记录中注明者外;

——按照验收准则对发现的显示进行评价,并记录显示的处理跟踪结果。

9.2 检验报告

每次在役检查活动完成后，都应形成在役检查结果综合报告和在役检查总报告。

9.2.1 在役检查综合报告

每个在役检查项目检验完成后，检验单位应编写检查综合报告。

检验报告应至少包括下列内容：

——目的；

——引用文件；

——程序偏差；

——检验范围；

——检验执行；

——遇到的问题；

——个人剂量和集体剂量；

——检验结果及汇总表；

——结论及与以前检验结果比较表；

——提交的记录介质清单；

——检验设备和器材的合格证；

——本次检验的结果单和报告单；

——本次检验已完成的质量计划。

9.2.2 在役检查总报告

在役检查总报告应至少包括下列内容：

——目的；

——引用文件；

——检验实施；

——检验项目；

——检验程序和辅助程序清单；

——质量计划清单；

——检验报告清单；

——检验结果；

——检验记录介质；

——与以前检验结果的比较；

——不可达焊缝（或部位）清单。

第十二章　金属监督

1　概述

核电厂金属监督是指对核电厂常规岛（CI）和电站辅助设施（BOP）的相关设备（包括汽轮发电机组部件，CI 及 BOP 系统压力容器及压力管道等）的运行监督和定期检查制度，是确保核电厂常规设备安全运行必不可少的条件。金属监督实施过程中参照国家、行业有关标准、规程的要求，结合核电厂实际运行情况，从而保证电站设备的安全运行。

"华龙一号"核电机组金属监督工作主要包括文件体系、检验技术要求、资质管理、设备管理、计划执行与调整、结果评价与处理、记录与报告等，如表 462-12-01-01 所示。

表 462-12-01-01　次级技术要素

次级技术要素	包含内容
文件体系	大纲、十年计划、检验技术要求、质量计划、图册
检验技术要求	检验方法、验收标准、特殊要求
资质管理	单位资质、人员资质
设备管理	金属监督设备、试块
检验计划的执行与调整	计划执行、计划调整
结果评价与处理	结果评价、流程、缺陷处理原则
记录与报告	记录要求、报告要求

2　术语与定义

金属监督：通过有效的检测和诊断，及时掌握 CI 及 BOP 系统的金属部件的质量状况，并采取有效措施进行防范处理和管理的一系列活动；

无损检测：在不损坏检测对象的前提下，以物理或化学方法为手段，借助相应的设备器材，按照规定的技术要求，对检测对象的内部及表面的结构、性质或状态进行检查和测试，并对结构进行分析和评价；

役前金属监督：在核电厂投运前，按照金属监督大纲规定的检查范围进行一系列无损检测和试验，为以后的检验结果建立可供比较的基准点；

显示：指用无损检验方法得到的迹象或信号；

检查：为评定结构、系统、部件、材料以及运行活动、技术过程、组织过程、程序和工作人员能力而进行的考查、观察、测量或试验；

检验：检查工作的一部分，包括对材料、部件、供应品或服务进行调查，在只靠这种调查就能判断的范围内确定它们是否符合规定的要求；

役检取样：从一批类似的受检位置（如焊缝或部件、管线、系统）中选取一部分作为样品。

缩写释义

CI：常规岛；

BOP：核电厂辅助设施；

MT：磁粉检测；

PT：液体渗透检测；

UT：超声检测；

RT：射线检测；

ET：涡流检测；

VT：目视检测；

TM：壁厚测量；

HM：硬度测试；

FM：频率测试；

FAC：流体加速腐蚀。

3 文件体系

核电厂金属监督大纲是参照国家、行业标准，结合电厂实际运行情况，对核电厂常规岛（CI）和电站辅助设施（BOP）的相关设备制定定期检查制度，确保核电厂安全、稳定运行。

核电厂金属监督文件体系包括金属监督大纲、金属监督十年计划、金属监督适用程序清册以及金属监督检查图册。

3.1 金属监督大纲

金属监督大纲是营运单位管理其营运核电厂常规岛及 BOP 设备的规定性文件，内容包括金属监督的管理规定、金属监督的检查技术和检验计划。

编制金属监督大纲应包括核电厂常规岛及 BOP 设备在整个运行寿期内要进行的检验和试验。实施金属监督大纲，应在核电厂运行开始前完成役前金属监督，以便将基准数据与金属监督大纲中的检验和试验结果作比较，并且与缺陷可能的发展情况作比较，以此评价部件的可接受性。

金属监督大纲需要包括（不限于）以下主题和内容：

——目的；

——适用范围；

——金属监督的对象：

● 发电机组的检查范围、内容，检查计划；

● 压力容器的检查范围、内容，检查计划；

● 压力管道的检查范围、内容，检查计划。

——检验方法和验收准则；

——检测人员；

——设备和试块；

——检验规程。

3.2 十年计划

除了金属监督大纲以外，还应分别为每个机组编制专门的金属监督十年计划。金属监督十年计划的检查范围和检查方法依据金属监督大纲的要求确定，检查计划间隔在满足金属监督大纲要求下，依据机组换料大修时间的安排以及设备隔离的情况进行确定。

金属监督十年计划至少包括以下内容：

——系统名称；

——系统代码；

——设备编码；

——检查对象；

——检查频度；

——受检部件名称；

——规格；

——参考图；

——图中编号；

——检查方法；

——检查时机；

——管道等级。

3.3　检验规程

检验人员根据检验技术的要求编制检验程序，从而保证检验的可靠性和可重复性，是金属监督的重要组成部分。

任何检验均应按照相应的检验程序进行。对于特殊部位的特殊检验方法，应编制单独的检验执行程序，对于通用性较强的检验活动可以编制统一的检验执行程序。无损检验程序一般由承包商编制，需经业主认可后方可使用，保证现场适用的检验程序有效性。

检验规程应至少包括以下内容：

——检验范围；

——采用的规范和标准；

——支持性文件；

——检验人员资格要求；

——使用的方法和装备；

——受检部件的准备；

——校准和重新校准的要求；

——检验步骤或有关检验技术的详细描述；

——需记录的数据及专用记录表格。

3.4　质量计划

在实施核电厂常规岛金属监督工作前，应按质保大纲要求有针对性的编制相应工作的质量计划。质量计划应涵盖金属监督程序中的各个环节，内容至少包括：

——检验对象；

——检验方法；

——工作流程；

——符合质保大纲要求的监督见证点；

——工作负责人及质量监督人员签名；

——实施日期。

4 检验方法和验收标准

4.1 检验方法

在制定金属监督大纲时，应给出所使用检验方法的概要描述，以及各种检验方法在实施过程中的主要要求。所有金属监督实施过程中使用检验方法的具体要求均应规定在相应的工作程序或指导文件中，且应满足适用规范标准的要求。

核电厂金属监督实施过程中通常使用的检验方法如下：

（1）目视检测（VT）

目视检测用于确定受检部件或表面的腐蚀、冲刷腐蚀、变形、定位、对中、磨损、泄漏、缺陷、裂纹、完整性及降质等状况。

目视检测分直接目视检测和间接目视检测两种方法，间接目视检测使用望远镜、照相机、闭路电视系统等器具。

检测标准：参考《承压设备无损检测》（NB/T 47013.7—2012）第 7 部分、国质检锅［2003］108号《在用工业管道定期检验规程》和《火力发电厂金属技术监督规程》（DL/T 438—2016）中的规定实施检测。

（2）超声测厚（TM）

主要用于测量容器和管道局部腐蚀、冲蚀、变形等部位的壁厚减薄情况。

检测标准：参考《承压设备无损检测》（NB/T 47013.3—2015）第 3 部分中的规定实施检测。

（3）液体渗透检测（PT）

用于检测部件表面开口的裂纹或不连续性。

检测标准：参考《承压设备无损检测》（NB/T 47013.5—2015）第 5 部分中的规定实施检测。

（4）磁粉检测（MT）

用于检测铁磁性材料表面及近表面缺陷。

检测标准：参考《承压设备无损检测》（NB/T 47013.4—2015）第 4 部分中的规定实施检测。

（5）超声检测（UT）

用于检测工件表面和内部缺陷或不连续性。

检测标准：参考《承压设备无损检测》（NB/T 47013.3—2015）第 3 部分中的规定实施检测。

（6）射线检测（RT）

用于检测工件表面和内部缺陷或不连续性。

检测标准：按照《承压设备无损检测》（NB/T 47013.2—2015）第 2 部分中的规定实施检测。

（7）涡流检测（ET）

主要用于检查薄壁管材内外表面缺陷及壁厚减薄。

检测标准：参考《承压设备无损检测》（NB/T 47013.6—2015）第 6 部分中的规定实施检测。

（8）其他检测方法

其他检测方法包括硬度测试、频率测试、金相检查、化学成分分析、应力测定、氦检漏等，在必要时采用。

4.2 验收标准

常规岛压力容器以及压力管道金属监督推荐验收标准见附录 1；
常规岛汽轮发电机部件金属监督推荐验收标准见附录 2。

5　资质管理

5.1　无损检验单位资质

从事压力容器检验，依据《固定式压力容器安全技术监督规程》（TSG21—2016）需要由压力容器使用单位安全管理人员和经过专业培训的作业人员进行，或者委托有资质的特种设备检验机构进行。

无损检验单位应当根据其质量保证大纲和营运单位的要求，在无损检验活动开始前编制项目质量保证分大纲，并经营运单位审查同意。无损检验单位应聘用取得民用核安全设备无损检验人员资格证书或者国家质量监督检验检疫总局颁发的无损检测资格证书的人员进行无损检验活动。

5.2　无损检验人员资质

从事金属监督承压设备无损检测的人员，应按照国家特种设备无损检测人员考核的相关规定，或民用核安全设备无损检验人员资格管理规定，取得相应的无损检测人员资格证书，且在有效期内。

取得不同无损方法的不同资格级别的检测人员，只能从事与该方法和该资格级别相应的无损检测工作。

6　设备要求

6.1　设备

检测设备和主要器材应附有产品质量合格证明文件。

检测设备和器材应符合其相应的产品标准规定，其性能应满足相应的检验标准中规定的要求并提供证明文件。

对于可反复使用的无损检测设备和灵敏度相关器材，为确保其工作性能持续符合要求，无损检测单位应定期进行检定、校准或核查，并在检验规程中予以规定。

6.2　试块

所使用的参考试块应尽可能与被检查的部件具有相同材料、热处理、声学性能和表面粗糙度，并且参考试块本身不能存在缺陷。涡流检验参考试块的直径、标称壁厚、冶金和表面状态应与被检验件相一致。

7　检验计划执行与调整

7.1　计划的执行

金属监督项目通常根据机组的十年计划安排正常实施金属监督项目。

7.2　计划的调整

（1）根据大修窗口的调整

金属监督项目在满足法规、规范的前提下，可以根据核电厂大修窗口的变化做出适应性调整。

（2）根据检查结果的调整

在满足法规、规范的前提下，根据金属监督的检验结果，金属监督的项目的检验计划可以变更或者调整，以保证该设备在可控的状态。

8 结果评价与处理

金属监督检查过程中发现的显示应进行适当的评价，并按照金属监督缺陷评价文件执行。经评定需要采取纠正行动的系统或部件，在修理或更换后，需实施无损检测。

——修理件的修复部位：必须采用相同的检验方法和技术、相同的检验规程重新进行检测，检测结果应满足验收标准，将检测结果作为后续金属监督的比较依据；

——更换件的现场施焊焊缝：应按照施焊要求对焊缝实施相应的无损检测，检测结果应满足验收标准。

9 记录与报告

金属监督记录方式包括检验记录单、检验结果单等，检验结果包括金属监督结果报告和金属监督总报告。

9.1 检验记录

9.1.1 检验记录单

检验记录单用于记录无损检测工作过程条件，如检验设备、被检部件的标识号、焊缝类型、管径和壁厚、检查日期等。

检验记录单应至少包括下列内容：

——所有相关资料，如部件标识、受检区域的位置和尺寸、检验技术、检验装备型号、传感器型号、标定设备、灵敏度标准等；

——超过记录阈值的全部显示以及与这些显示有关的资料；

——所有原始记录（如射线胶片、照片、磁带、图表）都列入记录（因未获得任何显示而不需保存且在记录中注明者除外）；

——与以前的检验结果和评价所作的比较；

——评价。

检验记录应在被检设备寿期内完好保存。

9.1.2 检验结果

检验结果单包括以下内容：

——检验区域的位置及尺寸、检验设备型号、传感器型号、标定设备、灵敏度标准等；

——超过记录阈值的显示以及这些显示的相关资料（如部位、大小和长度等）；

——所有原始记录（如射线底片、磁带、图表等），除了那些因未获得任何显示而无需保存且在记录中注明者外；

——按照验收准则对发现的显示进行评价，并记录显示的处理跟踪结果。

9.2 检验报告

每次金属监督活动完成后，都应形成金属监督结果综合报告和金属监督总报告，并按要求提交相关监管单位审查。

9.2.1 金属监督结果综合报告

每个金属监督项目检验完成后，检验单位应编写检查综合报告。

检验报告应至少包括下列内容：

——目的；

——引用文件；

——程序偏差；

——检验范围；

——检验执行；

——遇到的问题；

——检验结果及汇总表；

——结论及与以前检验结果比较表；

——提交的记录介质清单；

——检验设备和器材的合格证；

——本次检验的结果单和报告单；

——本次检验已完成的质量计划。

9.2.2　金属监督总报告

金属监督总报告应至少包括下列内容：

——目的；

——引用文件；

——检验实施；

——检验项目；

——检验程序和辅助程序清单；

——质量计划清单；

——检验报告清单；

——检验结果；

——检验记录介质；

——与以往检验结果的比较；

——不可达焊缝（或部位）清单。

10　附录

附录 1

超声检测参考《承压设备无损检测》（NB/T 47013.3—2015）第 3 部分；

射线检测参考《承压设备无损检测》（NB/T 47013.2—2015）第 2 部分；

目视检测参考《承压设备无损检测》（NB/T 47013.7—2012）第 7 部分、《固定式压力容器安全技术监察规程》（TSG 21—2016）第 8.3.2 节和 8.3.3 节以及国质检锅［2003］108 号《在用工业管道定期检验规程》第 13 条；

磁粉检测参考《承压设备无损检测》（NB/T 47013.4—2015）第 4 部分；

液体渗透检测参考《承压设备无损检测》（NB/T 47013.5—2015）第 5 部分。

附录 2

《火力发电厂金属技术监督规程》（DL/T 438—2016）；

《火力发电厂高温紧固件技术导则》（DL/T 439—2018）；

《汽轮发电机合金轴瓦超声波检测》（DL/T 297—2011）；

《汽轮发电机钢质护环超声检测》（JB/T 4010—2018）；

《承压设备无损检测》（NB/T 47013.1～47013.6—2015、NB/T 47013.7～47013.9—2012）。

第十三章 水压试验

1 一回路水压试验

1.1 概述

本节规定了"华龙一号"机组一回路水压试验的试验压力、试验周期、验收准则等规范通用要求。

1.2 规范性引用文件

下列文件对于本文件的应用是必不可少的。凡是注日期的引用文件，仅所注日期的版本适用于本文件。凡是不注日期的引用文件，其最新版本（包括所有的修改单）适用于本文件。

《压水堆核电厂核岛机械设备在役检查规则》（RSE-M 2010 版）

《压水堆核岛机械设备设计和建造规则》（RCC-M 2007 版）

《核电厂主回路水压试验技术导则》（GB/T 28548—2012）

1.3 术语与定义

水压试验：为验证承压机械设备（包括承压容器、管道及附件、热交换器和阀门等）的强度和完整性，使其经受高于最大允许运行压力的适当水压的试验。

1.4 通用要求

1.4.1 试验目的

一回路水压试验是将一回路打压到高于主系统设计压力的压力，对 RCS 系统及其有关辅助系统的高压部分进行强度性水压试验，以检查一回路系统的设备、管道的密封和焊接质量，验证其承压运行时的密封性和安全性，来证明在本次试验结束到下次试验实施之前的这段时间里反应堆一回路系统在正常运行和设计的事故工况下是安全的，是满足核安全法规的。

1.4.2 试验压力

初始水压试验的试验压力应至少等于容器设计压力的 1.3 倍；重复水压试验的试验压力应至少等于容器设计压力的 1.2 倍，并至少等于一回路系统的最大设计压力。

1.4.3 试验周期

一回路系统的初始水压试验，需按照制造规则的要求在主系统建造安装完毕后以及装料前实施。以后的水压试验也叫重复试验，应由营运单位负责实施。初始日期 D_0 指初始水压试验的日期，第一次重复试验应在 D_0 之后 30 个月以内进行，以后相邻两次重复试验之间的时间间隔不应超过 10 年。

表 462-13-01-01　水压试验计划（或周期）

日期	水压试验
D_0	初始试验
$D_1=D_0+30$ 个月[(1)]	重复试验 1

续表

日期	水压试验
$D_2=D_1+10$ 年[2]	重复试验 2
·	·
·	·
·	·
$D_n=D_{n-1}+10$ 年[2]	重复试验 N

注：1. D_0=第一次装料完成的日期。

2. 备注（1）：第一次重复试验至少应在 D_0 以后 30 个月以内进行。

3. 备注（2）：两次重复试验之间的时间间隔不得超过 10 年。

1.4.4　试验温度

对于初始水压试验，根据 RCC-M 规定，试验用水的温度应与部件材料的力学性能相匹配。对于铁素体钢制造的部件，水压试验过程中的温度不应低于部件的最高韧—脆转变温度（RTNDT）再加上 30 ℃。

对于重复水压试验，根据 RSE-M 规范，试验用水温度应至少等于下列值中的最大值：

——第一次试验规定的温度；

——在根据由辐照引起的变化所修正的反应堆压力容器材料最大的 RTNDT 值上增加 30 ℃；

——60 ℃（与结构安全性相适应的最低温度）。

1.4.5　试验边界

一回路水压试验压力边界由以下部分构成：

——压力壳及其顶盖；

——热电偶套管的导向管（耐压管）；

——控制棒驱动机构的耐压管；

——一回路主管道，即一、二、三回路的冷段、过渡段和热段；

——蒸汽发生器的一次侧；

——承压情况下主泵的泵壳；

——稳压器及其波动管线；

——稳压器安全阀管线；

——内径大于 25 mm 的辅助管道及相关的阀门和附件：回路的旁通管线、稳压器和喷淋管线、连接反应堆冷却剂系统到辅助系统直到第二个隔离装置的管线；

——内径小于 25 mm 的辅助系统及相关的阀门和附件直到第一个隔离机构的管线。

1.4.6　验收准则

水压试验的验收准则是在设计压力时，确认内侧 O 形环无泄漏，确认泵、阀门、管道、焊缝、法兰面、人孔、手孔盖板及其他连接处无渗漏。在最高试验压力时，确认焊缝无渗漏，各种密封面的连接处无异常。

由于密封装置在水压试验时所处的条件与其在正常运行所处的状态不一样，因此其轻微泄漏不妨碍试验结果，密封装置（或隔离装置）的轻微泄漏不损害水压试验的有效性。

对于重复水压试验

——在水压试验压力等于一回路运行压力时，允许的泄漏率为：

● 不可鉴别泄漏率不超过 50 L/h；

● 密封部位泄漏率不超过 50 L/h；

● 可鉴别泄漏率和不可鉴别泄漏率的总和不超过 230 L/h。

——在最高压力时确认焊缝无泄漏；

——NNSA 现场代表对试验及其结果没有提出异议。

2 主二回路水压试验

2.1 概述

本节规定了"华龙一号"机组主二回路水压试验的试验压力、试验周期、验收准则等规范通用要求。

2.2 规范性引用文件

下列文件对于本文件的应用是必不可少的。凡是注日期的引用文件，仅所注日期的版本适用于本文件。凡是不注日期的引用文件，其最新版本（包括所有的修改单）适用于本文件。

《压水堆核电厂核岛机械设备在役检查规则》（RSE-M 2010 版）

《压水堆核岛机械设备设计和建造规则》（RCC-M 2007 版）

2.3 术语与定义

水压试验：为验证承压机械设备（包括承压容器、管道及附件、热交换器和阀门等）的强度和完整性，使其经受高于最大允许运行压力的适当水压的试验。

2.4 通用要求

主二回路系统的重复水压试验一般与蒸汽发生器二次侧水压试验同时进行，蒸汽发生器二次侧水压试验时一次侧应为常压。

2.4.1 试验周期

第一次重复水压试验与初始水压试验时间间隔不超过 10 年。后续任意相邻两次重复水压试验的时间间隔也应不超过 10 年。

2.4.2 试验压力

蒸汽发生器二次侧重复水压试验压力应为蒸汽发生器二次侧设计压力的 1.2 倍。

2.4.3 试验温度

为防止脆性断裂，试验用水温度至少等于下述值的较高者：

——初始水压试验时规定的水温；

——二次侧承压件中材料的最高 RTNDT 加 30 ℃。

2.4.4 验收准则

满足下列规定，水压试验合格：

——试验回路中最高点压力表读数不应低于规定的试验压力；

——管道和设备的外壁、焊缝无渗漏；

——试验完成后，试验回路中管道和设备无永久性变形；

——一个蒸汽发生器部件水压试验总泄漏率不超过：230 L/h；

——两个蒸汽发生器部件的联合水压试验的总泄漏率不超过：每个部件 230 L/h。

另外，在满足上述规定时，对于临时、正式设备法兰连接处有渗漏，但不影响试验压力的维持（加水或不加水），水压试验合格。

3　核二三级设备单体水压试验

3.1　概述

本节规定了"华龙一号"机组核级二三级设备单体水压试验的试验压力、试验周期、验收准则等规范通用要求。

3.2　规范性引用文件

下列文件对于本文件的应用是必不可少的。凡是注日期的引用文件，仅所注日期的版本适用于本文件。凡是不注日期的引用文件，其最新版本（包括所有的修改单）适用于本文件。

《压水堆核电厂核岛机械设备在役检查规则》（RSE-M 2010 版）

《压水堆核岛机械设备设计和建造规则》（RCC-M 2007 版）

《压水堆核电厂核级承压容器单体水压试验技术导则》（Q/CNNC JE 26—2017）

3.3　术语与定义

水压试验：为验证承压机械设备（主要包括承压容器、管道及附件、热交换器和阀门等）的强度和完整性，使其经受高于最大允许运行压力的适当水压的试验。

3.4　通用要求

3.4.1　管道

在役检查期间，管道水压试验不是强制性的，但有时可能还是需要进行的，尤其在重大维修后。

3.4.2　阀门和阀门附件

如果阀门和阀门附件已在制造厂做了水压试验，其压力至少应等管道最高运行压力的两倍时，且制造厂内的水压试验在国家监管机构指定代表见证下进行，则运行的阀门和阀门附件不要求重新进行水压试验。

3.4.3　容器

承压容器需要通过水压试验来检验其强度和密封性，对于有几个腔室组成的承压容器，要求对每一个腔室进行独立的水压试验，在对其中一个腔室进行水压试验时，相邻腔室应无压力。

3.4.4　试验周期

承压容器两次水压试验的时间间隔应不超过 10 年。

3.4.5　试验压力

承压容器定期水压试验的水压试验压力应为 1.2 倍的最大允许工作压力，对试验压力下保持的时间没有强制性要求，但需要满足全面检查所需的时间。

3.4.6　试验温度

试验用水的温度应与材料的力学性能相匹配。对于铁素体钢制作的承压容器，水压试验的水温建议按照常温控制，在任何情况下，水温应足够高，以保证进行试验的部件无结冰的风险。

3.4.7　试验水质

为防止一回路意外稀释，与一回路连接的承压容器水压试验要求使用一定浓度的含硼水。

其他核级承压容器水压试验的水质要求根据容器内表面耐腐蚀性能、容器材质和容器装载介质的不同参照表 462-13-03-01 执行。

表 462-13-03-01　核级承压容器水压试验水质要求

设备表面	试验用水	使用场合	补充规定
耐腐蚀	A 级水	除敏化级奥氏体外的不锈钢和镍基合金容器	—应在试验开始前 24 h 进行水样分析 —水温>60 ℃时，应加入 200×10^{-6} 的联氨
耐腐蚀	A 级水+氨（使 pH 在 10.0～10.5 之间）	含敏化级奥氏体不锈钢和镍基合金容器	—应在试验开始前 24 h 进行水样分析 —水温>60 ℃时，应加入 2000×10^{-6} 的联氨
非耐腐蚀	A 级水+氨（使 pH≈10.5）+联氨（200×10^{-6}）	碳钢、低合金钢和某些铬不锈钢	—操作后应进行干燥 —按 5.2.5 规定进行保养
非耐腐蚀	A 级水+磷酸三钠	其工作介质含磷酸三钠	—操作后应进行干燥 —按 5.2.5 规定进行保养

A 级水质要求：CL≤0.15×10^{-6}；F≤0.15×10^{-6}；电导率≤2.0 uS/cm；悬浮固体≤0.1×10^{-6}；SiO_2≤0.1×10^{-6}；pH=6.0～8.0

3.4.8　验收准则

如果在承压设备水压试验升压、降压以及设备排空后的各阶段检查均未发现以下缺陷或异常情况，则认定水压试验合格：

——承压设备外壁和焊缝上出现滴漏、泄漏或严重的表面缺陷（密封连接处的轻微渗漏或滴漏除外）；

——承压设备水压试验过程中有异响；

——承压设备水压试验后出现明显的残余变形。

第十四章 核电厂化学

1 概述

核电厂化学是核电厂运行的一个重要组成部分,是确保核电厂安全、经济可靠运行的重要活动之一。核电厂化学管理的主要任务是通过有效的化学控制和管理来降低化学杂质,减少腐蚀,维持核电厂各设备的完整性和可用性,降低核电厂的放射性辐射剂量,尽可能减少核电厂放射性和非放射性物质向环境释放。同时,通过化学手段发现系统设备缺陷,给其他专业提供化学技术支持,为核电厂安全、稳定、经济运行提供保障。

为保障"华龙一号"核电机组的系统设备处于良好的化学状态,有必要制定化学技术规范,对核电厂系统和设备的化学状态进行监督和控制。"华龙一号"核电机组的化学技术规范主要包括化学规范(水化学)、放射化学规范、化学品质量规范和流出物排放控制要求等。

化学规范和放射化学规范根据"华龙一号"机组的系统及其运行模式,对每一化学或放射化学参数给出了相应的期望值、限值、正常频率、注释以及说明,以解释特殊工况的分析频率、在线表故障、超限值时需保持的状态或需采取的控制措施。当发现不符合本规范相关的规定时(如超越限值、不遵守正常分析频率等),核电厂人员都应该在最短的时限内采取控制措施,以使系统回到正常状态,而不应超越该运行模式下规定的期限。

化学品质量规范给出了"华龙一号"机组常用的工艺系统添加化学品的质量要求,核电厂以此为依据采购满足质量要求的化学品,以减少不良化学品对水质和系统设备腐蚀的不利影响。

流出物排放控制要求给出了国家对核电厂放射性流出物的监管要求和核电厂在排放管理上应遵循的基本原则。

1.1 反应堆运行模式

根据机组的不同状态将其划分为 6 个运行模式,模式定义见表 462-14-01-01。

表 462-14-01-01 机组的运行模式

运行模式	反应性(K_{eff})	额定热功率[1]	反应堆冷却剂平均温度/℃
模式 1	≥0.99	≥2% FP	不适用
模式 2	≥0.99	<2% FP	不适用
模式 3	<0.99	不适用	T_{RHR}[2]≤T≤294.7
模式 4	<0.99	不适用	90<T<T_{RHR}[2]
模式 5[3]	<0.99	不适用	≤90
模式 6[4]	不适用	不适用	≤60

注:[1] 不包括衰变热。

[2] TRHR 指 RHR 系统与一回路系统实施连接或隔离操作所要求的温度范围,该温度区间应在 160~180 ℃之间。模式 4 分为两个阶段,90 ℃<T<120 ℃时,为 LTOP 生效的模式 4,120 ℃≤T<TRHR 时,为 LTOP 未生效的模式 4。

[3] 反应堆压力容器顶盖的所有螺栓处于完全张紧状态。

337

根据一回路完整性破坏情况，模式 5 可细分为一回路处于封闭状态的模式 5、一回路微开状态的模式 5 和一回路充分打开的模式 5 等 3 个子模式。其中一回路处于封闭状态和一回路微开状态的模式 5 统称为一回路未充分打开的模式 5。

当一回路完整性破坏是由其截面积小于稳压器人孔面积的开口造成时，称为"一回路微开状态"，这些情形包括但不限于：

——稳压器排气口打开；

——反应堆压力容器排气口打开；

——一回路可视水位计在线；

——一回路的疏水管线和充水管线在线。

当一回路完整性破坏是由其截面积大于或等于稳压器人孔面积的开口造成时，称为"一回路充分打开"。通过以下方式过渡到一回路充分打开状态：

——稳压器人孔门打开（取下人孔门盖板和衬板），此操作是实施打开蒸汽发生器水室（在卸料前放置水室堵板）的先决条件；

——如果不需打开蒸汽发生器水室，可以直接开启反应堆压力容器顶盖。

[4] 反应堆压力容器顶盖的一个或多个螺栓未处于完全张紧状态。

1.2 基本定义

——期望值：即为了设备运行工况符合规范，在正常情况下应该达到的数值或希望达到的数值。超出此值可推测可能有异常，希望得到确认和消除异常，使之尽早回到此值；

——限值：表示必须遵守的值，并且在超出这一数值时可能产生直接的事故或到了材料承受的极限；

——P_n：某些化学参数的适用范围取决于反应堆的功率，这里以 P_n 表示的功率是指反应堆的热功率（或核功率），而不是电功率；

负荷跟踪：在 24 h 之内，降功率到 30% 额定功率以上的任一功率水平，持续时间小于 12 h，然后再返回到基准功率水平，是对昼夜循环负荷变化的补偿；

——STP：标况，指温度为 0 ℃ 和压力为 101.325 kPa 的情况。

2 化学规范

本节包含两部分：第 2.1 节对"华龙一号"核电机组主要的水化学参数及其监督意义进行说明，第 2.2 节罗列了一、二回路及主要的辅助系统的化学控制规范。

2.1 水化学参数说明

2.1.1 硼

硼酸是中子吸收体，一回路及一些重要安全相关系统中需要添加硼酸用于反应堆的反应性调节或者安全储备。硼酸具有弱酸性，在反应堆冷却剂系统正常运行工况下，硼酸虽然不会造成与其接触的结构材料不可接受的腐蚀，但也会增加腐蚀速率，而且若出现硼酸浓缩，可能会造成非合金钢的腐蚀。在氧化严重的区域，如果同时存在着高浓缩硼和污染物（如氯化物）时，则可能会产生不锈钢腐蚀的风险。因此，在一回路系统中通过添加氢氧化锂，以硼锂协调控制来优化系统 pH，以降低反应堆冷却剂系统材料的腐蚀。

2.1.2 锂

在一回路中添加氢氧化锂的目的是中和硼酸，并将 pH 调至最佳值（弱碱性，在 300 ℃ 时为 7.2，国际上最广泛使用的参照基准），以减少对材料的腐蚀，同时减少由于一回路流体中的腐蚀产物在堆芯内流动被活化而增加剂量率。

因此必须根据硼浓度调整锂的浓度，使一回路在循环周期内的 pH 维持在推荐的水平上。超出推荐范围会引起放射性腐蚀产物增加。另一方面，pH 要保证腐蚀产物在堆芯外表面上尽量少沉积，即抑制腐蚀产物向堆芯迁移。

在运行模式 1 和 2 状况下，通过硼锂协调图来进行一回路锂浓度的调节和控制。图中所推荐的调节范围是最大限度地减少剂量率的良好实践，如果略超出调节范围（±0.2 mg/kg），并不构成影响安全的风险。为了限制锂浓度超出调节范围太多，硼锂协调图对超出允许范围时需采取的控制：

碱性超限：

增加了锂浓度超限运行期限：锂浓度在 3.5～4.0 mg/kg 之间限 48 h 运行、锂浓度在 4.0～5.0 mg/kg 之间限 24 h 运行。

当硼浓度小于 300 mg/kg 时，如果锂浓度超过 2 mg/kg，应执行 7 d 的运行期限规定，以避免在未知 pH 碱性过高的状态下运行。

风险大小取决于锂的浓度和运行时间。可以认为，对于燃料包壳，与 7 d 3.5 mg/kg 相比，48 h 4 mg/kg 或 24 h 5 mg/kg 是可以接受的。

酸性超限：

与碱性超限相反，酸性超限不会影响安全。酸性超限可能造成的唯一后果是由于回路中均匀腐蚀的增大和腐蚀产物的迁移，以及随之增加的剂量率。

当锂浓度低于 0.2 mg/kg 时，操作人员应当在 24 h 内使其返回到正常值。在此期限内，足以进行 LiOH 注入操作使其符合技术规范的要求。

当硼浓度大于 200 mg/kg 时，在 pH 不足的锂硼区域内，也应执行 7 d 运行期限的规定。

2.1.3 氢

在反应堆冷却剂系统中添加氢的目的是抑制水的辐射分解产生氧化剂。氢也可与水中的氧基结合，从而去除水中的氧。在功率运行模式下一回路内始终保持氢覆盖，并保证有一个足够的还原环境。至少 10 mL/kg（STP）的氢的存在可以移动水离解反应的平衡，并可以遵守氧的限值规定。在 RP 模式下，应保证一回路氢的含量足以限制水的辐射分解。但氢的含量又不能过高，否则会增加燃料包壳锆基合金的氢脆风险和蒸汽发生器 690 合金传热管一次侧产生应力裂纹腐蚀的风险。

氢另一主要用途是作为交流发电机转子的冷却剂。

由于氢是一种易爆气体，在各个含有气体的容器内，需要分别控制氢和氧的浓度以免形成易燃易爆的混合物。因此，当一个储存箱含氢气时，要确保氧气浓度足够低，反之亦相同。例如为了从一个氢气箱过渡到一个空气箱，要用一种惰性气体（如 N 或 CO_2）作过渡。

2.1.4 氧

氧是一种强氧化气体，它与各种材料发生氧化反应（高温下的不锈钢、各种温度下的碳钢、碱性环境下的铜合金），以形成腐蚀产物：

——在主回路，增加了活化元素的含量；

——在水—蒸汽回路中，产生大量的氧化物，增加蒸汽发生器淤泥量；

——在氧化环境中增加了蒸汽发生器传热管二回路侧的腐蚀。

高温下氧会增加以下风险：

——促进燃料包壳的腐蚀；

——形成不锈钢的应力裂纹腐蚀；

——在储存箱的气空间，应限制 H_2 和 O_2 浓度比例以避免达成易燃或易爆混合物。

正常情况下当一回路维持氢浓度在限值范围内，氧的低含量已由维持一定的氢浓度得到保证，是不需要对氧浓度作定期检测的。只有在温度超过 120 ℃，即氧会造成不锈钢和燃料包壳应力腐蚀的条件下，才会限制氧含量的超出。低于 120 ℃ 时，由于不存在材料应力裂纹腐蚀的风险，允许氧存在直至达到水中饱和浓度。

对一回路补给水的氧含量进行控制可保证不会把大量的氧气补入一回路中，高温下的氧会增加燃料包壳腐蚀和不锈钢应力裂纹腐蚀风险，尤其是在水注入的一回路高温度区域，因此需要确保一回路中不会由于补给水注入而引入过多的氧。当一回路补给水箱溶解氧超出规范要求时，应当采取必要的措施，使水箱内溶解氧恢复到良好状态。

在凝汽器及凝结水系统中，氧主要是通过冷凝器和低压给水设备的负压部分进入二回路的。因此可在这一点上监测泄漏，并查找水面上下的泄漏点。进入系统的氧会与给水设备的材料发生氧化反应，形成的氧化物并迁移到蒸汽发生器中，增加了蒸汽发生器的淤泥量，并产生一个潜在的氧化电位。

在辅助给水系统，若辅助给水箱溶解氧升高，氧与给水设备的材料发生氧化反应，形成氧化物并迁移到蒸汽发生器中，增加了淤泥量，并可能产生氧化电位。因此当 TFA 投入运行时，控制氧含量可保证蒸汽发生器给水中的氧含量。

在废气衰变箱中，通过对废气处理系统缓冲箱内氧气含量的监测可避免达到引起爆炸或燃烧的 H_2 和 O_2 混合比例。如果混合气体中含有 4% 的 H_2 和超过 6% 的 O_2，就属于可燃混合气体。如果将氧含量限定在小于 4%，无论 H_2 的百分比是多少，均可保证在任何情况下都处于可燃区域以外。

2.1.5 氯化物/氟化物

来源：

氯化物可以通过除盐水、冷凝器的冷却水或某些特殊污染而被引入系统。

天然水中的氟化物浓度明显低于氯化物，通常由其产生的污染较少，其最有可能的污染为焊接熔渣以及一些含氟的垫片等辅助材料。

后果：

不锈钢在应力作用下，尤其在高温条件下，由于氯化物和氟化物的存在而产生应力裂纹腐蚀的风险，应当在一回路系统和核辅助系统中予以限制。此外，氟化物还会造成锆合金包壳的腐蚀。

鉴于此，除了在一回路系统有氯化物和氟化物的监督和限值要求外，对与一回路系统相连接的补给水箱、硼酸箱、乏燃料水池、换料水箱、安注箱等均作出了氯化物和氟化物的限值要求。

在二回路中的氯化物（和氟化物），尤其是当其以偏酸（海水）污染形式存在时，并当氧化剂同时存在时，就会加速蒸汽发生器的各种腐蚀：

——蒸汽发生器传热管的点腐蚀；

——在碳钢的 U 形管支承隔板产生凹陷腐蚀；

——如同主回路一样，因卤素元素的存在，会加剧各系统设备高温下不锈钢材料的应力腐蚀。

2.1.6 钠

来源：

钠是在各种系统中能遇到的可浓缩的主要碱性阳离子，这是由于：

——在自然中其广泛存在（如生水、冷却水）；

——以氢氧化钠形式使用，用于阴离子树脂的再生；

——在某些系统调节中使用（如磷酸三钠）；

——液碱用于 CSP 安全壳喷淋系统。

后果：

在一回路，由于 Na 的存在会改变 RCS 内的 pH，并且在富集度过大的情况下产生腐蚀，所以规定了 0.2 mg/kg 的限值和在 0.2～3 mg/kg 的 7 d 允许期限。

NaOH 是蒸汽发生器传热管材料因科镍 690 合金发生晶间苛性腐蚀的主要潜在原因之一。在高浓度下，因科镍 690 合金也会产生裂纹。因此需要尽量消除水和蒸汽系统中的钠杂质。

2.1.7 硫酸盐

系统中的硫酸盐一般来自除盐水、冷却水或离子交换树脂进入到高温系统时发生热分解而产生。

硫酸根离子是一种强酸阴离子，在酸或钠盐形式下（分解）可浓缩，如以钙盐或镁盐的形式存在可沉淀，并在二回路某些表面上可部分被吸附。硫酸根离子和硫的化合物可促进各种腐蚀（一回路的不锈钢，二回路侧蒸汽发生器传热管的晶间腐蚀）。此外，在还原性环境中（如联氨），硫酸盐会还原成硫的化合物，并引发二回路侧蒸汽发生器传热管晶间腐蚀。来自离子交换树脂热分解的硫的化合物对于高温下各系统的不锈钢材的腐蚀非常有害。鉴于此，除了在一回路系统有硫酸盐的监督和限值要求外，对与一回路系统相连接的补给水箱、硼酸箱、乏燃料水池、换料水箱、安注箱等均作出了硫酸盐的限值要求。

2.1.8 阳离子电导率

阳离子电导率标为λ^+，λ^+测量表示溶液中阴离子的含量。通过阳离子电导率的监测，可以增加阴离子监测的灵敏度，从而使监测碱性调节处理的回路水中低浓度阴离子污染物成为可能。

2.1.9 pH 值

特性：

pH 反映了溶液中 H^+ 离子活度：$-\log[H^+]$。25 ℃下，中性水溶液的 pH 为 7。一个更高的 pH 对应于碱性溶液，而一个更低的 pH 对应于酸性溶液。在更高的温度下，中性 pH 就更低（300 ℃下约为5.65），因此在 300 ℃下，pH 为 7 对应于一种弱碱性的溶液。

为了限制材料的腐蚀，大多数系统的 pH 被调节到弱碱性。为了检查调节的效果，在某些重要情况下，进行 pH 连续监测。在其他情况下，测量 pH 是用于探测可能会引起各种腐蚀的酸性或碱性污染物。

如前所述，在一回路系统中不进行 pH 检测，因为反应堆冷却剂成分是随时间而变化的，25 ℃下的 pH 与高温度下的 pH 不相同。所以在主回路中，检测的是硼和锂的浓度，而不是常温下的 pH。

在二回路给水或蒸汽系统及其补水系统，控制一定的 pH，使其保持微碱性，这样规定是为了减少水/蒸汽系统材料（碳钢、不锈钢）的腐蚀，同时还为了尽量减少腐蚀产物迁移到蒸汽发生器中，增加淤泥沉积，产生腐蚀。

在一些冷却水系统中，进行的 pH 监测可以检查缓蚀剂（比如磷酸三钠）的调节效果。保持一定的 pH 是为了降低这些系统中的碳钢材料腐蚀速率，起到缓蚀的作用。

2.1.10 联氨

特性：

联氨是一种挥发性弱碱。由于它具有还原性而被用于除氧。联氨可以和氧产生下列反应而消除氧：

$$N_2H_4+O_2 \rightarrow N_2+2H_2O$$

在高温下，根据温度、材料等不同条件，N_2H_4 可热分解成 N_2、H_2 或 NH_3。

作用：

在一回路系统中，在低于 120 ℃的温度下添加联氨，目的是去除大部分的氧，在升温到 120 ℃以上之前，一回路氧浓度应低于 0.1 mg/kg。而后，在正常功率运行时，则是氢在 RCS 中起还原剂的作用。

在二回路侧水/蒸汽回路中，联氨用于维持一个非氧化环境，以去除最后的氧含量，并降低给水设备的某些氧化物。联氨的效率取决于与氧接触的时间和温度。添加联氨一方面是为了在蒸汽发生器中维持一个充分还原的环境，以限制传热管和其他部位的腐蚀，另一方面，避免氧化物被带入蒸汽发生器。添加联氨的目的是在蒸汽发生器中铁和铜以危害性最小的 Fe_3O_4 和 Cu 的形式存在，而不是为了抑制空气异常地进入冷凝器中。

2.1.11 氨

氨是一种挥发性弱碱，可作为水/蒸汽回路调节的添加剂。它能在整个水/蒸汽回路中均匀分布以获得一个弱碱性的 pH（可将腐蚀量控制到最低），可对整个蒸汽系统进行 pH 调节。同时，使用氨可避免因使用固体添加剂（如磷酸盐）在蒸汽发生器中产生蒸发浓缩现象。

除氨外，一些乙醇胺、吗啉等也可以（单独或混合）用于汽—水回路 pH 的调节。

2.1.12 磷酸盐

磷酸盐（$Na_3PO_4 \cdot 12H_2O$）用于与空气有接触的并且有碳钢材料的系统的 pH 调节，以尽量减少其腐蚀。此时，磷酸盐作为缓蚀剂，并形成一个碱性环境。

此情况下挥发性调节（如 NH_3、吗啉、N_2H_4 等）几乎无法使用，因为当其暴露在空气中时会碳酸化并将导致 pH 下降，从而无法保持足够碱性的 pH。相反，添加磷酸盐则能更加轻易地获得更高的 pH。

对闭式水系统，其调节是通过化学添加剂注入系统予以保证的。对于辅助锅炉系统，设计了一个配药箱保证了此功能。根据所测量的磷酸盐浓度来调节系统磷酸盐的注入量，达到调整 pH 目的。

2.1.13 二氧化硅

特性：

二氧化硅存在于生水和冷却水中，呈电离状态和非电离状态（胶体二氧化硅），比例和浓度根据水和季节可变化。胶体二氧化硅在除盐车间预处理时已部分被去除，至于离子态二氧化硅则主要通过强阴离子树脂床去除。

后果：

二氧化硅进入到许多低溶解性化合物的组成中（硅铝酸盐、硅酸盐、沸石），这些化合物会沉积在热传递表面，使热传导性变差。国外的一些研究表明，在抽取的样管上有时见到的硅铝酸盐沉积物，在运行工况下可能会形成胶态，不能起到保护富铬覆盖层的作用，使因科镍 690 合金的蒸汽发生器传热管二次侧腐蚀加剧。

2.1.14 总电导率

总电导率（λ_t）可以标明溶液中离子的总含量，是除盐水纯净度的一种良好的指标，并可通过在线仪表连续监测。但是，无法通过总电导率区分杂质离子的种类。

2.1.15 钙、铝、镁

特性：

钙和镁是碱土金属元素，基本上是以可溶解态被引入到系统中的，或者是通过除盐水（痕量浓度）或者通过冷却水引入；对于以不溶的胶体形式存在的铝，一般通过水中或灰尘中存在的铝硅酸盐（黏土）而被引进系统。钙和镁在离子交换树脂上很容易去除，铝在胶体状态下可在除盐车间预处理中被部分去除，在溶解状态下能较好地被树脂去除。

Ca、Mg、Al 的氢氧化物具有较低的溶解度，尤其在高温下，不会产生强碱性的 pH。一般来说，在各系统运行条件下，由于钙、镁或铝的氢氧化物的低溶解度特性，它们会沉淀或形成沉积物并降低热传递率，因此这些化合物是有害的。

2.1.16 悬浮物、铁、铜

悬浮物的监测是指对可沉淀的不溶物的总体监测。这些不溶物构成了反映系统调节有效性的诸参数之一。在许多情况下，悬浮物代表了系统腐蚀引起的氧化物（主要是铁、铜）的含量。

监测铁和铜的含量可以检查化学调节是否与所使用的材料和系统运行条件相匹配。

2.2 水化学规范

本小节罗列出"华龙一号"机组一二回路及其主要辅助系统的水化学规范，包括系统（包括不同模式）的水化学参数、限值、取样频率以及出现异常时的纠正行动。

表 462-14-02-01 反应堆冷却剂（RCS）系统反应堆冷却剂
模式 1、2、3

参数	单位	期望值	限值	正常频率	注释
硼	mg/kg		0～2500	连续 + 1/d	每天手动分析一次硼浓度并与在线硼表相比较 若在线硼表不可用,手动分析频率改为在模式 1 和模式 2 下为 1/d,在模式 3 下为 8 h 一次 若超限值,参见运行技术规格书
锂	mg/kg	见图 462-14-02-01		1/d	仅在模式 1 和模式 2 是"安全"参数 超限值,见图 462-14-02-01
		＜3.5			此值为模式 3 期望值
氯化物	mg/kg	＜0.05	＜0.15	1/周 （或 1/d 当 F⁻、Cl⁻≥ 0.15 时）	当 0.15≤Cl⁻＜1.5 或 0.15≤F⁻＜1.5 时,应在 24 h 内开始向模式 5 后撤 当 F⁻或 Cl⁻≥1.5 时,应在 8 h 内开始向模式 5 后撤 当 0.15≤F⁻＜1.5 和 0.15≤Cl⁻＜1.5 时,应在 8 h 内开始向模式 5 后撤
氟化物	mg/kg	＜0.05	＜0.15		
硫酸盐	mg/kg	＜0.05	＜0.15	1/周 （或 1/d 当 SO₄²⁻≥0.15 时）	当 0.15≤SO₄²⁻＜1.5 时,应在 7 d 内开始向模式 5 后撤 当 SO₄²⁻≥1.5 时,应在 8 h 内开始向模式 5 后撤
氢（水中）	mL/kg （STP）	25～35 （图氢的超限值和停堆图）	20～50 （见图氢的超限值和停堆图）	连续 + 1/周	仅在模式 1 和模式 2 是"安全"参数 每周手动测量一次,并与在线仪表比较 若在线氢表不可用,手动分析频率 3/周 如果 5＜H₂＜20,限运行 24 h,然后 1 h 内开始向模式 3 后撤 如果 H₂≤5 或 H₂＞50,应在 8 h 内开始向模式 3 后撤 当机组处于模式 3 模式时,不用后撤,应查明原因及时处理
钠	mg/kg	＜0.1	＜0.2	1/月 （或 1/d 当 Na≥0.2 时）	仅在模式 1 和模式 2 是"安全"参数 在 ²⁴Na 明显增加情况下,应跟踪趋势并查找污染源 如 0.2≤Na＜3,应在 7 d 内开始向模式 3 后撤 如 Na≥3,应在 1 h 内开始向模式 3 后撤
溶硅	mg/kg	＜0.6	＜1.0	1/月或 X	X: 当超期望值时,同时增加测量 Ca、Mg、Al,尽快采取措施并恢复至期望值内,分析频率为 1/周
钙、镁、铝	mg/kg		＜0.05	1/月或 X	X: 当任意一个超限值时,应增加其分析频率为 1/周
溶氧	mg/kg	＜0.01	＜0.1	X	X: 如果水中溶解氢低于 20 mL/kg（STP）,分析频率 1/d 如果 O₂≥0.1,应在 8 h 内开始向模式 5 后撤 通过调节氢浓度控制溶氧含量
氨	mg/kg	＜0.5		不定期	当 NH3≥0.5 时,应控制 RCV 容控箱气相中的氮,使其含量低于 5%

注：[1] 本化学规范中涉及参数：氯化物以 Cl⁻计，氟化物以 F⁻计，硫酸盐以 SO₄²⁻计，磷酸盐以 PO₄³⁻计，溶硅以 SiO₂ 计。

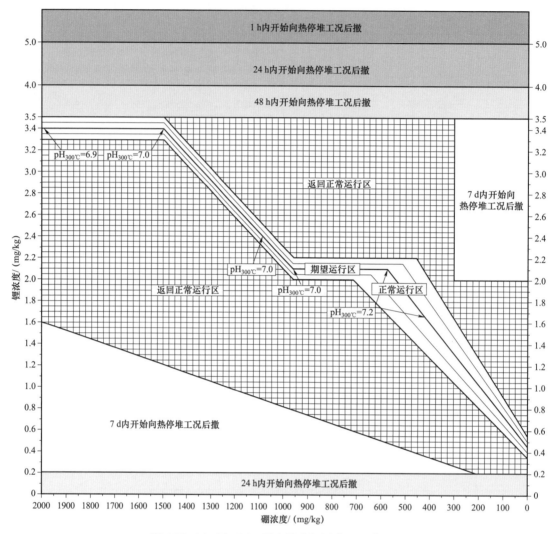

图 462-14-02-01　反应堆冷却剂（RCS）系统
硼-锂的协调图
模式 1、2

说明：

1. 锂浓度限值适用于模式 1 和模式 2。

2. 图中 pH 均为 300 ℃时的 pH。

3. 锂浓度的期望值范围是硼锂协调图中以目标值为中线将正常运行区缩小一半的范围。

4. 为了做中子注量率试验，允许锂浓度超限值，但应尽可能接近试验开始前的目标值，以限制超限值带来的风险。

5. 若锂超出限值上限除锂，若超期望值上限建议除锂；若锂低于限值下限，向 RCS 加锂，若低于期望值下限，建议加锂。

6. 对锂因非正常增加（如误注入或 RCV 树脂的释放）所引起的超限值，规定了运行期限，以便恢复到限值内。反应堆冷却剂（RCS）或/余热排出（RHR）系统。

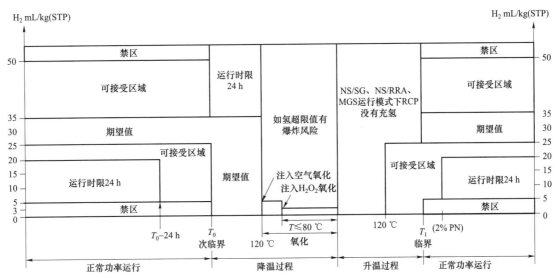

图 462-14-02-02 氢的超限值和停堆图（氧化冷停堆）
维持 H₂≥5 mL/kg

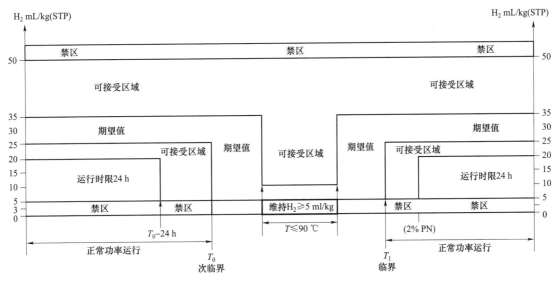

图 462-14-02-03 氢的超限值和停堆图（无氧化冷停堆或中间停堆）

表 462-14-02-02 反应堆冷却剂/余热排出（RCS/RHR）系统
反应堆冷却剂
模式 4、5、6

参数	单位	期望值	限值	正常频率	注释
硼	mg/kg		0～2500	连续 + 1/d	若在线硼表不可用，应每 8 h 手动分析一次 在装卸料操作期间，必须每 8 h 手动分析一次硼浓度；如果在线硼表不可用，必须每 4 h 手动分析一次硼浓度

续表

参数	单位	期望值	限值	正常频率	注释
氯化物或氟化物	mg/kg	<0.05	<0.15	1/周（或 1/d 当 F⁻ 或 Cl⁻≥0.15 时）	如果 TRCS≥120 ℃，则： 当 0.15≤Cl⁻<1.5 或 0.15≤F⁻<1.5 时，应在 24 h 内开始向模式 5 后撤 当 F⁻ 或 Cl⁻≥1.5 时，应在 8 h 内开始向模式 5 后撤 当 0.15≤F⁻<1.5 和 0.15≤Cl⁻<1.5 时，应在 8 h 内开始向模式 5 后撤 如果 90 ℃<T_{RCS}<120 ℃，则： 当 0.15≤Cl⁻<0.5 或 0.15≤F⁻<1.5 时，应在 3 d 内开始向模式 5 后撤 当 Cl⁻≥0.5 或 F⁻≥1.5 时，应在 8 h 内开始向模式 5 后撤
硫酸盐（当 TRCS≥120 ℃时，是"安全"参数）	mg/kg	<0.05	<0.15	1/周（或 1/d 当 SO_4^{2-}≥0.15 时）	如果 TRCS≥120 ℃，则： 当 0.15≤SO_4^{2-}<1.5 时，应在 7 d 内开始向模式 5 后撤 当 SO_4^{2-}≥1.5 时，应在 8 h 内开始向模式 5 后撤
氢（水中）*	mL/kg（STP）	（见氢的超限值和停堆图）	（见氢的超限值和停堆图）	连续+1/周	*：上行期间氢覆盖后及机组下行期间氧化运行前监测溶解氢 在模式 6 下对氢不做要求 每周手动测量一次，并与在线表比较
硫酸盐（当 T_{RCS}<120 ℃时）	mg/kg	<0.15		1/月（当 SO_4^{2-}≥0.15 时，1/d）	当 SO_4^{2-}≥0.15 时，查找污染源，并尽快恢复水质到期望值内 当 SO_4^{2-}≥0.15 时，主回路温度不能超出 120 ℃
钠	mg/kg	<0.1	<0.2	1/周（或 1/d，当 Na≥0.2）	如 Na≥0.2，净化回路，并检查有否 PO_4^{3-} 污染
钙或镁或铝	mg/kg	<0.05	<1.0	1/月	如 Ca 或 Mg 或 Al≥0.05，净化回路，查找污染源
溶硅	mg/kg	<0.6	<1.0	1/月	溶硅≥0.4，净化回路，查找污染源
溶氧 RCS 没有氢覆盖	mg/kg		<0.1	1/周	在模式 4 时： 如 O_2≥0.10，维持主回路温度在 120 ℃ 以下，除氧，分析频率 1/d 如 O_2≥0.10，且 T≥120 ℃，应在 8 h 内开始向模式 5

表 462-14-02-03 反应堆冷却剂/余热排出（RCS/RHR）系统

停堆–锂超限值

模式 3、4

锂	mg/kg	反应堆停堆状态		锂含量（Li）mg/kg
		不氧化	在模式 3 下停堆时间≥24 h	期望值：0.4<Li<3.5
			在模式 3 下停堆时间<24 h	期望值：<3.5
			模式 4	
		氧化	模式 3，模式 4	无要求
		停堆结束后反应堆启动		在临界前稀释时，根据预计功率运行的硼浓度，按照硼-锂的协调图重新恢复锂浓度

表 462-14-02-04 反应堆冷却剂（RCS）系统

稳压器液相

模式 1、2、3

参数	单位	期望值	限值	正常频率	注释
硼	mg/kg	A	A±50	1/周	A 为一回路系统的硼浓度 如果稳压器硼浓度与一回路的硼浓度偏差大于 50 mg/kg，1 h 内建立稳压器的喷淋流量以均匀一回路的硼浓度

续表

参数	单位	期望值	限值	正常频率	注释
溶氧	mg/kg	<0.010	<0.10	X	X：仅当模式 1 和模式 2 时，如果主回路水中 H_2<20 mL/kg（STP）才需要测氧，分析频度为 1/周

说明：

1. 在稳压器内生成或淹没汽相时，可能产生更大的短暂的硼浓度波动。

2. 机组停堆期间，在主回路硼化阶段通常会在稳压器液相和主回路环路间产生硼浓度差。应根据技术规格书要求确保对稳压器液相和主回路硼浓度进行监测。

3. 表 462-14-02-05 适用于稳压器双相的状态。

表 462-14-02-05　化学和容积控制（RCV）系统
混床出口
混床投运时

参数	单位	期望值	限值	正常频率	注释
氯化物	mg/kg	<0.02	<0.15	2/月 或 X	X：如果 F^-、Cl^-、SO_4^{2-} 超出期望值，则： a）检查除盐床效率，分析频率 1/d b）必要时更换树脂
氟化物	mg/kg	<0.02	<0.15		
硫酸盐	mg/kg	<0.05	<0.15		
钠	mg/kg	<0.1	<0.2	2/月	如果 Na>0.1，检查除盐床树脂，必要时更换
锂	mg/kg	见硼-锂的协调图	<5	X	X：如果主回路锂异常高，可能是从除盐床排出，增加分析频率，查找原因，必要时更换树脂 监测 RCS 氨的含量 吹扫 RCV 容控箱，使 N_2<5%

说明：

1. 应控制 RCV 容控箱气相中的氨，使其含量低于 5%，避免在主回路中形成高浓度的 NH_3，过高的氨浓度会使混床中的锂被置换出来。

2. 更换树脂后首次投运应进行冲洗和硼饱和，使其参数满足如下要求：

　　——硼：当 RCS 硼浓度>700 mg/kg 时，除盐床进出口浓度之差<3%；当 RCS 硼浓度≤700 mg/kg 时，除盐床进出口浓度之差不大于 20 mg/kg；

　　——氯化物：除盐床出口<0.15 mg/kg；

　　——氟化物：除盐床出口<0.15 mg/kg；

　　——硫酸盐：除盐床出口<0.15 mg/kg。

3. 第一次硼饱和后的每次重新投运，必须进行除盐床的硼平衡。

4. 如果 RCS 的 ^{24}Na 上升，在除盐床的上游取样监测，可以探测出通过 RCV 从 WCC 向 RCS 可能的泄漏。

表 462-14-02-06　反应堆硼和水补给（RBM）系统
补给水箱
模式 1、2、3、4

参数	单位	期望值	限值	正常频率	注释
溶氧	mg/kg		<0.10	3/周 第一次充满后 每次补水后	如果一个水箱的 O_2>0.1，使用另一水箱补水，并尽快采取措施恢复水质在限值内 如果两个水箱氧不合格，则： a）当 0.1≤O_2<1 时，限使用 24 h b）当超过 24 h 或 O_2≥1 时，维持机组功率稳定，逐个水箱换水，尽快恢复水质在限值内，同时应确保安全所需的最小容量
氯化物+氟化物	mg/kg		<0.10	1/周 第一次充满后 每当补水而且 λ_1≥1 时	如一个水箱 Cl^-+F^->0.1，用另一水箱补水，并尽快采取措施恢复水质在限值内 如两水箱 Cl^-+F^->0.1，维持机组功率稳定，并逐个水箱换水，尽快恢复水质在限值内，同时确保安全所需的最小水容量

续表

参数	单位	期望值	限值	正常频率	注释
总电导率 （25 ℃）	μS/cm	＜1.0	＜2.0	3/周 第一次充满后 每次补水后	如果λ_t≥1，测量F^-、Cl^-，查找污染源，尽快恢复水质在限值内 如果λ_t≥2，查找污染源，同时用另一水箱补水，尽快采取措施恢复水质，同时应确保安全所需最小水容量
钠	mg/kg		＜0.015	1/周 第一次充满后 每当补水而且λ_t≥1时	如一个水箱 Na≥0.015，用另一水箱补水，并尽快恢复水质在限值内，查找污染源 如两水箱 Na≥0.015，逐个水箱换水，尽快恢复水质在限值内，同时确保安全所需的最小水容量，查找污染源
钙 或镁 或铝	mg/kg		＜0.015	如 RCS 相关参数异常，分析频率 1/周 每当补水而且λ_t≥1时	
硫酸盐	mg/kg	＜0.01	＜0.05	如果 RCS 的 SO_4^{2-}≥0.05，分析频率 1/周 每当补水而且λ_t≥1时	如果任一参数超限值，用另一水箱补水，尽快采取措施恢复水质在限值内，同时确保安全所需的最小水容量，查找污染源
溶硅	mg/kg	＜0.10	＜0.20	如果 RCS 的 SiO_2≥0.6，分析频率 1/周 每当补水而且λ_t≥1时	

表 462-14-02-07　反应堆硼和水补给（RBM）系统
硼酸贮存箱模式 1～6

参数	单位	期望值	限值	正常频率	注释
硼	mg/kg		7000～7700	1/月 或 X	X：第一次充满和每当硼酸箱补充时，应监测 若硼浓度超限值，在 8 h 内恢复至限值内
氯化物	mg/kg		＜0.3	1/月 或 X	X：第一次充满时应监测 当一个硼酸箱 F^- 或 Cl^-≥0.3 时，使用另一硼酸箱，并采取措施恢复故障硼酸箱水质到限值以内 当两个硼酸箱 F^- 或 Cl^-≥0.3 时，维持机组功率稳定，逐个硼酸箱换水，并尽快恢复水质到限值内，同时确保安全所需的最小硼酸容量
氟化物	mg/kg		＜0.3		
钠	mg/kg	＜0.1	＜0.4	1/月 或 X	X：第一次充满时应监测 当 Na≥0.1 mg/kg 时，应监测 PO_4^{3-}，并查找污染源 当 Na≥0.4 mg/kg 时，用另一硼酸箱补水，应尽快采取措施恢复水质至限值内，同时确保安全所需的最小硼酸容量
总硅	mg/kg			1/月 或 X	X：第一次充满时应进行监测 如果 RCS 的 SiO_2 超出期望值，增加分析频率为 1/周
硫酸盐	mg/kg		稀释后与 RCS 限值一样	1/月 或 X	X：第一次充满时应监测 如果 RCS 的相关参数异常，增加分析频率为 1/周
钙 或镁 或铝	mg/kg				

说明：

1. 硅、硫酸盐、钙、镁、铝的限值。

2. 举例：RCS 中硅的限值是 1.0 mg/kg，如果 RCS 中硼的含量为 700 mg/kg，RBM 水中硅的含量为 0.05 mg SiO_2/kg，那么，RBM 硼水中硅的限值应为：

$$(1.0-0.05)\times\frac{\text{RBM硼酸补给箱中硼浓度}}{\text{RCS回路中硼浓度}}$$

表 462-14-02-08 安全注入（RSI）系统

内置换料水箱（IRWST）所有模式

参数	单位	期望值	限值	正常频率	注释
硼	mg/kg		2300～2500	1/月 或 X	X：第一次充满后和每当水箱补充时，应分析
氯化物	mg/kg	＜0.05	＜0.15	1/月 或 X	X：第一次充满后和每当水箱补充时，应分析 如 Cl^-≥0.05 或 F^-≥0.05，应查找并消除污染源 如 Cl^-≥0.15 或 F^-≥0.15，应在 1 个月内恢复到限值内
氟化物	mg/kg	＜0.05	＜0.15		
钠	mg/kg	＜0.10	＜0.20	1/月 或 X	X：第一次充满后应分析 如果 Na≥0.10，应查找并消除污染源 如果 Na≥0.20，应在 1 个月内恢复到限值内
硫酸盐	mg/kg	＜0.05	＜0.15	1/月 或 X	X：第一次充满后应分析 如果 SO_4^{2-}≥0.05，应查找并消除污染源 如果 SO_4^{2-}≥0.15，应在 1 个月内恢复到限值内
钙	mg/kg		＜0.10	X	第一次充满后应分析 X：反应堆水池充水前、反应堆水池排水后监测 如果超限值，应查找并消除污染源。
镁	mg/kg		＜0.10		
铝	mg/kg		＜0.10		
总硅	mg/kg（SiO_2）	＜1.0	＜3.0		

说明：

1. *仅在模式 1、2、3、4 和一回路未充分打开的模式 5 下为"安全"参数。

2. 反应堆水池充水前和反应堆水池排水后，应对以上所有参数做分析。

表 462-14-02-09 安全注入（RSI）系统

安注箱（RSI001、002、003BA）

模式 1、2 和稳压器压力大于 7.0 MPa 情况下的模式 3

参数	单位	期望值	限值	正常频率	注释
硼	mg/kg		2300～2500	1/月 ＋ X	X：第一次充满后需测量
氯化物	mg/kg	＜0.05	＜0.15	1/月 ＋ X	X：第一次充满后需测量 如果 F^- 或 Cl^-≥0.15 并且＜10，应查找污染源。并在大修时更换溶液，以恢复水质到限值内 如果一个安注箱以上 Cl^- 或 F^-≥10，限在一个月内恢复水质到限值内
氟化物	mg/kg	＜0.05	＜0.15		
硫酸盐	mg/kg	＜0.10		1/月 ＋ X	X：第一次充满后需测量 如果 SO_4^{2-}≥0.10，查找污染源

表 462-14-02-10 反应堆换料水池和乏燃料水池冷却和处理（RFT）系统

反应堆换料水池模式 6

参数	单位	期望值	限值	正常频率	注释
硼	mg/kg		2300～2500	连续 ＋ X	X 分析频率是指： 每 48 h 手动分析一次硼浓度，如在线硼表不可用，必须每 8 h 手动分析一次硼浓度 在装料或卸料操作期间，必须每 8 h 手动分析一次硼浓度如在线硼表不可用，必须每 4 h 手动分析一次硼浓度 手动分析可在 RHR 取样

说明：在装料和卸料前，对换料水池水的浊度进行目视检查，以确保表面没有妨碍燃料装卸的浮渣。

表 462-14-02-11　反应堆换料水池和乏燃料水池冷却和处理（RFT）系统

乏燃料水池所有模式

参数	单位	期望值	限值	正常频率	注释
硼	mg/kg		2300～2500	1/14 d 或 X	X：每当补充后分析；在装料或卸料操作期间，分析频率为 1/7 d
氯化物	mg/kg	<0.05	<0.15	2/月 或 X	X：在装料或卸料期间，分析频率 1/7 d 如果 Cl^-≥0.05，应查找并消除污染源 如果 Cl^-≥0.15，应在 14 d 内恢复到限值内 如果 F^-≥0.05，应查找并消除污染源 如果 F^-≥0.15，应在 14 d 内恢复到限值内
氟化物	mg/kg	<0.05	<0.15		
钠	mg/kg	<0.1	<0.2	2/月	如果 Na≥0.10，应查找并消除污染源 如果 Na≥0.20，应在 14 d 内恢复到限值内
硫酸盐	mg/kg	<0.05	<0.3	2/月	如果 SO_4^{2-}≥0.05，应查找并消除污染源 如果 SO_4^{2-}≥0.30，应在 14 d 内恢复到限值内
钙	mg/kg	<0.1	<1.0	X	X：卸料前、装料后监测 如果超出期望值，应查找污染源，同时用除盐床净化处理
镁	mg/kg	<0.1	<1.0		
铝	mg/kg	<0.1	<1.0		
总硅	mg/kg	<1.0	<3.0		

说明：

1. 卸料前和装料后，应对以上所有化学参数做分析。

2. 这些监测频率只有在燃料贮存池中存有燃料时才能应用。没燃料时，只在第一次同反应堆换料水池连通时才监测。

表 462-14-02-12　设备冷却水（WCC）系统

所有模式

参数	单位	期望值	限值	正常频率	注释
pH（25 ℃）		11.0～11.5	10.8～11.5	1/周	如果 pH 超限值，应在 7 d 内恢复到限值内
悬浮物	mg/kg	<1	<5	1/月	如果悬浮物超限值，查找原因并尽快换水恢复到水质合格
氯化物	mg/kg	<0.020	<0.15	1/月	如果 Cl^-≥0.15，查找原因并尽快换水并恢复到水质合格 如果 F^-≥0.15，查找原因并尽快换水并恢复到水质合格
氟化物	mg/kg		<0.15		
（铁+铜）总量	mg/kg	<1		不定期	当悬浮物异常增加时测量

说明：本表适用于 WCC 系统投运时的化学监督要求。

表 462-14-02-13　安全壳喷淋（CSP）系统

化学试剂添加箱模式 1、2、3、4

参数	单位	期望值	限值	正常频率	注释
氢氧化钠	m/m%	30	25～33	1/月	如果超限值，则应在一个月内使其恢复到限值内
氯化物	mg/kg	<50	<100	X	X：第一次充满时和补碱后应监测

表 462-14-02-14 废液处理（ZLT）系统
ZLT001、002BA 除盐床处理

参数	单位	期望值	限值	正常频率	注释
钠	mg/kg	<5	<10	X	X：在处理前监测
钙	mg/kg	<2	<4	X	
硼	mg/kg			不定期	当钠、钙限值中的一个值被超出时测量

说明：

1. 期望值：当超出期望值时，应寻找污染的原因。

2. 限值：当限值中的一个值被超出时，测量硼浓度应选择合理的处理方式。

表 462-14-02-15 废液处理（ZLT）系统
蒸汽发生器处理运行

参数	单位	期望值	限值	正常频率	注释
$k = \dfrac{[\text{NaOH}]}{[\text{H}_b\text{BO}_2]}$	mol/mol	0.24～0.25	0.20～0.25	X	X：固化处理前监测 给定的限值范围是对应于温度 30 ℃ 当硼浓度达到 20 g/kg 时，见说明
硼含量	g/kg		<4	X	X：固化处理前监测 当硼浓度达到 20 g/kg 时，见说明
总含盐量	g/kg	<250	<300		
钙	g/kg		<10	不定期	当处理废液中含有来自 WNC/WEC/WCC 的废水时，至少应对浓缩物槽的磷酸盐或亚硝酸盐进行监测
磷酸盐/亚硝酸盐	g/kg	<5	<20		
氯化物	mg/kg		<250		

说明：

1. 硼-磷酸盐/亚硝酸盐溶液中存在钙离子，在浓度超出限值时会从溶液中析出，但不结块。

2. 当对蒸汽发生器测量时，如果 k 值很低，可以添加氢氧化钠。

3. 当硼浓度达到 20 g/kg 时，则应开始调节 k 值，检测总盐量、结晶温度。

表 462-14-02-16 硼回收（ZBR）系统
中间贮槽处理前

参数	单位	期望值	限值	正常频率	注释
硼	mg/kg			X	X：蒸发处理前 用于计算蒸汽发生器的浓缩倍率
锂	mg/kg		<0.1	不定期	当发现 ZBR 除盐床漏锂时监测
钠	mg/kg	<0.01	此限值是稀释后在 RCS 中应遵守的值	X	X：蒸汽发生器处理前 见说明 如果超出期望值，检查除盐床的效率
氯化物	mg/kg	<0.02			
氟化物	mg/kg	<0.02			
溶硅	mg/kg				

说明：

1. 在第一次蒸汽发生器处理前，应做对本票所有参数进行分析，以检验待处理液的化学特性（以确认处理液是否可循环使用）。

2. 限值计算举例：RCS 中硅的限值是 1.0 mg/kg，如果 RBM 水中溶硅的含量为 0.05 mg/kg，那么，ZBR 中间贮存箱硼水中溶硅的限值应是：

$$允许的 SiO_2(mg/kg) = \frac{(1.0-0.05)\times ZBR 中间箱中硼浓度}{RCS 回路中硼浓度}$$

表 462-14-02-17　硼回收（ZBR）系统

冷凝液监测槽传输前

参数	单位	期望值	限值	正常频率	注释
溶氧	mg/kg	<0.02	<0.10	X	X：向 RBM 水箱充水前监测 若超限值，禁止向 RBM 水箱充水
总电导率 （25 ℃）	μS/cm	<1.0	<2.0		
硼	mg/kg		<5		
氯化物 + 氟化物	mg/kg		<0.10	不定期	当 λ_t>1.0 时，监测这些参数以查找污染源 若各参数超限值，禁止向 RBM 水箱充水
硫酸盐	mg/kg	<0.01	<0.05		
钠	mg/kg		<0.015		
钙	mg/kg		<0.015		
镁	mg/kg		<0.015		
铝	mg/kg		<0.015		
溶硅	mg/kg	<0.1	<0.2		

表 462-14-02-18　硼回收（ZBR）系统

浓缩液监测槽传输前

参数	单位	期望值	限值	正常频率	注释
硼	mg/kg	7000～7700		X	X：每次传送到 RBM 硼酸箱前监测，并满足 RBM 硼酸箱限值要求

表 462-14-02-19　废气处理（ZGT）系统

缓冲箱和运行接收箱所有模式

参数	单位	期望值	限值	正常频率	注释
氧 （ZGT001BA）	V/V%	<2	<4	连续	如果 $2\leq O_2<4$，吹扫缓冲箱 ZGT001BA，并对相关系统查漏 如果 $O_2\geq 4$，则： a）立即停运压缩机 b）立即对相关系统查漏 c）立即吹扫缓冲箱 ZGT001BA，使用另一空衰变箱接气
氧 （ZGT 运行接收箱）	V/V%	<2	<4	1/7 d 或 1/24 h	正常频率 1/7 d，与在线表相比较 若在线氧表不可用，在运行接收箱手动取样，分析频率 1/24 h
氧	V/V%		<2	X	X：检修后投运 如果 $O_2\geq 2$，继续用氮气吹扫直至合格
氢气	V/V%		<2	X	X：需停运充氮 如果 $H_2\geq 2$，继续用氮气吹扫直至合格

说明：

1. 如果混合气体中含有 4%氢，再加有 6%氧，就有产生爆燃混合气的风险。如果限制氧浓度低于 4%，在任何百分比氢浓度下都不会引起爆燃范围，还留有 2%的安全裕度。

2. 仅监测正在充灌的贮存箱，贮存箱隔离衰变期间由于保证箱体处于正压，无需监测。

表 462-14-02-20 反应堆冷却剂（RCS）系统

N₂ 气体覆盖稳压器安全阀的排放管

参数	单位	期望值	限值	正常频率	注释
氢	V/V%	<2	<4	1/月	如 H_2 超出期望值，检查 O_2 浓度，并用氮气吹扫
氧	V/V%	<1	<2	1/月或 X	如果 $1 \leqslant O_2 < 2$，查找氧漏入的原因，分析频率 1/周 如果 $O_2 \geqslant 2$，则： a）分析频率 1/d b）查找氧漏入的原因 c）吹扫并恢复氧含量至 $O_2 < 2$ X：由主回路和/或 RCV 系统进空气的停堆状态回复到氢覆盖之前，应加大监测频率

表 462-14-02-21 反应堆冷却剂（RCS）系统

N₂ 气体覆盖下的贮存箱

稳压器卸压箱/反应堆冷却剂疏水箱

参数	单位	期望值	限值	正常频率	注释
氢	V/V%	<1	<2	X	X：仅在主回路氧化前和在 RCV 容控箱通空气之前测量，模式 1、2 不用监测
氧	V/V%	<1	<2	1/月或 X	正常频率 1/月 如果 $1 \leqslant O_2 < 2$，查找氧漏入的原因，各贮存箱气相分析频率 1/周 如果 $O_2 \geqslant 2$，则： a）贮存箱气相分析频率 1/d b）查找氧漏入的原因 c）吹扫并恢复氧含量至 $O_2 < 2$ X：由主回路和/或 RCV 系统进空气的停堆状态回复到氢覆盖之前，应加大监测频

表 462-14-02-22 H₂ 气体覆盖下的贮存箱

ZBR 前贮槽、除气塔/RCV 容控箱

参数	单位	期望值	限值	正常频率	注释	
氢	V/V%		<2	X	X：仅在氧化前的停堆阶段（ZBR 含氧系统的排水）或发现除气器压力异常降低时监测 在其他情况下不用监测	适用于 ZBR 前贮槽、除气塔
氧	V/V%	<2	<4	不定期		
氢	V/V%	>95	>90	不定期	当主回路溶氢出现异常时，为查找原因可能监测	适用于 RCV 容控箱
			<2	X	X：仅在停堆阶段氧化前监测	
氧	V/V%	<5	<10	不定期	当主回路溶氢出现异常时，为查找原因可能监测	

说明：在模式 1 时，除气塔是由加压氮气覆盖的，目的是阻止可能的空气引入。

表462-14-02-23　安全壳过滤排放（CFE）系统

CFE001BA 模式1、2、3、4

参数	单位	期望值	限值	正常频率	注释
氢氧化钠	m/m%（NaOH）	0.5～0.55	≥0.5	1/年或 X	X：后续试验的周期取决于第一次试验结果
硫代硫酸钠	m/m%（$Na_2S_2O_3$）	0.2～0.22	≥0.2	1/年或 X	

表462-14-02-24　堆腔注水冷却（CIS）系统

CIS001BA 所有模式

参数	单位	期望值	限值	正常频率	注释
过氧化氢	mg/kg		50±20	X	X：每次换料时监测并补充
电导率（25 ℃）	μS/cm		≤16	1/1 个换料周期	
钠	mg/kg		≤0.2	1/1 个换料周期	
氯化物	mg/kg		≤0.3	1/1 个换料周期	
氟化物	mg/kg		≤0.15	1/1 个换料周期	
硫酸盐	mg/kg		≤0.3	1/1 个换料周期	
浊度	NTU		趋势分析	1/1 个换料周期	
目视检查			清澈	1/1 个换料周期	

表462-14-02-25　非能动安全壳热量导出（PCS）系统

换热水箱模式1、2、3、4

参数	单位	期望值	限值	正常频率	注释
过氧化氢	mg/kg		50±20	1/月或 X	
电导率（25 ℃）	μS/cm		≤16	1/月或 X	
钠	mg/kg		≤0.2	1/月或 X	
氯化物	mg/kg		≤0.15	1/月或 X	X：操作员可根据现场实际运行情况进行修正
氟化物	mg/kg		≤0.15	1/月或 X	
硫酸盐	mg/kg		≤0.15		
浊度	NTU		趋势分析	1/月或 X	
目视检查			清澈	1/月或 X	

表462-14-02-26　应急硼酸注入（REB）系统

硼酸注入箱

模式1、2

参数	单位	期望值	限值	正常频率	注释
硼	mg/kg		7000～8000	1/月或 X	X：第一次充满和每当硼酸箱补充时，应监测
氯化物	mg/kg		＜0.30	1/月或 X	X：第一次充满时应监测 当一个硼酸箱 F^- 或 Cl^- ≥0.3 时，使用另一硼酸箱，并采取措施恢复故障硼酸箱水质到限值以内 当两个硼酸箱 F^- 或 Cl^- ≥0.3 时，维持机组功率稳定，逐个硼酸箱换水，并尽快恢复水质到限值内，同时确保安全所需的最小硼酸容量
氟化物	mg/kg		＜0.30		

表 462-14-02-27　核岛除盐水分配（WND）系统

无加药调节的除盐水任何时间

参数	单位	期望值	限值	正常频率	注释
总电导率（25 ℃）	μS/cm	<0.1	<0.2	连续	运行时在混床出口处在线监测 除盐列制水时，如在线表不可用，分析频率 1/d
钠	μg/kg	<3	<5	连续	
溶硅	μg/kg	<10	<20	连续	
pH（25 ℃）			6.5～7.5	1/月	对 WND 水箱取样监测 如果超限值，检查除盐制水系列
钠	μg/kg	<3	<5	1/月	
总硅	μg/kg	<50		1/月	
氯化物＋氟化物	μg/kg		<100	1/月	
硫酸盐	μg/kg		<50	1/月	
悬浮物	μg/kg		<50	根据需要	

表 462-14-02-28　海水冷却水系统

运行

参数	单位	期望值	正常频率	注释
残余氯	mg/kg	0.2～1.0	1/3 d	冷凝器冷却水出口
残余氯	mg/kg	0.2～1.0	1/3 d	重要厂用水（WES）系统出口

表 462-14-02-29　核岛冷冻水（WNC）系统

系统投运时

参数	单位	期望值	限值	正常频率	注释
pH（25 ℃）		11.0～11.5	10.8～11.7	1/月	当系统补水或加药时应监测 如果 10.5≤pH<10.8，检查 pH 降低是否因碳酸化引起，允许运行一个月 如果 pH≥11.7，应在 7 d 内恢复到限值内

说明：

1. 加药配制的补给水应为无加药调节的除盐水。

2. pH/加药量间相互关系的不匹配可能是因过分的碳酸化引起的。

表 462-14-02-30　电气厂房冷冻水（WEC）系统

运行

参数	单位	期望值	限值	正常频率	注释
pH（25 ℃）		11.0～11.5	10.8～11.7	1/月	当系统补水或加药时应监测 如果 10.5≤pH<10.8，检查 pH 降低是否因碳酸化引起，允许运行一个月 考虑碳酸化的原因，如果 pH≥11.7，最长允许运行一个月
（铁+铜）总量	mg/kg	<1		不定期	当 pH 和加药量超出限值时可能监测

说明：

1. 加药配制的补给水应为无加药调节的除盐水。

2. pH/加药量间相互关系的不匹配可能是因过分的碳酸化引起。

表 462-14-02-31　高压给水加热器/主给水流量控制（TFH/TFM）系统

氨或氨+乙醇胺处理（无铜合金）模式 1、2

参数	单位	期望值	限值	正常频率	注释
pH（25℃）		9.6～9.8	9.5～10	连续	如果在线表不可用，手动分析频率 1/24 h 如果 9.0≤pH＜9.5 或 10.0＜pH≤10.1，24 h 内恢复到限值以内，否则 6 h 内进入模式 3 如果 pH＜9.0 或 pH＞10.1，8 h 内恢复到限值以内，否则 6 h 内进入模式 3 也可在 TFE 测 pH 替代 TFM 监测点
溶氧	µg/kg	＜1	＜3	连续	每 7 d 与在线仪表比较 如果在线表不可用，用便携式氧表测量，分析频率 1/56 h 如果 3≤O₂≤10µg/kg，24 h 内恢复到限值以内，否则 6 h 内进入模式 3 如果 O₂＞10µg/kg，8 h 内恢复到限值以内，否则 6 h 内进入模式 3
联氨	µg/kg	50～100	30～200	连续	如果在线表不可用，手动分析频率 3/周 如果 N₂H₄＜30 µg/kg，查找原因，尽快采取措施恢复到合格，同时维持 pH 在期望值内
氨	mg/kg（NH₄⁺）	2～5	pH 需要的量	1/周	调节 TFE 氨和 N₂H₄ 加药量，以获得 TFM 所需 pH
总电导率（25℃）	µS/cm	10～18		不定期	当 pH 和 NH₄⁺含量超出期望值要求后检查
悬浮铁	µg/kg	＜2		2/年	功率稳定（Pₙ±5%）至少 12 h 后测量

说明：当从热备用启动时，pH、氨、溶氧、铁值可高一些。

表 462-14-02-32　启动给水（TFS）系统

模式 2、3

参数	单位	期望值	限值	正常频率	注释
溶解氧	mg/kg		＜0.1	连续	如果在线仪表不可用，手动分析频率 1 次/d
pH（25℃）		8.8～9.8	8.5～9.8	连续	如果在线仪表不可用，手动分析频率 1 次/d
氢电导率（25℃）	µS/cm	＜0.5	＜1.0	不定期	pH 和 NH₄⁺含量超期望值时测量
钠	mg/kg	＜0.005	＜0.01	3 次/周	
悬浮物	mg/kg		＜0.1	X	X：如果使用或预计使用前应进行监测
联氨	µg/kg		30～200	连续	如果在线仪表不可用，手动分析频率 3 次/周
氨	mg/kg		pH 需要的量	1 次/周	
氯化物+硫酸盐	mg/kg	＜0.05		X	X：如果使用或预计使用前应进行监测

说明：TFS 运行时监测。

表 462-14-02-33　辅助给水（TFA）系统

辅助给水系统

模式 1、2、3、4 和一回路未充分打开的模式 5

参数	单位	期望值	限值	正常频率	注释
溶氧	μg/kg	<20	<100	1/月（不使用TFA）与连续（使用TFA）	不使用 TFA，1/月 使用 TFA，连续监测，如果在线表不可用，用便携式氧表测量，分析频率 1/d 1）模式 1、2、3： 不使用 TFA，如果 $O_2 \geq 100$，查找原因并尽快恢复水箱水质 使用 TFA，如果 $100 < O_2 \leq 1000$，24 h 内恢复到限值以内，否则 6 h 内进入模式 3，12 h 内进入模式 4，并最终后撤至模式 5 使用 TFA，如果 $O_2 > 1000$，8 h 内恢复到限值以内，否则 6 h 内进入模式 3，12 h 内进入模式 4，并最终后撤至模式 5 2）模式 4： 如果 $O_2 > 100$，尽快查找原因并恢复水箱水质
pH（25 ℃）		8.8～9.8	8.5～9.8	1/月或连续	不使用 TFA，1/月 使用 TFA，连续监测，如果在线表不可用，分析频率 3/周 如果 pH<8.5 或 pH>9.8，检查 WCD 水箱水质或 TFE 的 pH。
阳电导率（25 ℃）	μS/cm	<0.5	<1	1/月或连续	不使用 TFA，1/月 使用 TFA，连续监测，如果在线表不可用，分析频率 3/周 如果 $\lambda^+ > 1$，监测 Cl^-、SO_4^{2-} 如果 $Cl^- + SO_4^{2-} < 50$ μg/kg，阳电导限值为小于 2.0 μS/cm
钠	μg/kg	<5	<10	1/月或3/周	如果不使用 TFA，分析频率 1/月 如果使用 TFA，分析频率 3/周
联氨	μg/kg	>5	—	1/月或连续	如果不使用 TFA，分析频率 1/月 使用 TFA 时连续监测，如果在线表不可用，分析频率 3/周
氯化物+硫酸盐	μg/kg	<50		1/月或 X	不使用 TFA，分析频率 1/月 X：如果 $\lambda^+ > 1$ μS/cm，分析频率 1/周
悬浮物	mg/kg	<0.1	—	不定期+X	X：如果使用或预计使用 TFA 时应进行监测 当悬浮物（S.S）>0.5 mg/kg 时，分析频率 3/周
氨	mg/kg	pH 需要的量	—		
溶硅	μg/kg	<20	—	1/月	

说明：在其他运行模式下 TFA 水质不作监督要求。

表 462-14-02-34　启动给水/主给水流量控制（TFS/TFM）系统

TFS/TFM 系统切换准则模式 2

参数	单位	期望值	限值	正常频率	注释
溶解氧	μg/kg	<20	<100	连续	如果在线仪表不可用，用便携式氧表测量，分析频率 1 次/d 如果超限制，TFM 应尽快换水，且应在 8 h 内恢复到限值以下
pH（25 ℃）		8.8～9.8		连续	如果在线仪表不可用，手动分析频率 1 次/d
氢电导率（25 ℃）	μS/cm		≤2	切换前	如果在线仪表不可用，手动分析频率 1 次/d；TFS/TFM 切换前，应满足阳电导率和钠的限值
钠	μg/kg		<10	连续	

表462-14-02-35 蒸汽发生器排污（TTB）系统
$P \leqslant 25\% P_n$ 的模式1、2

参数	单位	期望值	限值	正常频率	注释
阳电导率（25 ℃）	μS/cm	<1.0	见蒸汽发生器排污（TTB）系统钠和阳电导率区域图	连续	如一台在线电导表不可用，手动分析 1/周，如两台以上在线电导表不可用，手动分析 1/d 如果一台或更多在线钠表不可用，手动分析 1/d 如果在 5 区，1 h 内开始向模式 3 后撤 如果在 4 区，限运行一周，然后 1 h 内开始向模式 3 后撤 如果在 3 区，限运行两周，然后 1 h 内开始向模式 3 后撤
钠	μg/kg	<20	见蒸汽发生器排污（TTB）系统钠和阳电导率区域图	连续*	
pH（25 ℃）		9.4～9.7	8.9～9.9	连续	如果在线表不可用，手动分析 3/周

说明：三台蒸汽发生器排污水共用一台钠表监测，通过切换测量通道分析每台蒸汽发生器排污水的钠。

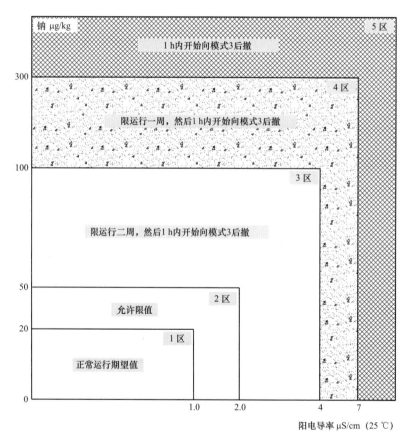

图462-14-02-04 蒸汽发生器排污（TTB）系统
钠和阳电导率区域图
$P \leqslant 25\% P_n$ 的模式1、2

表 462-14-02-36　蒸汽发生器排污（TTB）系统

$P>25\%P_n$ 的模式 1

参数	单位	期望值	限值	正常频率	注释
阳电导率（25 ℃）	μS/cm	<0.5	见蒸汽发生器排污（TTB）系统钠和阳电导率运行区域图	连续	如一台在线电导表不可用，手动分析 1/7 d，如两台以上在线电导表不可用，手动分析 1/24 h。 如果一台在线钠表不可用，手动分析 1/24 h 若超限值，见蒸汽发生器排污（TTB）系统钠和阳电导率运行区域图
钠	μg/kg	<3		连续*	
pH（25 ℃）		9.4～9.7	9.1～9.8	连续	如果在线表不可用，手动分析 3/周
氨	mg/kg	根据 pH		1/周	
溶硅	μg/kg	<40		1/月	
悬浮物	mg/kg	<1		2/年或 X	X：需要评估蒸汽发生器内累积量时
悬浮铁	mg/kg			X	X：需要评估蒸汽发生器进出平衡时，与 TFM 悬浮铁的测量同时进行
氯化物	μg/kg	<2		1/周	如果超出期望值，增加分析频率
硫酸盐	μg/kg	<2		1/周	

说明：三台蒸汽发生器排污水共用一台钠表监测，通过切换测量通道分析每台蒸汽发生器排污水的钠

表 462-14-02-37　蒸汽发生器排污（TTB）系统

钠和阳电导率超限值

$P>25\%P_n$ 的模式 1

参数	超限值区域	运行指令	注释
阳电导率（25 ℃）和钠	2 区	查找原因，消除污染源，维持最大排污流量，尽快恢复到 1 区运行	
	3 区	必须维持最大排污流量 限运行 7 d，然后 1 h 内开始向模式 3 后撤 特例：如果是碱污染，且 Na≥10 μg/kg 和 λ^+≤1.0 μS/cm，限运行 48 h，然后 1 h 内开始向模式 3 后撤	如果存在下列情况，3 区的运行可不限定后撤期限： a）Na<10 μg/kg b）SO_4^{2-}<20 μg/kg c）Cl^-<10 μg/kg d）λ^+ 在 1～2 μS/cm 范围 e）主要由有机酸造成的污染，可通过对阴离子的分析得到验证
	4 区	必须维持最大排污流量 限运行 24 h，然后 1 h 内开始向模式 3 后撤	在 4 区运行时，建议立即降低功率，不必等到 24 h 以后
	5 区	必须维持最大排污流量 1 h 内开始向模式 3 后撤	
提升功率条件		只有当 λ^+≤2 μS/cm 并且 Na≤10 μg/kg 时，才允许重新提升功率	

说明：如果发生了海水泄漏等污染，建议在适当时机降负荷，以使隐藏盐充分释放。

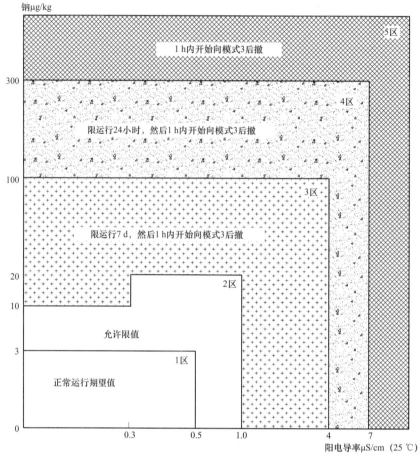

图 462-14-02-05 蒸汽发生器排污（TTB）系统
钠和阳电导率运行区域图
$P>25\%P_n$ 的模式 1

表 462-14-02-38 蒸汽发生器排污（TTB）系统
除盐床出口模式 1、2

参数	单位	期望值	限值	正常频率	注释
总电导率（25 ℃）	μS/cm	<0.1	<0.2 λ_t出<λ_t进	连续	适用于 H+型混合离子交换床运行 若在线表不可用，分析频率 1/d 下列情况应更换除盐床： a）λ_t进>0.2 和λ_t出≥0.2 b）0.1≤λ_t进≤0.2 和λ_t出≥λ_t进 c）λ_t进<0.1 但λ_t出≥0.1
总电导率（25 ℃）	μS/cm	<10		连续	适用于氨型阳离子交换床运行 若在线表不可用，分析频率 1/d
钠	μg/kg	≤1	≤2 Na 出<Na 进	1/周	适用于所有 H+或氨型阳离子交换床运行 下列情况应更换除盐床： a）Na 进>2 和 Na 出≥2 b）1<Na 进≤2 和 Na 出≥Na 进 c）Na 进≤1 但 Na 出≥1

续表

参数	单位	期望值	限值	正常频率	注释
氯化物	μg/kg	<2	<5 Cl⁻出<Cl⁻进	1/周	适用于混床运行 下列情况应更换除盐床： Cl⁻进>5 和 Cl⁻出≥5
硫酸盐	μg/kg	<2	<10 SO₄²⁻出<SO₄²⁻进	1/周	2≤Cl⁻进≤5.0 和 Cl⁻出≥Cl⁻进 Cl⁻进<2.0 和 Cl⁻出≥2.0 SO₄²⁻进>10 和 SO₄²⁻出≥10 2≤SO₄²⁻进≤10 和 SO₄²⁻出≥SO₄²⁻进 SO₄²⁻进<2 和 SO₄²⁻出≥2
溶硅	μg/kg	<20		1/周	混床出口

说明：

1. 应使用核级树脂。

2. 运行时禁止树脂床反洗操作。在清除罐上部金属滤网淤积物时应小心谨慎，以尽可能限制树脂层乱层。

表 462-14-02-39 常规岛除盐水分配（WCD）系统

加氨调节后的除盐水箱任何时间

参数	单位	期望值	限值	正常频率	注释
氯化物和氟化物	μg/kg		<100	1/月	对 WCD 水箱进行监测 如果悬浮物≥50，检查预处理系统，并尽快恢复水质
SiO₂	μg/kg		<20	1/月	
钠	μg/kg	<1	<2	1/月	
悬浮物	μg/kg		<50	根据需要	
pH（25 ℃）			8.5~9*	连续+不定期	当加药调节后在混床出口公共管道连续监测 在制水过程中，如在线表不可用，分析频率 1/d * 当 pH 异常时，应对水箱进行监测
溶硅	μg/kg		<20	连续	
钠	μg/kg	<1	<2	连续	

说明：针对除盐水的电导率，加氨前<0.2μS/cm，加氨后无要求。

表 462-14-02-40 主蒸汽（TSM）系统

模式 1

参数	单位	期望值	限值	正常频率	注释
阳电导率（25 ℃）	μS/cm	<0.2		连续	当在线表不可用时，手动分析频率 3/周 当阳电导率超出期望值时： a）检查阳离子交换柱的运行情况 b）测量阴离子浓度和有机酸含量，由于有机酸是可挥发的，它可以出现在蒸汽中并表现为阳电导率 c）测量 Cl⁻、Na、SiO₂ 和总 Fe 的含量
钠	μg/kg	<0.2	<10	X	X：当阳电导率超出期望值时测量
氯化物	μg/kg		<30	不定期	当阳电导率超出期望值时测量
溶硅	μg/kg		<20	不定期	
总铁	μg/kg		<10	不定期	

表462-14-02-41 凝结水抽取（TFE）系统
模式1、2

参数	单位	期望值	限值	正常频率	注释
溶解氧	μg/kg	<3	<10	连续	如果在线仪表不可用，用便携式氧表测量，分析频率1/d；如果超限值，应采取措施尽快恢复到限值内，并确保蒸汽发生器给水的溶解氧含量满足相应的限值要求
	μg/kg	<100		连续	为当功率小于2%的反应堆功率时，在TFS/TFM切换前的期望值 在TFS/TFM切换前，如果TFE超期望值，应查漏，使其恢复到期望值以内
阳电导率（25℃）	μS/cm	<0.08	<0.3	连续	如果在线仪表不可用，手动分析频率1/d 通过检测出阳电导率的增加，发现凝汽器泄露应尽快采取措施
钠	μg/kg	<1	<5	连续	如果在线仪表不可用，手动分析频率1/d 如果钠含量超期望值，应查找污染源

表462-14-02-42 凝结水精处理（TFC）系统
混床出口运行

参数	单位	期望值	限值	正常频率	注释
电导率（25℃）	μS/cm	<0.06	<0.10	连续	当系统投运时，在混床出口母管加药调节前在线监测
钠	μg/kg	<0.06	<0.10	连续	
溶硅	μg/kg	<2	≤10	连续	
全铜（以Cu计）	μg/kg		<2	不定期	
全铁（以Fe计）	μg/kg		≤5	不定期	
氯化物	μg/kg	<0.10	≤0.20	不定期	
硫酸盐	μg/kg	<0.10	≤0.20	不定期	

说明：当发生凝汽器泄漏等水质污染的情况时，TFC系统的运行限值可根据泄漏量、蒸汽发生器水质等具体情况确定。

表462-14-02-43 发电机定子冷却水（TGC）系统
运行

参数	单位	期望值	限值	正常频率	注释
定子进口电导率（25℃）	μS/cm	<0.20	<0.40	连续	如果两台在线仪表不可用，手动分析频率1次/d 若超期望值，跟踪趋势并检查原因，检查除盐床是否失效，过滤器压差变化，水中氧浓度变化等
除盐床出口电导率（25℃）	μS/cm	<0.10	<0.20	连续	除盐床出口监测 若超限值，检查除盐床是否失效
溶解铜	μg/kg		<20	1/月	若超限值，应查找原因
溶解铁	μg/kg		<20	1/月	若超限值，应查找原因
溶解氧	μg/kg		<500	1/月	若超限值，应查找原因

说明：

1. 发电机定子为不锈钢空心导体。

2. 运行时应维持除盐床正常流量的净化处理；在维修或更换树脂时可将其隔离，但应保证水质各项指标满足限值要求。

3. 除盐床的树脂应为高品质的强阳、强阴离子交换树脂。

4. 系统的补给水应为无加药调节的除盐水。

表 462-14-02-44 常规岛闭式冷却水（WCI）系统

运行

参数	单位	期望值	限值	正常频率	注释
pH（25 ℃）		11.0~11.5	10.8~11.5	1 次/周	当系统补水或加药时应监测 如果超限值，应在 7 d 内恢复到限值内
悬浮物	mg/kg	<1	<5	1 次/月	
铁+铜总量	mg/kg	<1		不定期	若悬浮物超限值，应取样监测

说明：

    1. 系统的补给水应为无加药调节的除盐水。

    2. pH/加药之间相互关系的不匹配可能是碳酸化引起。

3 放射化学规范

核电机组的运行会产生放射性活化产物和放射性裂变核素，由于这些放射性核素的存在，可能导致如下后果：

——在正常运行时：放射性废液和废气排放增加的风险和达到冷停堆条件的困难；

——在事故运行时：事故研究时考虑到的初始假设被超过的风险；

——反应堆运行时或停堆时增加工作人员的剂量和被沾污的风险。

放射化学参数监测的目的是限制系统的放射性，以控制向环境的辐射和排放。

放射化学参数监测的标准是满足以下要求的：

——三道屏障的监督，如 $^{131}I_{eq}$ 等；

——运行人员辐射防护，如 ^{133}Xe、^{131}I 等；

——环境排放限制，如 VNA、ZLT、WSR 等系统的排放监测；

——工艺控制，如 γ 活度。

放射性增加可能会产生如上所述的几种后果，规范标准综合考虑了上述各种要求。

其他运行文件已有的各种指标是对这些放射化学规范的补充，例如：

——一回路/二回路泄漏率的监督；

——IRM 系统测量放射性的连续跟踪；

——与事故跟踪相关的数据。

本节所规定的放射化学参数限值基本上来自核电厂的设计和在辐射防护和环境方面实施 ALARA 原则，所有这些限值、周期和需采取的行动都是强制性的。部分放射化学参数超过规范限值、或超过分析周期、或不遵守需采取的行动，就会对机组或设备的安全造成直接或间接、现实或潜在的影响，因此这些参数的监测具有"安全"要求，必须严格遵守规范中的规定。

第 3.2 节对"华龙一号"核电机组主要的放射化学参数进行说明，第 3.3 节罗列了一回路及其他系统的放射化学规范。

3.1 反应堆冷却剂（RCS）系统放射化学参数的定义

（1） ^{131}I 当量瞬时比活度（$^{131}I_{eq}$）的定义

^{131}I 剂量当量（$^{131}I_{eq}$）概念与甲状腺内污染有关，^{131}I 剂量当量瞬时比活度是根据某一时刻主回路中各碘放射性同位素的活度以单位 ^{131}I 活度的相同辐射剂量按下列公式折算后相当的 ^{131}I 的总活度。

$$^{131}I_{eq} = {}^{131}I + {}^{132}I/30 + {}^{133}I/4 + {}^{134}I/50 + {}^{135}I/10$$

当量瞬时比活度（$^{131}I_{eq}$）测量条件：

——反应堆必须已在稳定功率运行（指偏离平均功率±5%P_n范围）了48 h以上，当功率不稳定时所测的当量瞬时比活度（$^{131}I_{eq}$）不作为定量计算值；

——反应堆处于它的正常配置（一个下泄节流孔板运行），当两个下泄节流孔板运行时应作修正。

碘的各种同位素的放射性比活度的修正：

应根据RCV的净化流量来修正碘的各种同位素的放射性比活度，对应的修正系数如表462-14-03-01所示。

表462-14-03-01　RCV的净化流量与碘同位素的修正系数

	$Q \leqslant 13.7$ m³/h	$Q=27$ m³/h	注释
^{131}I	1	1.9	
^{132}I	1	1.2	
^{133}I	1	1.65	RCV净化流量以取样前6 h内测得的不同流量值的平均值来计算
^{134}I	1	1.09	若流量介于两者之间，可使用内插法计算各修正系数
^{135}I	1	1.4	

（2）惰性气体总瞬时比活度（$\sum g_{as}$）定义

表示反应堆在某一功率平台（指偏离平均功率±5%P_n范围）稳定运行至少48 h后，对应于取样时刻主回路中氪和氙（惰性气体）各同位素的总比活度。

$$\sum g_{as} = {}^{85m}Kr + {}^{87}Kr + {}^{88}Kr + {}^{133}Xe + {}^{135}Xe + {}^{138}Xe$$

（3）主回路常见的放射性核素

——活化腐蚀产物：^{24}Na、^{51}Cr、^{58}Co、^{60}Co、^{95}Nb、^{110m}Ag、^{125}Sb……；

——裂变产物：

• 惰性气体：^{85m}Kr、^{87}Kr、^{88}Kr、^{133}Xe、^{133m}Xe、^{135}Xe、^{138}Xe……；

• 碘：^{131}I、^{132}I、^{133}I、^{134}I、^{135}I……；

• 铯：^{134}Cs、^{137}Cs……；

• 固体裂变产物：^{95}Zr、^{103}Ru、^{140}La……。

——锕系核素：^{239}Np。

（4）放射性活度测量频率和条件

——惰性气体、碘（^{132}I、^{133}I、^{134}I、^{135}I）、总γ比活度：T_0+1 h（T_0为取样时间）；

——^{131}I：T_0+3 d；

——铯、固体裂变产物、活化腐蚀产物、$^{239}N_p$：T_0+7 d；

——氚比活度、总α比活度：即时测量；

——下列情况下，要增加γ谱的测量频率：

• 在增长超过正常功率运行日测量平均水平的20%，且新的稳态还没有达到时；

• 在超过了本技术要求规定的限值时。

3.2　放射化学参数说明

3.2.1　常见的放射性核素

（1）氚

主回路的氚基本上是通过下列反应产生的：

——$_{5}^{10}B(n,2\alpha)_{1}^{3}H$ 48%；

——$_{3}^{7}Li(n,\alpha n)_{1}^{3}H$ 1%（99.98%丰度的^{7}Li）；

——$^6_3Li(n,\alpha)^3_1H$ 6%（0.02%丰度的 ^6Li，取代天然锂中 7.4%）；

——$^2_1H(n,)^3_1H$ 1%；

——三分裂变44%（尽管仅有极少部分的裂变产生的 ^3H 穿过燃料迁移，并扩散穿过包壳）。

由于这个氢的同位素不是致病的放射性核素，它可分布在人体全身，不能发射 α 或 γ，仅是低能量的β 发射（18.6 keV），而且它的半衰期为 12 年，因而在环境中允许较大的排放。但是，在反应堆内产生的大量的 ^3H 也会造成放射性高的危险。

由于它对燃料包壳的具有很强的穿透力，不能将其作为包壳破裂示踪物使用。相反，基本以氚化 H_2O 形式存在于一回路冷却剂中，可作为一个良好的泄漏示踪剂。此外，它很容易被采集和测量，即在水取样中它不会出现像其他放射性核素那样的沉积、吸附或捕集的问题。

（2）活化产物

链式反应释放的一大部分（60%）中子被人为放在反应堆里的中子毒物吸收，通过裂变或通过活化产物的形成（中子俘获）而被下列物质吸收：

——主回路系统的水（^{16}N，^{14}C……）；

——RCS 的调节添加剂（^3H……）；

——结构材料（^{58}Co，^{51}Cr……）；

——燃料（^{239}Np，^{240}Pu……）；

——由主冷却系统传输的腐蚀和侵蚀产物（^{58}Co、^{60}Co、^{54}Mn、^{51}Cr、^{59}Fe……）。

作为源项之一的活化产物取决于系统运行状态、维修方式和反应堆使用的材料（合金种类、斯特莱特合金、控制棒束组件、密封环等）。根据经验反馈可对主要活化产物、^{58}Co 以及总 γ 放射性规定限值。

一回路常见的活化产物主要有：^{58}Co、^{60}Co、^{51}Cr、^{95}Nb、^{110m}Ag……

（3）裂变产物

主回路的裂变产物主要有：

——惰性气体：^{85m}Kr、^{87}Kr、^{88}Kr、^{133}Xe、^{133m}Xe、^{135}Xe、^{138}Xe……

——碘：^{131}I、^{132}I、^{133}I、^{134}I、^{135}I；

——铯：^{134}Cs、^{137}Cs；

——固体裂变产物：^{95}Zr、^{103}Ru、^{140}La……

^{133}Xe 是一种极好的包壳密封性指示核素，因为：

——它属于占大多数的裂变产物；

——它还可以通过其他裂变产物衰变而产生（^{133}Sb、^{133m}Te、^{133}I）；

——其半衰期足够短（5.2 d），使之能在几星期内获得平衡；

——其半衰期足够长，使我们能很容易地通过采样对其测量。

作为一种惰性气体，它既不会被化学俘获，也不会以许多种分子形式出现。有缺陷存在时，^{133}Xe 放射性增加会很快被发现，甚至碘放射性没有明显的变化。在有包壳破损时，它约占 RCS 中气体总数的 70%；在停堆阶段，只有 ^{133}Xe 作为示踪物而被直接使用，大多数其他惰性气体由于半衰期短而被忽视不用。

因此，^{133}Xe 作为一种极佳的燃料包壳密封性的示踪剂在世界核电厂中被广泛使用。

对于我们所关注的碘同位素 ^{131}I，由于它具有最长的半衰期，它的辐射毒性最强。当有一个燃料密封缺陷和芯块包壳间隙中有水/混合物循环变化时，碘是释放到主冷却系统中的裂变产物。

考虑到各个同位素对总剂量的贡献，放射化学规范中所采用指标是按如下公式计算的等效 $^{131}I_{eq}$。这是与甲状腺内部污染概念相关的一种辐射防护指标。

$^{131}I_{eq}$ 表示为 ^{131}I 浓度，此浓度本身产生出与所有的碘同位素浓度相同的剂量。

$$^{131}I_{eq}=^{131}I+^{132}I/30+^{133}I/4+^{134}I/50+^{135}I/10$$

除了功率运行之外，^{131}I 之外的其他碘同位素由于其更短的半衰期而忽略不计。

3.2.2 主冷却剂系统（基本负荷运行）

（1）γ 能谱

反应堆冷却剂 γ 谱测量是基于对第一道屏蔽完整性的监测，为此这些测量对安全起重要作用并以"安全"名义要求需遵守。

除了放射化学规范的应用之外，这些 γ 谱测量可以用作功率运行中包壳状态的评估。为了解释放射化学的测量结果，还需要记录机组的反应堆热功率、化容系统下泄流量、净化床运行等运行参数。

测量频率和条件：

在反应堆功率稳定运行时，每周两次 γ 谱和总 γ 测量足以了解一回路中放射性活度的变化但是在下列情况下要增加 γ 谱的测量频率：

——放射性活度发生任何超过本底范围 20%的变化，且这种增长在持续，未达到新的稳态；

——放射性活度超过技术规范。

由于各核素具有不同的半衰期，在取样后按如下的时间衰变后测量更好：

——碘和裂变气体：　　　　1 h；

——^{239}Np：　　　　　　3 d；

——铯和固体裂变产物：7 d。

等效 $^{131}I_{eq}$ 和总裂变气体的瞬时值：

——第一个阈值用于向运行人员发出有燃料损坏的警告，需加强对一回路放射性活度监测；

——第二个阈值表示燃料有相当严重的损坏，需要在短期内停堆；

——第三个阈值表示将导致反应堆立即停堆。

（2）总 γ 放射性

总 γ 测量是对 γ 谱测定方法的补充，目的是确保对燃料包壳状态的监督。定期进行总 γ 测量可以跟踪主冷却系统总放射性较明显的任何变化。

这些测量是对 IRM 系统（RCV、RCV FI、RNS……等）连续监测的补充，以发现第一道屏障上的任何事件。为此这些测量对安全具有重要作用，因此以"安全"名义要求遵守。

为了正确地利用结果，取样和测量之间的间隔应是相同的，提出的 1 h 的间隔是与 γ 谱测量相一致的。

因为总 γ 测量对所有 γ 发射体都敏感（不能区分气体、碘……），所以没有相关的限值。正常运行时，低于 10 000 MBq/t 的期望值是根据外部经验反馈获得的经验值。

在反应堆冷却剂放射性活度发生变化时，γ 谱测量代替总 γ 测量，以确定存在的放射性核素。

（3）总 β 活度的测量

通过每周一次对一回路的总 β 活度的测量，可以了解一回路的污染情况，以验证各种放射性测量的一致性。此外，γ 能谱分析不能探测发射纯 β 射线的核素。

（4）氚活度的测量

氚既是一种活化产物，也是一种裂变产物，它能通过锆合金包壳扩散。一回路中的氚主要来自 ^{10}B 的活化，因此它的放射性直接与中子注量率和一回路的硼浓度成比例。

其放射性活度还与 ZGT 系统的再循环率有关，监测一回路的氚是为了避免一回路的氚积累过多。

（5）总 α 放射性

总 α 测量补充 ^{134}I、固体裂变产生（^{140}La、^{140}Ba……等）或 ^{239}Np 的测量，以确定是否存在燃料扩散的情况。

回路中通常很少受 α 污染（除了新装燃料元素的外部污染和包壳中存在的天然铀），如果反应堆稳定运行并且没有燃料包壳破损，总 α 活度的期望值应小于仪器检测限。

（6）碘 ^{134}I 的比活度

在燃料包壳发生氧化铀泄漏扩散的情况下，作为最灵敏的指标，一回路中 ^{134}I 的比活度会发生明显的变化。

当 ^{134}I 的比活度超过 5500 MBq/t 时，要增加测量频率，并对燃料包壳的状态作出评估，必要时通过停堆来限制铀的扩散所造成的污染。

3.2.3　主冷却剂系统（功率瞬态）

（1）重大瞬态过程的 γ 能谱测量

重大瞬态过程的放射性活度跟踪提供燃料元件包壳状态的补充信息，特别是关于：

——燃料棒中碘的滞留情况；

——是否存在正常运行时不会释放碘的微小破口（出现碘峰）；

——通过铯的测量评价泄漏燃料组件的燃耗。

对于换料停堆后反应堆提升功率的瞬态过程，每天测一次 γ 谱的瞬态跟踪，可以检查带污染的一次循环后的剩余放射性，此监测还可以检查是否存在可能会在循环初期出现的新的缺陷。此外，此项跟踪还可以确定需采取的 ^{134}I 的初始值，以制定循环开始时的基准。

其他瞬态过程的测量频率则根据瞬态过程而定。

（2）重大瞬态过后碘峰的测量

稳定功率下运行时，在一个破损的燃料棒的芯块/包壳间隙中的放射性，是裂变产物连续释放到芯块外与放射性衰减、向一回路水迁移、净化之间平衡的结果。有些裂变产物，尤其是碘，通过化学反应、吸附或凝结而被部分地捕获在间隙内。

重大的功率瞬态会造成破损的燃料棒的内部清洗使碘全部或部分被释放出来，但某些可溶裂变产物（例如铯）也会在温度和压力变化的联合效应下释放出来。

一般推断，碘峰值在以下情况下较高：

——裂变产物产量高（功率效应）；

——缺陷尺寸小（捕获效应）；

——缺陷数量多（数目效应）；

——瞬态动力学有利（功率下降幅度大）。

在蒸汽发生器 U 形管破裂并蒸汽泄漏的情况下，有关一回路和周围环境之间放射性转移的研究表明，为了遵守环境中的剂量限值，必须限制一回路的放射性活度，任何时候等效 ^{131}I$_{eq}$ 活度不得超过 148 GBq/t。

因此，选择了两个指标：^{133}Xe 活度和 ^{131}I/^{133}I 活度比率。这两个指标确定了一个运行区，在这个运行区之外，必须按程序降低功率，以便确认测到的碘峰值小于 148 GBq/t。

3.2.4　反应堆停堆

停堆阶段监测和降低一回路及主要辅助系统的放射性，是为了监测腐蚀产物的迁移，了解放射性污染的状况。主要目的是尽可能降低停堆阶段核电厂工作人员的辐照剂量，合理减少停堆时间。

（1）无氧化停堆

在此阶段的监测是为了跟踪腐蚀产物的迁移。目前的做法是在低温无氧化阶段（<120 ℃）尽量少停留，以避免随后的 RCS 运行模式下剂量率增加的风险。可溶性产物种类增加会导致反应堆放射性源项向一回路的冷点迁移。

在辐射防护计划上，当冷停堆时间超过 3 d 时，建议氧化一回路。这种氧化/净化还有一个好处，就是在随后的 RCS 运行状态中能大量地减少潜在的腐蚀产物源，而且从循环开始的运行时间足够长（2 至 3 个月）。

经验反馈表明，在这种无氧化冷停堆的各阶段，γ_T 的放射性通常不得超过 14 GBq/t。超出此值可能会产生腐蚀产物的迁移和冷区的再污染，可能因此而产生一个高的剂量率。

（2）有氧化停堆

氧化停堆程序应同时满足辐射防护要求与减少停堆时间的目标一致。

此程序应能够达到下列目标：

——控制中子注量率区腐蚀产物的溶解以及活化产物的释放；

——在最佳时间内降低反应堆冷却剂的放射性比活度；

——避免由活化产物或裂变产物的再次沉积或由分子碘吸附引起的回路污染；

——方便换料操作，同时保持水的澄清并降低反应堆水池表面的剂量率；

——避免在设备各点氢—氧混合的风险；

——在最低辐照条件下，至少在遵守辐射防护要求的条件下进行维修操作；

——避免超出规定的烟囱限值的任何风险；

——尽量降低废气和废液的产生量。

控制氧化的目标就是抑制或大幅度减缓基体金属的释放，并控制 RCS 的放射性主要来源的可溶性氧化物的溶解。此时会导致 RCS 水的放射性比活度出现明显的升高峰值。

氧化停堆期间腐蚀产物的行为理论要点如下：

——pH 和温度的降低将导致沉积物和活化产物的溶解，增加水中的放射性活度；

——不能彻底清除回路中的放射性物质（中子注量率区外的沉积物），放射性主要来自中子注量率区的沉积物或活化产物的溶解；

——氧化时，由于镍和钴（腐蚀产物）的同位素溶解使放射性比活度突升，然后以近乎于理论净化速率下降，可以认为氧化阻止了这些溶解现象。如果能够阻止源项，则可以有效地净化一回路水，使其放射性活度足够低，以致它产生的剂量率与沉积物产生的剂量率相比可以忽略不计。

因此，应尽早对一回路实施氧化且至少维持一台主泵运行。

对于氢，目标是预防与氧发生混合的风险，需遵守的值已列在本技术手册中。

（3）停堆时反应堆冷却剂的跟踪

1）换料停堆阶段裂变产物的跟踪

在模式 4 已有规定。此外，还要遵守在第三屏障破坏之前一回路冷却剂的放射性 $^{131}I_{eq}$ 低于 4440 MBq/t 的限制（进行 CSV 或 CAM 通风）。

2）停堆时腐蚀产物的跟踪

在冷停堆阶段的后期，腐蚀产物的放射性应已稳定，腐蚀产物放射性增加可表明净化系统的功能故障（树脂饱和失效、过滤器破裂等）。

经验反馈表明，在此使用阶段，^{58}Co 放射性通常不应超过 7000 MBq/t。超出此期望值会引起重新污染的风险，而重新污染会促使充排水和对净化装置的正常运行做一次检查。

（4）停堆后再启动

由于温度增加时腐蚀产物溶解度降低，水中溶解的放射性产物将趋于沉积在热壁上。再启动阶段的监测可以保证当 RCS 的温度重新上升时净化系统正常运行，在 RCS 不发生放射性迁移和系统污染等特殊问题。

经验反馈表明，在这些阶段，γ_T 的放射性通常不应超过 14 GBq/t，或 ^{58}Co 放射性小于 7 GBq/t。超出此值可能有腐蚀产物的迁移和可能的系统重新污染，因此可能造成系统的过高剂量率。

出现超值时，应该检查净化系统的效率，并进行稀释以限制重新污染的风险。

3.2.5 其他系统的放射化学规范

（1）放射性净化处理设施

对于 RCV/RFT/ZLT/ZBR 等系统的过滤器、树脂净化床等放射性净化处理设施，放射化学参数的测量可以了解其净化能力及其运行状况，为需要采取的措施比如更换或评价提供依据。

（2）WCC、WSD、TTB、TSM 等

这些系统在正常情况下水体是没有放射性的，测量总 γ 活度等放射化学参数是为了及时发现被冷却的系统或者热交换器传热管是否有泄漏。

正常情况下这些系统都有辐射监测系统连续监测，化学取样结果可以与在线检测作互相比较，以验证在线测量的准确性。

3.3 放射化学规范

表 462-14-03-02 反应堆冷却剂（RCS）系统

比活度测量（基本负荷运行）

模式 1、2、3（反应堆冷却剂平均温度≥260 ℃）

参数	单位	期望值	限值	正常频率	注释
γ 谱	MBq/t		$^{131}I_{eq}$＜4440 或 $\sum ga_s$＜370 000 或 ^{134}I＜5550	2 次/周 或 X	若无燃料破损，γ 谱测量频率 2 次/周 X：下列情况要增加 γ 谱测量频率： a）放射性比活度的任何增长超出正常功率运行的日测量平均水平的 20%，并且这种增长在持续，未达到新的稳定水平 b）超出规定的限值［见比活度超限值（基本负荷运行）运行指令］
总 γ 比活度	MBq/t	＜10 000		2 次/周 或 X	X：下列情况要增加 γ 谱测量频率： 总放射性比活度的任何增长超出正常功率运行的日测量平均水平的 20%，并且这种增长在持续，未达到新的稳定水平 见说明 1
总 α 比活度	MBq/t			不定期	当 ^{134}I＞5550 MBq/t 或测出 ^{239}Np 时，测量频率 1 次/周
氚比活度	MBq/t	＜15 000		1 次/周	限制停堆期间乏燃料水池中的氚 限制主回路的氚向二回路泄漏
^{58}Co 或 ^{51}Cr	MBq/t	＜100		2 次/周	如果超出期望值，检查除盐床效率
^{24}Na	MBq/t			2 次/周	在 ^{24}Na 明显增加情况下，应跟踪趋势并查找污染源

说明：

"总 γ 比活度"的测量是对 γ 谱测量的一个补充，为了正确地利用测量结果作跟踪，其测量期限和条件应与 γ 谱相同，即在 T_0+1 h 内测量。

表 462-14-03-03 反应堆冷却剂（RCS）系统

比活度超限值（基本负荷运行）

模式 1、2、3

参数	单位	运行指令	附加监督	注释
瞬时比活度：$\{^{131}I_{eq}≥4.44E+3$ 或 $\sum g_{as}≥3.7E+05\}$ 且 $\{^{131}I_{eq}＜1.85E+04$ 或 $\sum g_{as}＜1.48E+06\}$	MBq/t	停止负荷跟踪，加强监督，检查碘峰值	加强监督，每天测一次 γ 谱。 当负荷变化超过 15% 且时间超过 1 h，则要在 2～6 h 内取样测一次 γ 谱	当反应堆稳定功率运行时，若无燃料组件破损，γ 谱测量频率为 1 次/周。 瞬时比活度是指在反应堆连续运行大于 48 h 且小于 72 h 期间平衡时的测量值。 $^{131}I_{eq}$ 碘峰值特指没有经过净化流量系数修正的真实测量值
瞬时比活度：$\{^{131}I_{eq}≥1.85E+04$ 或 $\sum g_{as}≥1.48E+06\}$ 且 $\{^{131}I_{eq}＜3.7E+04$ 或 $\sum g_{as}＜2.96E+06\}$	MBq/t	48 h 内开始向模式 3（反应堆冷却剂平均温度＜260 ℃）后撤 主回路水排到 ZBR RCV 容控箱向 ZGT 扫气 RCV 除盐床保持最大净化流量	γ 谱频率：3 次/d。 若功率变化超过 15% 且时间超过 1 h，则要在 2 h～6 h 内取样测一次 γ 谱	

续表

参数	单位	运行指令	附加监督	注释
瞬时比活度： $^{131}I_{eq}>37\,000$ 或 $\sum g_{as}>2\,960\,000$	MBq/t	6 h 内开始向模式 3（反应堆冷却剂平均温度<260 ℃）后撤	-γ 谱频率：1 次/2 h～1 次/6 h 降负荷时检查瞬态的碘峰值	当反应堆稳定功率运行时，若无燃料组件破损，γ 谱测量频率为 1 次/周。 瞬时比活度是指在反应堆连续运行大于 48 h 且小于 72 h 期间平衡时的测量值。 $^{131}I_{eq}$ 碘峰值特指没有经过净化流量系数修正的真实测量值
瞬时比活度： $^{134}I>5550$	MBq/t	没有特殊要求但要加强监督	每天测 1 次 γ 谱	
瞬时比活度： $^{133}Xe>92\,500$ 或 $^{133}Xe>37\,000$ 和 $^{131}I/^{133}I>1.5$ 与至少一台蒸汽发生器一次侧向二次侧泄漏率超过 5 L/h	MBq/t	50 MW/m 速率降负荷到模式 3（反应堆冷却剂平均温度<260 ℃）	在降功率过程中，增加 γ 谱测量，以便跟踪碘峰值是否超限值，见"γ 谱测量（大瞬态过程）"	
如果预期瞬态后碘峰值： $^{131}I_{eq}>148\,000$（限值）或 $\sum g_{as}$ 超出降功率前水平 20%	MBq/t	禁止重新启动机组		

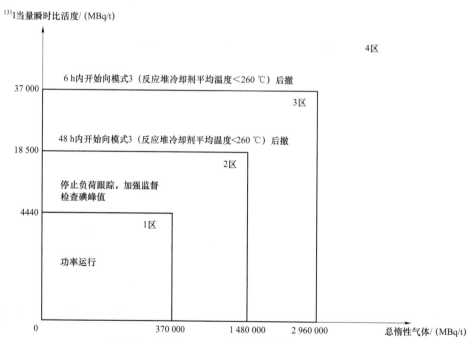

图 462-14-03-01 反应堆冷却剂（RCS）系统
瞬时比活度区域图（基本负荷运行）
模式 1、2、3（反应堆冷却剂平均温度≥260 ℃）

表 462-14-03-04　反应堆冷却剂（RCS）系统
γ 谱测量（大瞬态过程）模式 1

参数	单位	期望值	限值	监督频率	注释
预期瞬态后碘峰值 $^{131}I_{eq}$*（为检测碘峰值的预期瞬态）	MBq/t		$^{131}I_{eq}<148\,000$ ［参考"比活度超限值（基本负荷运行）"］	见注释	当 $^{133}Xe>37\,000$ 和 $^{131}I/^{133}I>1.5$ 超出运行区时，则按程序降功率，同时取样测量 γ 谱，以便确认观测到的碘峰值$<148\,000$ MBq/t，见"比活度超限值（基本负荷运行）" 当怀疑燃料组件破损时，应实施碘峰值检查相关的降功率计划和措施，为很好地了解放射性活度的变化情况以判断燃料包壳状态，应增加取样频率，$1\sim2$ h 取样，跟踪 $6\sim12$ h，视瞬态碘峰值的出现时间而定
预期瞬态后的气体活度	MBq/t			必要时见说明	当 $^{133}Xe>37\,000$ 和 $^{131}I/^{133}I>1.5$ 超出运行区时，则按程序降功率，同时取样测量 γ 谱，以便确认观测到的碘峰值$<148\,000$，见"比活度超限值（基本负荷运行）" 当怀疑燃料组件破损时，应实施碘峰值检查相关的降功率计划和措施，为很好地了解放射性活度的变化情况以判断燃料包壳状态，应增加取样频率，$1\sim2$ h 取样，跟踪 $6\sim12$ h，视瞬态碘峰值的出现时间而定
换料停堆后的功率提升	MBq/t			1 次/d	反应堆提升功率达到 100%FP 稳定运行前，每天测 1 次 γ 谱
换料停堆	MBq/t			按实际停堆程序执行	
其他大瞬态				随时	由燃料包壳的状态证实是否需要（测量）

说明：* 在大瞬态过程，碘峰值是指对净化流量不作修正的实际测量值。

表 462-14-03-05　反应堆冷却剂（RCS）系统
比活度超限值（负荷跟踪运行）
模式 1

参数	单位	运行指令	监督频率	注释
瞬时比活度：$^{131}I_{eq}>18\,500$ 和 $\sum g_{as}<2\,960\,000$	MBq/t	停止负荷跟踪 稳定机组并采用稳定功率运行的技术规范，如果 $^{131}I_{eq}$ 的瞬时比活度值小于 4440，则允许重新进行负荷跟踪		
瞬时比活度：$^{131}I_{eq}>37\,000$ 或 $\sum g_{as}>2\,960\,000$	MBq/t	6 h 内开始向模式 3（反应堆冷却剂平均温度<260 ℃）后撤	降负荷时检查瞬态的碘峰值	当反应堆功率运行时，若无燃料组件破损，γ 谱测量频率为 1 次/周 $^{131}I_{eq}$ 瞬时比活度是指 RCV 下泄流量为 13.5 t/h 时的测量值 $^{131}I_{eq}$ 碘峰值特指对净化流量不作修正的实际测量值
瞬时比活度：$^{134}I>5550$	MBq/t	没有特殊要求，但要加强跟踪，稳定机组功率，以便评估燃料包壳的状态	每天测 1 次 γ 谱	
瞬时比活度：$^{133}Xe>92\,500$ 或 $^{133}Xe>37\,000$ 和 $^{131}I/^{133}I>1.5$	MBq/t	如果至少一台蒸汽发生器一次侧向二次侧泄漏率超过 5 L/h，则以 50 MW/min 速率降负荷到模式 3（反应堆冷却剂平均温度<260 ℃）	在降功率过程中，增加 γ 谱测量，以便跟踪碘峰值是否超限值	
预期瞬态后碘峰值：$^{131}I_{eq}>148\,000$（限值）	MBq/t	如果碘峰值超限值，则禁止重新启动机组。否则，只要包壳状态没有明显变化（$\sum g_{as}$ +20%），允许机组运行。		

图 462-14-03-02　反应堆冷却剂（RCS）系统
瞬时比活度区域图（负荷跟踪运行）模式 1

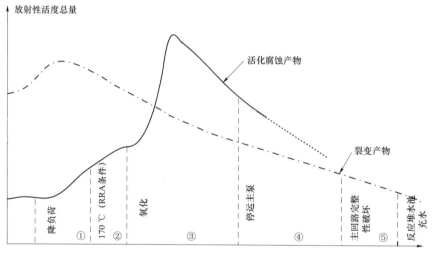

图 462-14-03-03　反应堆冷却剂（RCS）系统（停堆期间）
氧化停堆期间的裂变产物和活化腐蚀产物图例模式 4、5

说明：

1. RFT 水箱的活度控制，见"最后一台主泵停运限值和换料水贮存箱的 γ_T 活度关系"。

2. 停堆之前一个星期应监督并保证除盐床和过滤器状态和效率。

3. 应保证 ZGT 衰变箱有足够的容量。

4. 应检查除气装置：

1）稳压器气箱至 ZBR 头箱的连接是否畅通；

2）RCV 容控箱是否已吹扫；

3）ZBR 头箱是否已扫气；

4）硼回收系统的除气器是否可用。

表 462-14-03-06 反应堆冷却剂（RCS）系统（停堆期间）

从降负荷到 RHR 连接模式 1、2、3、4

参数	单位	期望值	限值	正常频率	注释
γ谱	MBq/t	$^{133}Xe<8000$ $^{131}I<2000$		1/4 H*	这是降负荷前的期望值 *这是参考频率，应根据一回路裂变和活化产物的放射性活度情况而定

说明：

1. 保持最大净化流量。

2. 通过对净化除盐床的γ谱测定，可以验证除盐床的效率。

表 462-14-03-07 反应堆冷却剂（RCS）系统（停堆期间）

从 RHR 连接到氧化前模式 4

参数	单位	期望值	限值	正常频率	注释
瞬时比活度 $^{131}I_{eq}$	MBq/t		$^{131}I_{eq}<4440$	CSV 或 CAM 投运前	CSV 或 CAM 投运前要求的限值 特指对 RCV 流量不作修正的真实测量值
γ谱	MBq/t	$^{131}I<2000$	$^{133}Xe<4000$ $^{131}I<4000$	见说明 2	如果放射性活度增加，延长稳压器汽腔淹没时间，并尽可能扫气 此限值是停堆时稳压器汽腔淹没、降温并实施主回路氧化的先决条件 从 RHR 连接到氧化前进行监测

说明：

1. RCS 从 170 ℃开始以最大速度冷却，在 80 ℃时给主回路注入双氧水氧化。

2. 根据主回路的放射性活度决定测量频率为 1 次/2h～1 次/10 h 之间。

表 462-14-03-08 反应堆冷却剂（RCS）系统（停堆期间）

从氧化到最后一台主泵停运模式 4、5

参数	单位	期望值	限值	正常频率	最大间隔	注释
γ谱	MBq/t	$^{58}Co<25\,000$ $^{110m}Ag<4000$	$^{58}Co<50\,000$ $^{133}Xe<1500$ $^{131}I<100$	见说明 1		^{58}Co、^{133}Xe 和 ^{131}I 的限值规定了停运主泵的条件
总 γ 比活度	MBq/t	$\gamma_T<50\,000$	$\gamma_T<100\,000$	见说明 1		遵守 IRWST 水箱的放射性活度规定，见"最后一台主泵停运限值和换料水贮存箱的 γ_T 活度关系"

说明：

1. 根据主回路的放射性活度决定测量频率为 1 次/2 h～1 次/10 h 之间。

2. 保持 RCV 最大净化流量，尽可能延长主泵运行时间（ALARA 原则）。

3. 一般情况下银的峰值较钴的峰值滞后 5～12 h 出现。

4. 加强监督除盐床的净化效率。

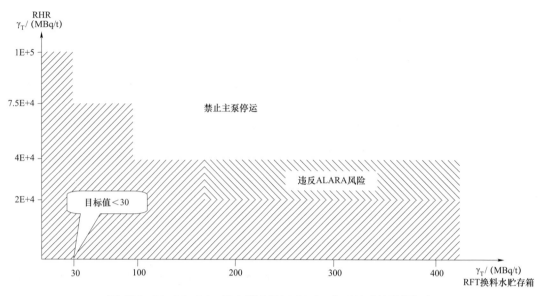

图 462-14-03-04　反应堆冷却剂（RCS）系统（停堆期间）
最后一台主泵停运限值和换料水贮存箱的 γ_T 活度关系
模式 4、5

表 462-14-03-09　反应堆冷却剂/余热排出（RCS/RHR）系统（停堆期间）

主回路完整性破坏条件模式 5

参数	单位	期望值	限值	正常频率	注释
瞬时比活度 ^{133}Xe ^{131}I	MBq/t		$^{133}Xe < 1500$ $^{131}I < 100$	见说明 1	情况 1，如主回路首次"充分打开"是在： 高液位打开稳压器人孔 稳压器高液位（0～3.8 m）
瞬时比活度 ^{133}Xe ^{131}I	MBq/t		$^{133}Xe < 1000$ $^{131}I < 50$	见说明 1	情况 2，如主回路首次"充分打开"是在： 法兰面液位打开稳压器人孔 堆芯热电偶拆除 打开反应堆压力容器顶盖

说明：

1. 根据主回路的放射性活度决定测量频率。

2. 主回路首次"充分打开"，针对 ^{131}I 和 ^{133}Xe，情况 1 和情况 2 要求的限值不同。

表 462-14-03-10　余热排出（RHR）系统（停堆期间）

反应堆水池充水条件模式 5

参数	单位	期望值	限值	正常频率	注释
γ 谱	MBq/t	$^{58}Co < 1000$	$^{58}Co < 2000$	充水前	
总 γ 比活度	MBq/t		$\gamma_T < 4000$	充水前	

表 462-14-03-11　反应堆冷却剂（RCS）系统（停堆期间）

反应堆水池装卸料模式 6

参数	单位	期望值	限值	正常频率	注释
氚比活度	MBq/t	< 7000 见说明 1		换料操作前	可在 RHR 上取样测量
总 γ 比活度	MBq/t	$\gamma_T < 600$		1 次/周或 1 次/d	可在 RHR 上取样测量 在装料和卸料期间，1 次/d

说明：降低二次污染的风险。

表 462-14-03-12 反应堆冷却剂（RCS）系统（停堆期间）

停堆后再启动—升温条件模式 3、4、5

参数	单位	期望值	限值	正常频率	注释
γ 谱	MBq/t	$^{58}Co < 7000$ 见说明 1		升温前	模式 3、4、5（无氧化停堆启动） 超出期望值停止升温
总 γ 比活度	MBq/t	$\gamma_T < 14\,000$ 见说明 1		升温前	模式 3、4、5（压力降至常压前） 超出期望值停止升温

说明：

1. 限制二次污染的风险。
2. 本表规定了机组离开正常冷停堆并开始升温时应满足的放射化学指标。

表 462-14-03-13 化学和容积控制（RCV）系统

混床运行

参数	单位	期望值	限值	正常频率	注释
除盐床进出口 γ 谱				1/月	与前次测量结果相比较，如果除盐床效率降低，采取下列行动： 确认除盐床没有泄漏和被旁路 增加 γ 谱和化学参数（如 Na 等）测量，以检查除盐床是否饱和

表 462-14-03-14 反应堆硼和水补给（RBM）系统

补给水箱任何时间

参数	单位	期望值	限值	正常频率	注释
氚比活度	MBq/t	< 15 000		1/月 + X	在模式 1、2、3 和 4 下，分析频率 1/月 X：传输到 ZLD 前测量 如果氚超出期望值，建议不再使用
总 γ 比活度	MBq/t		≤ 1.0	X	X：传输到 ZLD 前测量 1MBq/t 的限值是国家规定的环境排放限值

表 462-14-03-15 安全注入（RSI）系统

内置换料水箱任何时间

参数	单位	期望值	限值	正常频率	注释
总 γ 比活度	MBq/t			1/月	反应堆水池充水前的限值是 30 MBq/t 如果内置换料水箱的活度大于 30MBq/t，见图 462-14-03-04 主泵停运的条件
氚比活度	MBq/t	< 7500		X	X：反应堆水池充水前
γ 谱	MBq/t			不定期	当总 γ 比活度超限值时测量，以确定放射性的来源

表 462-14-03-16 反应堆换料水池和乏燃料水池冷却和处理（RFT）系统

混床任何时间

参数	单位	期望值	限值	正常频率	注释
除盐床进出口 γ 谱	MBq/t			1/月	与前次测量相比较，如果除盐床效率降低，采取下列行动： 确认除盐床没有泄漏和被旁路 增加 γ 谱和化学参数（如 Na 等）测量，以检查除盐床是否饱和

表 462-14-03-17　反应堆换料水池和乏燃料水池冷却和处理（RFT）系统

乏燃料水池任何时间

参数	单位	期望值	限值	正常频率	注释
总γ比活度	MBq/t			2/月	正常功率运行期间，频率为2/月 当乏燃料水池的放射性活度异常时，在除盐床进出口进行γ谱测定，以便监测其效率
				1/d	在装、卸料操作期间，频率为1/d
氚比活度	MBq/t	<7500		X	X：装、卸料操作期间各测量一次

表 462-14-03-18　设备冷却水（WCC）系统任何时间

参数	单位	期望值	限值	正常频率	注释
总γ比活度	MBq/t	<0.04	<0.1	连续 + 1/月（手动） + X	每月一次手动取样测量，以验证IRM通道的准确性 X：当IRM在线测量通道不可用时，增加手动测量频率为1/周 当超限值时，根据相应的报警规程和事故规程采取行动

说明：

1. 0.003 7 MBq/t 是 IRM 的检测下限，0.1 MBq/t 是 IRM 一级报警阈值。

2. 当总γ比活度超过 4 MBq/t 时，必须向核安全局报告。

表 462-14-03-19　硼回收（ZBR）系统任何时间（处理前）

参数	单位	期望值	限值	正常频率	注释
除盐床出口γ谱	MBq/t			1/月	定期检查除盐床系列的效率
中间储存箱总γ比活度	MBq/t	<5		X	X：处理前测量 如果总γ比活度≥5 MBq/t，检查除盐床系列的效率 大修期间较高
蒸馏液氚比活度	MBq/t	<15 000		X	X：传送前测量 如果氚比活度>15 000 MBq/t，建议不再回收使用蒸馏液 如果不再回收使用蒸馏液，则不需测量氚比活度
浓缩液总γ比活度	MBq/t	<5		不定期	如果总γ比活度较高，在ZBR除盐床出口加测量γ谱，以确认除盐床的效率 大修期间较高

表 462-14-03-20　核岛液态流出物排放（ZLD）系统/常规岛液态流出物排放（WQB）系统

放射性液态流出物放射性液态流出物排放前

参数	单位	期望值	限值	正常频率	注释
总γ比活度	MBq/t		<1	X	X：排放前 超限值时立即停止排放

说明：相关限值需满足 GB 6249 的要求。

表 462-14-03-21　废液处理/放射性废水回收（ZLT/WSR）系统

废液储存箱/废液回收箱任何时间（传输或处理前）

参数	单位	期望值	限值	正常频率	注释
总γ比活度	MBq/t		<1	X	X：处理后排放到ZLD之前测量 1 MBq/t的限值是国家规定的环境排放限值
pH（25 ℃）		6~9 *		X	X：排放到ZLD之前测量

说明：*：pH 是化学参数，为了使用方便放在此表中。

表 462-14-03-22　废液处理（ZLT）系统
除盐床出口任何时间

参数	单位	期望值	限值	正常频率	注释
总γ比活度	MBq/t		<1	X	X：处理后排放到 ZLD 之前测量 1 MBq/t 的限值是国家规定的环境排放限值
γ谱	MBq/t			不定期	当除盐床的效率降低，必要时在除盐床出口测量γ谱，以查找污染源

表 462-14-03-23　蒸汽发生器排污（TTB）系统模式 1、2、3、4

参数	单位	期望值	限值	正常频率	注释
γ谱	MBq/t		$^{131}I_{eq} \leq 3.7E+3$	1/31 d	如果主回路/二回路泄漏，该测量值能 估计出通过汽机旁路系统进入大气的潜在放射性水平
总γ比活度	MBq/t	<0.04[1]	<0.4	连续 + 1/月（手动）	每月一次手动取样测量，以验证 IRM 通道的准确性 如果总γ比活度超出期望值，则： a）确认除盐床效率，以确保去污效果 b）应增加γ谱和氚比活度的测量，以检查泄漏 如果总γ比活度超限值，则： a）应将几个通道（如 IRM/TTB、IRM/TTV 和 IRM/TSM-16N）测量值相互比较 b）根据相应报警规程或事故规程采取行动
氚比活度	MBq/t			不定期	当总γ比活度>0.04 MBq/t 时，应增加γ谱和氚比活度的测量，以检查泄漏
γ谱	MBq/t				

说明：0.003 7 MBq/t 是 IRM 的检测下限，0.4 MBq/t 是 IRM001/002/003 MA 一级报警阈值。

表 462-14-03-24　主蒸汽（TSM）系统模式 1、2

参数	单位	期望值	限值	正常频率	注释
^{16}N 比活度				连续	由 IRM011、012、013MA 自动监测
氚比活度	MBq/t	<0.4		1/周	若蒸汽发生器发生泄漏，增加氚的测量频率

说明：

蒸汽发生器泄漏率增加，可由下列测量给出信号：

1. IRM/TTB 测量通道高信号指示；

2. 主蒸汽凝汽器真空系统 IRM/TTV 测量通道高信号；

3. 主蒸汽回路 TSM 氚比活度增加；

4. IRM 的 ^{16}N 测量通道信号增加。

表 462-14-03-25　辅助蒸汽分配（WSD）系统投运时

参数	单位	期望值	限值	正常频率	注释
总γ比活度	MBq/t	<0.04	<0.1	连续 + 1/月（手动）	正常工况时，每月一次手动分析，以验证 IRM 通道的准确性 若超期望值，应增加γ谱或氚比活度的测量，以检查泄漏 若超限值，根据相应 IRM 报警规程和事故规程采取行动

说明：

1. 测量总γ比活度是为了检查是否有来自 ZLT 和 ZBR 水的污染。

2. 0.003 7 MBq/t 是 IRM 的检测下限，0.1 MBq/t 是 IRM054 MA 一级报警阈值。

3. 若总γ比活度超过 4 MBq/t，应向国家核安全局报告。

表 462-14-03-26　凝汽器真空（TTV）系统

冷凝器中的不凝气体

模式 1、2（主蒸汽隔离阀开启后）

参数	单位	期望值	限值	正常频率	注释
总 γ 比活度	MBq/t			连续	由 IRM035 MA 自动监测 自动监测不可用时，见《厂内技术要求》

4　化学品质量规范

核电厂工艺系统用化学品是核电厂水处理系统的重要原材料，也是核电厂化学控制的重要物资。因此有必要明确电厂工艺系统常用化学品的质量要求，保证水处理系统的正常运行和化学控制的正常实施。

表 462-14-04-01　硼酸（H_3BO_3）

用途：用于机组反应堆冷却剂系统的反应性控制。

技术指标：

化学成分	技术指标
硼酸（H_3BO_3）/%	≥99.9（干基）
钠（Na）/%	≤0.001
氯化物（Cl^-）/%	≤0.000 1
硫酸盐以（SO_4^{2-}）计/%	≤0.000 3
磷酸盐以（PO_4^{3-}）计/%	≤0.001
铁（Fe）/%	≤0.000 2
重金属以铅计（Pb）/%	≤0.000 2
钙（Ca）/%	≤0.001
水不溶物/%	≤0.005
氟化物以（F^-）计/%	≤0.000 2
砷（As）/%	≤0.000 2
镁（Mg）/%	≤0.001
铝（Al）/%	≤0.000 5
二氧化硅（SiO_2）/%	≤0.001

同位素 B^{10} 含量（原子百分数）不小于 19.6%，正常值在 19.6%～20% 范围内

说明：硼酸应封装在专门设计的货包内，以防止内装物受污染或丢失。

表 462-14-04-02　联氨（N_2H_4）

用途：用于一二回路除氧化学控制。

技术指标：

化学成分	技术指标
水合联氨含量 $N_2H_4.H_2O$/%	≥35
灼烧残渣/%	≤0.002
pH（3%水溶液）/%	9.9
氯化物以（Cl^-）计/%	≤0.000 1

化学成分	技术指标
氟化物以（F⁻）计/%	≤0.000 1
钠含量（Na）/%	≤0.000 1
硫酸盐以（SO_4^{2-}）计/%	≤0.000 1
铁含量（Fe）/%	≤0.001
重金属（以 Pb 计）/%	≤0.000 5

表 462-14-04-03　氢氧化锂（$^7LiOH \cdot H_2O$）

用途：用于压水堆一回路系统调节 pH。

技术指标：

化学成分	技术指标
氢氧化锂（^7LiOH）/%	48～58
水（H_2O）/%	42～52
同位素 Li^7（相对于总 Li）/%	＞99.9
钙（Ca）/%	≤0.01
铅（Pb）/%	≤0.001
锌（Zn）/%	≤0.000 5
汞（Hg）/%	≤0.000 05
氯化物以（Cl⁻）计/%	≤0.5
氟化物以（F⁻）计/%	≤0.5

表 462-14-04-04　氨水（$NH_3 \cdot H_2O$）

用途：用于压水堆二回路 pH 调节控制。

技术指标：

项目	技术指标
NH_3/%	15～17
蒸发残渣/%	≤0.002
氯化物（Cl）/（mg/kg）	≤0.5
硫化物（S）/（mg/kg）	≤0.2
硫酸盐（SO_4）/（mg/kg）	≤2.0
碳酸盐（以 CO_2 计）/（mg/kg）	≤10
磷酸盐（PO_4）/（mg/kg）	≤1.0
钠（Na）/（mg/kg）	≤1.0
镁（Mg）/（mg/kg）	≤1.0
钾（K）/（mg/kg）	≤1.0
钙（Ca）/（mg/kg）	≤1.0
铁（Fe）/（mg/kg）	≤0.2
铜（Cu）/（mg/kg）	≤0.1
铅（Pb）/（mg/kg）	≤0.5
还原高锰酸钾（以 O 计）/（mg/kg）	≤8.0

表 462-14-04-05 磷酸三钠（$Na_3PO_4 \cdot 12H_2O$）

用途：用于闭式工业冷却水系统、设备冷却水系统。

技术指标：

化学成分	技术指标
$Na_3PO_4 \cdot 12H_2O$/%	≥98.0
澄清度试验	合格
游离碱/%	≤1.5
二钠盐（$Na_2HPO_4 \cdot 12H_2O$）/%	≤0.5
氯化物以（Cl^-）计/%	≤0.005
硫酸盐以（SO_4^{2-}）计/%	≤0.01
总氮量（N）/%	≤0.002
铁（Fe）/%	≤0.000 5
砷（As）/%	≤0.000 3
重金属以铅计（Pb）/%	≤0.001

参考标准：《HG/T 3493—2000 化学试剂磷酸钠》分析纯

表 462-14-04-06 硫酸（H_2SO_4）

用途：

工业硫酸优等品（98%）：用于水处理系统、凝结水精处理系统树脂再生等。

技术指标：

项目	技术指标
硫酸含量/%	≥98
色度	不深于标准色度
灰分（灼烧残渣）/%	≤0.02
Fe/%	≤0.05
As/%	≤0.001
Hg/%	≤0.001
Pb/%	≤0.05
透明度/mm	≥50

说明：

1. 在技术指标按中，按质量分数（单位：%）计。

2. 参照标准：《工业硫酸》GB/T534—2014 优等品。

表 462-14-04-07 氢氧化钠（NaOH）

用途：

用于除盐水生产系统、凝结水精处理系统、安全壳喷淋系统等。

技术指标：

项目	技术指标
氢氧化钠（以 NaOH 计）/%	≥32.0
碳酸钠（以 Na_2CO_3 计）/%	≤0.04
氯化钠（以 NaCl 计）/%	≤0.004
三氧化二铁（以 Fe_2O_3 计）/%	≤0.000 3
二氧化硅（以 SiO_2 计）/%	≤0.001 5

续表

项目	技术指标
氯酸钠（以 $NaClO_3$ 计）/%	≤0.001
硫酸钠（以 Na_2SO_4 计）/%	≤0.001
三氧化二铝（以 Al_2O_3 计）/%	≤0.000 4
氧化钙（以 CaO 计）/%	≤0.000 1
重金属以（Pb）计）/%	≤0.002

说明：参照标准：《高纯氢氧化钠》（GB/T 11199—2006）HLⅢ优等品（液态）。

表 462-14-04-08　Amberlite 核级树脂

用途：用于一回路及其他重要系统的水质净化。

项目	Amberlite IRN217		Amberlite IRN160		Amberlite IRN77（H 型）	Amberlite IRN78（OH 型）
	阳树脂（$^7Li^+$型）	阴树脂（OH 型）	阳树脂（H 型）	阴树脂（OH 型）		
阳：阴树脂比率	0.90～1.10（当量）				—	—
功能基	$R-SO_3^-$	$R-(CH_3)_3N^+$	$R-SO_3^-$	$R-(CH_3)_3N^+$	$R-SO_3^-$	$R-(CH_3)_3N^+$
均一系数	≤1.2				—	—
粒径	≤0.2%（<0.30 mm 50 目）				—	—
	≤0.5%（<0.42 mm 40 目）				—	—
	≤0.5%（>1.00 mm 18 目）				—	—
湿视密度/（g/ml）	0.78～0.82	0.68～0.70	0.78～0.82	0.68～0.70	0.78～0.82	0.68～0.70
磨后圆球率	≥98%	≥95%	≥98%	≥95%	≥95%	≥95%
压碎强度（平均）	≥350 g/颗				—	—
体积交换容量/（eq/L）	≥1.75	≥1.10	≥2.00	≥1.10	≥1.90	≥1.10
含水率/%	45～51	54～60	45～51	54～60	49～55	54～60
转型率/%	$^7Li^+$型≥99	OH 型≥95	H 型≥99	OH 型≥95	H 型≥99	OH 型≥95
CO_3^{2-}/%	—	≤5.0	—	≤5.0	—	≤5.0
Cl^-/%	—	≤0.1	—	≤0.1	—	≤0.1
SO_4^{2-}/%	—	≤0.1	—	≤0.1	—	≤0.1
Na^+ mg/kg-R（干）	≤50				≤50	≤50
Fe mg/kg-R（干）	≤50				≤50	≤50
Pb mg/kg-R（干）	≤10				≤10	≤10
溶出物%（干）	≤0.1				≤0.1	≤0.1
抱团试验	不抱团				—	

5　流出物排放控制

本规范规定了核电厂放射性流出物排放控制的基本原则、一般要求及排放流程管理等。

5.1 放射性流出物排放控制

5.1.1 放射性流出物排放控制的基本原则

核电厂应采取一切可合理达到的措施对放射性流出物实施管理，应采用最佳可行技术实施对所有废气、废液流的整体控制方案的优化，力求获得最佳的环境、经济、和社会效益，并有利于可持续发展。核电厂应制定放射性流出物排放控制程序，明确放射性流出物排放控制要求和审批流程。核电厂的放射性流出物排放必须遵照《核电厂环境辐射防护规定》（GB 6249—2011）和国家审管部门批文等有关文件、国家标准的规定执行：

——核电厂必须按每堆实施放射性流出物年排放总量的控制，年排放量控制值遵循合理可能尽量低的原则，向审管部门定期申请或复核（首次装料前提出申请，以后每隔 5 年复核一次），且申请值不得超过 GB 6249—2011 第 6 节中的相关规定。

——核电厂的年排放总量应按季度和月控制，每个季度的排放总量不应超过所批准的年排放总量的二分之一，每个月的排放总量不应超过所批准的年排放总量的五分之一。若超过，则必须迅速查明原因，采取有效措施。若预计年排放总量超过审管部门批准的控制值，营运单位在排放前必须得到审管部门的批准。

——核电厂液态放射性流出物必须采用槽式排放方式，液态放射性流出物排放应实施放射性浓度控制。对于滨海厂址，槽式排放出口处的放射性流出物中除氚和 ^{14}C 外其他放射性核素浓度不应超过 1000 Bq/L；对于内陆厂址，槽式排放出口处的放射性流出物中除氚和 ^{14}C 外其他放射性核素浓度不应超过 100 Bq/L，并保证排放口下游 1 km 处受纳水体中总 β 放射性不超过 1 Bq/L，氚浓度不超过 100 Bq/L。如果浓度超过上述规定，营运单位在排放前必须得到审管部门的批准。

——气载放射性流出物必须经净化处理后，经由烟囱释入大气环境。液态放射性流出物排放前应对槽内液态放射性流出物取样监测，排放管线上应安装自动报警和排放控制装置。

——核电厂放射性流出物监测项目及分析频度要求等必须遵照核电厂最新版本的环评报告及最终安全分析报告执行。

5.1.2 放射性流出物排放控制的一般要求

——核电厂应根据相关系统的运行情况，应每年制定流出物排放量管理目标值；

——根据《核电厂放射性排出流和废物管理》（HAD401/01）的要求，核电厂应编制放射性流出物排放的参考水平，以便评价监测结果，防止超限值排放；

——对于液态流出物的槽式排放、气载流出物的批量排放、碘过滤器效率试验等，都不应触发相关辐射监测通道的报警。

5.1.3 放射性流出物的排放管理

（1）烟囱排放

运行部门应负责对气体连续排放过程中相关参数的监督。当烟囱对应的辐射监测系统通道发生报警时，应及时按报警规程或报警卡进行处理，必要时重新进行取样和分析。

连续排放的放射性气体取样分析的内容包括粒子、碘、惰性气体、氚、^{14}C 等，一般每月取样 4 次。

（2）液态流出物及气体批量排放

核电厂应该有清晰明确的审批流程来规定放射性液态流出物和气体批量排放的控制。一般由运行部门负责申请放射性流出物的批量排放；流出物监测部门负责取样分析，数据审核确认后由授权人员批准排放，运行部门实施排放过程。

液态流出物取样、分析的内容包括氚、^{14}C 和其余核素，批量排放的气载流出物取样、分析的内容一般包括粒子、碘、惰性气体、氚等。

若预计年排放量超过排放量控制值或不满足运行技术规格书、FSAR 等文件要求，须编写特许排放申请报告，向国家核安全局申请特许排放。

排放过程中的异常控制。若排放过程中出现报警信号，运行人员应按照报警规程进行处理。如排放工况不能满足时，则应立即停止排放。只有当相应的辐射监测通道具备正常监测功能，且排放工况满足或在排放工况不满足时得到相应授权人批准后，方可重新开始排放。对于排放过程中出现的任何异常，都必须查明其原因并采取相应的纠正措施。

5.2 非放射性流出物排放控制

5.2.1 非放射性流出物排放控制的基本原则

——废液系统向环境排放的有害化学物质根据其来源应满足《污水综合排放标准》（GB 8978）、《城镇污水处理厂污染物排放标准》（GB 18918）、《环境影响评价报告书》及《最终安全分析报告》的要求；

——生活污水排放执行《城镇污水处理厂污染物排放标准》（GB 18918）的一级标准；生产废水排放（总排放口）执行《污水综合排放标准》（GB 8978）的一级标准；

——核电厂需按照环评报告等要求的监测项目及频次等开展化学污染物的监测；

——在线仪表应根据预防性维修计划进行定期标定和维护；

——大小修期间对含化学有害物的工艺系统介质的集中排放，如果没有设计管线通往废液处理系统，则应就地增加临时处理设施，或变更增加临时管线以便将有害物质导入废液处理系统；

——污水排放口应在便于识别的位置设置标志，包括各生活污水处理站的处理工艺的末端排放口处、CC 跌落井处、最终排放口。

5.2.2 非放射性流出物排放管理

生活污水

——污水站应根据地方环保部门的要求，设置在线连续监测系统装置，检测进出厂水流量、水质（pH、水温、COD 等）指标。取样监测的项目、类别和频次可根据污水来源和历史经验选择主要污染物进行监测，以确保污水达标排放为原则确定。

——负责污水站日常运行部门应及时根据排放要求审核监测数据，发现异常时应告知环境监督部门，并立即采取控制措施。

——负责污水站日常运行部门应定期对取样监测数据进行汇总，编制月报发送环境监督部门。

——环境监督部门负责对污水站日常监测数据的监督检查，发现数据异常时，立即组织查找原因，限期整改。

——环境监督部门负责生活污水监督性检测，每季度组织进行一次取样检测，并出具检测报告，存档并发送污水处理站管理部门。需要外委检测时，委托有资质的检测单位，并负责取样过程的跟踪监督。

——环境监督部门应不定期对各生活污水站运行情况进行监督检查。

——在污水站排放口应根据地方环保部门要求设流量、pH、水温、COD 等主要水质指标在线监测装置。

——在污水站处理工艺末端排放口进行水质取样。

——取样方法和水质测定方法要求符合《城镇污水处理厂污染物排放标准》（GB 18918）等相关国标中的相关规定。

——检测项目根据地方环保部门、《城镇污水处理厂污染物排放标准》（GB 18918）及环评报告确定。

（1）生产废水

——对于相关符合设计路径排放的生产废水，运行部门负责上游废水的收集、处理及排放；化学处负责化学相关在线仪表的维保及废水排放前的取样监测；经化学确认分析结果满足要求时可排入或排放。

——对于 FS 含油废水处理站，运行部门负责 FS 的运行管理；含油废水经油水分离器处理、在线油含量分析仪表监测合格时才能排放；若在线仪表不可用，由化学处取样分析核实是否达到排放标准，必要时环境监督部门进行协助。在日常工作中，化学处负责化学相关在线仪表的维保。

——单厂至少两列循环水泵处于正常运行状态时，保证水质符合执照文件相关要求规定，确保在最终到达总排放口时，各类排放指标满足国家排放标准要求。

——如生产现场有不确定的废水需要排放时，需经化学处核实评估；必要时环境监督部门协助评估，经化学处取样分析核实并满足排放标准后才能排放。

——对于满足排放要求的非临时接管排放，由排放申请部门组织相关责任部门进行讨论后确定排放方式（如涉及环保相关内容，环境监督部门视情况参加讨论）。

——对于环境实验室酸碱中和池，环境监督部门负责废水的收集，达到排放量后进行排放前的取样监测，pH 等指标满足排放管理要求时，集中运输至厂区处置。

——环境监督部门负责定期在电厂总排放口取样监测，并在取水口处取样作比对。

（2）海水

——环境监督部门负责核电厂定期对核电厂排放口的海水水质进行评估，每季度委托外委单位对取排水口海水进行取样检测，出具检测报告并存档。

——通过取排水口海水水质对比情况，掌握核电厂周围海水水质变化情况。

第十五章　全范围模拟机

1　概述

本章包含了"华龙一号"全范围模拟机（简称模拟机或 FSS）运维技术要求和模拟机设备的功能要求，用于指导模拟机维护作业，以及确保模拟机设备满足法规和标准要求。该要求参照《"华龙一号"全范围模拟机企业标准》（Q/CNNC HLBZ GF1—2019）编制。

2　定义和术语

《核电厂操纵人员培训及考试用模拟机》（NB/T 20015）界定的及以下术语和定义适用于本文件。

参考机组：确定模拟机控制室配置、系统控制设置和设计数据库所依据的特定核电厂机组；

超控：中断或修改模拟机数学模型与盘台仪表之间的输入/输出数据传递；

全范围模拟机。

3　模拟机运维技术要求

3.1　适用范围

模拟机运维技术要求确定模拟机维护原则、维护作业指标，适用于模拟机及其配套系统（包括模拟机本体、软件数据、备品备件、模拟机配套设施等）的日常运维、预防性维护、纠正性维修、一致性跟踪和升级改造作业，是进行模拟机设备维护技术工作的指导性依据。

3.2　模拟机维护总体要求

3.2.1　模拟机可靠性

模拟机设备可靠性管理应采取"预防为主，高效处置"的原则，模拟机可用率要求宜不低于97%。可用率计算要求见附录 A。

模拟机系统设备维护应以设备可靠性为中心，以系统设备健康状态监视（日常维护）、预防性维护、故障诊断分析、升级改造、备品备件管理、软件备份管理为手段，消除模拟机运行隐患，预防故障出现或降低故障影响，以纠正性维修管理、技术文件管理、提高维护人员作业技能、建立技术支持渠道为补充，投入合理资源，高效处置故障，确保模拟机尽快可用。

3.2.2　模拟机一致性

在模拟范围内，模拟机应能够准确模拟参考机组物理属性或动态响应，允许误差不超过《核电厂操纵人员培训及考试用模拟机》（NB/T 20015）中的规定。

应定期收集参考机组永久变更项目，对变更资料进行分析审核，以确定模拟机是否需要跟踪修改，并在参考机组实施完成后 1 个换料周期内完成模拟机修改和更新。

为保证参考机组正常运行而配置在主控室内的信息设备、办公家具、文件资料柜、文件规程、值班记录本、抄表夹等设施，应评估是否对模拟机培训有影响，并在模拟机上同步配置。

3.2.3 模拟机设备分级

为了合理分配模拟机维护资源，根据设备故障对模拟机培训的影响，将模拟机设备分为：关键设备、重要设备、一般设备和辅助设备，每个等级的设备都有相应的管理策略。

表 462-15-03-01 模拟机设备分级

设备分级	定义和举例	设备故障影响
关键设备	模拟机运行核心设备，此类设备故障可导致模拟机不可用，且对应软件备份失效后模拟机无法恢复到故障前状态，如模型服务器	模拟机培训中断
重要设备	此类设备故障导致模拟机不可用，即使软件备份失效，也可将模拟机恢复至故障前状态，如 DCS 工作站	模拟机培训中断
一般设备	此类设备故障对培训有影响，但模拟机仍可使用的设备，如 BUP 盘	模拟机可以使用，对培训有影响
辅助设备	此类设备故障基本不影响模拟机正常使用，如教学摄像监视系统	模拟机可以使用，对培训无影响或影响很小

表 462-15-03-02 模拟机维护策略分级

设备分级	预防性维护周期	纠正性维修时限(注1)	软件备份策略(注2)	备件定额(注3)	操作权限控制
关键设备	≤1 个月	≤1 d	全盘备份、数据备份、配置备份	≥10%且≥1	修改权限控制、软件恢复权限控制、软件安装权限控制
重要设备	≤3 个月	≤3 d	全盘备份、数据备份、配置备份	≥10%且≥1	修改权限控制、软件恢复权限控制、软件安装权限控制
一般设备	≤6 个月	≤7 d	全盘备份、数据备份、配置备份	≥10%且≥1	修改权限控制、软件恢复权限控制
辅助设备	≤12 个月	≤30 d	配置备份		修改权限控制

注：1. 纠正性维修时限适用于有备件的维修项目，不设备件的设备维修项目参照执行。
    2. 备份策略不涉及具体备份周期，具体要求参见本章第 3.4 节模拟机预防性维护。
    3. 备件定额仅规定最小库存，具体要求参见本章第 3.8 节模拟机备品备件。

3.2.4 建立技术支持渠道

模拟机系统是一个庞大而复杂的系统，工艺系统模拟、DCS 仿真等源代码等由供货商掌握，有一些故障尤其是软件故障，模拟机用户无法清楚了解故障的发生机理，对于这类问题的彻底解决宜建立与模拟机供货商的技术支持。

3.3 模拟机日常运行

模拟机应在合格的环境条件下停运或运行，环境条件包括模拟机设备厂房内的温湿度、外部供电电压等，具体如下。

——模拟机停运时温湿度要求：温度 5～35 ℃，温度变化率＜10 ℃/h，相对湿度 20%～80%，不得结露；

——模拟机运行时温湿度要求：温度 18～26 ℃，温度变化率＜10 ℃/h，相对湿度 35%～75%，不得结露；

——模拟机离线设备厂房温湿度要求：温度 5～35 ℃，温度变化率＜10 ℃/h，相对湿度 20%～80%，不得结露；

——模拟机设备供电要求：电压（220±11）V，频率（50±1）Hz；

——模拟机设备工作接地要求：交流接地电阻＜4 Ω，直流接地电阻＜1 Ω。模拟机厂房应设置避雷装置，并按《建筑物电子信息系统防雷技术规范》（GB 50343—2004）要求，定期（间隔不超过 12 个月）进行防雷接地检测。

应编写模拟机启停等操作规程，并遵照规程执行。模拟机断电后启动需进行盘台开关量、模拟量等信号测试。

模拟机的运行期间出现硬件设备或者软件系统故障，应尽可能采用不中断运行的原则处理。对于硬件故障，首先采用超控手段对故障设备进行隔离，确保模拟机培训或者考试的继续进行，在不影响培训或考试的情况下对故障设备进行紧急维修处理；对于软件故障，如果经过诊断需要重启系统或者软件，则首先需要保存当前状态的初始条件，尽可能保证模拟机能够恢复到故障之前的状态。

模拟机的运行状况，应做记录以备查询和跟踪。

3.4 模拟机预防性维护

模拟机设备根据设备分级和其自身特点，开展不同周期的预防性维护工作，以降低设备故障率。内容包含：计算机设备（包括服务器、工作站及接口系统计算机）检查测试、盘台设备检查测试、电气设备检查测试、备品备件检查测试、软件/数据备份/配置备份、偏差和一致性分析等，周期建议如下。

——计算机设备：根据设备分级，关键设备每个月进行一次定期检查测试，重要设备每 3 个月进行一次定期检查测试，一般设备每 6 个月进行一次定期检查测试，其他设备每年进行一次定期检查测试；

——盘台仪表：报警灯每个月进行一次试灯检查测试，记录仪、数显表、指针表每个月进行一次输出检查测试，按钮、旋钮每 3 个月进行一次响应测试，线缆接线每个月进行一次检查测试；

——大屏幕每 3 个月进行一次检查测试和滤网更换；

——电气设备每月进行一次安全检查，UPS 每年进行一次电池充放电试验；

——备品备件每年进行一次库存盘点和维护保养；

——模拟机维修用工器具每年进行一次清检，计量用工器具在有效期前进行校验；

——模型服务器每 6 个月进行一次模型软件、仿真数据库、配置备份；其余设备每年执行一次软件或安装包备份。同一软件备份应至少存储在两个及以上存储介质中保存；

——每 3 个月进行一次模拟机偏差清理和参考机组永久变更收集分析，并按要求进行跟踪；

——模拟机预防性维护应编制相应的规程以指导维护作业，并按要求填写维护记录；

——模拟机所有计算机设备的操作系统须有原始的安装光盘和安装说明文件，建议模拟机维护人员每年备用计算机设备执行一次模拟机操作系统、软件系统的备份和安装操作，以保持模拟机人员对技术的熟悉。

3.5 模拟机纠正性维修

模拟机故障诊断和维修总体上应遵循不中断模拟机培训或考试的原则，应尽可能减少模拟机的不可用时间。

模拟机因软件故障而必须中断培训进行故障处理时，应采取措施保证模拟机能够恢复到培训中断前的状态，以保证模拟机培训的连续性。

模拟机软件或硬件故障处理后应及时进行信息记录和反馈，并定期收集和分析模拟机发生的软硬件故障信息，对故障处理方法应编制经验反馈或开发对应的指导性文件。

特殊设备的维修应编制单独的工作文件以指导设备的维修，并进行定期复训以熟悉设备的维修过程。

软件故障修改遵循先备份再修改的原则，确保在维修失败的情况下能够恢复到修改前的状态。

模拟机软硬件故障维修前应详细分析维修风险，制定可靠的维修方案，在经过讨论确认可行的情况下进行维修。

模拟机应具有故障诊断辅助工具，模拟机维护人员应熟悉故障诊断工具的使用，定期进行相关工具的使用培训工作。

3.6 模拟机一致性跟踪

应定期收集参考机组永久变更项目，对变更资料进行分析审核，以确定模拟机是否需要跟踪修改，并在参考机组实施完成后 24 个月内完成模拟机修改和更新。

模拟机上需跟踪的变更项目，在参考机组已完成但模拟机未完成前应进行不一致项告知，确保教员和学员了解不一致项。

模拟机的更新与改进以及开发工作，应保证模拟机性能符合规定的标准和规范，在影响模拟机性能的重大改造活动结束后，应进行模拟机与规定标准相符合的测试验证工作。

3.7 模拟机升级改造

应根据模拟机培训需求、外部经验反馈、上级监管要求等，定期对模拟机性能进行评估，以确定是否对仿真范围进行扩充。

应根据模拟机设备老化程度、维修成本和备件供应情况等进行综合评估，以确定模拟机设备是否进行升级改造。

应建立模拟机完整的设备基础信息，应包括设备的规格型号、制造厂商、服役时间、设备有效期和维修记录等，对于服役期满的设备及时进行升级更换。各类设备的升级周期建议如下。

计算机设备：主机第 6 年进行升级替换，显示器每 5 年进行升级替换。

I/O 接口系统：第 10 年进行升级替换。

盘台仪表：报警灯、数显表、指针表设备每 8 年进行升级替换，按钮、旋钮设备每 10 年进行升级替换，记录仪每 15 年进行升级替换。

电气设备：UPS 主机每 15 年进行升级替换，UPS 电池每 5 年必须进行更换，模拟机电缆每 15 年进行升级更换，直流电源、空气开关等配电设备每 10 年进行升级更换。

3.8 模拟机备品备件

应保证模拟机备件可持续供应。建议对模拟机设备建立设备总量、型号、库存量、年消耗量、年故障率等关系对应表，同时获取设备停产、价格变动等有关信息，计算出需要补充的备件数量，确保备件可持续供应。

应根据设备分级确定备品备件的定额，总体上建议按照 10%的数量储存备件；对于特殊仪表，同类型必须保证至少一个备件。

应保证库存备件有效性，对于需要长期存放的电子备件，除了要满足恒温恒湿等条件外，还应根据备件预防性保养规定的周期要求，进行定期上电检查保养。

3.9 模拟机网络安全及移动介质

模拟机网络需保持独立，减少与其他网络所有不必要的连接，或采用防火墙等隔离装置与其他网络连接。

模拟机系统软件修改、软件恢复、软件安装等应进行有效的权限控制，避免非预期的修改删除、覆盖等。

模拟机设备账户、口令等应进行严格管理，不得将口令透露给非模拟机运维人员。在模拟机改造期间，因软件修改及维护需要，其他相关人员（如承包商相关人员）确需口令的，可在工作期间获得授权或临时口令，但工作完成后应及时修改口令或取消临时口令。

为预防计算机病毒，模拟机系统使用的移动存储设备都不得在非模拟机系统计算机上使用，在非模拟机系统计算机上使用过的存储设备不得再在模拟机系统的计算机上使用。

4　模拟机设备技术要求

4.1　适用范围

模拟机设备技术要求包括模拟的软硬件组成和模拟机的功能两部分，规定了模拟机设备满足核电厂操纵人员培训和取证考试、演习验证等工作必须的功能要求。

4.2　模拟机设备软硬件组成

全范围模拟机设备应作为一个整体，组成包括软硬件、备品备件、耗材、办公设备、专用工具等的总和，主要包括：

——布置在 FSS 控制室系统的所有盘台和设备（包括模拟主控室、模拟远程停堆室、机房、教练员室等）；

——所有 FSS 相关计算机系统之间的接口通信设备；

——所有 FSS 相关的计算机硬件、系统平台软件和应用软件；

——所有 FSS 必须的内部电源供配电设备，包括装有断路器的配电盘、交流稳压电源、UPS 电源、模拟机各设备的电源分配及接地回路等设备；

——所有 FSS 设备之间的连接电缆、光缆等；

——声音视频监控系统；

——教练员站遥控设备；

——通信系统及教练员站广播站；

——照明、声源模拟和控制设备；

——各种备件和耗材以及用于 FSS 系统诊断和维护工具；

——模拟机通信设施，包括电话机和对应交换机；

——其他计算机系统及安装附件；

——模拟主控室、远程停堆室、设备间、教控室、技术支持房间的办公家具。

4.3　模拟机硬件配置

模拟机硬件总体结构详见图 462-15-04-01。

4.3.1　基本仿真计算机设备

基本仿真计算机设备包括电厂模型计算机、教练员工作站、核电厂模型开发及维护工程师站、模拟机配置管理服务器、主干网络设备和机柜等。

（1）核电厂模型计算机

核电厂模型计算机是模拟机仿真模型计算的主机，主要执行下列任务：

——提供模拟机实时运行调度、模拟机维护等环境；

——运行电厂工艺系统模型；

——运行安全级 DCS 和专用仪控系统的过程控制层程序；

——与非安全级 DCS 的 Level 1 虚拟机通信；

——与安全级 DCS 和专用仪控系统的 Level 2 仿真系统通信；

——与 FSS 控制室盘台仪表接口通信；

——与教员工作站实现数据通信。

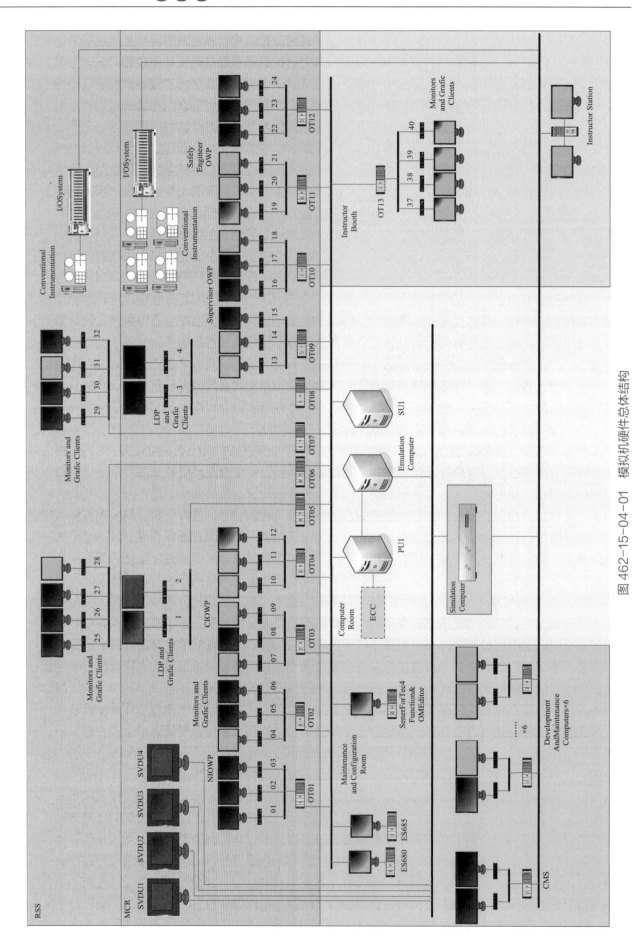

图462-15-04-01 模拟机硬件总体结构

（2）教员工作站

教员工作站安装于教控室，用于模拟机教员控制模拟机进行教学。配备两台教员工作站，一台用于正常的模拟机教学运行，另一台作为热备用机，在非教学时段也可用于教案准备及模拟机测试。

（3）核电厂模型开发及维护工程师站

工程师站计算机通过网络交换机端口与核电厂模型计算机和配置管理服务器相连接。模型工程师可通过工程师站计算机登录到核电厂模型计算机上工作，也可在工程师站上就地工作，还可以将其作为配置管理服务器的客户端。

（4）模拟机配置管理服务器

模拟机配置管理服务器用于整个项目的配置管理工作。

（5）主干网络设备

主干网络设备用于基本仿真计算机设备之间、以及与盘台 I/O 系统之间的互联，它们包括网络交换机、网线等。

4.3.2 模拟控制室设备

模拟控制室设备包括 DCS 仿真设备、专用仪控设备、盘台设备、主控室通信及照明仿真控制设备等。

（1）DCS 仿真设备

1）非安全级 DCS Level 2 设备

非安全级 DCS Level 2 设备包括主控室（MCR）、远程停堆站（RSS）、技术支持中心（TSC）和教练员工作室中的操纵员工作终端（OT）、非安全级 DCS Level 2 的数据处理服务器（PU）和历史数据服务器（SU）、网络设备、大屏幕显示设备、以及组态工作站（ES685）等。数量和外观与主控室保持一致。

2）非安全级 DCS Level 1 设备

——非安全级 DCS Level 1 设备由一台虚拟机和一台组态工作站（ES680）组成；

——其中虚拟机是一台对称多处理器服务器，它提供一个虚拟硬件平台，用来运行参考机组所有 AP 上的程序。

3）安全级 DCS Level 2 设备

安全级 DCS Level 2 设备包括模拟主控室和远程停堆站的 4 台安全级视频显示器（QDS）。

4）安全级 DCS Level 1 设备

安全级 DCS Level 1 设备仅包括一台组态工作站（SPACE）。

（2）专用仪控设备

专用仪控系统的 HMI 设备一般采用与参考机组实际主控室相同型号和配置的硬件产品，由专用仪控设备生产厂家提供（在实际核电厂中，部分专用仪控系统的 HMI 设备集成到 DCS 中）。出于技术可行性或经济性的原因，某些设备可能需要通过模仿实现。

专用仪控系统的过程控制层设备采用纯模拟方案，在核电厂模型计算机中通过软件实现。人机交互 HMI 设备如显示器、专用键盘、轨迹球将采购与实际核电厂主控室一致的设备。如果汽轮机控制保护不包括在 DCS 中，将采购与实际核电厂一致的操作键盘、监视器、通用计算机工作站，模拟实现其软件。

（3）盘台

模拟机主控室的后备盘台（BUP）和紧急操作盘（ECP）、远程停堆站（RSS）的仪表、开关采购与将采用与实际机组主控室相同尺寸、相同外观、相同颜色的设备（但 1E 级设备允许采用 NC 级设备替换）。

（4）主控室其他设备

实现通信系统、与应急广播系统的接口、仿真照明系统的模拟，以及闭路电视系统的外观模拟。模拟机主控室仿真通信系统包括电话机、报警控制台、对讲控制台、广播台、信息平台监视器、键盘、跟踪球。

4.3.3　盘台仪表接口系统

盘台仪表接口系统是核电厂模型计算机与模拟主控室和模拟远程停堆站的盘台间的接口。接口系统采用国内可采购到的工业标准通用接口，该接口系统在国内工业或核电厂系统已得到广泛应用，并表明其工作可靠，满足数据通信实时要求，且软件配套完善，便于今后的维护。

4.3.4　模拟机教学多画面监控系统

由于参考机组采用了 DCS 进行操控，主控室操作由传统的硬盘台操作变为计算机人机交互界面操作，全范围模拟机教学监控要求随之发生较大的变化。考虑在模拟机教控室设置一套模拟机教学监控系统，用于教员通过多种途径对学员在模拟机上的操作行为进行监视和记录，为教学评价提供依据和参考。该系统所实现的途径包括以下三个方面：

——模拟机教学实景观察（单面镜）；

——摄像监视广播系统；

——操作画面监控系统。

4.3.5　电源供给设备

电源供给设备用于为全部模拟机设备提供电源，包括 UPS、稳压电源、开关柜等设备。UPS 不间断电源具有稳压功能，同时当外电源断电时提供约 2 h 的支持，保证模拟机维护人员能赶到现场，正常关闭模拟机计算机设备。

4.3.6　接地系统

模拟机接地系统包括交流接地和直流接地，在盘柜内两类接地体相互绝缘。在机房建设时，在地板下应有交流接地铜排，接地电阻应满足交流、直流接地标准要求。

4.4　模拟机软件结构

模拟机开发环境和实时应用环境下的软件结构如图 462-15-04-02 所示。

4.5　模拟机设备功能要求

4.5.1　基本功能要求

模拟机原则上基于参考机组的相关数据进行设计，参考机组数据主要用于描述实际电厂的运行性能、物理特性、运行经验以及其他相关特性，在参考机组数据不完整的情况下辅以类似机组的参考资料进行。

模拟范围必须包括那些对操纵人员在控制室进行的各种操作的响应以及对模拟故障作出响应所需的参考机组系统。系统模拟的完整程度必须使操纵人员能够进行各种操作，并能观察到与参考机组一样的响应。模拟范围必须包括被模拟系统之间的相互作用，以给出全面的整体机组响应。

——模拟机应能实时再现核电厂的性能与行为，所有在模拟机控制室中观察到的现象应与参考机组控制室一致且响应速度也相同。模拟机的质量应保证使被培训人员不会感到与实际控制过程有任何不同。

——对于发展较快的过程，模拟机可以与实际相同的速度或减慢的速度进行模拟，减慢的倍数应在 1～10 范围内可调。对于发展较慢的过程（如氙毒、硼浓度的变化等）可以与实际相同的速度或加快速度进行模拟。对于某些过程如氙毒效应，加快的倍数应在 50～200 范围内可调。

——模拟范围应包括从维修冷停堆到满功率运行的所有运行方式，模拟机应保证在整个运行范围内的连续性。

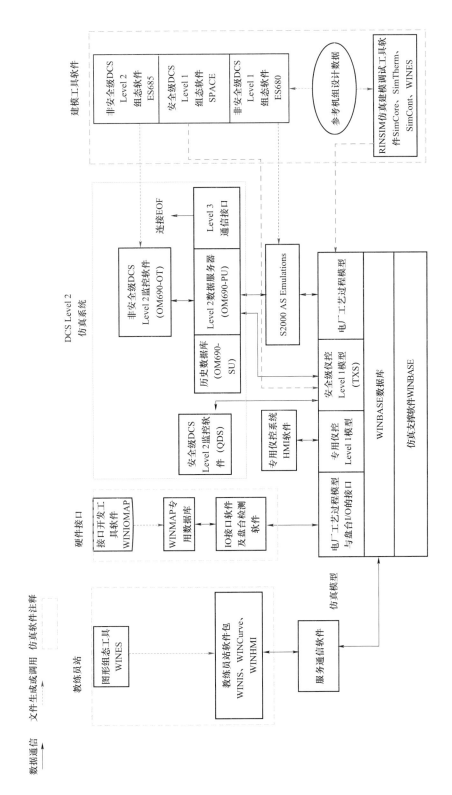

图462-15-04-02 模拟机软件总体结构

——模拟机应具有自动或管理控制功能，当模型的参数超过某一数值，指示出事件超出了模拟范围或预期的参考机组运行情况以及发生可能影响模拟精度的软硬件故障时能够提醒教员。

——在模拟的控制室中，将按实际的位置及布置方式模拟相应的设备。模拟机应计算各种运行工况下的系统参数，在适当的仪表上实时地连续显示这些参数，并能产生适当的报警信息。计算机终端设备上显示的内容、界面和内部逻辑应与参考机组一致。

——控制室以外设备的动态特性由仿真模型模拟，特别注意的是应考虑传感器的时间常数、阀门开闭的时间、管路中介质的传输时间、空间中介质的传输时间以及各种旋转设备（泵、压缩机、风机和柴油机等）的启停时间。

——对某些系统允许一定的简化或假设，但不因此减损模拟的真实性，同时不影响在模拟机总体模型运行过程中的计算。

——模拟机应以公认的、成熟的数学模型为仿真基础，并考虑实际参考机组的参数和系数。

——设备模型要根据其特有的规律和特性建模，采用单一模型模拟系统及设备在各种工况下的真实响应过程。

——对控制逻辑、发配电系统要求模拟到二次接线一级；对模拟信号及逻辑必须真实模拟，内部逻辑联锁功能要如实模拟；信号定值与实际系统信号定值要求完全一致。

——所有主要系统采用的物理公式应保证稳态和瞬态过程中的模拟精度。

——当采用的物理公式将导致模型复杂、程序增加，却对模拟结果未带来相应好处时，可采用经验公式或实验数据，但需在模型说明书中明确说明。

——模拟机全部模拟过程应借助通用数字计算机实现，对于模拟程序应尽可能采用通用计算机语言。

——模拟机应采用标准化的高可靠性部件。

——模拟机测试、维修应方便。模拟机必须有试验接口，以提供执行和监测试验的能力，保证模拟机在各种工况下能以图形或报表的形式提供数据的拷贝，能通过通用格式数据文件的方式导出相关数据。这个监测功能必须具有足够的参数和时间分辨率。

——应保证模拟机教员、维护及维修人员的安全。

4.5.2 针对参考机组的模拟

（1）模拟范围

应根据模拟机的设计目标和设计需求评估确定模拟机的模拟范围、逼真度以及核电厂各种运行条件下的模拟边界。一般地，与核电厂主控室操纵人员相关的核电厂系统都应该包括在模拟机的模拟范围之内而不管该系统是否在控制室进行监视和控制。直接与核电厂核安全和电力生产相关的系统必须进行详细的完全仿真。其他核电厂辅助系统应按照主控室相关运行操作的要求，允许进行部分模拟或者只是进行功能模拟。参考电厂规程中提到的操作和监视数据都必须在模拟范围内。

模拟机的工况模拟范围应涵盖冷停堆状态至满功率运行状态、各事故状态以及包括运行规程（包括在停堆换料期间的电站状态）内的全部范围，也就是说模拟机应能够尽可能地模拟参考机组在所有电厂工况下的行为，比如：

——参考机组的正常操作，包括主回路系统的排水及半管运行等；

——在任何正常运行状态期间的异常扰动；

——事故运行（包括所有设计基准事故和严重事故工况）。

模拟机应对参考机组的所有系统特性进行完全的、综合的和实时的仿真，各系统模型将提供与其他相关仿真系统之间的接口，提供一个针对参考机组正常、异常和事故工况条件下以连续及可重复的方式进行的完整和实时的模拟。模拟机的响应不允许出现误导操纵员和可能会导致操纵员做出不适当动作的明显偏离参考机组实际响应的行为，模拟机应对各系统中的设备和部件例如电机、泵、阀门、调节器等的动态运行特性和运行状态进行模拟。在控制室系统和人机界面的所有响应和运行特性都应被如实仿真，对核电厂DCS系统、计算机化的人机界面系统应以高度仿真方式进行，以确保模拟机对该部分系统模拟的逼真度。

根据参考机组的运行程序，模拟机应可以模拟包括换料冷停堆、热停堆、正常运行、异常运行和事故运行的所有模式。全厂各系统的定期试验也可以在模拟机上执行，参考机组的安全分析报告中的瞬态事件分析、在调试期间的功能测试与故障列表中的故障都将在模拟机中以仿真的方式执行。

所有的模拟机的模型都应建立在物理规律的基础上。模拟机应在它的全部运行范围内正确响应，从环境温度到堆芯过热，从零功率到可预期的在剧烈扰动和事故可达到的最大功率都应可以在模拟机上实现真实模拟。

计算机驱动显示设备、指示仪表、记录仪表、报警装置、设备状态指示器等都将随工况的变化自动变化而与同样环境下参考机组控制室相关设备的响应一致。

不同的压力和流量、冷却剂温度、燃料温度、裂变产物和控制棒位置的改变，模拟机应逼真可信的瞬时响应，同参考机组的响应行为以及预测估计的情况相一致。

模拟机可以模拟执行各运行条件下的相应变化，同参考机组在相同的条件下的响应一样，各参数将在模拟机的相关仪表和计算机终端上进行显示。当出现接近或超越限制值时，模拟机将模拟适当的报警信息或者系统保护动作。核电厂运行的所有状态都应能在模拟机控制室系统中执行并把实际的响应显示在相关的仪表或计算机系统上。

所有的模拟机控制室设备，包括控制盘台、核电厂处理计算机和计算机化的人机界面子系统都是参考机组控制室大小、外形、颜色和配置的拷贝。所有的仪表、控制、标识、仿真设备和其他的操纵员运行指导都在这些控制盘台、核电厂处理计算机和计算机化人机界面子系统上，也都是参考机组的尺寸、外形、颜色、配置、外貌和使用感觉及动态功能的拷贝。所有为操纵员显示的信息的格式和工程单位都与参考机组控制室相同。

操纵人员在模拟机上看到的信息、格式和单位应与参考电厂控制室内一样。需观察的项目包括开关、控制器、仪表、区域划线、刻模（字）、颜色、盘台布置、总体外观、灯光、标签、触觉、显示系统等。

模拟机应支持正常、异常、越限和事故操作的所有环境特征，与参考机组主控室一致。其中主控室的通信系统应至少确保操纵员能与远程停堆室、应急运行设施、教员室进行联系。

模拟机控制室环境，如场地规划、照明、通信、办公家具设备、外观、影响提示及障碍物等，都是参考机组控制室的拷贝，全部的环境特征模拟都必须尽量包括在模拟机的设计中。

所要求的就地操纵员动作和集中控制设备的就地操作都应能够在教员站以适当的方式进行模拟，同时核电厂气象信息、冷却水的参数和外网供电状况也应可以在教员站进行功能模拟，它只需为模拟机控制室仪表设备和其他系统提供适当的输入信号和报警信息。

就地控制动作，如换料前的准备工作（比如反应堆压力容器顶盖的开启）和换料后的重新启动也应在模拟机中进行模拟。

模拟机模拟范围见附录B所示。

（2）堆芯物理学或动力学模型

堆芯物理学或动力学模型应采用真三维模型，双群扩散、六组缓发中子的时分中子扩散理论模型，对于每一个燃料组件的轴向应不少于18个节点，径向单个节点建立模型。所选模型应能真实反映参考机组的堆芯中子物理学和动力学的特性，遵照参考机组总体特性、运行/事故规程及安全分析报告，模拟包括换料冷停堆到对应于核电厂正常工况、异常工况以及事故工况所能达到的最大功率，从堆芯初始运行到堆芯寿期结束。对于不同的寿期阶段，模型应能支持响应的多套截面参数的输入数据。

所有影响反应性的因素和反馈均应在堆芯模型中体现。对于正常、偏离正常、异常和事故工况下的核电厂评估，应用到的影响堆芯正常和非正常情况下反应性的因素（不限于此）如下：

——堆芯反应性是不同堆芯、核电厂状态、控制棒重叠度条件下棒位置的函数；

——燃料在不同的燃料周期内相关特性的变化带来的影响；

——氙毒、硼浓度、钐毒、一回路压力、空泡份额和温度（燃料和慢化剂）对于堆芯反应性和控制棒价值的影响将贯穿整个堆芯周期；

——棒位探测器对棒位指示偏差的影响；

——控制棒运动，慢化剂温度和燃料温度对氙分布的影响；

——由中子源产生的中子注量率的空间和时间影响，包括中子源的强度、源分布以及反应堆启停期间的次临界倍增影响；

——流量和温度分布的不均匀性和堆外核测仪表的指示偏差所造成的影响；

——燃料包壳破口造成的放射性物质释放到冷却剂系统的影响；

——燃料和包壳热传导性是一个温度的函数；

——氢和裂变产物的释放是包壳温度、历史功率、燃料破损时间、包壳和冷却剂之间压力差异的函数；

——堆芯 ^{16}N 的释放是中子注量率的一个函数；

——反应性反馈的计算基于原子核属性（β——常数，微观和宏观截面；K——有效增值系数等）进行，考虑到：

——燃料和可燃毒物；

——裂变产物中的毒物（碘/氙/钷/钐）；

——不同的控制棒束的位置；

——主要系统的硼浓度；

——慢化剂的局部密度/温度/空泡份额；

——局部燃料温度（多普勒效应）；

——中子扩散或运输方程的边界条件应说明反射体的影响作用；

——模型应考虑放射性源项的计算；

——反应堆运行期间由于历史运行、当前反应堆状态、裂变产物的产生引起的衰变热的变化；

——由不均匀控制棒分布、慢化剂密度、空泡和硼注入导致的轴向和径向的氙瞬动态计算；

——模型能精确仿真控制棒正常运行，卡棒或弹棒情况下引起的控制棒价值的动态变化。

堆芯物理模型中应充分计算硼对反应性的影响。水化学的仿真是为了精确的度量腐蚀产物的传导率和放射性。采用堆芯物理模型计算腐蚀产物的放射性，它通过反应堆热工水力模型以及河道、常规岛和 BOP 模型传输至核电厂各个系统。

堆芯物理学或者动力学模型将提供以下现象的仿真，并且能够计算不正常冷却条件下堆芯几何形状发生改变的工况（严重事故工况）：

——堆芯裸露；

——燃料元件包壳温度达到 1200 ℃；

——燃料失效、包壳失效和裂变产物释放；

——堆芯融化、燃料棒变形、放射性产物释放到安全壳；

——堆芯热工水力模型。

堆芯热工水力模型应采用三维非均匀的和非平衡模型，或能满足模拟机国内外标准要求的以为非均匀热工水力模型。同时严格考虑不可压缩气体，以精确模拟汽水两相流系统。模型应精确计算包括燃料芯块和包壳在内的反应堆压力容器、再循环回路、稳压器、蒸汽发生器、蒸汽管线和封头等的水力特性和热传递特性。在模型计算中应对整个系统划分为一定数量的节点进行，以相同的守恒方程贯穿各个节点。模型应能正确按照方位角进行节点划分计算，同时考虑热源分布的不均匀性和冷却剂通道分布的不均匀性，计算时冷却剂通道在轴向至少包含 10 个热工水力学节点，下降管将根据参考机组的应急堆芯冷却系统的设计特征再细分为适当的数量的分段。模型应包含质量守恒方程（水、水蒸气和不可压缩气体），能量方程（水蒸气/气体混合流体和水/蒸汽、气体混合），动量方程（水蒸气/气体混合流体和水/蒸汽、气体混合），模型应能真实模拟从换料冷停堆到满功率运行、运行瞬态、运行规程、事故规程以及安全分析报告中假设的事故类型（包括大破口、小破口等事故），而不应依赖于特殊的测量，特殊的初始条件设定或切换至简化模型。

热力学模型应使用交错网络的方法建模，反应堆压力容器、稳压器、蒸汽发生器和外部管线都被分为一定数量的控制容积和节点相互连接起来。模型将仿真在高温情况下锆-水反应的氢和能量的释放，包括模拟锆的腐蚀和锆氧化物的生成，质量守恒方程将应用于各个节点的边界处。模型应具有精确的预测核电厂运行演化的能力，对于部分临界相关的非可见参数，如局部空泡份额、燃料中心温度、包壳顶部温度、DNBR 和冷却剂液位都应精确模拟，保证在所有模拟运行条件下控制室显示的可靠性和逼真度。模型将至少包括但不限于以下热工水力现象的模拟：单相和两相流体、单相和两相对流换热、燃料和压力容器的热惯性、流体收缩和膨胀、泵的启动和阻塞、破口的临界流和排放阀开启关闭等。在模型中至少须对以下的部件和设备进行详细模拟而不允许采用功能模拟的方法：反应堆压力容器、稳压器、蒸汽发生器、冷却剂泵、主回路管线、燃料/包壳的热动力特性等。

（3）安全壳模型

安全壳模型应真实和实时地反映参考机组在正常、异常和事故工况下安全壳预期会发生的热工水力现象和这些现象的演化过程，这些现象包括了水、蒸汽、不可压缩气体和放射性污染物的动态变化。模型应确保能够真实模拟所有稳态和瞬态下安全壳内的温度和压力响应，所有模型的搭建应采用多节点形式进行建模，并应充分考虑其详细的空间分布、内部节点划分（至少分为 7 个部分），各个节点之间存在水、气体的传输和放射性核素的传播和交换。模型应至少分为两个控制区域：气相区和地坑水区域，在两个区域都应具有独立温度。模型将模拟通过安全壳壁面、生物屏蔽层和内部构件进行热传递，在各热平衡计算中应充分考虑系统内部的热源和热阱。安全壳上部气体空间包含有氮、氧、水蒸气、水滴、氢、一氧化碳和二氧化碳等成分，需采取适当的方法对这些成分的各种特性进行仿真。仿真模型中必须考虑以下因素：热传递过程中的冷凝、安全壳喷淋系统运行与否、由喷淋引起的压力降低、通过安全壳壁面和内部构件的热传递、壳内地坑水的蒸发等。安全壳地坑的各项特征应被精确仿真，同时地坑的液位输出指示反映出安全壳的几何特征。因破口泄漏导致的闪蒸应予以考虑，安全壳出现泄漏导致的放射性向环境的释放同样必须体现在安全壳模型中。另外，由于安全壳通风空调系统的运行导致的热量和质量的变化必须在安全壳模型中体现。

由于采用了双层安全壳结构，应对安全壳的内壳、外壳以及内外壳之间的环形空间分别建模。安全壳模型中应体现由于内外壳间的冷却导致热量和质量的变化以及内壳外壳之间的环形空间的自然对流和水膜蒸发换热。

（4）汽轮机模型

汽轮机模型应是一个完整的、精确的和实时的动态模型，它覆盖了参考机组汽轮机从冷态或热备用到最大功率运行范围的所有工况演变并可模拟过程中的所有故障。模型应对所有汽轮机运行条件下（包括故障运行）的蒸汽热性能参数进行精确模拟，如内部热功率、整机效率和汽轮机的输出功率、蒸汽品质、蒸汽流量、温度、压力、每一级各汽轮机汽缸进出口的焓、每一级叶片参数、管道和汽轮机密封管系统等。

控制阀和主蒸汽隔离阀的所有特征参数、安全阀的开启、蒸汽排放等需在模型中进行精确模拟。模型中应精确模拟在汽轮机的各种运行工况下（启动加速过程、跳闸、增减负荷运行等）转子和汽缸的热应力。

汽轮机金属温度和蒸汽温度以及环境温度之间是相互关联的，模型应体现其中的关联，精确模拟其演化过程。汽缸内外壁之间的温度差异，转子中心和表面的温度差异都将体现在仿真模型中。

由于汽轮机启动以及过高的冷凝器压力引起的汽轮机低压缸末级叶片过热现象也需在仿真模型中体现。由于主蒸汽参数的变化、汽轮机负荷变化、负荷中断、汽轮机启动和跳闸等因素导致的轴偏移需在仿真模型中体现。

模型也需要提供在启动、停车和运行条件下的汽轮机夹层或法兰的加热、轴承振动、汽缸膨胀、不均匀膨胀、轴偏移等动态特征的模拟。

汽轮机模型还应考虑由转子偏心、临界温度、轴承冷却油温变化和水锤现象引起的轴振动。

汽轮机仿真模型中至少应对以下的故障予以模拟：由于蒸汽品质差引起的水滴、叶片破裂、汽缸夹层或法兰过热、轴承振动过大、汽缸过度膨胀、不均匀膨胀、轴偏移、轴瓦轴承温度过高、汽轮机调节器故障等。

汽轮机应使用适当的方法进行振动仿真，以综合反映下列现象的影响：

——由转速、负荷和偏心产生的正常运转振动；

——由处于临界转速或通过临界转速造成的振动；

——由于冷润滑油或者热轴承的作用造成的振动增加；

——由于低蒸汽品质导致的振动增大；

——高振动故障。

（5）发电机模型

发电机模型应包括一个完整的发电机转子运转状态，电流和电压特征、电磁瞬态、空载特征、短路特征、负荷特征和外部特征的动态模型，它应覆盖所有的从启动到满负荷和所有的发电机故障现象的仿真，如绕组线圈或相间的短路、过载、过压、单相接地、失磁、异步性能、三相之间不平衡、系统振荡和主断路器启动等。模型包括精确的励磁机励磁饱和、电枢效应仿真、电压、电流、负荷因子和硅整流器等的仿真，在所有的运行条件下，模型应为控制室变量显示提供正确的实时值，如定子和转子的电压和电流、有功功率、无功功率、发电机相电压、电流和频率等。

发电机的仿真应能够提供发电机在连接到一个无限大的电网、一个有限或可变的孤立电网或者发电机处于无负荷的条件下开环运行的动态响应。发电机的动态模型由发电机电气动态模型仿真和发电机运转动态模型仿真组成。

该模型应仿真与发电机子系统相关的所有逻辑和控制，包括同步逻辑、发电机保护逻辑和发电机的所有控制方式，其中，同步逻辑应同模型进行的动态相位角的计算结合。

（6）其他设备部件模型

热交换器应基于工程原理进行模拟，对于部分单相热交换器、两相热交换器都应该考虑其在异常工况下的运行。对于给水加热器需考虑两相流的热传导，热交换器模型应详细计算热交换器的管侧和壳侧的热传递以便对部分热交换器的异常运行进行模拟，如无管侧流动或壳侧流动等工况。当管侧泄漏到加热器或排污阀关闭的情况下，加热器将被充满介质，此时应能实时模拟管侧和壳侧的压力响应。

容器模型也应基于工程原理来建立，主要的相关容器应基于两相流建立模型以真实模拟容器的非均匀状态和非平衡性。

水箱、安全壳和房间也应模拟，需计算所有流体动力学和热力学参数，包括流量、压力、热力学参数、浓度和传输。边界结构上的换热，如水箱、安全壳壁面和它们的温度，也应通过仿真软件进行计算。

泵在启动、运行和停止时的电流指示和出口流量/压力响应都应该被模拟。在异常运行条件下泵的气蚀现象和水冲击也应被模拟，由于泵的转动对流体的加热作用应体现在动态模型中。

影响核电厂运行的可以观测到状态的阀门应进行模拟，包括阀门开/关速度、限位开关逻辑和阀位指示等，对于专设安全驱动相关的阀门来说其仿真重点应放在真实模拟其响应时间上。与流量计算相关的阀门需精确模拟，流量计算也将模拟。建立安全/排放阀的模型时应充分考虑蓄能特性、单相排放、两相排放以及排放口温度等因素。

对于所有相同类型的模拟应采用同样的方法和原理进行模拟，以保证整个 FSS 模型具有相同的模拟精度。

模拟机应提供电站在不同运行状态下对于控制室中影响运行人员视觉和听觉效果的信息，如控制室声音（安全减压阀排泄，在高压差下的 MSIV 开启等）、控制室灯光亮度的变化、全场断电以及失去操作终端等。

标准软件的随机数发生器将用来模拟过程和测量噪声，它将可能在参考机组大部分重要状态变量中增加类似于自然测量噪声的模拟噪声。这个噪声将贯穿所有仿真模型的不同变量和主控室的相关显示，在对 FSS 进行测试时应可以采取技术手段临时去掉所有变量的噪声，以免影响 FSS 的测试结果。

（7）核电厂仪控系统的模拟

核电厂仪控系统包括：

——核电厂 DCS 系统，包括主控室系统人机界面（即 CRS MMI）和公共控制区在内的主控室相关设备。另外，还包括主控室中的后备盘（BUP）和主控盘台上的常规控制设备；

——不属于 DCS 供货范围但与电站运行或安全状态监视相关的所有第三方 I&C 系统；

——对于核电厂 DCS 系统的仿真以及对第三方数字化或计算机化的 I&C 系统的仿真也在 FSS 的模拟范围内。

DCS 系统的模拟方案大体包括实物模拟、虚拟实物模拟以及全模拟的模拟方式。"华龙一号"模拟机采取实物模拟和虚拟实物模拟混合的方式，即 DCS 一层采用虚拟实物模拟方式，主控室采用实物模拟方式。

对核电厂仪控系统的模拟需要满足如下技术要求：

——界面与实际仪控系统完全相同（包括硬件界面、软件界面、显示信息）；

——在模拟机处于冻结状态时，界面完全处于静止状态，包括趋势显示、始终等所有动态信息处于冻结前的瞬时值；

——IC 装入时间不大于 180 s；

——IC 存储时间应不影响模拟机的实时运行，各站点的数据应该是同步的；

——各站点与仿真服务器以及站点之间的通信是实时的；

——与实际的操纵员站相比，模拟机操纵员站的显示信息应有以下差别：所显示的时间是模拟机的相对时间；核电厂参数历史趋势曲线的时间轴由实际时间改为模拟机时间。

4.5.3 模拟机精度要求

模拟机各种仪表的的真值应与同样条件下数据包中的理论值相一致，模拟机的仪表误差不得大于参考机组相应的指示表、记录仪和相关仪表系统的误差。对于与控制通道相关联的一些参数，其计算值的分辨率应远高于仪表的分辨率。对于中间值，其分辨率应满足使最终值的数值波动不大于其允许偏差。

对于要求精度的核准，将根据参考机组的实测参数对模拟机精度进行核准。

模拟机需模拟变量和计算允差见附录 C。

（1）稳态运行工况

——25%～100%负荷之间。对于主要变量，在任意时刻，模拟机计算值与参考值（来自数据包）之间的偏差不应超过参考值的 1%。对于辅助变量，在 25%～100%负荷之间的，其精度应是参考值的±3%。对于要求无死区并跟随设定点变化的一些值，在任意时刻，设定值与模拟机计算值之间的偏差不应超过设定值的 0.5%。

——0～25%负荷之间。在 0 负荷时（冷停堆及热停堆），主要变量的精度应是参考值的 2%，在 0～25%负荷之间具有线性关系。对于辅助变量，在 0～25%负荷之间，其精度应是参考值的±5%。对于在 0～25%负荷之间要求无死区并跟随设定点变化的一些值，其精度应为相应负荷下的设定值的±1%。

——在模拟机连续运行 60 min 期间，主要变量的变化不超过允差要求。

（2）瞬态运行工况

——1、2 类瞬态运行工况。在任意时刻，变量计算值与数据包提供的理论值之间的偏差不得超过该变量的稳态偏差加变化量的 10%。在瞬态过程中，变量出现极限值时刻的时间偏差小于瞬态开始到极限值出现的时间间隔的 10%。对于非常快的瞬态过程（如发电机跳闸时电变量的变化），时间偏差的绝对值小于 1 s。

——3、4 类瞬态运行工况。在任意时刻，变量计算值与数据包提供的理论值之间的偏差不得超过该变量的稳态偏差加变化量的 20%。在瞬态过程中，变量出现极限值时刻的时间偏差小于瞬态开始到极限值出现的时间间隔的 20%。对于非常快的瞬态过程，时间偏差的绝对值小于 2 s。

（3）严重事故工况

在任意时刻，变量计算值与数据包提供的理论值之间的偏差不得超过该变量的稳态偏差加变化量的 100%，但是变化趋势必须相同。

在瞬态过程中，变量出现极限值时刻的时间偏差小于瞬态开始到极限值出现的时间间隔的 100%。对于非常快的瞬态过程，时间偏差的绝对值小于 5 s。

4.5.4　故障模拟

模拟机故障包括通用故障、特殊故障和 DCS 仪控系统故障。通用故障和特殊故障清单见附录 D。

DCS 仪控系统故障功能将分别考虑 Level 2 和 Level 1 两类设备的故障，DCS 的 Level 2 仿真系统将在任何时候导入下列故障：

——任意一台或多台监视器失效；

——任意一台或多台操纵员工作站失效；

——Level 2 服务器失效；

——任意一个或多个计算机外围设备（键盘、鼠标等）失效；

——DCS 的 Level 1 仿真系统将在任何时候导入下列故障；

——任意一个或多个处理器的失效；

——与 Level 2 的通信（包括网卡、网关等）失效；

——一个或多个 I/O 模块失效。

4.5.5　教员工作站系统

教员工作站系统功能应充分考虑人因工程以及对便于模拟机教学的需要。所有与教员有关的功能应尽可能地在教员工作站执行，同时教员台的设计应该尽量简洁。有教员工作站通过按钮、触摸屏或显示菜单实现的功能，亦可以从模拟机系统的相关工作站执行。

教员工作站应是一个包括计算机工作站在内的综合系统。该工作站通过网络连到仿真计算机系统进行所有仿真任务的控制管理工作，包括加载和卸载仿真软件。

教员工作站系统至少应包括以下的功能：

——模拟机的启动和停止。教员工作站应提供一个简单的功能来加载培训软件。FSS 计算机系统完成上电和系统启动后，教员可通过简单的操作完成 FSS 模拟机系统软件的加载及退出。

——模拟机初始条件。该系统应能够存储和识别四种类型的初始条件，即标准初始状态、回放、重新开始和快照。系统应提供交互方式的初始条件简要窗口，在窗口中应提供关于该初始条件的相关信息，包括创建日期和时间、当前的六个临界参数值及文字说明。

——初始条件复位。系统应提供复位功能，以重新装入一个新的初始条件。该功能可通过点击弹出式窗口中对应的初始条件来触发，系统将弹出对话框显示该初始条件的信息并允许复位。

——运行/冻结。运行/冻结功能允许暂停和恢复模拟进程，它应确保所有仿真模型处于稳定状态。当 FSS 处于冻结状态时，所有变量包括工艺模型、数字化仪控以及 DCS 系统的模型变量均应保持不变。

——开关状态检查。该功能提供控制室常规盘台上的开关和指示仪表位置自动查询及确认，当复位一个新的初始条件时，通过该功能可自动显示出当前硬盘台上的和系统初始状态（软件范畴）要求位置不一致的开关和指示仪表，同样也适用于对模拟 DCS 系统的状态检查（仿真主机将该初始条件对应的控制初始条件信息反馈给 DCS）。

——快照。系统应提供快照功能，以记录模拟机某一特定状态下的选定参数值。该要求同样适用于 FSS 的 DCS 系统且要求该部分的快照数据与模拟机其他部分的数据同步。

——回溯/回放。FSS 系统提供回溯/回放功能，回溯功能使模拟机返回到先前场景中某一个时间点（或某一状态）然后重新开始新的模拟过程，回放功能使模拟机回到先前某一个时间点并不受干预地重现自该时间点之后的工艺过程。

——与教员操作相关的功能。该功能包括所有的教员（通过教员工作站）对模拟机进行操控的相关功能或教员对所模拟的工艺过程进行干预的动作，如插入故障、就地操作、输入输出参数的超控。上述功能可通过弹出式窗口、菜单、命令模式或快捷方式激活。

——超控功能。超控功能是指教员闭锁某个参数的变化，模拟信息传送故障。超控对象可以是控制台、盘上的输入/输出设备（如开关、操作器、指示仪、报警器等）。教员可强制设定开关量输入/输出设备（DI、DO）的状态和模拟量输入/输出设备（AI、AO）的数值。在超控期间，变量将始终保持该强制设定值直到超控被解除为止。能同时被超控的设备可在控制台盘上的输入/输出设备总数中任意选择，直至超控控制台盘上的所有 I/O 设备。

——故障。故障是指教员通过故障列表窗口或动态流程图，通过相关分帧结构窗口中提供的快捷图标，教员可调出通用故障或特殊故障便签页。教员可对故障进行引入或控制等操作，在故障便签页中可进行包括事件触发器设置、时间触发器设置、故障严重程度设置以及要求立即执行故障等操作。系统应确保一次培训中至少能同时插入 120 个故障。

——外部参数模拟。远程模拟功能应允许模拟机教员对那些不由主控室进行控制的外部参数进行修改，如外部电网电压、频率和负载、循环水温度、大气环境温度。

——就地操作。本功能用来模拟实际核电厂控制室外的操纵人员对设备就地进行的操控。这些就地控制在屏幕上以菜单方式按功能编组，教员逐个选择执行，也可以模拟图方式选择执行。

——I/O 超量程。除了常规盘装仪表的超量程功能，还应对数字化监控设备的软手操、仪表指示和报警模拟超量程功能实现的可能性、实用性和可行性进行分析、提交实施方案进行模拟。

——事件触发。事件触发器允许教练员在模拟机培训中定义各种事件触发场景，系统也应允许教练员以交互的方式从模拟图表或控制面板中选择触发变量。

——时间事件记录功能。能实现核电厂事件的记录和屏幕显示功能。

——性能分析。系统应提供仿真性能分析功能，它可以很方便地从 FSS 收集实时数据、绘制相关的曲线或保存历史数据。实时曲线的绘制将有利于 FSS 的故障检测和性能监控。通过绘制历史数据曲线对比瞬态分析计算结果将有助于对 FSS 执行性能的验证和确认。

——计算机辅助教学。计算机辅助教学手段要求达到的程度：具有系统自动评估的功能接口，具备故障插入的批处理功能。

——实时，加速和减速。实时模式是 FSS 所有系统以正常的、和参考机组一致的运行速度对物理过程进行模拟，该模式适用于对所有系统的模拟。加速模式，系统应允许教员启动加速模拟或减速模拟等偏离实时的运行模式，教练员可以选择 1～20 倍于实际运行速度来加速动态仿真过程（其中氙和碘浓度的加速倍数为 1～120）。减速模式，系统应允许 FSS 进行慢速仿真，以实时时间 1～1/20 倍进行。慢速仿真是将实际运行的速度进行放慢处理，这种模式有利于观察机组运行的快变化瞬态。

——仪表噪声。所有模拟仪表和数字仪表都应有噪声仿真，这种噪声应具有随机的性质，且在任何两台相同仪表之间没有明显的噪声修正。在教员工作站上设置相应控制功能，教员根据需要可去除所有模拟噪声。

——模拟图表。模拟机应提供关于模拟图表的概况或索引画面，单一系统的模拟图表也应有不同类型的激活区域允许教员激活故障插入、远方控制、超量程和页面导航等功能。

——受训过程监督。该功能允许模拟机教员记录受训人员的响应动作、纠正动作、执行评估、适时引入预定的培训场景。教员应能针对预先定义的场景为受训人员提供定量评价，在记录操纵员操作记录的同时应能够同时记录相关操作画面的编码并保留在操作日志中。

——常规盘模拟图（软表盘）。常规盘模拟图是通过可操控的画面方式模拟 FSS 的硬盘台，通过软表盘可提供代替控制室内所有检测和控制手段，使得教员能够监视所有的开关、按钮等位置或状态，并像操纵员一样执行相关的操作。

——运行参数显示。在教员工作站的屏幕上，不论显示什么画面，始终保持有专门的显示下列主要参数的显示区，包括中子注量率、一回路压力、一回路温度、蒸汽压力、有功功率、模拟时间、激活故障的个数。

——其他功能。教员应能执行下列特殊功能，包括即时使用任何功率水平上的氙平衡；按照时间和特定运行功率参数确定剩余功率平衡，此两参数由教练员键入；按操纵员要求调整硼浓度；启动 RRA 以前，选择 RRA 的硼浓度；选择 TEP 系统前贮槽的水位；应对教员工作站的系统功能和特点进行详细的论述和说明。

附录 A
（规范性附录）
模拟机运维性能指标

A.1 模拟机可用率

表征模拟机可用性的指标。统计在一个连续时间内（要求不低于 200 h），正常使用模拟机的情况下，模拟机非故障时间与统计时间的比值。可用率应通过下列公式进行计算：

$$K = \frac{T_U + T_M}{T_U + T_M + T_N} \times 100\%$$

式中，K：模拟机可用率；

T_U：使用时间，单位：h；

T_M：处于可用状态，但未使用的时间，单位：h；

T_N：由于模拟机异常而不能使用的时间，单位：h。此时间不包括例行维修、自然灾害及人为破坏、耗材用尽等导致的模拟机不可用时间。

附录 B

（资料性附录）

"华龙一号"机组工艺系统及模拟范围

B.1 "华龙一号"机组工艺系统及模拟范围

电厂工艺系统的模拟范围（或模拟深度）包括完全模拟、部分模拟、逻辑模拟和不模拟，简写和定义如下：

F：完全模拟。控制室的所有仪表和计算机化的人机界面是可以使用的：

——所有从控制室和从应急停堆盘控制的设备应予以模拟；

——所有上述设备的逻辑应按模拟机设计数据包提供的图纸全部模拟；

——某些就地操作的设备应通过教员工作站进行模拟。

P：部分模拟。减少系统中被模拟设备的数量和在功能/运行上对系统进行简化。

L：逻辑性模拟。不采用其实际的物理和数学模型来模拟，而是通过逻辑上的复制品达到模拟要求。

N：不模拟。

表 B.1-01 "华龙一号"机组工艺系统及模拟范围

系统编码	系统描述	模拟范围	备注
C	安全壳系统		
CAM	安全壳空气监测系统	F	
CCV	安全壳连续通风系统	P	
CFE	安全壳过滤排放系统	P	
CHC	安全壳消氢系统	P	
CIM	安全壳仪表系统	L	
CIS	堆腔注水冷却系统	F	
CLM	安全壳泄漏监测系统	P	
CPV	反应堆堆坑通风系统	P	
CSP	安全壳喷淋系统	F	
CSV	安全壳换气通风系统	P	
CUP	安全壳空气净化系统	P	
E	电气系统		
EA	220 V 交流电		
EAA	220 V 交流重要负荷电源系统（第一保护）	F	
EAB	220 V 交流重要负荷电源系统（第二保护）	F	
EAC	220 V 交流重要负荷电源系统（第三保护）	F	
EAD	220 V 交流重要负荷电源系统（第四保护）	F	
EAE	220 V 交流不间断电源系统	F	
EAF	220 V 交流公用不间断电源系统	F	
EAG	220 V 交流不间断电源系统	F	
EAH	220 V 交流不间断电源系统	F	
EAP	220 V 交流不间断电源系统（系列 B KIT-KPS）	F	
EC	48 V 交流电（主要）		
ECA	机组 48 V 直流电源系统——系列 A	F	

续表

系统编码	系统描述	模拟范围	备注
ECB	机组 48 V 直流电源系统-系列 B	F	
ECD	48 V 直流电源及配电系统（核辅助厂房共用）	F	
ED	110 V 直流电		
EDA	110 V 直流电源系统系列 A	F	
EDB	110 V 直流电源系统系列 B	F	
EDG	110 V 直流电源系统（NX 厂房）	F	
EDJ	110 V 直流电源系统（6.6 kV 断路器）	F	
EDP	110 V 直流电源系统（EAP）	F	
EE	380 V 应急交流电		
EEA	低压交流应急电源 380 V 系统系列 A	F	
EEB	低压交流应急电源 380 V 系统系列 B	F	
EEC	低压交流应急电源 380 V 系统系列 A	F	
EED	低压交流应急电源 380 V 系统系列 B	F	
EEE	低压交流应急电源 380 V 系统系列 A	F	
EEF	低压应急交流电源 380 V 系统（SL + 安全壳形空间左 + LX + DX 厂房应急照明系列 A）	N	
EEG	低压交流应急电源 380 V 系统（柴油机辅助设备-系列 A）	F	
EEH	低压交流应急电源 380 V 系统（SR + 安全壳形空间右 + RX + KY + DY + 主控制室应急照明系列 B）	P	
EEI	低压交流应急电源 380 V 系统系列 A	F	
EEJ	低压交流应急电源 380 V 系统-系列 B	F	
EEM	低压交流应急电源 380 V 系统（NX + QX + AR + FR 厂房应急照明）	N	
EEN	低压交流应急电源电屏 380 V 系统系列 A	F	
EEO	低压交流应急电源电屏 380 V 系统系列 B	F	
EEP	380 V 厂用应急电源系统	F	
EER	380 V 厂用应急电源系统	F	
EES	SBO 电源系统	F	
EEW	低压交流应急电源电屏 380 V 系统（柴油机辅助设备-系列 B）	F	
EEZ	低压交流应急配电屏 380 V 系统（UG 厂房）	F	
EL/ER/EP	380 V 交流电正常		
ERA	低压交流电源 380 V 系统（核岛辅助设备）	F	
ERB	低压交流电源 380 V 系统（核岛辅助设备）	F	
ERC	低压交流电源 380 V 系统（核岛辅助设备）	F	
ERD	低压交流电源 380 V 系统（电气厂房）	F	
ERE	低压交流电源 380 V 系统（核岛辅助设备）	F	
ERF	低压交流电源 380 V 系统（主厂房厂用）	F	
ERG	低压交流电源 380 V 系统（主厂房厂用）	F	
ELH	380 V 交流电源系统（泵房）	F	
ERI	低压交流电源 380 V 系统（NX 厂房）	F	
ERJ	低压交流电源 380 V 系统（NX 厂房）	F	

系统编码	系统描述	模拟范围	备注
ELK	低压交流电源 380 V 系统（公用设施）	F	
ERL	低压交流电源 380 V 系统（燃料厂房）	F	
ELM	低压交流电源 380 V 系统（AC 厂房）	F	
ELN	低压交流电源 380 V 系统（AC 厂房）	F	
ELP	低压交流电源 380 V 系统（主厂房通风装置）	F	
ELQ	低压交流电源 380 V 系统（主厂房用）	F	
ELR	低压交流电源 380 V 系统（主厂房用）	F	
ELS	低压交流电源 380 V 系统（废物辅助厂房）	P	
ERS	低压交流电源 380 V 系统（主厂房通风装置）	F	
ELT	低压交流电源 380 V 系统（主厂房通风装置）	F	
ELU	低压交流电源 380 V 系统（YA 厂房）	P	
ERU	低压交流电源 380 V 系统（公用设施）	P	
ELV	低压交流电源 380 V 系统（YA 厂房）	P	
ELW	380 V 电源系统（ZC 厂房）	P	
ELX	380 V 交流 BOP 辅助系统（VA/ZC 厂房）	P	
ERX	压交流电源 380 V 系统（常规岛精处理）	P	
ELX	BOP 辅助系统 380 V 交流电源系统（VA/ZC 厂房）	P	
ELY	低压交流电源 380 V 系统（AA1 厂房）	P	
ERY	低压交流电源 380 V 系统（常规岛精处理）	P	
ELZ	低压交流电源 380 V 系统（AA1 厂房）	P	
EM	6.6 kV 交流电（主要）		
EMA	6.6 kV 交流应急配电系统系列 A	F	
EMB	6.6 kV 交流应急配电系统系列 B	F	
EMP	6.6 kV 交流应急电源系统系列 A	F	
EMQ	6.6 kV 交流应急电源系统系列 B	F	
EMS	6.6 kV 交流厂区附加电源系统	F	
EMT	6.6 kV 交流应急电源切换机连接系统	F	
EMY	EMY 低压 380 V 交流系统（EM）	F	
EMZ	低压 380 V AC 发电机组系统（UG）	F	
EN	220 V 交流电		
ENA	220 V 交流正常电源和配电系统	P	
ENC	220 V 交流电源系统（常规岛）	P	
END	220 V 交流电源系统（常规岛）	P	
ES	6.6 kV 配电系统		
ESA	6.6 kV 交流正常配电系统 A	F	
ESB	6.6 kV 交流正常配电系统 B	F	
ESC	6.6 kV 交流正常配电系统 C	F	
ESD	6.6 kV 交流正常配电系统 D	F	
ESE	6.6 kV 交流正常配电系统 E	F	
ESI	6.6 kV 中压共用及厂区配电系统	F	

续表

系统编码	系统描述	模拟范围	备注
ESJ	辅助变压器 6.6 kV 配电系统	F	
ESR	辅助电源系统	F	
	其他电气系统		
ETC	常规岛直流和 UPS 系统	F	
ETM	主变压器和高压厂用变压器系统	P	
ETT	500 kV 超高压系统	P	
FAD	火灾自动报警系统	P	
FAS	变压器灭火系统	P	
FDP	柴油发电机厂房消防系统	P	
FEP	电气厂房消防系统	P	
FMP	移动式和便携式消防设备	N	
FNP	核岛消防系统	P	
FSD	厂区消防水分配系统	P	
FWD	核岛消防水分配系统	P	
FWP	核岛消防水生产系统	P	
I	仪控系统		
IAW	核辅助厂房三废处理控制系统	P	
IAM	控制区出入监测系统	N	
IDA	试验数据采集系统	N	
IEM	环境辐射和气象监测系统	P	
IGR	电网电表和故障录波系统	F	
IIC	电站计算机信息和控制系统	F	
ILP	500 kV 线路保护系统	P	
ILV	松脱部件和振动监测系统	L	
IMC	主控制室系统	F	
IPC	电站过程控制机柜	F	
IRM	电厂辐射监测系统	F	
IRS	远程停堆站系统	F	
ISA	厂区出入口控制系统	N	
ISI	地震仪表系统	L	
ISM	安保集成管理系统	N	
ITI	试验仪表系统	N	
IUR	机组电度和故障录波系统	F	
L	照明系统		
LN/LS/LT	其他照明、通信或闭路电视系统		
LSC	厂区通信系统	L	
LSM	厂区报警与监视系统	L	
LTV	闭路电视系统	L	
R	反应堆相关		
RHT	特殊工艺管线电伴热系统	L	

续表

系统编码	系统描述	模拟范围	备注
RBM	反应堆硼和水的补给系统	F	
RCS	反应堆冷却剂系统	F	
RCV	化学和容积控制系统	F	
REB	应急硼注入系统	F	
RFH	燃料操作与贮存系统	L	
RFT	反应堆换料水池和乏燃料水池的冷却和处理系统	F	
RHR	余热排出系统	F	
RII	堆芯测量系统	F	
RND	核岛氮气分配系统	P	
RNI	核仪表系统	F	
RNS	核取样系统	P	
RPC	棒位和棒控系统	F	
RRC	反应堆控制系统	F	
RRP	反应堆保护系统	F	
RRS	控制棒驱动机构电源系统	F	
RRV	控制棒驱动机构通风系统	F	
RSI	安全注入系统	F	
RVD	核岛疏水排气系统	P	
T	汽轮发电机 蒸汽转换系统		
TF	给水系统		
TFA	辅助给水系统	F	
TFC	凝结水精处理系统	F	
TFD	主给水除氧器系统	F	
TFE	凝结水抽取系统	F	
TFH	高压给水加热器系统	F	
TFL	低压给水加热器系统	F	
TFM	主给水流量调节系统	F	
TFO	电动主给水泵油系统	F	
TFP	电动主给水泵系统	F	
TFR	给水加热器疏水回收系统	F	
TFS	启动给水系统	F	
TFV	低压交流电源（380 V）系统（AR 厂房）	L	
TG	发电机系统		
TGC	发电机定子冷却水系统	F	
TGH	发电机氢气供应系统	P	
TGM	发电机氢气/励磁机空气冷却和温度测量系统	F	
TGO	发电机密封油系统	F	
TGP	发电机变压器组保护系统	F	
TGR	发电机励磁和电压调节系统	F	

续表

系统编码	系统描述	模拟范围	备注
TGS	发电机并网系统	F	
TS	蒸汽转换系统		
TSA	汽轮机旁排系统	F	
TSD	汽轮机蒸汽和疏水系统	F	
TSM	主蒸汽系统	F	
TSR	汽轮机分离再热器系统	F	
TSS	汽轮机轴封系统	F	
TT	汽轮机系统		
TTB	蒸汽发生器排污系统	F	
TTC	汽轮机调节油系统	F	
TTG	汽轮机调节系统	F	
TTL	汽轮机润滑、顶轴和盘车系统	F	
TTO	汽轮机润滑油处理系统	P	
TTP	汽轮机保护系统	F	
TTR	汽轮机和给水加热装置停运期间的保养系统	L	
TTU	汽轮机监视系统	F	
TTV	凝气器真空系统	F	
V	通风系统		
VCF	电缆层通风系统	L	
VCI	常规岛主厂房通风系统	L	
VCL	主控室空调系统	P	
VCP	上充泵房应急通风系统	L	
VCV	循环水泵站通风系统	N	
VDS	柴油机房通风系统	L	
VEB	电气柜间通风系统	N	
VEE	电气厂房机械设备区通风系统	N	
VES	电气厂房及安全厂房排烟系统	L	
VFL	核燃料厂房通风系统	F	
VLO	润滑油转运站通风系统	N	
VMO	安全厂房机械设备区通风系统	N	
VNA	核辅助厂房通风系统	F	
W	压缩空气及水系统等辅助系统		
WAI	仪表用压缩空气分配系统	P	
WAP	压缩空气生产系统	P	
WAS	公用压缩空气分配系统	P	
WCC	设备冷却水系统	F	
WCF	循环水过滤系统	P	
WCI	常规岛闭路冷却水系统	F	
WCL	循环水泵润滑系统	P	
WCP	阴极保护系统	N	

续表

系统编码	系统描述	模拟范围	备注
WCR	化学加药系统	P	
WCS	常规岛水汽取样分析系统	P	
WCT	循环水处理系统	L	
WCW	循环水系统	F	
WDC	清洗去污系统	N	
WDP	除盐水生产系统	L	
WND	核岛除盐水分配系统	P	
WCD	常规岛除盐水分配系统	P	
WEC	电气厂房冷冻水系统	P	
WES	重要厂用水系统	F	
WGD	厂用气体贮存和分配系统	L	
WHD	热水生产和分配系统	N	
WHS	氢气生产与分配系统	L	
WLC	常规岛废液排放系统	L	
WNC	核岛冷冻水系统	P	
WOD	废油和非放射性水排放系统	N	
WOS	汽轮机润滑油存储和输送系统	L	
WQB	核岛废液排放系统（QA厂房）	P	
WRW	生水系统	N	
WSD	辅助蒸汽分配系统	P	
WSR	放射性废水回收系统（核岛-机修车间-厂区实验室）	N	
WSS	电站污水系统	N	
WST	蒸汽转换器系统	P	
WUC	辅助冷却水系统	F	
Z	三废系统		
ZBR	硼回收系统	P	
ZGT	废气处理系统	P	
ZLD	核岛液态流出物排放系统	P	
ZLT	废液处理系统	L	
ZST	固体废物处理系统	N	
	其他系统		
PCS	非能动安全壳热量导出系统	F	
PRS	二次侧非能动余热排出系统	F	

附录 C
（资料性附录）
模拟变量及计算允差

C.1 主要变量

主要变量是指那些被调量（要求跟随设定值的变化）、热平衡所要求的量以及那些对于核电厂运行重要的基本变量，主要变量包括：

——反应堆热功率；

——反应堆核功率；

——功率区段中子注量率；

——中间区段中子注量率；

——源区段中子注量率；

——稳压器压力；

——稳压器液位；

——热段温度（每个环路）；

——冷段温度（每个环路）；

——反应堆冷却剂平均温度；

——反应堆冷却剂流量（每个环路）；

——上充流量；

——下泄流量；

——控制棒位置；

——硼浓度；

——蒸汽发生器压力（对每个SG）；

——蒸汽发生器液位（对每个SG）；

——蒸汽流量（对每个SG）；

——蒸汽温度（对每个SG）；

——给水温度；

——给水流量（对每个SG）；

——汽轮机开度参考值（调节阀位）；

——汽轮机入口流量；

——汽轮机出口流量；

——汽轮机入口压力；

——汽轮机第一级压力；

——抽汽流量（各级）；

——总电功率；

——发电机出口电压；

——发电机频率；

——循环水流量；

——凝汽器入口温度；

——凝汽器出口温度；

——凝汽器压力；

——加热器入口温度（对每个加热器）；

——加热器出口温度（对每个加热器）；

——抽汽泵出口压力；

——给水泵入口压力；

——给水泵出口压力。

C.2 辅助变量

辅助变量是指除主要变量以外的变量，包括泵电机电流、各母线排上电流、金属温度、阀门开度等。

C.3 需模拟的变量与计算允差

下列规定的数值给出了核电厂部分重要参数在稳态运行工况下允许的最大波动，这些数值是内部计算允差，而不是显示值的允差。以下给出的允差考虑了调节的效应。

表 C.3-01 模拟的变量与计算允差

需模拟的变量	计算允差	备注
1 一回路系统		
反应堆热功率	0.1%	
控制棒的位置	1 步	
硼浓度	0.01×10^{-6}	
源区段中子注量率	1%对数	
中间区段中子注量率	1%对数	
功率区段中子注量率	0.5%	
反应堆冷却剂平均温度	0.1 ℃	
压力容器入口温度	0.1 ℃	
压力容器出口温度	0.1 ℃	
环路流量	27.78 m^3/h	
稳压器压力	1×10^3 Pa	
稳压器液位	5 cm	
稳压器汽相温度	1.5 ℃	
稳压器液相温度	1.5 ℃	
稳压器泄压箱液位	5%	
稳压器泄压箱温度	3 ℃	
稳压器泄压箱压力	1×10^4 Pa	
化容系统（RCV）温度	2 ℃	
容控箱液位	2%	
化容系统（RCV）流量	5%	
余热排出系统（RRA）温度	2 ℃	
余热排出系统（RRA）流量	10%	
余热排出系统（RRA）压力	2×10^5 Pa	
设备冷却水系统（RRI）温度	2 ℃	
设备冷却水系统（RRI）流量	10%	
硼和水补给系统（REA）贮箱液位	2%	
硼和水补给系统（REA）温度	2 ℃	
硼和水补给系统（REA）流量	5%	
安注系统（RIS）温度	2 ℃	
安注系统（RIS）流量	5%	
安注箱液位	5%	
安注箱压力	2×10^5 Pa	
2 二回路系统		
蒸汽母管压力	3×10^3 Pa	

续表

需模拟的变量	计算允差	备注
汽轮机入口压力	3×10^3 Pa	
抽汽一段压力	3×10^3 Pa	
抽汽二段压力	3×10^3 Pa	
抽汽三段压力	3×10^3 Pa	
抽汽四段压力	3×10^3 Pa	
抽汽五段压力	4×10^2 Pa	
抽汽六段压力	1×10^2 Pa	
抽汽七段压力	50 Pa	
凝汽器压力	50 Pa	
真空泵入口压力	1.5×10^2 Pa	
真空泵出口压力	1.5×10^2 Pa	
真空泵抽气流量	3 m³/h	
主给水泵入口压力	3×10^3 Pa	
主给水泵出口压力	3×10^3 Pa	
给水母管压力	3×10^3 Pa	
给水/蒸汽母管压差	6×10^3 Pa	
蒸汽温度	0.5 ℃	
凝汽器温度	0.1 ℃	
给水温度	0.6 ℃	
调节阀体壁温度	2.5 ℃	
汽轮机缸壁金属温度	与蒸汽膨胀变化趋势相一致	
氢气温度	与仪表电流变化趋势相一致	
汽轮机绝对膨胀	0.25 mm	
汽轮机速度	1 r/min	
汽轮机开度参考值（调节阀位）	0.1%	
汽轮机入口流量	3 m³/h	
汽轮机出口流量	3 m³/h	
汽轮机第一级压力	3×10^3 Pa	
主给水泵速度	10 r/min	
蒸汽发生器（SG）液位	4 cm	
蒸汽发生器（SG）压力	1×10^3 Pa	
凝汽器液位	1 cm	
汽水分离再热器排水输送箱液位	1 cm	
加热器液位	1 cm	
加热器入口温度（对每个加热器）	0.1 ℃	
加热器出口温度（对每个加热器）	0.1 ℃	
给水贮存箱液位	1 cm	
给水贮存箱压力	1×10^3 Pa	
给水氧含量	0.5×10^{-6}	
二次侧蒸汽流速：0～50%负荷	0.28 m³/h	

续表

需模拟的变量	计算允差	备注
二次侧蒸汽流速：50%~100%负荷	0.56 m³/h	
二次侧水流速：0~50%负荷	0.28 m³/h	
二次侧水流速：50%~100%负荷	0.56 m³/h	
3　发电机		
有功功率	0.5 MW	
无功功率	3 MVAR	
端间电压	250 V	
定子电流	40 A	
频率	0.03 Hz	

附录 D
（资料性附录）
模拟机故障清单

D.1　通用故障

所有的部件故障均应按部件的类型进行标识，对于不同类型的部件应具有各种不同的典型故障模式。模拟的部件通用故障应包括但不限于以下类型：

——阀门故障；
——泵故障；
——风机故障；
——热交换器故障；
——调节器故障；
——辅助电源系统故障；
——变送器故障；
——数字化控制系统相关故障；
——开关故障；
——仪表故障；
——报警故障；
——控制棒故障；
——通信链路故障；
——电机故障；
——变压器故障；
——开关柜故障。

需包括各系统的泄漏故障如下：

——燃料原件包壳破损；
——一回路泄漏（不同位置和大小，包括小 LOCA、中 LOCA、大 LOCA）；
——稳压器波动管线破裂；
——安全壳内主蒸汽管线破裂；
——反应堆厂房内部主蒸汽管线破裂；

——高压调节阀前蒸汽管线泄漏；

——旁路阀前蒸汽管线泄漏；

——蒸汽发生器一次侧、二次侧泄漏；

——稳压器喷淋管线泄漏；

——仪表管线泄漏（不同位置）；

——安全壳内给水泄漏；

——反应堆厂房内给水泄漏；

——高压预加热后给水泄漏；

——高压预热管泄漏；

——低压预热管泄漏；

——安全壳内辅助给水泄漏；

——安全壳外辅助给水泄漏；

——冷凝水系统下泄管线泄漏；

——收集罐释放阀泄漏或破裂；

——主泵热屏冷却水泄漏；

——主泵定子泄漏；

——反应堆疏排水系统泄漏；

——设冷水系统泄漏；

——蒸汽再加热系统管线破裂；

——冷凝器真空破坏；

——冷却水向冷凝器的泄漏；

——安全壳内正常运行时冷凝系统的二次侧泄漏；

——压缩空气泄漏；

——压缩氮气系统泄漏；

——汽轮机控制系统油泄漏；

——汽轮机润滑油系统油泄漏；

——发电机冷切水或气体泄漏；

——发电机密封油泄漏。

D.2 特殊故障

特殊故障清单如下：

——中子流探测器（包括源量程、中间量程和功率量程）故障；

——控制棒驱动装置故障；

——控制棒虚假下插；

——卡棒（单棒或棒组）；

——控制棒组重叠异常；

——棒失控（单棒或棒组）；

——控制棒的失控弹出或下插；

——氙振荡；

——燃料元件棒包壳破损导致放射性物质泄漏到反应堆冷却剂；

——失去自然循环；

——反应堆冷却剂泵密封失效；

——反应堆冷却剂泵润滑故障；

——反应堆冷却剂泵跳闸；

——反应堆冷却剂泵卡转子；

——滤网堵塞；

——汽轮机振动；

——给水加热器旁通；

——汽轮机跳闸；

——甩负荷；

——外网的电压和频率干扰。

外网短路：

——外网失电；

——安全壳内氢气复合器的效率降低；

——柴油发电机组或汽轮机故障；

——丧失给水/辅助给水系统；

——不同运行条件下 ATWS；

——安全壳（主回路/二回路）隔离失效；

——安全壳隔离的误动或功能退化；

——厂房内部水淹；

——稳压器安全阀卡开或泄漏；

——稳压器波动管破裂；

——稳压器通断加热器开关虚开；

——安全壳内/外主蒸汽管线破裂；

——主蒸汽隔离阀（意外）关闭；

——主蒸汽隔离阀闭锁；

——主蒸汽隔离阀阀体/阀杆分离；

——主蒸汽安全阀开关失效；

——汽轮机旁路虚开/失效；

——汽轮机高压流体泄漏。

附录:《图表编码规则及说明》

编码规则分为四字段和三字段,说明如下:

1. 四字段编码规则:第一字段由三个数字组成,第一个数字表示图/表所在册定位,第二个数字表示图/表所在卷定位,第三个数字表示图/表所在篇定位,如所在卷不分篇,则第三个数字为"0";第二个字段表示图/表所在章定位,由两位数字组成,如 01、02、03 依次类推;字段和字段之间用"—"连接;第三字段表示图/表所在节定位,由两位数字组成,如 01、02、03 依次类推;第四字段表示所在节的第几张图/表,用01、02、03 等依次类推组成。

2. 三字段编码规则:针对章中划分了"第一节、第二节……"的情况,采用三字段编码。第一字段由三个数字组成,第一个数字表示图/表所在册定位,第二个数字表示图/表所在卷定位,第三个数字表示图/表所在篇定位,如所在卷不分篇,则第三个数字为"0";第二个字段表示图/表所在章定位,由两位数字组成,如01、02、03 依次类推;字段和字段之间用"—"连接;第三字段表示所在章的第几张图/表,用01、02、03 等依次类推组成。

图表编码规则

图/表	册	卷	篇	分隔符	章	分隔符	节	分隔符	编码
图/表	第一册	第一卷:工程设计	0:不分篇 1:第一篇 2:第二篇 3:第三篇 4:第四篇 5:第五篇 6:第六篇 7:第七篇	—	01:第一章 02:第二章 …… …… …… 10:第十章 11:第十一章 …… ……	—	01:第1节 02:第2节 …… …… …… 10:第10节 11:第11节 …… ……	—	图/表的顺序编码: 01 到 NN
		第二卷:采购							
		第三卷:建安							
	第二册	第四卷:调试							
	第三册	第五卷:维修							
	第四册	第六卷:技术支持							
	第五册	第七卷:运行							
		第八卷:设备管理							
		第九卷:保健物理							
		第十卷:环境和应急							
		第十一卷:消防							
		第十二卷:信息文档							

举例1:图 110-02-02-05　第一册　第一卷　第二章　第二节　第五张图,　　　　(本卷不分篇,采用四个字段)

举例2:图 241-02-02-05　第二册　第四卷　第一篇　第二章　第二节　第五张图,　(采用四个字段)

举例3:表 572-02-02-01　第五册　第七卷　第二篇　第二章　第二节　第一个表,　(采用四个字段)

列举4:表 110-03-01　　第一册　第一卷　第三章　第一个表,　　　　　　(对于部分章划分第一节、第二节的,采用三个字段)

416